高校土木工程专业规划教材

混凝土结构设计计算

王振东 叶英华 编著

中国建筑工业出版社

图书在版编目(CIP)数据

混凝土结构设计计算/王振东，叶英华编著．—北京：
中国建筑工业出版社，2008
高校土木工程专业规划教材
ISBN 978-7-112-09821-7

Ⅰ. 混… Ⅱ.①王…②叶… Ⅲ.①混凝土结构-结构设计-高等学校-教材②混凝土结构-结构计算-高等学校-教材 Ⅳ.TU370.4

中国版本图书馆 CIP 数据核字(2008)第 040302 号

本书介绍了混凝土结构设计基本理论和计算方法。内容共 12 章：钢筋混凝土结构概念及材性、设计方法、受弯构件正截面、受弯构件斜截面、扭曲截面、受压构件正截面、冲切柱下基础和疲劳、裂缝和变形、预应力混凝土结构、结构分析、板梁结构设计、结构抗震设计。

本书可作为土建设计和施工技术人员学习混凝土结构设计基本理论以及新修订的《混凝土结构设计规范》(GB 50010—2002)内容时的专业用书，同时也可供高校土木工程专业师生学习混凝土结构课时作参考。

* * *

责任编辑：王　跃　张　晶
责任设计：赵明霞
责任校对：关　健　陈晶晶

高校土木工程专业规划教材
混凝土结构设计计算
王振东　叶英华　编著

*

中国建筑工业出版社出版、发行(北京西郊百万庄)
各地新华书店、建筑书店经销
北京红光制版公司制版
北京二二〇七工厂印刷

*

开本：787×1092 毫米　1/16　印张：23¼　字数：565 千字
2008 年 8 月第一版　　2008 年 8 月第一次印刷
印数：1—3000 册　　定价：36.00 元
ISBN 978-7-112-09821-7
(16525)

版权所有　翻印必究
如有印装质量问题，可寄本社退换
(邮政编码 100037)

前 言

为适应国家建筑事业发展的需要,本书对"混凝土结构设计计算"的基本内容和方法,作了全面的介绍。

本书编写时,是根据国内最新修订的有关结构设计规范,其中以《混凝土结构设计规范》(GB 50010—2002)的内容为主要依据,并包括《建筑结构荷载规范》(GB 50009—2001)、《建筑结构可靠度设计统一标准》(GB 50068—2001)、《建筑地基基础设计规范》(GB 50072—2002)、《建筑抗震设计规范》(GB 50011—2001)以及有关的混凝土结构技术规程和最新的科研成果相关内容,全面整理编写而成,反映了最新的科技水平。

本书内容的主要特点:

1. 对混凝土结构基本概念及现行规范中有关的新概念,作了较明确的表述,尽量使概念清晰,有助于理解消化。

2. 对混凝土结构设计基本理论及疑难问题,作了必要的论证;对相关的设计条文,尽可能地说明其规定的理由,力求条理分明,开拓思路。

3. 设计方法及设计依据(数据)较为齐全,便于设计参考应用。

4. 内容结合实际,由浅入深,力求精练,便利学习。

本书由哈尔滨工业大学土木工程学院王振东(教授)和北京航空航天大学土木系叶英华(博士后、教授)共同编写。

编写分工:王振东、叶英华(第5章、第10章),王振东(其余各章)。

本书在编写过程中受到天津市第二预应力公司朱龙经理、华北水利水电学院李树瑶教授、同济大学薛伟辰教授(博士后)、哈尔滨工业大学张景吉教授、北京航空航天大学刁波教授(博士后)等专家的热情指导和帮助,特表示衷心感谢。

由于水平所限,书中内容有不妥之处,诚请读者指正。

目 录

前言
第1章 钢筋混凝土及其材料力学性能 ··· 1
　　1.1 概述 ·· 1
　　1.2 钢筋 ·· 1
　　1.3 混凝土 ·· 7
　　1.4 钢筋和混凝土之间的粘结（握裹）力 ·· 17
　　1.5 高强混凝土基本概念 ·· 19
　　1.6 我国混凝土结构对材料使用的新趋向 ·· 21
　　参考文献 ·· 22
第2章 结构的基本设计方法 ··· 23
　　2.1 结构设计的要求 ·· 23
　　2.2 结构的作用、作用效应和结构抗力 ·· 25
　　2.3 结构按概率极限状态设计 ·· 29
　　2.4 按承载能力极限状态计算 ·· 31
　　2.5 按正常使用极限状态计算 ·· 33
　　2.6 耐久性设计 ·· 34
　　2.7 混凝土强度标准值指标 ·· 38
　　参考文献 ·· 41
第3章 受弯构件正截面承载力 ··· 42
　　3.1 概述 ·· 42
　　3.2 受弯构件一般构造要求 ·· 42
　　3.3 受弯构件正截面的试验研究 ·· 46
　　3.4 正截面受弯承载力计算一般规定 ·· 48
　　3.5 单筋矩形截面梁的受弯承载力计算 ·· 53
　　3.6 双筋矩形截面梁的受弯承载力计算 ·· 56
　　3.7 T形截面梁的受弯承载力计算 ··· 59
　　参考文献 ·· 67
第4章 受弯构件斜截面承载力 ··· 68
　　4.1 概述 ·· 68
　　4.2 无腹筋梁的斜截面受剪承载力 ·· 69
　　4.3 有腹筋梁的斜截面受剪承载力 ·· 73
　　4.4 连续梁斜截面受剪承载力 ·· 82
　　4.5 斜截面受弯承载力 ·· 84

  4.6 钢筋的构造要求 ·· 90
  4.7 偏心受力构件受剪承载力 ·· 96
 参考文献 ··· 98

第5章 受扭构件扭曲截面承载力 ··· 99
  5.1 概述 ··· 99
  5.2 矩形截面纯扭构件承载力 ·· 100
  5.3 矩形截面弯剪扭构件承载力 ·· 104
  5.4 T形和工字形截面弯剪扭构件承载力 ··· 107
  5.5 受扭构件的构造要求 ··· 108
  5.6 框架边梁的协调扭转 ··· 115
 参考文献 ·· 123

第6章 受压构件正截面承载力 ··· 124
  6.1 概述 ··· 124
  6.2 受压构件构造要求 ·· 124
  6.3 轴心受压构件正截面承载力计算 ·· 126
  6.4 偏心受压构件正截面承载力计算 ·· 132
  6.5 沿截面腹部均匀配筋偏心受压构件正截面承载力计算 ······························· 157
  6.6 双向偏心受压构件承载力验算 ··· 160
 参考文献 ··· 164

第7章 冲切、柱下独立基础和疲劳承载力 ·· 165
  7.1 冲切承载力计算 ·· 165
  7.2 柱下独立基础（扩展基础）设计 ·· 174
  7.3 疲劳验算 ··· 183
 参考文献 ··· 190

第8章 正常使用极限状态验算（裂缝及变形） ··· 191
  8.1 概述 ··· 191
  8.2 裂缝宽度的验算 ·· 193
  8.3 受弯构件挠度的验算 ·· 200
 参考文献 ··· 207

第9章 预应力混凝土构件计算 ··· 208
  9.1 概述 ··· 208
  9.2 施加预应力方法及锚具 ··· 209
  9.3 预应力混凝土的材料 ·· 211
  9.4 预应力损失计算 ·· 212
  9.5 预应力混凝土受弯构件的应力分析 ·· 218
  9.6 受弯构件使用阶段承载力计算 ··· 223
  9.7 受弯构件使用阶段裂缝控制及变形验算 ·· 230
  9.8 预应力构件施工阶段的应力校核 ·· 236
  9.9 预应力混凝土超静定板梁结构设计 ·· 237

9.10 有粘结预应力混凝土简支梁设计例题 ... 241
9.11 无粘结预应力混凝土板梁结构设计 ... 249
9.12 无粘结预应力混凝土连续梁设计例题 ... 253
参考文献 ... 264

第10章 结构分析 ... 265
10.1 概述 ... 265
10.2 结构分析的基本要求 ... 265
10.3 结构分析的方法 ... 265
10.4 杆系结构的非线性分析法 ... 270
10.5 混凝土的多轴强度 ... 273
10.6 混凝土的本构关系 ... 276
参考文献 ... 277

第11章 混凝土板、梁结构设计 ... 278
11.1 概述 ... 278
11.2 单向板肋梁楼盖 ... 279
11.3 双向板肋梁楼盖 ... 303
11.4 无梁楼盖（板柱结构） ... 320
11.5 楼梯 ... 323
参考文献 ... 328

第12章 混凝土结构构件抗震设计 ... 329
12.1 结构抗震设计主要概念的回顾 ... 329
12.2 结构抗震设计的一般规定 ... 333
12.3 材料 ... 335
12.4 框架梁 ... 335
12.5 框架柱 ... 338
12.6 框架梁柱节点 ... 341
参考文献 ... 344

附录一 各种计算附表 ... 345

附录二 后张预应力钢筋的预应力损失（补充规定） ... 365

第1章 钢筋混凝土及其材料力学性能

1.1 概 述

钢筋混凝土是由钢筋和混凝土两种材料制作成结构构件后共同受力的复合材料。由于混凝土的抗压强度比较高,但是抗拉强度却很低,大约只相当于抗压强度的 0.1 倍甚至还低,而钢筋的抗拉和抗压强度都很高;因此,通常是在混凝土内配置钢筋,以混凝土承担压力,钢筋承担拉力,有时为了减小混凝土截面面积,在截面受压区内亦配置钢筋,与受压区混凝土共同承担压力。这样,使结构构件能够比较充分地利用钢筋和混凝土两种材料的力学性能。

钢筋和混凝土这两种性能不同的材料能结合在一起受力,主要是由于它们之间有良好的粘结力,能牢固地粘结成整体。当构件承受外荷载时,钢筋和相邻的混凝土两者能够共同工作不产生相对滑动。此外,钢筋与混凝土的线膨胀系数又较接近[钢为 $1.2 \times 10^{-5}/℃$,混凝土为 $(1.0 \sim 1.5) \times 10^{-5}/℃$],当温度变化时,这两种材料不致产生相对的温度变形而破坏它们之间的结合。

钢筋混凝土除了较合理地利用上述两种材料性能外,其主要的优点为:混凝土的强度在正常情况会随时间而增长,同时保护钢筋,使之不易锈蚀,耐久性好;混凝土的传热性能差,耐火性好;混凝土可根据设计需要,浇筑成各种形状和尺寸的结构,可模性好;钢筋混凝土结构刚度大,在使用荷载下变形小,对现浇混凝土结构整体性好;且混凝土的砂、石材料,可以就地取材;与钢结构相比,可以节约钢材等等。

但是,钢筋混凝土结构的自重大,浇筑混凝土时需要使用模板,建造期一般较长,不宜在冬季和雨天施工,且补强维修工作比较困难,这是其存在的缺点。

钢筋混凝土结构由于它比砖石、钢木结构具有较多的优点,因此,在土建工程中得到广泛的应用,在我国今后相当长的时期内,仍将是一种重要的工程材料和结构型式。

1.2 钢 筋[1-3]

1.2.1 钢筋的种类

我国目前生产用于钢筋混凝土结构中的普通钢筋,根据其化学成分不同可以分成:

热轧碳素钢,除含有铁元素外,还含有少量的碳、硅、锰、磷等元素,其力学性能为:含碳量高时,强度高,质地硬,但塑性降低。目前常用的碳素钢钢筋,如热轧光圆钢筋 HPB235(亦称 3 号钢),主要是低碳钢,其含碳量低于 0.25%。

普通低合金钢,其成份除含有热轧碳素钢的元素外,再加入少量的合金元素,如硅、锰、钒、钛、铌等，这些合金元素虽然含量不多，但改善了钢材的塑性性能。

我国《混凝土结构设计规范》(CB 50010—2002)❶ 的规定，钢筋混凝土结构所用的国产普通钢筋有以下四种级别：

1. HPB235（Q235）：即热轧光圆钢筋（Hot rolled Plain steel Bars）235 级；
2. HRB335（20MnSi）：即热轧带肋钢筋（Hot rolbed ribbed steel Bars）335 级；
3. HRB400（20MnSiV、20MnSiNb、20MnTi）：即热轧带肋钢筋（Hot rolled ribbed steel Bars）400 级；
4. RRB400（K20MnSi）：即余热处理钢筋（Remained Heat treatment ribbed steel Bars）400 级。

以上表示钢筋级别的三个英文首位字母意义：第一个字母表示生产工艺，H 指热轧，R 指余热；第二个字母表示表面形态，P 指光面，R 指带肋；第三个字母表示钢筋而不是钢丝。

在上述四种级别钢筋中，除 HPB235 级为光圆钢筋外，其他三级为带肋钢筋，其钢号的标志为：前面的数字是表示钢筋平均含碳量的万分数，其他化学元素表示其平均含量在 1.5% 及以下，例如 20MnSiNb，20 是指平均含碳量为 0.2%，锰硅铌的含量为各不超过 1.5%。

此外，在 HPB235（Q235）级钢筋括号中的 Q 表示屈服的意思。在 RRB400（K20MnSi）级钢筋括号中的符号 K，是汉语拼音中控字的字头。其所以加"K"的原因，是由于 HRB335 级钢筋与 RRB400 级钢筋，其化学合金成分均为 20MnSi，为了二者的区别，在 RRB400 级钢筋化学成分前加了"K"。其意义为：将 HRB335（20MnSi）级热轧带肋钢筋在控制终轧温度条件下，经过喷淋及余热处理后，可得到 RRB400 级的钢筋。

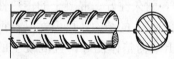

图 1-1　月牙肋形钢筋

我国带肋钢筋的外形，以前生产的为等高肋钢筋（螺纹钢筋），这种钢筋由于纵肋和横肋高度相等，在二者相交点处，肋与肋之间所形成的凹槽较深，使浇筑后的混凝土容易在该处产生应力集中，影响混凝土强度，因此，不再生产。目前生产的是月牙肋形钢筋（图 1-1），其横肋高度向肋的两端逐渐降低直至零，不与纵肋相连，横肋在钢筋横截面的投影呈月牙形，这样可使纵横肋相交处混凝土的应力集中现象有所缓解。相对于同重量的等高肋钢筋来说，这种钢筋横肋以外的基本机体部分金属量有所增加，因此钢筋的屈服强度和疲劳强度有所提高。

目前我国生产的上述普通钢筋，其性能和使用特点为：

1. HPB235 级钢筋

是原《混凝土结构设计规范》(GBJ 10—89)❷ 规定的Ⅰ级钢筋外形光面，用普通碳素钢 Q235 为材质，该钢种生产工艺成熟，质量稳定，塑性好，易焊接，易加工成型，可用于钢筋混凝土板和小型构件的受力钢筋以及各种构件的构造钢筋。由于强度低一般不提倡使用，但考虑到我国地域广大，各地区发展和施工水平的差异，而保留的钢种。

2. HRB335 级钢筋

---

❶ 以后简称《规范》。
❷ 以后简称原《规范》。

是原《规范》规定的Ⅱ级钢筋，外形为月牙肋，屈服强度达到335MPa，比HPB235级高，塑性和焊接性能都比较好，易加工成型，主要用于大中型钢筋混凝土结构构件的受力钢筋和构造钢筋以及预应力混凝土结构构件中的非预应力钢筋。特别适用于承受多次重复荷载、地震作用和冲击荷载等结构构件的受力主筋，是我国目前在混凝土结构中被大量采用并有成熟生产和使用经验的中强度钢筋，它与中、低强度等级的混凝土配筋设计有一定的优越性，考虑到目前国内对中、低强度等级混凝土的使用还有相当的数量，因此，是《规范》推广使用中最主要品种之一。

3. HRB400级钢筋

是在原《规范》规定Ⅲ级钢筋的基础上，经过改进生产出来的品种，又称为新Ⅲ级钢筋。两者的区别为：原Ⅲ级钢筋是在原Ⅱ级钢筋材质的基础上，主要依靠再增加碳的含量来提高钢材强度的方法，生产出来的钢筋，其问题是虽然强度提高了，但塑性和可焊性等都比Ⅱ级钢差，不适于与中、低强度等级的混凝土配合，共同工作；若作为预应力混凝土钢筋用材，则需经冷拉后才能使用，否则强度又过低。而HRB400级钢筋是在含碳与原Ⅱ级钢筋相同，即在不增加含碳情况下，依靠再添加钒、铌、钛等微量合金元素的方法来提高强度，这样生产出来的钢材，不但强度提高优于原Ⅲ级钢筋的强度，而且仍保持有良好的塑性和焊接性能，同时粘结性能好。

HRB400级钢筋外形为月牙肋，主要用于大中型钢筋混凝土结构和高强混凝土结构构件的受力钢筋，在《规范》推广应用中亦为最主要品种之一。但是由于强度较高，因此，《规范》规定：对轴心受拉和小偏心受拉等以受拉为主的构件HRB400级钢筋抗拉强度取值只能按HRB335级钢筋的强度值取用，以防止裂缝展开过大。

4. RRB400级钢筋

是用HRB335级钢筋经热轧后，在控制终轧温度的条件下，穿过生产作业线的高压水湍流管进行快速冷却，再利用钢筋芯部的余热回火而成的钢筋。钢筋经热轧后进行快速冷却，起到淬火的作用，使钢筋强度和硬度具有很大的提高，但脆性增加，再经自行回火后，能够消除材料的内应力，使材质处于稳定，同时其塑性和韧性得到改善。这种钢筋的特点是强度较高，同时保持有良好的塑性和韧性，但当采用闪光对焊时，强度略有降低，使用时应加以注意。

RRB400级钢筋在《规范》中，被列入"也可采用的钢种"，其主要原因是：一些钢厂生产技术需待改善，例如不能很准确地控制钢筋的终轧温度（即热轧时的余热量），另外轧制后穿水冷却速度也不能根据终轧温度加以适时调整和相互配合，因此生产出来的钢筋，其力学性能的离散性较大，因此，影响产量。

1.2.2 钢筋的力学性能

1. 应力-应变曲线

钢筋混凝土结构所用的钢筋按其单向受拉试验所得的应力-应变曲线性质不同可分：

（1）有明显屈服点的钢筋

如图1-2所示，在 a 点以前应力-应变为直线

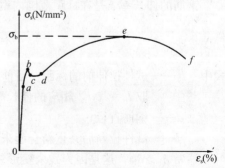

图1-2 有明显屈服点钢筋的应力-应变曲线

关系，a 点的钢筋应力称为"比例极限"。过 a 点以后应变较应力增长为快，达到 b 点后钢筋开始进入屈服阶段，其强度很不稳定。当超过 b 点以后钢筋的应力将下降到 c 点，此时应力基本不变，应变不断增长产生相当大的塑性变形，但比较稳定，与 c 点相对应的钢筋应力称为"屈服强度"；水平段 cd 称为屈服台阶或流幅。过 d 点上升到达 e 点后钢筋产生颈缩现象，应力开始下降，应变继续增长，直到 f 点钢筋在其某个较为薄弱部位被拉断。相应于 e 点的钢筋应力称为它的"极限抗拉强度"，曲线的 de 段通常称为"强化段"，ef 段称为"下降段"。

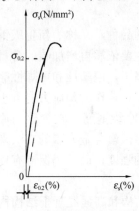

图 1-3 没有明显屈服点钢筋的应力-应变曲线

在钢筋混凝土构件计算中，当结构构件某个截面中的钢筋应力达到屈服强度后，虽然钢筋未被折断，但在应力基本不增长的情况下将产生较大的塑性变形，使构件最终产生不可闭合的裂缝而导致破坏，故取钢筋的屈服强度作为构件破坏时的强度计算指标。

（2）没有明显屈服点的钢筋：如冷轧钢筋，预应力所用的钢丝、钢绞线和热处理钢筋等。

如图 1-3 所示，钢筋没有明显的流幅，塑性变形大为减少。通常取相应于残余应变为 0.2% 的应力 $\sigma_{0.2}$ 作为其假定的屈服强度，$\sigma_{0.2}$ 大致相当于极限抗拉强度的 0.86～0.90 倍。为了统一起见《规范》取 $\sigma_{0.2}$ 为极限抗拉强度 σ_b 的 0.85 倍，即 $\sigma_{0.2}=0.85\sigma_b$。

当钢材的应力在比例极限范围以内时，其应力与应变关系，可用下式表示：

$$E_s=\frac{\sigma_s}{\varepsilon_s} \qquad (1-1)$$

式中 E_s——钢材的弹性模量（N/mm²）；
σ_s——钢材的应力（N/mm²）；
ε_s——钢材的应变（%）。

2. 塑性性能

钢筋的塑性指应力超过屈服点以后，可以拉得很长或绕着很小的直径能够弯转很大的角度而不至断裂的性能，通常以下列试验指标来确定。

（1）伸长率

钢筋的伸长率 δ 是在标距范围内钢筋试件拉断后的残余变形与原标距之比，即：

$$\delta=\frac{l-l_0}{l_0}\times 100\% \qquad (1-2)$$

式中 l_0——试件拉伸前的标距。目前国内采用两种试验标距：短试件取 $l_0=5d$，长试件取 $l_0=10d$，相应的伸长率分别用 δ_5 及 δ_{10} 表示；
d——钢筋直径；
l——试件拉断后并重新合起来量测得到的标距，即产生残余伸长后的标距。

通常 $\delta_5>\delta_{10}$，这是因为残余变形主要集中在试件的颈缩区段时，标距愈短，所得的平均残余应变自然就越大。

（2）弯曲试验

钢筋弯曲试验是检验钢筋在弯折加工时或在使用时不致脆断的一种试验方法。伸长率不能反应钢筋这一脆性性能。

如图 1-4 所示，在常温下将钢筋绕规定的直径 D 弯曲 α 角度而不出现裂纹、鳞落或断裂现象，即认为钢筋的弯曲性能符合要求。通常 D 值愈小，而 α 值愈大，则其弯曲性能愈好。各种钢筋的强度、伸长率和弯曲试验指标 α 及 D 等力学性能指标，列于表 1-1。

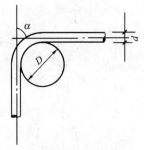

图 1-4 钢筋的弯曲试验
α—弯曲角度；D—弯心直径

总之，伸长率大，钢筋的塑性性能好，破坏时有明显的拉断预兆；钢筋的弯曲性能好，构件破坏时不致发生脆断。因此，对钢筋品种的选择，应考虑强度和塑性两方面的要求。

钢筋的力学性能指标　　　　　　　　表 1-1

钢　筋	钢　号	公称直径 d (mm)	屈服强度 σ_s (N/mm²)	抗拉强度 σ_b (N/mm²)	伸长率 δ_5 (%)	弯曲试验 D=弯心直径 α=弯曲角度
HPB235	Q235	8～20	235	370	25	$\alpha=180°$　$D=d$
HRB335	20MnSi	6～25	335	490	16	$\alpha=180°$　$D=3d$
		28～50				$\alpha=180°$　$D=4d$
HRB400	20MnSiV 20MnSiNb 20MnTi	6～25	400	570	14	$\alpha=180°$　$D=4d$
		28～50				$\alpha=180°$　$D=5d$
RRB400	K20MnSi	8～25	400	600	14	$\alpha=90°$　$D=3d$
		28～40				$\alpha=90°$　$D=4d$

表 1-1 中钢筋计算指标的特点：

(A) 对 HPB235 级钢筋：原《规范》规定的钢筋公称直径为 $d=6\sim40$mm，而《规范》则规定为 $d=8\sim20$mm，取消了 $d=6$mm 以及 d 大于 20mm 以上的粗直径钢筋，说明今后在设计中，不提倡采用低强度的钢筋，尤其是不采用粘结性能差的这种细直径和粗直径的钢筋。此外，在某些情况下（如配置 HPB235 级的构造钢筋，改用配置 HRB335 级的构造钢筋），也适当地提高了构件受力的安全性能。

(B) 原《规范》规定的钢筋品种中，仅有 HPB235 级钢筋，生产出有 6～10mm 细直径的钢筋，其他品种钢筋直径均在 12mm 及以上。而目前《规范》规定的各种钢筋品种中，均有细直径的钢筋，这对构件在配筋设计中恰当地选择钢筋用材，创造了极为有利的条件。

(C) HRB400 级钢筋，与 HRB335 级钢筋相比，其屈服强度提高近 20%，塑性下降约 12%。从正常施工过程和使用情况来看，塑性仍满足标准要求。因此，在配筋设计中，首先要采用 HRB400 级钢筋作为受力钢筋，这在结构设计中会取得较好的经济效益。

1.2.3 钢筋的冷加工

1. 冷拉

所谓冷拉是指利用有明显屈服点的热轧钢筋"屈服强度/极限抗拉强度"比值（称屈强比）低的特性，在常温条件下把钢筋应力拉到超过其原有的屈服点，然后完全放松，若

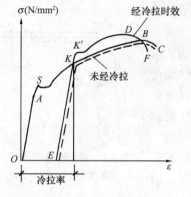

图 1-5 钢筋冷拉后的应力-应变曲线

钢筋再次受拉,则能获得较高屈服强度的一种加工方法。如图 1-5 所示,若将钢筋应力拉到超过原有屈服点 S 而到达 K 点,然后放松,则钢筋应力在曲线图中将沿着平行于 OA 的直线 KE 回到 E 点,钢筋发生了残余变形。此时如果立即再次受拉,则钢筋的应力-应变曲线将沿图 1-5 中的 $EKBC$ 线发展,图形中的转折点 K 高于冷拉前的屈服点 S,从而钢筋在第二次受拉时能够获得比原来更高的屈服强度,这种现象称为钢筋的"冷拉强化"。

如果将钢筋经冷拉放松后,放置一段时间再行受拉,则其应力-应变曲线将沿图中的 $EK'DF$ 发展,曲线的转折点提高到 K' 点,此时钢筋获得了新的弹性阶段和屈服强度,其屈服台阶也较冷拉前有所缩短,伸长率也有所减小,这种现象称为"时效硬化"。

钢筋冷拉时合理选择 K 点可使钢筋屈服强度有所提高,同时又保持一定的塑性,这时 K 点的应力称为冷拉控制应力,对应于冷拉控制应力的应变称为冷拉伸长率。对冷拉控制应力的选择,使用时应符合有关的专门规定[1-2]。

2. 冷拔

冷拔是将钢筋用强力拔过比它本身直径还小的硬质合金拔丝模,这时钢筋同时受到纵向拉力和横向压力的作用,截面变小而长度增长。经多次冷拔后,钢丝的强度比原来提高很多,塑性降低,硬度增加,冷拔后钢丝的抗压强度也获得提高,例如将 $\phi 6$ 的 HPB235 级钢筋,经三次冷拔到 $\phi 3$ 时的钢丝,其应力-应变曲线上没有明显的屈服点和流幅,强度虽然由 260N/mm^2 提高到 750N/mm^2,但伸长率却由 21.9% 降低至 3.3%。这种经冷拔而成的钢丝称为冷拔低碳钢丝,一般用于钢筋混凝土板的受力钢筋和构造钢筋。

经过冷拉和冷拔的钢筋加热后其力学性能将发生变化,例如 HPB235 级钢筋,当加热到 450℃时,强度会有所降低而塑性性能却有所增加,当温度达到 700℃时,钢筋会恢复到原有的力学性能。但钢材硬化的消失和原有性能的恢复,都需要有一定的高温延续时间。因此,在焊接中如果采用适当的焊接方法,严格控制高温持续时间,则焊接后可不致造成钢筋屈服强度或极限强度值过分的降低。

对于冷拉钢筋和冷拔低碳钢丝,其冷加工工序通常在施工工地进行,质量随施工条件不同会有一定差异,同时近几年来,我国对强度高、塑性好的钢筋(包括钢丝、钢绞线)已有充分的货源供应,故不再将其列入《规范》,但是对冷拉钢筋使用时其强度应符合原《规范》(GBJ 10—89)的规定;对冷拔钢丝应符合相应技术规程[1-10]的规定。

3. 冷轧

热轧钢筋再经过冷轧,表面轧制成不同的形状,其材料内部组织变得更加密实,使钢筋的强度和粘结性能有所提高,相应的塑性性能有所下降,冷轧是我国目前钢筋冷加工普遍采用的一种加工方法。国内已经生产的品种有:

冷轧带肋钢筋:采用低碳热轧圆盘再进行冷轧减

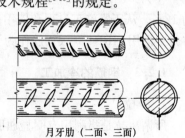

图 1-6 冷轧带肋钢筋

径，并在其表面轧出横肋的钢筋。外形为月牙形，与热轧带肋钢筋外形基本相同，但有二面肋与三面肋二种（见图 1-6）。规格直径为 4～12mm，抗拉强度设计值为 360N/mm²，粘结性能好，适用于钢筋混凝土板类构件配筋，也适用焊接各种形状的钢筋网。强度更高的冷轧钢筋（对直径为 4、5、6mm 的钢筋，其抗拉强度设计值为 430N/mm²；直径为 5mm 其强度设计值还为 550N/mm²），适用于中小型预应力混凝土构件的配筋。

冷轧扭钢筋：以 HPB235 级圆盘钢筋为原材料，经冷轧成扁平状并经扭转而成的钢筋。标志直径为 6.5～14mm，抗拉强度设计值为 360N/mm²，其强度比原材料强度提高将近一倍，但延性较差，一般可用于钢筋混凝土结构板类构件的受力钢筋（见图 1-7）。

图 1-7 冷轧扭钢筋

对冷轧带肋钢筋及冷轧扭钢筋在应用时应符合专门规定[1-8][1-9]。

1.2.4 钢筋混凝土结构对钢筋性能的要求

钢筋混凝土结构构件对钢筋性能的要求，概括地说，主要有：

1. 强度——采用强度高的钢筋，配筋率降低，因而降低了设计的造价。钢筋强度最高的取值，一般不超过 360N/mm²；钢筋强度取值过高时，相应的裂缝和变形问题都难处理。特别是以受拉为主的构件要求较严。

2. 塑性——即钢筋在断裂前应具有足够的变形能力。其中含碳量低的 HPB235 级钢筋塑性性能最好，设计时对预制构件中预埋的吊筋，一般均采用这种钢筋；《规范》规定的热轧带肋普通钢筋，塑性性能也较好，在普通钢筋混凝土结构中使用一般不脆断；对冷加工钢筋在预应力混凝土结构中使用时，因塑性差，容易在构件裂缝及变形不大时脆断，国内发生楼板的断裂事故，其原因就在于此，因而在设计中一般不予采用。

3. 焊接性能——即在一定的工艺条件下，钢筋焊接后不产生裂纹或过大的变形，保证有良好的受力性能。

钢筋的可焊性取决于碳的含量，当含碳量超过 0.55％时就难以焊接。热轧钢筋可焊性好；余热处理、冷加工钢筋焊接后钢筋强度有不同程度的降低；高强钢丝及钢绞线属不可焊接的线材。

4. 粘结（握裹）性能——是保证钢筋和混凝土共同工作的基础。带肋钢筋、冷轧扭钢筋、刻痕钢丝等表面经过处理，增加了粘结性能。此外，钢筋的锚固和有关构造要求，也保证了二者之间有很好的粘结性能。

5. 耐久性能——对于直径较小的钢筋（钢丝），如用于预应力的高强钢丝等，处于高应力状态下，在某个薄弱截面处在大气侵蚀下，容易产生应力腐蚀而发生脆断；此外，处于有侵蚀环境中结构内的钢筋，均存在耐久性的问题，设计时应采用如环氧涂层等相应的措施。

1.3 混凝土

1.3.1 概述

混凝土是由水泥、砂、石子和水按一定的配合比拌合在一起，经凝结和硬化形成的人工石材。其材料性能的基本特点为：

1. 为非匀质的多种材料混合体。其主要组成为：固体颗粒，即粗骨料（石子），有时添加各种掺合料（如粉煤灰），是构成混凝土最基本的机体；水泥砂浆，由细骨料（砂）、水泥、水配合和粗骨料一起搅拌均匀，充填在固体颗粒之间硬化后成为不规则的砂浆块体；此外在混凝土搅拌过程，混入小量的气泡，同时由于浇捣不密实以及水分蒸发等原因，形成一定的细小缝隙。

混凝土的硬化机理为：其中的石子和砂为非活性材料，在混凝土机体内是不变的；而水泥和水在凝结硬化过程中一部分经水化形成硬化后的结晶体，另一部分是未硬化的水泥凝胶体、它包括被结晶体所包围未水化的水泥颗粒，和结晶体之间的孔隙水需要在一定时间内逐渐水化硬化。由于水泥凝胶体把砂和石子粘结成一整体，硬化后构成为混凝土。

2. 内部有微裂缝的存在：所谓微裂是指混凝土硬化后，在荷载作用前内部存在的细微裂缝，这种裂缝最大的有时肉眼也能看得见。混凝土内骨料是不会产生收缩变形的，而由于混凝土在浇筑时的泌水作用引起沉缩，以及在硬化过程中水泥浆的水化造成的化学凝缩和未水化多余水分蒸发造成干缩等产生的收缩变形受到骨料的限制，因而在水泥胶块和石子及砂浆的结合界面处，在荷载作用前形成了不规则的微裂缝；在荷载作用时，这种微裂缝往往是引起混凝土破坏的主要根源。

3. 强度随时间而增长：混凝土内的部分水泥颗粒与水的化学作用是由表及里逐渐深入的，需要在较长的时间内逐渐硬化，故其强度随时间而增长。对于普通混凝土的试验表明，在一般情况下，其浇筑后3天的强度大约相当于其28天强度的30％，7天的强度约为50％～60％，14天的强度约为70％～75％；其强度增长规律为：起初较快，后期逐渐减慢；当外界的环境条件如温度、湿度及大气侵蚀等有利时，其强度增长较为完全。研究表明，混凝土龄期在20年后，其强度增长仍未终止。

4. 具有一定塑性变形的弹塑性材料：混凝土内的水泥胶块中的结晶体和骨料组成弹性骨架承受荷载并具有弹性变形的特点，而水泥胶块中的凝胶体的塑性变形，以及微裂缝和孔隙等缺陷的存在和发展、塑性变形也会逐渐加大，因此，它是一种弹塑性材料。后面将会介绍，在钢筋混凝土结构设计中，利用混凝土材料弹塑性性质的特点，使其产生内力重分布，有效地利用钢筋和混凝土两种不同材料的强度，使设计更为完善。

1.3.2 混凝土强度

1. 混凝土立方体抗压强度（简称立方强度）

混凝土的强度和所采用的水泥强度等级、骨料（砂和石子）质量、水灰比大小、混凝土配合比，制作方法（人工、或机械的）、养护条件以及混凝土的龄期等因素有关。试验时采用试件尺寸和形状、试验方法和加载速度不同，测得的数值亦不相同。因此，需要规定一个标准作为依据。

国际标准化组织颁布了《混凝土按抗压强度的分级标准》（ISO 3893），提出直径为150mm、高度为300mm的圆柱体或边长为150mm的立方体两种标准试件。我国《规范》规定是以边长为150mm的立方体试件在温度20±3°及相对湿度不大于90％的环境里养护28天，以每秒0.3～0.5N/mm² 加载速度试验，并具有95％的保证率时得出的抗压强度极限值，单位为N/mm²，称为混凝土的立方体抗压强度标准值，以符号 $f_{cu,k}$ 表示。

《规范》规定，按混凝土抗压强度分成 14 个强度等级，即 C15、C20、C25、C30、C35、C40、C45、C50、C55、C60、C65、C70、C75、C80。其中 C 表示混凝土，15、20、……、80 等数值表示以 N/mm² 为单位的立方体抗压强度的大小。

混凝土按照强度等级的不同，可分为普通混凝土、高强混凝土和超高强混凝土。三者之间没有明确的区分界限，一般认为强度等级在 C50 以内为普通混凝土，自 C60 至 C80 为高强混凝土，C100 及以上为超高强度混凝土。随着我国科学技术的不断进步，以及材料质量和施工水平的提高，近 20 年来，在混凝土技术水平上，有了很大的提高，特别是对高强混凝土的配制和推广应用取得了显著成就。为此在《规范》中取消了低强度等级，而首次增加了 C65～C80 的高强混凝土强度等级，在混凝土应用技术上，又大大地向前迈进了一步，跨入国际先进行列。

混凝土的立方体抗压强度与试验方法有关，如在与压力机压板接触的试件表面涂上一层润滑剂（如油脂、石蜡），其抗压强度将比表面不加润滑剂试件的抗压强度低很多，而两者的破坏形态也不相同。当不加润滑剂时，由于试件表面与压板之间存在着摩擦力，它好像一道箍一样阻止试件的横向变形，延缓裂缝的开展，因而提高了强度，试件呈二个对顶的角锥形破坏面，如图 1-8（a）所示。当涂上润滑剂时，试件沿着与作用力的平行方向产生几条裂缝而破坏，如图 1-8（b）所示。这样得到的抗压极限强度较低。对标准试验是把表面不涂润滑剂的试件直接放在压力机的上下压板之间进行加载的。

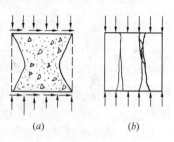

图 1-8 混凝土立方体
试件的破坏特征
（a）不涂润滑剂；（b）涂润滑剂

混凝土的立方体抗压强度与试件的龄期和养护条件有关，在一定的湿度和温度条件下，开始时混凝土的强度增长很快，以后逐渐减慢，这个强度增长过程，往往延续许多年。

混凝土的立方体抗压强度与试件尺寸大小有关，当试件上下表面不加润滑剂加压时，试件的尺寸越小，摩擦力作用的影响越大，即"箍"的作用愈强，量测所得的极限强度值愈高；但有的认为小试件内容易捣实，内部缺陷（孔隙、裂纹等）出现的概率小，表层与内部硬化程度差异小，因此强度较高，这种现象称为"尺寸效应"。

在我国过去曾采用边长为 200mm 的立方体试件，作为测定混凝土立方体强度的标准；为了便利试验工作，有时亦采用边长为 100mm 的立方体试件进行试验。为了统一试验标准，必须将非标准试件的强度乘以换算系数，成为标准试件的强度。《规范》规定对普通混凝土强度等级相同，边长分别为 200、150、100mm 的立方体试件，其强度平均值的换算系数分别为 1.05、1.00、0.95。

对于高强混凝土，即当混凝土强度等级大于 C50 时，试验表明随着混凝土强度等级的提高，其换算系数还会有所降低。目前在国内仅对混凝土强度等级为 C75，边长为 100mm 立方体试件作了有限的试验[1-4]，其换算系数可取 0.90。

这样，如果将边长为 100mm 立方体试件抗压强度，换算成为边长 150mm 试件的标准强度，由于缺乏试验数据，其换算系数可在 C50 的 0.95 与 C75 的 0.90 之间，近似按线性插入法确定，计算结果如表 1-2 所示，其中 C80 的换算系数是近似估计的。在工程应用中,当有可靠试验数据时,应按实际试验确定的系数取用,表中数值仅供参考。

混凝土强度等级在 C50 以上时,试件尺寸强度换算系数　　　　表 1-2

混凝土强度等级 $f_{cu,k}^{150}$	C50	C55	C60	C65	C70	C75	C80
试件边长为 100mm 时混凝土抗压强度平均值 $f_{cu,m}^{100}$	64	71	77	85	92	100	108
强度换算系数	0.95	0.94	0.93	0.92	0.91	0.90	0.89

例如:边长为 100mm 试件抗压强度平均值 $f_{cu,m}^{100}=100$mm,则其强度标准值为 $f_{cu,k}^{100}=f_{cu,m}^{100}(1-1.645\delta)=100\times(1-1.645\times 0.1)=83.55$N/mm² (计算公式来源见公式(2-23))。

相应的混凝土强度等级为 $f_{cu,k}^{150}=0.9 f_{cu,k}^{100}=0.9\times 83.55=75$N/mm²

2. 混凝土轴心抗压强度[1-3]

在实际工程中,构件受压是呈棱柱体形状,所以采用棱柱体(即高度大于边长)试件比立方体试件能更好地反映混凝土的实际抗压能力。试验表明,棱柱体抗压强度随截面高宽比(即 h/b)的增加而降低,这是因为试件高度越大,试验机压板与试件表面之间的摩擦力对试件中部横向变形约束的影响越小,所测得的强度相应也小。因此,在确定试件的尺寸时,就要求具有一定的高度,使试件中间区域不致受摩擦力的影响而形成纯压状态;同时高度也不能取得太高,避免试件破坏时产生较大的附加偏心而降低其抗压强度。

由试验分析可知,当高宽比 $h/b=2\sim 3$ 时,其强度值趋近于稳定。我国取用 $150\times 150\times 300$(mm)的棱柱体作为标准试件,其试验所得的抗压强度称为轴心抗压强度,以 f_c 表示。

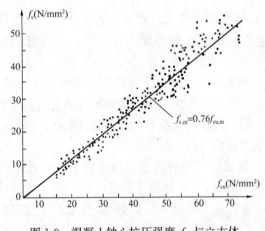

图 1-9 混凝土轴心抗压强度 f_c 与立方体抗压强度 f_{cu} 的关系

轴心抗压强度平均值 f_{cm} 和立方体抗压强度平均值 $f_{cu,m}$ 之间的关系由对比试验可知:

$$f_{cm}=\alpha_{c1} f_{cu,m} \qquad (1-3)$$

系数 α_{c1} 值由试验分析可得:对 C50 及以下混凝土可取 0.76(图 1-9),对高强混凝土则大于此值,并随着混凝土强度等级的增大而提高,当为 C80 时可取 0.82,其他强度等级可按线性插入法确定。

国外(如美国)系采用直径 6 英寸(150mm),高度 12 英寸(300mm)的圆柱体试件的抗压强度作为轴心抗压强度指标,以 f_c'(磅/英寸²)表示。f_c' 值和我国《规范》立方体抗压强度 $f_{cu,k}$ 之间的关系为:

强度换算系数 α_c　　　　表 1-3

混凝土强度等级	C50 级以下	C60	C70	C80
α_c 值	0.800	0.833	0.857	0.875

$$f'_c = \alpha_c f_{cu,k} \tag{1-4}$$

式中　$f_{cu,k}$——边长为150mm混凝土立方体试件抗压强度标准值（N/mm²）；

　　　α_c——强度换算系数，按表1-3取用[1-3]。

3. 混凝土轴心抗拉强度

对于不允许出现裂缝的混凝土受拉构件，如水池的池壁，有侵蚀性介质作用的屋架下弦等，混凝土抗拉强度成为主要的强度指标。

混凝土的轴心抗拉强度也和混凝土轴心抗压强度一样，受许多因素的影响，例如其强度随水泥活性、混凝土的龄期增加而提高。但是用增加水泥用量或提高混凝土强度等级来提高混凝土抗拉强度的速度不如抗压强度提高快。提高抗拉强度的有效办法是使骨料级配均匀和增加混凝土的密实性。

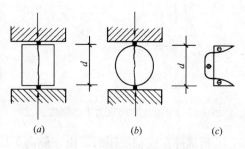

图1-10　劈裂抗拉试验示意图
(a) 立方体；(b) 圆柱体；(c) 劈裂面应力分布

国内外常用劈裂方法进行抗拉试验（图1-10），其试件一般采用立方体，也可采用圆柱体，试验时试件通过其上、下的弧形垫条及垫层，施加一条线荷载（压力），则在试件中间垂直面上，除在加力点附近很小范围内有水平压应力外，试件产生了水平方向均匀拉应力，最后沿纵向中间垂直截面劈裂破坏，其破坏时抗拉强度试验值 f_t，按弹性理论分析，可表达为：

$$f_t = \frac{2P}{\pi d \cdot l} \tag{1-5}$$

式中　P——破坏荷载；

　　　d——圆柱体直径或立方体边长；

　　　l——圆柱体长度或立方体边长。

由对比试验分析结果，普通混凝土和高强混凝土的轴心抗拉强度平均值 f_{tm} 和立方体抗压强度平均值 $f_{cu,m}$ 的关系为：

$$f_{tm} = 0.395 (f_{cu,m})^{0.55} \tag{1-6}$$

高强混凝土的抗拉强度亦随着混凝土强度等级的提高而增长。试验分析表明，当为C80时其轴心抗拉强度比C40的轴心抗压强度大约增加1.55倍及以上。

同样，混凝土的抗拉强度虽然和抗压强度都随着混凝土强度等级的提高而增长，但抗拉强度与抗压强度的比值却随之降低，混凝土的强度等级愈高，其比值降低愈多。

4. 复合应力状态下混凝土的强度

在钢筋混凝土结构中，混凝土处于单向受力状态的情况较少，往往是处于复合应力状态。

图1-11所示混凝土在双向应力作用下试验所得的强度变化规律，σ_1、σ_2 为其中两个平面上的法向应力，第三个平面上的应力为零，f_c 为单向轴力作用下的强度值。从该图可以看出其应力状态可划分成三个区：

Ⅰ（第一象限）双向受压区：其强度均比单向受压高，最大比单向受压强度高约27%。

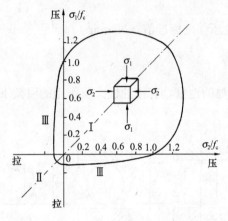

图 1-11 混凝土双向应力下的强度曲线

Ⅱ（第三象限）双向受拉区：其强度与单向受拉时的强度差别不大。

Ⅲ（第二、四象限）拉—压共同作用区：试件破坏时强度比单向受力时强度低。

国外，在圆柱体周围加液压以约束混凝土进行了三向受压试验，其轴向抗压强度随侧向压力的增大而提高，由试验所得的经验公式为：

$$\sigma_1 = f_c + 4.1\sigma_2 \tag{1-7}$$

式中 σ_1——被约束试件的轴心抗压强度（试验值）；

f_c——非约束试件的轴心抗压强度；

σ_2——侧向约束压应力。

当试件在三轴受压时，由于侧向等压的约束，延缓了混凝土内部裂缝的产生和发展。侧向等压力值愈大，对裂缝的约束作用亦愈大，因此，当三轴受压的侧向压力增大时，破坏时的轴向抗压强度亦相应地增大。在实际工程中，常要用配置密排侧向箍筋、螺旋箍筋及钢管提供侧向约束，以提高混凝土的抗压强度和延性。

1.3.3 混凝土变形

混凝土的变形可以分成两类：一类是由荷载产生的受力变形；另一类是由于混凝土的收缩和温度变化等产生的体积变形。

1. 混凝土在一次短期加载时的变形性能

用普通混凝土标准棱柱体或圆柱体试件，作一次短期加载单轴受压试验，所测得的应力-应变曲线，是用以研究钢筋混凝土结构受荷各个阶段混凝土内部应力变化及其破坏机理的重要依据。

图 1-12 所示为混凝土受压时典型的应力-应变试验曲线，对上升段，即图中的 oc 段：

(1) 当应力较小时 ($\sigma_c \leqslant 0.3f_c$)，即曲线上的 oa 段，混凝土内的骨料和水泥结晶体基本处于弹性阶段工作，其应力-应变曲线接近于一条直线。在卸载后应变将重新恢复到零。

(2) 当应力超过 a 点增加至 b 点后 ($0.3f_c < \sigma_c \leqslant 0.8f_c$)，即曲线上的 ab 段，此时其应变增长速度加快，呈

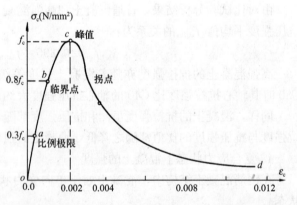

图 1-12 混凝土轴心受压时典型的应力-应变试验曲线

现出材料的塑性性质，这是由于混凝土中未硬化凝胶体的粘性流动，以及其内部微裂缝的开始延伸、扩展和孔隙的变形所致。在这一阶段，混凝土试件内部的微裂缝虽然有所发展，但最终是处于稳定状态。

(3) 当应力超过 b 点增加到 f_c 值时 ($0.8f_c < \sigma_c \leqslant 1.0f_c$)，即曲线上的 bc 段。此时混

凝土内裂缝不断扩展，裂缝数量及宽度急剧增加，试件已进入裂缝不稳定状态。对于普通混凝土，其内部骨料与水泥胶块之间的粘结被破坏，形成了相互贯通并和压力方向相平行的通缝，试件即将破坏。曲线上的 c 点为混凝土受压到达最大时的应力值，称为混凝土的轴心抗压强度 f_c，相应于 f_c 的应变值 ε_0 在 0.002 附近。

对下降段，即图中的 cd 段：当应力超过 f_c 值后，裂缝迅速发展、传播，内部结构的整体性受到严重的破坏。当其变形达到曲线上的 d 点时，试件真正被压坏。

在实际工程中，对于截面上应力分布不均匀的钢筋混凝土构件（如受弯构件），当受压边缘纤维应力刚到达 f_c 时，邻近的纤维应力还没有到达 f_c 值，构件还不破坏；当荷载继续增加，其受压边缘才会被压坏，相应的 $\varepsilon_{c,\max}$ 值在 0.0033 及以上。

混凝土的 $\varepsilon_{c,\max}$ 值包括弹性应变和塑性应变两部分，塑性应变部分越大，表示变形能力越强，也就是延性越好。所谓混凝土材料的延性可以理解为耐受后期变形的能力，后期变形包括材料的塑性、应变硬化以及应变软化（下降）阶段的变形。

试验研究表明，高强混凝土的材料延性差，混凝土破坏时并非沿着骨料和水泥胶块的界面断裂，而是在截面最薄弱处，沿着骨料和水泥胶块发生突然的脆性断裂，在低配筋构件中，并有很大的爆破声，因此，对高强混凝土在设计应用时，应考虑这一特点。

混凝土受拉时典型的应力-应变曲线（图 1-13），它和受压情况相似，但其下降段坡度较陡。对应于轴心抗拉强度的应变值 ε_{ot} 在 0.00015～0.0002 左右，通常取 $\varepsilon_{ot}=0.00015$。

2. 混凝土的横向变形系数

混凝土试件在短期加压时，其纵向产生压缩应变 ε_{cv}，而横向要产生膨胀应变 ε_{ch}，则其横向变形系数 γ_c 可表示为：

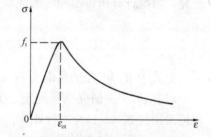

图 1-13 混凝土受拉时典型的应力-应变试验曲线

$$\gamma_c = \varepsilon_{ch}/\varepsilon_{cv} \tag{1-8}$$

混凝土的横向变形系数 γ_c，《规范》称之为泊松系数是指材料处于弹塑性阶段，其横向应变与纵向应变的比值；弹性材料的泊松系数是指材料处于弹性阶段时，其横向应变与纵向应变的比值，二者是有区别的。

试验研究表明：混凝土内压应力值小于约 $0.5f_c$ 时，可以认为 γ_c 值保持为常数（约 1/6）；当应力值超过 $0.5f_c$ 时，横向变形突然增加，表明其内部已出现了微裂缝。《规范》规定，混凝土的横向变形系数 γ_c，设计时取 $\gamma_c=0.2$。

3. 混凝土的弹性模量和变形模量

混凝土受压时的应力-应变关系只是在快速加载或应力很小时（$\sigma < f_c/3$）才接近于直线。一般情况下其应力-应变为曲线关系，相应的总应变为 ε_c，它是由弹性应变 ε_e 和塑性应变 ε_p 二部分组成，即

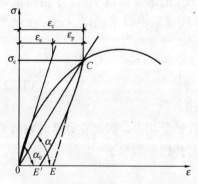

图 1-14 混凝土的弹性变形模量和塑性变形模量表示方法

$$\varepsilon_c = \varepsilon_e + \varepsilon_p \tag{1-9}$$

从图 1-14 可知，若荷载加至 C 点以后，立即卸荷至 E 点，此时弹性变形 ε_e 立即恢复，而剩余的就是塑性变形 ε_p，如再等待一段时间，变形还会继续恢复，将使 OE 减至 OE'，这一现象称为弹性后效，而 OE' 称为不能恢复的残余变形。

混凝土受压变形模量一般有二种表示方法：

(1) 混凝土的弹性模量

由材料力学原理可知，在图 1-14 中应力-应变曲线自原点 O 作一切线，其倾角的正切称为混凝土的原点弹性模量，简称为弹性模量，以 E_c 表示：

$$E_c = \mathrm{tg}\alpha_0 = \frac{\sigma_c}{\varepsilon_e} \tag{1-10}$$

式中 α_0——混凝土应力-应变曲线在原点处的切线与横坐标的夹角。

混凝土弹性模量确定的方法，一般是将混凝土棱柱体加载至 $0.5f_c$，然后卸载至零，再重复加载卸载 10 次，使其塑性变形耗尽，相应的应力-应变曲线渐趋稳定，接近于一倾斜直线。此时该直线的斜率、定义为混凝土的弹性模量 E_c。

我国建筑科学研究院按照上述方法，用不同强度的混凝土棱柱体试件进行了大量试验研究，由统计分析得出相应的经验公式为：

$$E_c = \frac{10^5}{2.2 + \dfrac{34.7}{f_{cu}}} \tag{1-11}$$

上式中 E_c 和 f_{cu} 的量纲为 N/mm^2。

《规范》根据研究结果规定，无论是普通混凝土，还是高强混凝土受压的弹性模量，均可采用公式（1-11）进行计算。或由附表 1 查得。

(2) 混凝土的变形模量

从图 1-14 中可以看出，混凝土的变形模量 E'_c 就是连接 O 至某点应力 σ_c 处的割线与横坐标的倾角 α 的正切，亦称割线模量，即：

$$E'_c = \mathrm{tg}\alpha = \frac{\sigma_c}{\varepsilon_c} = \frac{\varepsilon_e}{\varepsilon_c} \cdot \frac{\sigma_c}{\varepsilon_e} = \gamma E_c \tag{1-12}$$

式中 γ——混凝土的弹性系数，$\gamma = \varepsilon_e / \varepsilon_c$。

在混凝土的理论计算中，应根据 E'_c 值来确定其应力应变关系，所以 E'_c 是有实用意义的。但由于 E'_c 是一个变值，其 γ 值亦是随着某点应力 σ_c 的增大而减小的。γ 值可根据构件的应用场合（如处在使用应力阶段或破坏阶段等），按试验资料来确定。通常在计算中可取：

$$\left.\begin{array}{l} \sigma_c \leqslant 0.3f_c \text{ 时，} \gamma = 1.0 \\ \sigma_c = 0.5f_c \text{ 时，} \gamma = 0.8 \sim 0.9 \\ \sigma_c = 0.9f_c \text{ 时，} \gamma = 0.4 \sim 0.7 \end{array}\right\} \tag{1-13}$$

由试验可知，混凝土受拉弹性模量与混凝土受压弹性模量相近，因此在计算时取与受压弹性模量相同的数值。当即将出现裂缝时混凝土受拉的弹性系数取 $\gamma = 0.5$。

4. 混凝土的徐变

如果在混凝土棱柱体试件上加载，并维持一定的压应力（例如加载应力不小于 $0.5f_c$）不变时，经过若干时间后，发现其压应变还在继续增加。这种混凝土在某一不变荷载的长期作用下，其应变随时间而增长的现象称为混凝土的徐变。

混凝土徐变开始增长较快，以后逐渐减慢，通常在最初六个月内可完成最终徐变量的70%～80%，第一年内可完成90%左右，其余部分在以后几年内逐渐完成，通常经过2～5年可以认为徐变基本结束，但对大尺寸构件10年以后，仍会继续增长。

混凝土徐变的大小，通常以最终徐变量 ε_{ct}（$t=\infty$）和瞬时应变 ε_{ce} 的比值 $\psi_{ct}=\dfrac{\varepsilon_{ct}}{\varepsilon_{ce}}$ 来表示。ψ_{ct} 称为徐变系数。混凝土构件中最大徐变量约为初期的瞬时弹性应变的 2.0～4.0 倍，即 $\psi_{ct}=2\sim4$。

引起混凝土徐变的原因，通常认为：当骨料、水泥和水拌合成混凝土后，一部分水泥颗粒水化后形成一种结晶化合物，它和骨料是一种弹性体，不会产生徐变变形。而另一部分是被结晶体所包围尚未水化的水泥颗粒以及晶体之间存在着游离水分和孔隙等形成水泥凝胶体，它需要在较长的时间内进行水化和内部水分的迁移和蒸发，由于水泥凝胶体具有很大的塑性，它在变形过程中要将其所受到的压力逐步传给骨料和水泥结晶体，二者形成应力重分布而造成徐变变形；另一原因是由于混凝土内部微裂缝在长期荷载作用下不断发展和增长，从而导致应变的增加。由此可知，徐变的发展：当应力不大时是以第一个原因为主；当应力较大时是以第二个原因为主。

试验表明，混凝土持续应力取值越大徐变变形也越大，随着时间的增长，徐变变形增长逐渐减慢而具有收敛性。当持续应力 σ_c 较小时（一般 $\sigma_c\leqslant0.4f_c$），徐变变形近似与持续应力成正比，通常称之为线性徐变；当混凝土持续应力较大（$\sigma_c>0.4f_c$），徐变变形的增长比持续应力增长为快，逐渐呈现出非稳定的现象，称之为非线性徐变，同时混凝土内部微裂缝进一步形成并发展，非线性的徐变变形亦在增加；当持续应力 σ_c 超过 $0.7f_c$ 时，混凝土变形加速，裂缝不断出现和扩展直至破坏，所以一般取持续应力约等于（0.7～0.75）f_c，定为混凝土的长期极限强度。由此可知，如果构件的混凝土压应力，在使用期间经常处于高应力状态下，有可能是不安全的。

试验还表明：混凝土的水灰比愈大，或水灰比不变，水泥含量愈多，则徐变愈大；混凝土的骨料越坚硬以及级配和养护条件愈好，则徐变愈小。在加载前采用低压蒸气养护，可使徐变减小。

对高强混凝土，与普通混凝土相比，在配制时由于加入了高效减水剂和掺合料，使水灰比减小，即游离水分相对减少，同时增加了密实度。其水泥凝胶体部分所占的比例减少，因而徐变变形小。

混凝土的徐变对结构工程产生的影响，分有利和不利两方面。例如，多年的徐变变形使混凝土长期的抗压强度降低最大约20%；梁、板挠度增大一倍；预应力钢筋产生较大的应力损失等，起到不利的作用。但徐变能使结构构件产生应力重分布，降低构件的抗裂性；在大体积或大跨度结构中，能减少收缩裂缝，起到有利的作用。

在钢筋混凝土构件中，由于混凝土的徐变将产生应力重分布现象，如钢筋混凝土短柱在荷载开始作用时，钢筋和混凝土的应力是按弹性变形进行分配的，二者的应力状态和理想的弹性体相接近。随着时间的增长，混凝土由于徐变把自己所承担的一部分应力逐渐转移给钢筋，钢筋的应力在不断地增加，起初增加得快以后逐渐减慢。这样，当构件中钢筋的应力达到屈服强度后混凝土又继续承载，直到混凝土压应力亦达到受压强度极限值时才最终破坏。构件由于这种应力重分布，就能充分利用钢筋混凝土构件中的钢筋强度。

5. 混凝土的收缩

混凝土在空气中结硬时体积减小的现象称为收缩。混凝土初期收缩变形发展较快，二周可完成全部收缩量的25%，一个月约可完成50%，三个月后收缩减慢，一般两年后趋于稳定，最终收缩值约为$(2\sim5)\times10^{-4}$。当混凝土在水中结硬时，其体积将略有膨胀。

引起收缩的原因，在硬化初期主要是水与水泥的水化作用，形成一种新的水泥结晶体，这种晶体化合物较原材料体积为小，因而引起混凝土体积的收缩，即所谓凝缩；后期主要是混凝土内自由水蒸发而引起的干缩。

混凝土收缩与下列因素有关：

水泥强度高、水泥用量多、水灰比大则收缩量大；骨料粒径大、弹性模量大、级配好则收缩量小；混凝土越密实，在结硬和使用过程中，周围环境的湿度大，则收缩小；混凝土构件的体积与其表面面积的比值愈大，收缩量愈小。

当混凝土在蒸汽养护条件下，由于高温高湿条件大大促进了水和水泥的水化反应，缩短了其硬化时间，因此其收缩量减小。

混凝土的收缩变形，对于一般的中小型构件可能会产生不规则的裂缝，一般在施工和养护等方面应加强措施，防止收缩裂缝的出现，在设计中可不考虑收缩的影响，不至于造成安全性的降低。必要时，在结构中设置温度伸缩缝或后浇带，用以减小收缩应力；或在构件的适当部位，设置附加构造钢筋或网片，使其产生较均匀的收缩变形，从而避免裂缝的出现或减小裂缝的宽度。

1.3.4 混凝土的耐热性能[1-5]

混凝土的耐热性能是指混凝土在高温下材料力学性能的变化状况。在一般的土建工程中，结构物经常处于温度最高不超过80～100℃的大气和使用环境中，通常是不需要考虑其耐热性能的。但是在某些情况下，例如，对结构物某个部位（门、窗等）需考虑防火问题，或是构件内可能产生温度应力等，就需要考虑其耐热性能的特性。

混凝土在试验时对试件加热并恒温需要较长的时间后，才能使其内外温度接近均匀。例如，边长100mm的立方体试件表面温度达700℃后，约需恒温6小时，其中心温度才达到680℃。

混凝土在高温时立方体抗压强度$f_{cu,k}$值，随温度t的变化而异，其一般规律为：

$t=100℃$——混凝土内自由水逐渐蒸发，试件内部形成空隙和裂缝，加载后缝隙尖端应力集中，促使裂缝扩展，抗压强度下降。

$t=200\sim300℃$——由于水泥胶体的结合水开始脱出，有利于增加胶合作用和缓和缝隙的应力集中。此时，混凝土强度比$t=100℃$时有所提高，甚至可能超过常温强度。

$t>400℃$——粗骨料和水泥砂浆的温度变形差逐渐扩大，界面裂缝不断开展和延伸；水泥水化生成的氢氧化钙等脱水，体积膨胀，促使裂缝发展，强度急剧下降。

$t>600℃$——一些骨料内部开始形成裂缝，强度快速下降；当$t>800℃$后，试件强度所剩无几，临近破碎。

若以$f_{cu,k}$表示混凝土在标准试验状况下立方体抗压强度，则混凝土在高温下强度持续下降的一般值，如表1-4所示。

由上述可知：混凝土在高温下强度降低和变形恶化主要原因为：

①水分蒸发后内部形成缝隙和裂缝；②骨料和水泥砂浆的热工性能不协调，产生变形差和内应力；③骨料本身受热而破裂。这些原因随温度升高而更趋严重。

混凝土的弹性模量 E_C 随温度的升高而单调的下降；当温度低于 50℃时 E_C 值基本不变；温度 $t=100$℃时降低约 25%；温度 $t=200$℃时降低约 43%；温度 $t=400$℃时降低约 60%。高温下其内部出现不可恢复的损伤。

混凝土在高温下强度下降系数值　表 1-4

t（℃）	$f_{cu,k}/f_{cu,k}$
100	0.88～0.94
200～300	0.98～1.08
500	0.75～0.84
700	0.28～0.40

混凝土在高温下的抗拉强度与在常温下抗拉强度的比值（f_{tk}/f_{tk}）在温度 $t=100\sim300$℃之间时下降约 20%；当 $t=400$℃时下降约 40%；当 $t>400$℃后近似按线性规律下降。

钢筋混凝土结构构件在高温下的材料性能实际情况（如火灾）比上述试验研究的结果要复杂得多，例如受火灾后表面温度迅速升高而内部增长较慢，存在温度的不均匀性；高温下混凝土内部开裂损伤程度各不相同；此外，温度的高低以及温度持续时间的不同，其材料性能差别亦很大，因此，在设计时，应根据实际可能出现的高温情况，认真的加以确定。

1.4　钢筋和混凝土之间的粘结（握裹）力[1-3]

1.4.1　粘结力的性能

钢筋混凝土构件中的混凝土在浇筑硬化以后，混凝土粘结在钢筋表面使二者结合成为一整体，能够很好的相互传递内应力，在构件内共同工作，此结合力即为钢筋和混凝土之间的粘结力。

试验研究表明，钢筋和混凝土之间的粘结应力实际上是由三部分组成：

(1) 因混凝土内水泥颗粒的水化作用形成了凝胶体，对钢筋表面产生的胶结力；

(2) 因混凝土结硬时体积收缩，将钢筋裹紧而产生的摩擦力；

(3) 由于钢筋表面凸凹不平与混凝土之间产生的机械咬合作用而形成的挤压力。

钢筋和混凝土之间的粘结力破坏过程为：当荷载较小时，其接触面上由荷载产生的剪应力完全由其胶结力承担，接触面基本上不产生滑移。随着荷载的增加，胶结力的粘着作用被破坏，钢筋与混凝土之间产生明显的相对滑移，此时其剪应力由接触面上的摩擦力承担。对于光面钢筋来说，当剪应力和相对滑移增长到一定程度时，混凝土将陆续被剪碎而导致破坏；对于带肋钢筋来说，其横肋和混凝土之间的挤压力可以继续承担荷载，且起到主要作用；当挤压力增加到一定程度时，混凝土在钢筋横肋外侧角部处因应力集中而开裂，最终混凝土沿钢筋纵向出现劈裂裂缝，这时的最大应力，即为带肋钢筋与混凝土之间的粘结强度。

试验研究表明，影响粘结力大小的主要因素有：

(1) 混凝土的强度愈高，钢筋与混凝土之间的粘结力也愈大；

(2) 钢筋外侧的混凝土有足够厚度或配置与纵向受力钢筋垂直的箍筋时，则混凝土的劈裂裂缝的出现和扩展受到限制，相对地其粘结力有所提高；因此，构件在保护层薄弱的位置，容易出现纵向劈裂裂缝，促使粘结力提早破坏；

(3) 带肋钢筋与混凝土之间机械咬合力好，破坏时粘结强度大；相反光面钢筋或钢丝的粘结强度则较小。

1.4.2 防止粘结破坏的措施

在钢筋混凝土结构构件中，在混凝土开裂前或开裂时的粘结力通常都不会很大，一般不会引起粘结的破坏。但下列的特殊部位，设计时需加以考虑：

1. 当钢筋伸入支座时：如图 1-15 (a) 所示，支座斜裂缝至钢筋端部区段内，必须保证有足够的粘结力，亦即钢筋伸入支座内必须有一个长度，依靠这个长度上的粘结力把钢筋锚固在混凝土中，使其不能滑动，此长度称为锚固长度。

2. 当钢筋在跨中被切断时：如图 1-15 (b) 所示，钢筋如果在理论上在受力不需要的点处立即切断，钢筋没有锚固就要回缩，则在该切断点处就要产生较大斜裂缝而导致构件承载力不足。为此，钢筋需在理论切断点处向外再延伸一个长度然后切断，使钢筋端部有可靠的粘结力，锚固在混凝土中，这个向外延伸的长度，称延伸长度。

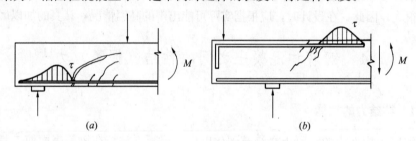

图 1-15 锚固粘结应力
(a) 钢筋伸入支座；(b) 钢筋在跨间切断

3. 当钢筋相互搭接时：如图 1-16 所示，在钢筋的搭接接头处，是通过钢筋与混凝土之间的粘结应力来传递钢筋与钢筋之间内力的，因此，钢筋之间必须有一定的搭接长度，此长度亦由能够锚固钢筋端部粘结力的大小来确定。

钢筋与混凝土之间的粘结应力，通常用拔出试验来确定（图 1-17），其值沿钢筋长度成曲线分布，其粘结强度平均值 τ_m，可按下列公式确定：

$$\tau_m = \frac{P}{l_a \pi d} \tag{1-14}$$

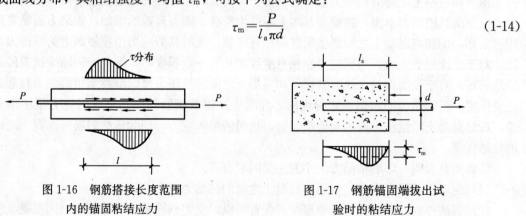

图 1-16 钢筋搭接长度范围
内的锚固粘结应力

图 1-17 钢筋锚固端拔出试
验时的粘结应力

式中 P——拔出力；

　　　d——钢筋直径；

　　　l_a——钢筋锚固长度。

在公式（1-14）中，平均粘结强度 τ_m 值是以钢筋应力达到屈服强度 f_y 时而不发生粘结锚固破坏的最短锚固长度来确定的。并以 τ_m 值作为确定设计时锚固长度的依据。锚固长度越长，则锚固作用越好。但如太长，靠近钢筋端头处的粘结应力很小，甚至等于零。设计时仅需保证其有足够的锚固长度，因此也不必太长。

《规范》规定，钢筋和混凝土之间的粘结应力不需要进行计算，对上述与粘结力有关的锚固长度、延伸长度以及搭接长度只是采用构造措施来保证，具体规定将在以后有关章节中介绍。

1.5　高强混凝土基本概念

1. 基本概念

高强混凝土是指用常规的原材料（水泥、砂石、水），使用常规的制作工艺，外加高效减水剂或掺和一定的活性掺合料配制，硬化后具有强度较高的混凝土。高强混凝土的特点：抗压强度高，材料密实性、耐久性好，施工时早期强度增长较快，后期增长较慢；但材料的延性差，脆性稍大，其质量易受原材料和各个施工环节的影响，因此，在配制时对其施工过程应有严格的要求。

2. 原材料选用

（1）水泥：一般宜用硅酸盐水泥和普通硅酸盐水泥。水泥的强度等级宜用不低于42.5级的，要选择水泥的活性好，富余系数较大的品种，配制时水泥用量不宜超过 500kg/m³，用量过多，混凝土中所形成的水泥石（即凝胶体）比例过大，反而会降低强度。

（2）集料：粗集料（石子）应选用质地坚硬、级配良好的石灰岩、花岗岩等碎石。其中石灰岩碎石表面能与水泥起水化作用，配制的混凝土强度相对高。粗集料的抗压强度应比混凝土强度高20%以上，粒径为5～20mm，针片状颗粒含量不宜超过5%，表面净洁无粉尘。

细集料（砂）宜选用质地坚硬、级配良好的中、粗河砂或人工砂，含泥量不超过2%，砂率宜控制在0.28～0.34范围内，泵送时宜为0.35～0.44范围内。

（3）水：为一般饮用水，亦有采用磁化水配制的，它能提高混凝土强度约10%。

（4）高效减水剂：是一种掺入混凝土拌合料中能显著降低水灰比的外加剂。其减水率一般为12%～20%，混凝土拌合料中掺入高效减水剂后，塌落度有较大的增加，改善了拌合时和易性。当要求塌落度不变时，则可减少拌合时用水量，提高混凝土的强度。此外，还可达到早强的效果，一般混凝土浇筑后3天强度能达到设计强度的40%，7天能达到60%左右，有利于施工。

在拌合料中掺入高效减水剂后，存在的一个较严重的问题是混凝土塌落度损失过大，一般在半小时约降低50%，而普通混凝土半小时约降低10%～20%，这样由于混凝土初凝过速，造成施工困难。减小坍落度损失的办法，一般是：

1) 分段掺加高效减水剂：即在拌合时掺加一半，另一半在拌合料运到工地后掺加，经运输车自动拌合均匀后再浇筑混凝土。

2) 加缓凝剂：通常在混凝土拌合时再掺加如木钙等缓凝剂，木钙的掺量约为水泥用量的 0.25%，缓凝时间约 1～3 小时。

(5) 掺合料：是指带有活性的矿物材料，主要用以代替部分水泥起到填充作用，提高混凝土的密实性；同时分散水泥颗粒，促进水化，改善和易性，提高混凝土强度。常用的有[1-6]：

1) 粉煤灰：分三级，常用的为二级优质灰（筛余≤8%），掺量为水泥用量的 10%～20%，并以减少的水泥用量的 1.5～2 倍代入。其特点为水化热低（仅为水泥的一半），使混凝土的干缩及收缩量减小，造价降低，但混凝土早期强度增长较慢。

2) 硅粉：是电炉炼钢产生的副产品，主要成份 SiO_2 含量占 85%～95%，颗粒极细，为水泥粒径的 1/50～1/100，其特点是活性比水泥颗粒高达 1～3 倍，掺量一般不宜超过水泥用量的 10%，早强，3 天强度能达到配制强度的 80% 左右。当配制 C80 以上的混凝土时，掺加硅粉几乎是目前唯一的途径。

3) F 矿粉：是以天然沸石岩为主要原料，配以少量石膏等无机物经磨细而成。主要成份 SiO_2 含量占 61%～69%，Al_2O_3 含量占 12%～14%。掺量为全部胶结料（水泥加 F 矿粉）的 5%～10%；掺 F 矿粉的高强混凝土施工时有良好的和易性、保水性，早期和后期强度均较好。这种混凝土的密实性，抗渗性和徐变性能均比普通强度混凝土为优。

4) 其他：还有磨细矿渣等。

3. 力学性能的特点[1-7]

(1) 混凝土的轴心抗压强度：图 1-18 所示为混凝土的应力-应变曲线（σ_c-ϵ_c），对高强混凝土，在峰值以前 70%～90% 的应力，处于弹性阶段工作（普通混凝土为 30% 左右）；当高强混凝土应力超过弹性阶段的强度时，则与峰值距离很近，意味着材料处于临近破坏的高应力状态的特性。

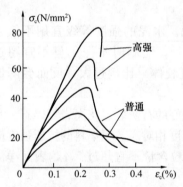

图 1-18 混凝土 σ_c-ϵ_c 曲线

(2) 当混凝土应力超过弹性阶段的强度时，这对普通混凝土来说，最初还处于裂缝不发展的裂缝稳定状态，但对于高强混凝土，正由于其弹性极限强度与峰值距离很近，一旦应力超过弹性阶段，就临近即将破坏；此外，当混凝土应力到达峰值后，曲线骤然下降，随之发生断裂，两者都说明高强混凝土具有脆性性质的特性。

(3) 高强混凝土的强度是随着混凝土强度等级的提高而增大的，但其抗压强度增长比抗拉强度快。因此，高强混凝土更适用于以受压为主（如柱子）的构件。

(4) 由试验可知，在破坏形态上，对普通混凝土构件的破坏裂缝是沿着粗集料与水泥石（即凝胶体）之间的介面或在水泥石内发生的，粗集料自身一般不发生破坏；而对高强混凝土破坏裂缝是沿着水泥石和粗集料而发生，破坏是突然的，没有预兆，对无筋或低配筋构件，还会发生很大的爆破响声。因此，在结构设计时要考虑这一特点。

4. 施工的特点——施工时应重视的问题

(1) 对原材料有严格的要求：其中水泥要选用活性好富余系数较大的材料，水泥存放时间过长，会使活性降低，一般不能用于配制高强度混凝土。当水泥存放三个月，浇筑的混凝土强度约降低25%。每批水泥进料时，除需按国家规定的要求进行检验外，还应作混凝土试件的试配。

对高效减水剂的选择，也是关键的问题，目前减水剂品种较多，进货时一定要经国家规定机构检验，同时还要进行试配，是否合格。

(2) 要重视每个施工的环节：如果采用的是商品混凝土，对每次运送来的拌合料的和易性及初凝时间有无变化等，一定要加以必要的监督和检查。如果在工地拌合，所用的配合比，一定要试配，搅拌时对各种用料的比例不能有错，特别是用水量如何合理控制，是一个较突出的问题。

(3) 施工时要有专门的组织机构和技术人员专门负责，分工明确，确保施工质量。

1.6 我国混凝土结构对材料使用的新趋向[1-4]

我国以往由于受建筑材料和钢铁工业生产水平的限制，材料的质量较低，致使在建筑工程上所用的混凝土及钢筋的强度等级偏低，因而建筑结构的安全度（即安全可靠的保证率）总体水平亦偏低。

在过去对结构安全度的增加，往往依赖于材料用量的相应增加，这样，如果要求结构安全度增加10%，则材料的用量和费用大约也增加10%，这对提高结构安全度要付出很大的代价，同时也将受到国家经济能力的限制。

近十多年以来，我国在土建用材的生产有了很大的发展和提高，例如，对高效减水剂的配制成功并在生产上有了大量的供应，推动了高强混凝土的推广应用，同样，强度较高的钢筋、钢丝、钢绞线的工厂化生产和大量的供应，改变了过去使用低强度钢筋和需在土建工地上进行冷加工的落后面貌，在这良好的条件下，《规范》对材料使用的趋向是，重视了质量的要求和推广使用，具体体现为[1-1]：

1. 在生产用材上，从以往的低强度等级转变为使用中强度等级为主的材料，并向高强度等级方向发展，在《规范》条文中：如增加了C65～C80的高强度等级，在工程上过去普遍使用C20，今后趋向普遍使用C30、C40。

对钢筋缩小了低强度HPB235级（即原Ⅰ级钢）的生产品种。原《规范》规定其直径为6～40mm，而《规范》规定直径为8～20mm。说明不主张采用低强度级别的钢筋；而取消了直径为$\phi 6$，在一定条件下，是提高了结构的安全度，例如，板的分布构造钢筋，原来规定最低配筋直径为$\phi 6$，间距为300mm，而按《规范》则应取用直径为$\phi 8$，或改用HRB335级钢筋，直径为$\phi 6$，间距为250mm，即使是采用同样的间距，配筋率也提高了。

2. 在配筋设计时，尽可能采用强度等级较高的钢筋，如原来采用HPB235级钢筋的，尽可能采用HRB335级（即Ⅱ级钢）或HRB400级钢筋。其优点在于当结构安全度增加时，由于钢筋强度提高，其所需的钢筋用量和相应的费用并不显著增加；或是结构的承载能力不变，改用较高强度等级的钢筋后，结构所需费用可能下降。例如，将钢筋由HRB335级改用HRB400级后，钢筋面积可以节省17%，如果从所需费用来考虑，钢筋HRB335级按2600元/吨，HRB400级按2800元/吨计算，就钢筋费用来说，可以下降16％。

同样，对混凝土来说，采用较高等级后，其所需费用大致与钢筋相似，同时可以减小构件的截面尺寸，增加了结构的使用功能。

以上的介绍，务请设计时关注土建用材这一发展的新趋向。

参 考 文 献

[1-1] 混凝土结构设计规范(GB 50010—2002). 北京：中国建筑工业出版社，2002

[1-2] 混凝土结构设计规范(GBJ 10—89). 北京：中国建筑工业出版社，1989

[1-3] 哈尔滨工业大学，大连理工大学，北京建筑工程学院，华北水利水电学院合编(王振东主编). 混凝土及砌体结构(上册). 北京：中国建筑工业出版社，2002.

[1-4] 中国建筑科学研究院主编. 混凝土结构设计. 北京：中国建筑工业出版社，2003

[1-5] 过镇海著. 钢筋混凝土原理. 北京：清华大学出版社，1999

[1-6] 陈肇元、朱金铨、吴佩刚. 高强混凝土及其应用. 北京：清华大学出版社，1992

[1-7] 丁大钧. 高性能混凝土工程特性(一)、(二). 北京：工业建筑. 1996年第26卷第10期

[1-8] 冷轧带肋钢筋混凝土结构技术规程(JGJ 95—95). 北京：中国建筑工业出版社，1995

[1-9] 冷轧扭钢筋混凝土结构技术规程(JGJ 15—97). 北京：中国建筑工业出版社，1997

[1-10] 冷拔钢丝预应力混凝土构件设计规程(JGJ 19—92). 北京：中国建筑工业出版社，1992

第 2 章 结构的基本设计方法

2.1 结构设计的要求

2.1.1 结构的功能及设计要求[2-4]

在土建工程中,一般的建筑物使用时在规定的设计使用年限内(如50年),在正常设计、正常施工、正常使用和维修情况下,应满足结构预定基本功能的要求。结构的基本功能具体是:

1. 安全性:结构能够承受正常施工、正常使用时可能出现的各种荷载和变形(如支座沉降、温度变化引起受约束构件的变形等),在偶然荷载(如地震、强风)作用下,仍能保持整体稳定性。

2. 耐久性:结构在正常使用和正常维护条件下,在规定的设计使用期限内有足够的耐久性。如不发生混凝土严重风化、腐蚀而影响结构的使用年限等。

3. 适用性:结构在正常使用荷载作用下具有良好的工作性能。如不发生影响正常使用的过大变形和振幅,或引起使用者不安的裂缝宽度。

上述功能的要求,总称为结构的可靠性。可以看出,增大结构设计的富余量,如加大截面尺寸及配筋或提高对材料性能的要求,总是能够满足功能要求的,但是将使结构的造价提高,导致结构设计经济效益的降低。结构的可靠性和结构的经济性二者之间是相互矛盾的。科学的方法就是通过结构设计,运用现有的科学技术,在结构功能的可靠与经济之间,选择一种最佳的方案,使设计符合技术先进、安全适用、经济合理、确保质量的要求。长期以来,人们一直在探索解决这个问题的途径,以获得满意的设计要求。

2.1.2 结构的设计使用年限

1. 对设计使用年限的有关规定

建筑结构的设计使用年限是指按规定指标设计的建筑结构或构件,在正常施工、正常使用和维护条件下,不需进行大修即可达到按其预定目的使用的时期。由于对各类荷载的取值,会涉及到时域(时间间隔)的问题,在《建筑结构荷载规范》(GB 50009—2001)❶中,将设计使用年限统一取为50年,并称其为结构的设计基准期[2-1]。

应当指出,结构的设计使用年限与结构的使用年限有一定的联系,但不完全相同。结构的使用年限是指,当结构的使用年限超过设计使用年限(如50年)时,其破损程度将逐年增大,但结构尚未报废,经过适当维修后,仍能正常使用;其使用年限需经鉴定

---

❶ 以后简称《荷载规范》。

确定。

对建筑结构设计使用年限，我国以往一直缺乏明确的规定。这次新修订的《建筑结构可靠度设计统一标准》（GB 50068—2001）首次正式提出将其分为四个类别（见表 2-1）。

设计使用年限分类　　　　　　　　　　　表 2-1

类别	设计使用年限（年）	示　　例	类别	设计使用年限（年）	示　　例
1	5	临时性建筑	3	50	普通房屋和构筑物
2	25	易于替换的结构构件	4	100 及以上	纪念性建筑和特别重要的建筑结构

在设计时，各类建筑结构构件，均应按《荷载规范》规定的各项指标，进行结构计算。此外，《规范》对表 2-1 中规定不同类别的结构构件，在有关设计条文中提出不同的要求和措施：

（1）对结构重要性系数 γ_0 取值有不同的要求见公式（2-13）；

（2）对混凝土耐久性有不同的措施（见 2.6.1 节）。

以上的规定中，特别是提出耐久性的要求，这是我国在结构设计的同时，提出还需考虑耐久性设计新要求，在设计方法上前进了重要的一步，对设计质量将会起到良好的影响。

2. 确定设计使用年限时需考虑的问题

在设计时，除按上述规定的结构设计使用年限进行设计外，建议还应考虑以下问题：

（1）应根据结构的使用功能的要求，来确定结构的设计使用年限。例如工业厂房，经过一定时期后，由于产品的更新，致使其生产路线和生产规模的改变，而要求结构拆旧换新；同样，对民用住宅，由于人民生活水平的提高对房屋设施和使用功能，亦随之有更高的要求，有条件时亦应定期拆旧换新，因此，其结构设计使用年限，需作合理的确定。

（2）应满足用户的合理要求，例如投资商根据投资项目年限，要求具有最经济的结构设计使用年限，应该得到满足。

（3）在确定结构设计使用年限时，应具有较长远的及较全面的经济观点的考虑，例如有时将结构设计使用年限定得过长，在使用期间维修费用过高，不如拆了再建，这就需要在建造初期，加以合理的考虑了。

2.1.3　结构的极限状态

结构能够满足功能要求而且能够良好地工作，称为该结构在使用时是"可靠"或"有效"的，反之则称为结构是"不可靠"或"失效"的。区分二者不同状态的界限称为"极限状态"。

结构根据功能的不同要求，其极限状态可分为下列两类：

1. 承载能力极限状态

是指结构或构件达到最大承载力、出现疲劳破坏或不适于继续承载的变形的界限状态。

对于所有结构构件，均应进行承载力（包括失稳）极限状态的计算。必要时尚应进行构件的疲劳强度或结构的倾覆和滑移的验算；对处于地震区的结构，尚应进行构件抗震承载力的计算，以保证结构构件具有足够的安全性和可靠性。

2. 正常使用极限状态

是指结构或构件达到正常使用或耐久性能的某项规定限值时的状态。

对于在使用上或外观上需控制变形值的结构构件，应进行变形的验算；对于在使用上要求不出现裂缝的构件，应进行混凝土抗裂性的验算；对于允许出现裂缝的构件，应进行裂缝宽度的验算；以保证结构的正常使用和耐久性的要求。

当结构或构件达到正常使用极限状态设计时，如果所能满足条件比所要求的万一略差一些，或虽然会影响结构的正常使用或使人们产生不能接受的感觉，甚至会减弱其耐久性，但一般不会导致人身伤亡或重大的经济损失；同时，考虑到作用在构件上的最不利可变荷载，往往仅是在某一瞬时出现的，所以设计的可靠程度允许比承载能力极限状态略低一些。通常是按承载能力极限状态来计算结构构件，再按正常使用极限状态来验算构件。

2.2 结构的作用、作用效应和结构抗力

2.2.1 结构的作用[2-4]

1. 作用的概念与类型

所谓"作用"是指建筑结构在施工和使用期间所承受的各种外力和因外部原因引起的变形的总称。外部原因的变形如地震、基础不均匀沉降、混凝土收缩、徐变、温度变形和钢材的焊接变形等。

在工程结构中，作用于结构上的外力，亦称结构的荷载。荷载按其随时间的变异而不同，可分为以下三类：

(1) 永久荷载（恒荷载）：在结构使用期间，其值不随时间变化，或其变化与平均值相比可以忽略不计的荷载。例如，结构自重、土压力等。

(2) 可变荷载（活荷载）：在结构使用期间，其值随时间而变化，且其变化与平均值相比是不可以忽略不计的荷载。例如，楼面活荷载、吊车荷载、风荷载、雪荷载等。

(3) 偶然荷载：在结构使用期间不一定出现，一旦出现，其值很大且持续时间很短的荷载。例如，地震、爆炸、撞击力等。

2. 荷载的代表值

对于任何荷载都具有不同程度的变异性，为了简化计算，设计时给各类荷载赋予一个规定的量值，即称为荷载代表值，具体分为：

(1) 荷载标准值：是结构在设计基准期间内，在正常情况下，可能出现具有一定保证率的最大荷载；它是荷载的基本代表值，当有足够实测资料时，一般可用下式确定（图 2-1）：

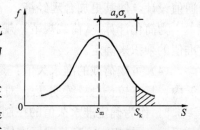

图 2-1 荷载标准值的取值

$$S_k = S_m (1 + \alpha_s \delta_s) \tag{2-1}$$

式中 S_k——荷载标准值；

S_m——荷载平均值；

α_s——荷载标准值的保证率系数；

δ_s——荷载的变异系数，$\delta_s = \sigma_s / S_m$；

σ_s——荷载的标准差。

由于结构上的各种荷载实际都是不确定的随机变量，亦即随着不同的情况而变化的，因此，对荷载的取值应具有一定的保证率，使其超过荷载标准值的概率要小于某一允许值之内，方为安全可靠。对保证率系数国际标准化组织（ISO）建议取 $\alpha_s = 1.645$，即相当于具有95%的保证率，将其不保证的因素限制在5%以内。

我国《荷载规范》对荷载标准值的取值方法为：

永久荷载标准值：由于结构自重变异性不大，可按结构的设计尺寸与材料的单位体积自重的乘积计算确定。对常用材料和构件的自重，可参照《荷载规范》附录一采用。对于某些自重变异性较大的材料和构件，其自重标准值应根据其最不利状态，由实际情况确定。

可变荷载标准值：在《荷载规范》各章中作出了具体规定，供设计使用。

（2）可变荷载的组合值：当有二种及以上可变荷载同时考虑出现时，由于都同时达到其单独出现的最大值的概率极小，因此，《荷载规范》采用除其中最大的荷载仍取其标准值外，其他伴随的可变荷载均采用在相应时段（设计基准期）内小于其标准值的量值，作为荷载代表值，该值称之为组合值，并以荷载的组合值系数 ψ_c 与相应可变荷载标准值乘积的形式来确定。

（3）可变荷载的频遇值：是指结构时而出现，持续时间较短，并具有一定保证率的较大可变荷载值。它与荷载的标准值相比，其区别是：①频遇值的取值与时间有关，其总持续时间 T_x 较短（若结构规定设计基准期为 T，国际标准建议 $T_x/T < 0.1$）；而标准值的确定没有反映荷载随时间而变异的特点；②频遇值是在较短的持续时间内可能达到的较大可变荷载值，而不是规定设计基准期内的最大荷载的标准值，这样可使结构破坏有所减缓，荷载取值亦可以稍低；或在破坏程度相同条件下，由于时间的短暂性，对其荷载设计值的取值亦可稍低。因此，可变荷载的频遇值总是要小于可变荷载标准值；例如结构仅按在使用中实际可能发生，不致引起人们不舒适每分钟振动次数，最多不高于20次，总持续时间不会超过2年的振动情况的条件设计，与按每分钟振动次数一般规定要求能承受高于20次（如达到50次），总持续时间需达到设计基准期（50年），进行结构设计，在各方面条件均相同情况下，则按前者条件设计时可以取比荷载标准值较低的可变荷载值—频遇值设计，使其更加合理经济。

为简化计算，《荷载规范》规定的频遇值是以荷载的频遇值系数 ψ_f 与相应可变荷载标准值的乘积来确定。

（4）可变荷载的准永久值：是指在结构上经常作用的可变荷载，它在规定的使用期限 T 内，具有较长总持续期 T_x，对结构的影响有如永久荷载的性能（国际标准建议取 $T_x/T \geq 0.5$，作为确定准永久值的控制条件）。《荷载规范》规定：准永久值是以荷载的准永久值系数 ψ_q 与相应可变荷载标准值乘积的形式确定。

上述的系数 ψ_c、ψ_f、ψ_q 值具体在《荷载规范》有关章节中取用。

3. 作用效应

结构构件在上述各种外力和外部原因引起的变形等因素所引起的内力（如轴力、弯矩、剪力、扭矩）、变形（挠度、转角）和裂缝等统称为"作用效应"，以"S"表示，当"作用"为"荷载"时，则称为荷载效应。

由于结构上的作用是随着时间、地点和各种条件的改变而变化的一个不确定的变量，所以作用效应 S 一般说来也是一个变量。

荷载 Q 与荷载效应 S 之间，一般可近似按线性关系考虑。即：

$$S=CQ \tag{2-2}$$

式中　C——荷载效应系数；

　　　Q——某种荷载。

例如，受均布荷载作用的简支梁，其跨中弯矩 $M=(1/8)ql^2$，此处，M 相当于荷载效应 S，q 相当于 Q，$(1/8)l^2$ 则相当于荷载效应系数 C，l 为梁的计算跨度。

荷载效应是结构设计的依据之一。由于它的统计规律与荷载的统计规律是一致的，因而我们以后将着重讨论荷载变异的情况。

4. 荷载分项系数及荷载设计值

荷载分项系数是考虑荷载超过标准值的可能性，以及对不同变异性的荷载可能造成结构设计时可靠度严重不一致的调整系数。其确定的方法是，在进行结构构件计算时，对各种荷载的取值，其安全保证率以不低于设计规定的保证率（如保证具有 95% 的安全性），并使其二者相接近为原则。若以 γ_G 及 γ_Q 分别表示永久荷载及可变荷载的分项系数，则按《荷载规范》规定：

(1) 永久荷载的分项系数

1) 当其效应对结构不利时

对由可变荷载效应控制的组合，取 1.2；对由永久荷载效应控制的组合，取 1.35。

2) 当其效应对结构有利时

一般情况下取 1.0；对结构的倾覆、滑移或漂浮验算，取 0.9。

(2) 可变荷载的分项系数

一般情况下取 1.4；对标准值大于 $4kN/m^2$ 的工业房屋楼面结构的活荷载，取 1.3。

荷载的标准值与荷载分项系数的乘积称为荷载的设计值，亦称设计荷载，它比荷载的标准值具有更大的可靠性。

2.2.2　结构抗力

1. 结构抗力的概念及结构的工作状态

结构抗力是指结构或构件承受内力和变形的能力（如构件的承载能力、刚度等），以 "R" 表示。在实际工程中，由于受材料强度的离散性、构件几何特征（如尺寸偏差、局部缺陷等）和计算模式不定性的综合影响，结构抗力是一个随机变量。

结构构件的工作状态可以用荷载效应 S 和结构抗力 R 的关系式来描述。一般可写成如下的极限平衡方程式：

$$S=R \tag{2-3}$$

对荷载效应 S 和结构抗力 R 的理解：S 是由荷载产生需要构件承担的内力或变形，而 R 是构件能够承担的内力或变形。

例如，一轴心受压混凝土短柱的承载力极限平衡方程式可写成：

$$N=N_u \tag{2-4}$$

式中　N——由荷载产生的轴向压力，即相当于荷载效应 S；

N_u——轴心受压短柱的抗压极限承载力,即结构抗力,$N_u = f_c A_c$;

A_c、f_c——分别为混凝土的截面面积及抗压强度设计值。

上式中,若取 $Z=R-S$,Z 值是表示在扣除了荷载效应以后结构内部所具有的多余抗力,它是随着 R、S 值而变的,由于 R 及 S 是随机变量,因此,Z 值也是随机变量。根据 Z 值大小的不同,结构所处的有三种不同工作状态:

当 $Z>0$ 时,结构处于可靠状态;

$Z<0$ 时,结构处于失效状态;

$Z=0$ 时,结构处于极限状态。

上述 $Z=0$ 时的极限状态,是结构设计计算的依据,而 Z 值中的 R 与材料强度直接相关,材料强度是决定结构抗力的主要因素,下面具体分析材料强度的问题。

2. 材料强度的标准值

材料强度标准值的取值原则:在材料强度实测值的总体中,强度标准值应具有不小于 95% 的保证率。其值 f_k 由下式决定:

$$f_k = f_m(1-1.645\delta_f) \tag{2-5}$$

式中 f_m——材料强度的平均值;

δ_f——材料强度的变异系数,$\delta_f = \sigma_f / f_m$;$\sigma_f$ 为材料强度标准差,δ_f 值可按表 2-9 取用。

对于钢材强度标准值:根据全国主要钢厂的统计,热轧钢筋的标准值($f_k = f_m - 2\sigma_f$)一般均大体接近于相应的部颁屈服强度废品限值,即它的保证率为 97.73%。为了使钢筋的强度标准值与钢筋的检查标准统一起见,热轧钢筋的抗拉强度标准值取等于部颁屈服强度废品值;而对于没有明显屈服点的钢筋则给出极限抗拉强度的检验指标,作为其强度的标准值。

上述的分析研究和设计规定是我国原冶金部所做的工作,目前仍采用这一规定,所谓部颁屈服强度废品值,即是国标规定的各种钢材的屈服强度。如果某一钢厂生产出来的钢筋,其屈服强度低于国标规定的相应屈服强度时,就可作为废品,不能正规在工程上使用。

混凝土的各种强度指标标准值,其计算方法为:

(1) 混凝土立方体抗压强度标准值(或称混凝土强度等级)$f_{cu,k}$:是按标准方法制作、养护和试验所得的抗压强度值(具体见 1.2.1 节)。

(2) 混凝土的轴心抗压强度标准值 f_{ck} 及抗拉强度标准值 f_{tk},是根据混凝土立方体抗压强度标准值和各种强度指标的关系,按公式 (1-3) 及公式 (2-5) 计算得出的。混凝土各种强度标准值见附表 1。

3. 材料强度的设计值

材料强度的标准值 f_k 除以材料的分项系数 γ_m 就得到材料强度的设计值 f,即:

$$f = f_k / \gamma_m \tag{2-6}$$

钢筋的分项系数 γ_m 值　　表 2-2

钢筋级别	γ_m 值
HPB235、HRB335	1.12
HRB400、RRB400	1.11

钢筋的材料分项系数是通过对受拉构件的试验数据进行可靠度分析得出的。各种钢筋的分项系数见表 2-2。

混凝土的材料分项系数是通过对轴心受压构件试验数据作可靠度分析求得的,其值取为 1.40。

2.3 结构按概率极限状态设计

2.3.1 按概率极限状态设计的意义

结构构件按极限状态设计法，由于计算条件（如荷载、材料强度等）的不定性，严格按照这一方法进行设计，有极大的难度。因此，根据当前的发展，具体采用按概率极限状态设计法。

结构按概率极限状态设计是运用概率统计的方法，对结构可靠性（包括荷载及材料强度指标等）的度量，提出了具体的计算公式，并作出粗略的估计，在此基础上进行结构极限状态的计算。它代表了结构可靠理论发展的新水平，目前在国际上已经或将要采用这种新方法。

2.3.2 结构设计的可靠度

结构的可靠度就是结构在规定的时间内，在规定的条件下完成预定功能（安全性、耐久性、适用性）的可能性大小，用概率来表示。因此，它是结构可靠性的概率度量。

对于结构的可靠度，计算时是用可靠指标 β 来度量的。图 2-2 所示为表示结构承载能力失效与否事件出现的概率正态分布曲线，其纵坐标 $f(z)$ 为事件出现的频率，横坐标 Z 为结构抗力 R 与荷载效应 S 的差值，即 $Z=R-S$。该曲线的特点是一条单峰曲线，它以最高点的横坐标为中心，对称地向两边单调下降，在向左和向右水平方向各一倍标准差处，曲线上各有一个拐点，然后以横坐标为渐近线，左、右趋向无穷大。

在图 2-2 中原点以右曲线下面与横坐标所包围的正面积（$Z \geq 0$）为结构能够完成预定功能的概率，称为可靠概率 p_S；在原点以左有阴影曲线面积（$Z<0$），为不能完成预定功能的概率，称为失效概率 p_f，其两者的关系为互补的，即

$$p_f + p_s = 1 \tag{2-7}$$

若以 Z_m、σ_z、β 分别表示 Z 值的平均值，标准差及可靠指标❶，则由图 2-2 可知：$\beta = Z_m/\sigma_z$；β 值愈大，则 p_f 值愈小，结构愈可靠。由于计算 p_f 在数学上比较繁琐，国际上很多有关标准规范包括我国在内，采用 β 值代替 p_f 值来度量结构的可靠度，这样不但计算简便，而且概念明确。

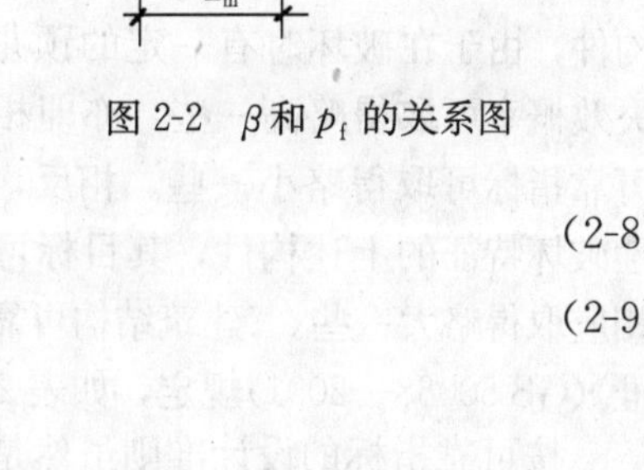

对 β 值的计算方法，由概率论原理可知，若以 R_m、S_m 和 σ_R、σ_s 分别表示结构抗力 R 及荷载效应 S 的平均值和标准差，则 Z 值的平均值 Z_m 和标准差 σ_z 为：

图 2-2 β 和 p_f 的关系图

$$Z_m = R_m - S_m \tag{2-8}$$

$$\sigma_z = \sqrt{\sigma_R^2 + \sigma_s^2} \tag{2-9}$$

---

❶ 与概率有关名词意义见 2.7.2 节。

这样，由图 2-2 可知，$Z_m = \beta \sigma_z$，则得：

$$\beta = \frac{Z_m}{\sigma_z} = \frac{R_m - S_m}{\sqrt{\sigma_R^2 + \sigma_S^2}} \quad (2-10)$$

可靠指标 β 与失效概率 p_f 的关系，由图 2-2 可知 β 大则 p_f 小，因此，β 和 p_f 一样，可作为衡量结构可靠的一个指标，故称 β 为"可靠"指标。β 与 p_f 的对应关系，如下表所示。

$\beta \sim p_f$ 对应关系　　　表 2-3

β	2.7	3.2	3.7	4.3
p_f	3.5×10^{-3}	6.9×10^{-4}	1.1×10^{-4}	1.3×10^{-5}

从公式（2-10）可以看出，如所设计的结构与 R_m 和 S_m 的差值愈大，或 σ_R 与 σ_S 的数值愈小，则可靠指标 β 值就愈大，也就是失效概率 p_f 愈小，结构愈可靠。

2.3.3 建筑结构的安全等级及目标可靠指标

1. 建筑结构的安全等级

在承载力极限状态设计时，根据建筑结构破坏后果（危及人的生命，造成经济损失，产生的社会影响等）的严重程度，将建筑结构划分为三个安全等级。设计时应根据具体情况，按照表 2-4 的规定选用适当的安全等级。

建筑物中各类结构构件使用阶段的安全等级，宜与整个结构的安全等级相同，对其中部分结构构件的安全等级，可根据其重要程度作适当调整。但一切构件的安全等级在各阶段均不得低于三级。

建筑结构的安全等级　　表 2-4

安全等级	破坏后果	建筑物类型	γ_0
一级	很严重	重要的建筑物	1.1
二级	严重	一般的建筑物	1.0
三级	不严重	次要的建筑物	0.9

注：对有特殊要求的建筑物，可根据具体情况另行确定。

2. 目标可靠指标

在设计时，要使所设计的构件既安全可靠，又经济合理的具体方法是：使这个结构构件在设计基准期内，在规定条件下能完成预定功能的概率不低于一个允许的水平，亦即要求其失效率 p_f 为：

$$p_f \leqslant [p_f] \quad (2-11)$$

式中　$[p_f]$——允许失效概率。

上式当用可靠指标 β 表示时，则要求为

$$\beta \geqslant [\beta] \quad (2-12)$$

式中　$[\beta]$——允许可靠指标，或称目标可靠指标。

对具有延性破坏特征的一般建筑物结构构件，由于在破坏时有一定的预兆，其允许失效概率可取得略高一些，亦即相应的目标可靠指标可取得略小一些。相反，对具有脆性破坏特征的上述构件，其目标可靠指标则相应取得略大一些。《建筑结构可靠度统一标准》(GB 50068—2001)规定，如表 2-5 所示。

目标可靠指标　　表 2-5

安全等级	构件的目标可靠指标 $[\beta]$	
	延性破坏	脆性破坏
一级	3.7	4.2
二级	3.2	3.7
三级	2.7	3.2

按可靠指标的设计准则虽然是直接运用概率论的原理，但在确定可靠指标时作了一些

简化,所以这个准则只能称为近似概率准则。

按可靠指标的设计方法虽然比较合理,但计算过程复杂,而且有相当多的影响因素的不定性尚不能统计确定,所以《规范》为了设计应用,采用了以各基本变量标准值和分项系数来表达的实用设计式。通过验算两种极限状态来保证结构的安全性和使用性。

2.4 按承载能力极限状态计算

2.4.1 计算表达式

在极限状态设计方法中,结构构件的承载力计算,应采用下列极限状态设计表达式:

$$\gamma_0 S \leqslant R \tag{2-13}$$

$$R = R(f_c, f_s, a_k, \cdots\cdots) \tag{2-14}$$

式中 γ_0——重要性系数:对安全等级为一级或设计使用年限为 100 年及以上的结构构件,不应小于 1.1;对安全等级为二级或设计使用年限为 50 年的结构构件,不应小于 1.0;对安全等级为三级或设计使用年限为 5 年及以下的结构构件,不应小于 0.9;在抗震设计中,不考虑结构构件的重要性系数;

S——荷载效应组合设计值,可由荷载分项系数 γ_S 与荷载效应标准值 S_k 的乘积求得,分别表示轴力、弯矩、剪力、扭矩设计值等;

R——结构构件的承载力设计值;

$R(\cdot)$——结构构件的承载力函数;

f_c、f_S——混凝土、钢筋的强度设计值;

a_k——几何参数(尺寸)的标准值。

在承载力极限状态计算方法中,考虑到荷载效应的不定性和结构抗力的离散性,因此在具体取值时,首先在荷载的标准值取大于其平均值加以考虑,再将各类荷载标准值分别乘以大于 1 的各自的荷载分项系数,得到荷载设计值;而材料强度的标准值取小于其平均值的同时,再将各类材料的强度标准值分别除以大于 1 的各自材料分项系数,得到材料强度设计值。通过这样处理,来保证构件承载力具有足够的可靠度。

2.4.2 荷载效应组合

当结构上同时作用有多种可变荷载时,要考虑荷载效应的组合问题。

荷载效应组合是指在所有可能同时出现的诸荷载组合中,得出对结构构件产生总的效应为最不利的一组。对承载能力极限状态,《荷载规范》(GB 50009—2001)规定:荷载效应组合的设计值 S,应按基本组合或偶然组合进行计算,具体为:

1. 基本组合

基本组合为在一般情况下为考虑荷载效应最不利时的组合;应从下列两种组合值中,取最不利的 S 值确定。

(1) 当由可变荷载效应控制的组合时,则对永久荷载以及参与组合的全部可变荷载,其中的最大值,直接采用设计值效应,而对其他可变荷载采用设计组合值效应的两者之和来确定,即荷载效应组合的设计值 S 按下式计算:

$$S = \gamma_G S_{Gk} + \gamma_{Q1} S_{Q1k} + \sum_{i=2}^{n} \gamma_{Qi} \cdot \psi_{Ci} S_{Qik} \tag{2-15}$$

式中 γ_G——永久荷载的分项系数，具体取值见 2.2 节；

γ_{Q1}，γ_{Qi}——第一个和其他第 i 个可变荷载的分项系数；

S_{Gk}——按永久荷载标准 G_k 计算的荷载效应值；

S_{Q1k}，S_{Qik}——按可变荷载标准值 Q_{ik} 计算的荷载效应值，其中 S_{Q1k} 为诸可变荷载中的最大值；

ψ_{Ci}——可变荷载 Q_{ik} 的组合值系数。对 ψ_{Ci} 的取值，要注意到原《荷载规范》规定为当有风荷载时取 $\psi_C=0.6$，其他情况取 $\psi_C=1.0$，仅突出风荷载的变化，组合方法较为粗略，而《荷载规范》摒弃了原来"遇风组合"的惯例，要求所有伴随的可变荷载，都必须以其组合值为代表值，而不是仅仅限于考虑有风的情况。为此规定，住宅、办公楼楼面活荷载，屋面活荷载，雪荷载等取 $\psi_C=0.7$，风荷载取 $\psi_C=0.6$。

(2) 当由永久荷载效应控制的组合时，则对永久荷载采用设计值效应，而对可变荷载采用设计组合值效应，由二者之和确定，即

$$S = \gamma_G S_{Gk} + \sum_{i=1}^{n} \gamma_{Qi} \cdot \psi_{Ci} S_{Qik} \tag{2-16}$$

公式（2-16）为当结构的自重占主要时，采用这个组合条件就能避免按基本组合公式中存在可靠度偏低的后果。此外，对于公式（2-16），当考虑以竖向的永久荷载效应控制的组合时，为了简化计算，参与组合的可变荷载仅限于竖向荷载。

(3) 对于一般排架、框架结构，可采用简化规则计算，并应从下列组合值中取其最不利值来确定：

(A) 由可变荷载控制的组合

$$S = \gamma_G S_{Gk} + \gamma_{Q1} S_{Q1} \tag{2-17}$$

或

$$S = \gamma_G S_{Gk} + 0.9 \sum_{i=1}^{n} \gamma_{Qi} S_{Qik} \tag{2-18}$$

(B) 由永久荷载控制的组合，仍按公式（2-16）确定。

2. 偶然组合

计算时，偶然荷载的代表值不乘分项系数，与偶然荷载同时出现的其他荷载可根据实际情况和工程经验处理，《荷载规范》和《混凝土结构设计规范》未作具体规定。

【例 2-1】 某屋面板，板的自重、抹灰层等荷载引起的弯矩标准值 M_{Gk} 为 $2.5\text{kN} \cdot \text{m}$，屋面活荷载引起的弯矩标准值 M_{Q1k} 为 $2.0\text{kN} \cdot \text{m}$，雪荷载引起的弯矩标准值 M_{Q2k} 为 $0.2\text{kN} \cdot \text{m}$，结构安全等级为二级，求荷载效应设计值 M。

【解】 1. 按可变荷载效应控制的组合计算

$$M = \gamma_0 [\gamma_G S_{Gk} + \gamma_{Q1} S_{Q1k} + \sum_{i=2}^{n} \gamma_{Qi} \psi_{Ci} S_{Qik}]$$

$$= 1.0 \times [1.2 \times 2500 + 1.4 \times 2000 + 1.4 \times 0.7 \times 200] = 6000 \text{N} \cdot \text{m}$$

2. 按永久荷载效应控制的组合计算

$$M = \gamma_0 [\gamma_G S_{Gk} + \sum_{i=1}^{n} \gamma_{Qi} \psi_{Ci} S_{Qik}]$$

$$= 1.0 \times [1.35 \times 2500 + 1.4 \times (0.7 \times 2000 + 0.7 \times 200)] = 5530 \text{N} \cdot \text{m}$$

故应取 $M = 6000 \text{N} \cdot \text{m}$ 进行承载力极限状态的计算。

2.5 按正常使用极限状态计算

在正常使用极限状态中，应根据不同的设计要求采用不同的组合，按下列设计表达式进行计算：

$$S \leqslant C \tag{2-19}$$

式中 S——荷载效应组合值；

C——结构或构件达到正常使用要求时所规定的限值，如变形、裂缝和应力等限值。

正常使用情况下荷载效应和结构抗力的变异性，已在确定荷载标准值和结构抗力标准值时得到一定程度的处理，并具有一定的安全储备。考虑到正常使用极限状态设计属于校核验算性质，所要求的安全储备可以低一些，所以采用荷载效应及结构抗力标准值进行计算。对于荷载效应组合值 S 的计算规定有下列三种情况：

1. 标准组合的载荷效应组合值

$$S = S_{Gk} + S_{Q1k} + \sum_{i=2}^{n} \psi_{Ci} S_{Qik} \tag{2-20}$$

标准组合是在设计基准期内，根据正常使用条件可能出现最大可变荷载时的荷载标准值进行组合而确定的。一般情况下均采用这种组合进行正常使用极限状态的计算。

2. 频遇组合的荷载效应组合值

$$S = S_{Gk} + \psi_{f1} S_{Q1k} + \sum_{i=2}^{n} \psi_{qi} S_{Qik} \tag{2-21}$$

式中 ψ_{f1}——可变荷载 Q_1 的频遇值系数；

ψ_{qi}——可变荷载 Q_i 的准永久值系数。

频遇组合是考虑时间影响的频遇值为主导进行组合而确定的。当结构或构件允许考虑荷载在较短的总持续时间或较少的可能出现次数这种情况时，则应按其相应的最大可变荷载组合（即频遇组合），进行正常使用极限状态的验算。

目前在《荷载规范》中首次提出频遇组合的计算条文，但由于所给出的计算条件尚不够完善，而且缺乏设计使用的经验，因此，也没有明确规定其具体设计应用场合。当有成熟经验时，可由设计者自行确定采用这种组合进行正常使用极限状态的验算。

3. 准永久组合的载荷效应组合值

$$S = S_{Gk} + \sum_{i=1}^{n} \psi_{qi} S_{Qik} \tag{2-22}$$

准永久组合是考虑可变荷载的长期作用起主导影响并具有自己独立性的一种组合形式。在目前的试验研究中由于对结构抗力（裂缝、变形）的试验结果，多数是在荷载短期作用情况下取得的，因此，《规范》对荷载准永久组合值的应用，未作为直接验算的条件，而是仅作为考虑荷载长期作用对结构抗力（刚度）降低的影响因素之一来取用（具体见 2-2-1 节）。

需要注意到《荷载规范》中的标准组合、准永久组合分别相当于原《荷载规范》中的短期效应组合、长期效应组合。实质上《荷载规范》中的标准组合和频遇组合，都属于短期效应组合，原《荷载规范》的短期效应组合含义不完整。

【例 2-2】 求上例中，分别按标准组合及准永久组合的弯矩值 M。

【解】 按标准组合（可变荷载组合值系数由《荷载规定》查得）

$$M = M_{Gk} + M_{Q1k} + \psi_{Ci} M_{Qik}$$
$$= 2500 + 2000 + 0.7 \times 200 = 4640 \text{N} \cdot \text{m}$$

按准永久组合

$$M = M_{Gk} + \sum_{i=1}^{n} \psi_{Gi} S_{Qik}$$
$$= 2500 + 0.4 \times 2000 + 0.5 \times 200 = 3400 \text{N} \cdot \text{m}$$

2.6 耐久性设计

材料的耐久性是指它暴露在使用环境下，抵抗各种物理和化学作用的能力。对混凝土材料而言，如果根据使用条件对混凝土进行正确的设计、施工和养护，其使用年限可达百年，甚至更久。所以说，混凝土是一种很耐久的建筑材料。

实际情况表明，混凝土结构表面暴露在大气和不良环境中，长期受到有害物质的侵蚀和外界温度、湿度等不良环境的影响，引起混凝土性能的劣化、钢筋锈蚀导致了结构物承载能力的降低。因此根据建筑物所处环境、重要程度和要求的使用年限不同，进行必要的耐久性设计是保证结构安全可靠的重要条件。

2.6.1 影响材料耐久性的因素[2-5]

1. 材料的因素

试验表明，混凝土的水泥用量过少（一般水泥用量不少于 300kg/m^3）或强度等级过低，使材料的孔隙率增加，密实性差，或混凝土的水灰比过大，内部微裂缝增加愈多，对材料的耐久性不良的影响也大。当水灰比不大于 0.55 时，其影响程度减小。因此，应尽量降低水灰比或掺入适当的减水剂，尽可能在满足施工的和易性要求前提下，降低用水量。

2. 钢筋的锈蚀

钢筋混凝土结构中钢筋锈蚀的主要原因，是由于保护钢筋的混凝土碳化和氯离子的侵蚀而产生的。

(1) 混凝土的碳化：混凝土碳化是指大气中的 CO_2 不断向混凝土孔隙中渗透，并与孔隙中的碱性物质 $Ca(OH)$ 溶液发生中和反应，使孔隙内碱度（pH 值）降低的现象❶。

---

❶ 碱度 pH 是表示氢离子浓度倒数的对数 $\left(\text{pH} = \log 10 \dfrac{1}{\text{H}^+}\right)$，物质的 pH 值愈低，则其碱性降低愈大。研究表明：混凝土液相中的 pH 值大于 10 时，对钢筋的锈蚀影响极小，当 pH 值小于 4 时，则锈蚀速度急增。

钢筋在混凝土孔隙的碱性 Ca(OH)$_2$ 溶液介质条件下,生成一层厚度很薄,牢固吸附在钢筋表面的氧化膜,称为钢筋的钝化膜,它保护钢筋使用时不会锈蚀。然而由于混凝土的碳化,使钢筋表面的介质转变为呈弱酸性,使钝化膜遭到破坏,钢筋表面发生化学反应,生成新的氧化物(铁锈),这种新的氧化物发生后体积增大(最大可达 5 倍),使混凝土开裂和破坏。

在实际工程中,当混凝土内部结构愈密实、孔隙率愈低、强度等级愈高,则碳化速度愈慢。此外,当混凝土处于饱和水状态下,CO_2 气不易进入,或是混凝土处于干燥条件下,CO_2 气虽能进入混凝土孔隙,但缺少水分进行碳化反应,因此,两种情况都不易碳化。

研究表明:混凝土的碳化深度大致与时间 $t^{1/2}$ 成正比。为此,《规范》主要是通过规定增加混凝土保护层厚度,来控制碳化对结构耐久性的影响。但若周围介质的相对湿度较大(一般相对湿度为 50%～75% 时)碳化速度较快,或是其他酸性气体含量较高时,则增加保护层厚度,可能效果较差,建议应另行研究解决。

(2) 氯离子引起的锈蚀:研究表明,钢筋表面混凝土中氯离子含量较小时(一般认为不超过水泥用量的 1‰),由于这些有限的氯盐含量,能与水泥中的铝酸盐结合成难溶于水的氯铝酸盐化合物,因此,不会引起钢筋的锈蚀。当酸性的氯离子 Cl^- 含量超过了某一限度时,破坏了钢筋在表面的钝化膜而产生锈蚀。当 Cl^- 含量超过 2.5kg/m^3 以后,钢筋锈蚀面积会急速增加。

混凝土中氯离子的来源,主要从拌和水和外加剂中引入的,但也有从大气中渗入混凝土内部,在施工中应严格控制氯的含量。

3. 混凝土的腐蚀

混凝土的腐蚀是指混凝土在各种化学侵蚀介质作用下,其内部结构遭到不同程度破损的现象。混凝土腐蚀的机理较为复杂,一般认为有下列三方面原因:

通常是属于溶解性腐蚀,即当水渗透到混凝土内部,将水泥中一部分 Ca(OH)$_2$ 溶解,其溶液又使水泥中的硅酸钙溶解而流失,使混凝土遭到破坏。

其次是由于工业污染排放出 SO_2、H_2S 和 CO_2 等酸性气体以及潮湿土壤中有机物腐烂形成的碳酸水,使混凝土表面碱性降低,产生腐蚀。

此外,在混凝土中积聚较多的硫酸盐等有害物质时,容易在孔隙水中溶解,其溶液又使水泥中的铝酸盐水化,生成带有结晶水的水化物,其体积膨胀,最终导致混凝土的破坏。

防止混凝土腐蚀的主要措施:①选用与防止腐蚀类型相适应的水泥品种,如抗各种化学腐蚀性能都较强的矾土水泥,抗硫酸盐和海水腐蚀能力较好的抗硫酸盐水泥和火山灰质水泥等;②材料配合时,应保证必要的水泥用量,尽可能地减少水灰比,掺入一定的活性掺合料(如火山灰,粉煤灰)以提高混凝土的密实性、抗渗性和耐腐蚀性能;③设计时应保证有一定的混凝土保护层厚度,防止钢筋锈蚀;④掺入引气剂或减水剂;⑤混凝土表面采用专门涂料处理,防止镁盐或硬水对混凝土的腐蚀作用。

4. 碱—集料反应

碱—集料反应是指混凝土中所含有的碱(Na_2O+K_2O)与其活性集料之间发生化学反应,引起混凝土的膨胀、开裂、表面渗出白色浆液,造成结构的破坏。

混凝土中的碱主要是从水泥和外加剂中引入的。普通水泥的碱含量约为 0.6%～1.0%；高效减水剂掺量为水泥用量的 1%时，其碱含量约为 0.045%。

活性集料是指含有氧化硅的矿物集料，如硅质石灰岩等，或是碳酸盐集料中的活性矿物岩，如白云质石灰岩等。混凝土的集料一般是惰性的，不与胶结料发生化学反应。但活性集料往往混杂其中不易辨认，需经专门检验确定。

混凝土结构因碱—集料反应引起的破坏，须具备以下三个条件：①混凝土中碱含量超标；②集料是碱活性的；③混凝土暴露在潮湿环境中。因此，对处在潮湿环境中的混凝土结构工程，应引起重视。

5. 混凝土的抗渗性

混凝土的抗渗性是指混凝土在潮湿环境下抵抗干湿交替作用的能力。混凝土的渗透性在集料和水泥浆体中极微，主要是由于混凝土拌合料的泌水，在集料和水泥浆体介面富集的水分蒸发，容易产生贯通的微裂缝而形成的；此外，它与混凝土拌合料内部的离析所形成的微裂缝以及混凝土内部的缺陷和温度、湿度的变化而形成的微裂缝有关；它对混凝土的耐久性有较大的影响。

提高混凝土抗渗性性能的主要措施：

（1）首先是提高混凝土自身的抗渗能力：①对砂石原材料的颗粒级配、含泥量，应有严格要求；②严格控制和改善混凝土配合比，一般要求水泥用量不低于 $300kg/m^3$，适当提高砂率，严格控制水灰比，一般水灰比不应大于 0.6；③掺加适量的掺合料，如优质粉煤灰等，以增加密实度；④掺加适量引气剂（含气量控制在 3%～5%），使其产生细小气泡，以减小毛细孔道的贯通性；⑤掺加某些外加剂，如防水剂、减水剂、膨胀剂等。

（2）施工时保证混凝土振捣密实，加强养护，防止混凝土开裂。

（3）在混凝土表面施加复盖层或涂层，具体方法：①采用防水涂料，传统的采用沥青、煤焦油涂料，适用于地下混凝土工程外表面，目前亦有采用某些有机无机结合的渗透结晶型防水涂料，涂抹后渗入混凝土内部，结晶膨胀堵塞毛细孔道，适用于潮湿的环境。②采用防水砂浆抹面，是一种常用的方法，效果较好。

6. 混凝土的抗冻性

混凝土的抗冻性是指混凝土在寒热变迁环境下，抵抗冻融交替作用的能力。混凝土主要是由于其孔隙内饱和的自由水在温度(-1.0)～(-1.5)℃时结冰后体积膨胀（膨胀率为 9%）其内部产生膨胀压力；其次是细微孔隙内的水，由于它是与孔壁之间的极大分子引力相互作用所形成半固体呈黏结状态的结合水，冻结温度要低于大孔隙中自由水的冻结温度，一般最低可达-12℃时才开始冻结。同时因冰的蒸气压小于水的蒸气压，因此，周围小孔隙中未冻结的黏结水向已冻结的大孔隙方向转移，并随之而冻结，于是在混凝土大孔隙中又产生了一种渗透压力。由此可知，处于饱和状态（含水量达到 91.7%及以上）的混凝土，其毛细孔隙内同时承受上述的膨胀压力和渗透压力，当这两种压力在孔壁内形成的内应力超过混凝土的抗拉强度后，混凝土就会开裂，再经过一定的冻融循环次数，之后，导致冻结破坏。

关于混凝土早期受冻问题，当混凝土凝结后但未取得足够的强度受冻时危害性最大，此时，混凝土内的水泥尚未充分水化，起缓冲调节作用的凝胶孔隙尚未完全形成，当混凝土内的孔隙水结冰后体积膨胀，将使混凝土结构内部严重受损，造成不可恢复的强度降低，这在施工中必须尽量避免，为此国内外混凝土施工规范中规定施工时严格控制混凝土的硬化温度不得低于 0℃。

关于避免混凝土遭受早期冻害所应取得的最低强度以及相应的养护时间的问题，对此，目前尚无确切的资料，有的认为，其最低强度应不低于 $10N/mm^2$；研究表明，冻前的养护龄期小于 8 天时，混凝土经几次冻融循环后，即遭较为迅速的破坏；当冻前养护龄期超过 20 天后，其影响渐趋微弱。

提高混凝土抗冻性能的措施：①粗集料应选择质量密实粒径小的材料，粗、细集料，严格控制含泥量；②水泥应采用硅酸盐水泥和普通硅酸盐水泥，为了防止早期受冻，可采用早强硅酸盐水泥；③严格控制水灰比，提高混凝土密实性；④适量掺加减水剂、防冻剂及引气剂。

2.6.2 《规范》对耐久性设计规定

1. 使用环境的分类

混凝土结构的耐久性应根据表 2-6 的环境类别和设计使用年限进行设计。

混凝土结构的环境类别　　　　　　　　　　　　　　　表 2-6

环境类别		条件
一		室内正常环境
二	a	室内潮湿环境，非严寒和非寒冷地区的露天环境、与无侵蚀性的水或土壤直接接触的环境
	b	严寒和寒冷地区的露天环境、与无侵蚀性的水或土壤直接接触的环境
三		使用除冰盐的环境；严寒和寒冷地区冬季水位变动的环境；滨海室外环境
四		海水环境
五		受人为或自然的侵蚀性物质影响的环境

注：严寒和寒冷地区的划分应符合国家现行标准《民用建筑热工设计规程》(JGJ 24) 的规定。

2. 设计使用年限为 50 年的结构混凝土的耐久性，应符合表 2-7 的规定。

结构混凝土耐久性的基本要求　　　　　　　　　　　表 2-7

环境类别		最大水灰比	最小水泥用量 (kg/m^3)	最低混凝土强度等级	最大氯离子含量 (%)	最大碱含量 (kg/m^3)
一		0.65	225	C20	1.0	不限制
二	a	0.60	250	C25	0.3	3.0
	b	0.55	275	C30	0.2	3.0
三		0.50	300	C30	0.1	3.0

注：1. 氯离子含量系指其占水泥用量的百分率；
2. 预应力构件混凝土中的最大氯离子含量为 0.06%，最小水泥用量为 $300kg/m^3$，最低混凝土强度等级应按表中规定提高两个等级；
3. 素混凝土构件的最小水泥用量不应少于表中数值减 $25kg/m^3$；
4. 当混凝土中加入活性掺合料或提高耐久性的外加剂时，可适当降低最小水泥用量；
5. 当有可靠工程经验时，处于一类和二类环境中的最低混凝土强度等级可降低一个等级；
6. 当使用非碱活性骨料时，对混凝土中的碱含量可不作限制。

3. 设计使用年限为 100 年的结构混凝土的耐久性，应符合下列规定：

（1）当处于一类环境中

1）钢筋混凝土结构的最低混凝土强度等级为 C30；预应力混凝土结构的最低混凝土

强度等级为C40;

2）混凝土中的最大氯离子含量为0.06%;

3）宜使用非碱活性骨料；当使用碱活性骨料时，混凝土中的最大碱含量为3.0kg/m³;

4）混凝土保护层厚度应按《规范》表9.2.1的规定增加40%；当采取有效的表面防护措施时，混凝土保护层厚度可适当减少；

5）在使用过程中，应定期维护。

（2）当处于二类和三类环境中，应采取专门有效措施。

4. 处在较特殊环境中结构混凝土的耐久性

严寒及寒冷地区的潮湿环境中，混凝土抗冻等级以及有抗渗要求的混凝土结构的抗渗等级，应分别符合有关标准的要求。

三类环境中的结构构件，其受力钢筋宜采用环氧树脂涂层带肋钢筋；对预应力钢筋、锚具及连接器，应采取专门的保护措施。

2.6.3 混凝土结构耐久性设计的有关问题

对混凝土结构耐久性设计，除应符合《规范》规定的要求外，尚需考虑以下有关问题：

1. 应将结构的耐久性设计作为结构设计主要的组成部分，是使结构设计使用年限达到预期目标的有力措施之一；并注意积累设计经验，为今后做好耐久性设计工作，建立可靠的基础。

2. 设计时根据工程结构设计使用年限，对耐久性所需的建设费用（包括以后的维修和部件的更换等）需有一个粗略的估算，有时在设计初期，稍微采取一点措施（例如增加一点保护层厚度），增加一点极微的费用，就能大大改善结构的耐久性。

3. 设计时，对工程结构的整体及局部耐久性，应分别加以考虑，并需采取相应的不同措施。例如，保持结构有良好的排水处理；结构各个部件均应具有必要的保护层厚度等。对结构的局部区域，例如在屋面及卫生间切实做好抗渗防漏的措施；工业房屋框架角柱，由于两个侧面外露，需作好角部纵筋易受碳化影响的处理；在公共设施中，游泳池的池壁要作好防止氯离子侵蚀的处理等等。

4. 施工时，对混凝土的配合比设计，主要是要求低水胶比，适当增加掺合料，使混凝土有良好的密实性，同时要减少拌合料的离析、泌水，切实重视混凝土的养护工作，防止出现裂缝。

5. 做好定期维修工作，注意在设计时要预留必要的检查孔，并应指明原来规定哪些是必须定期维修或更换的部件等。

2.7 混凝土强度标准值指标[2-4]

2.7.1 混凝土强度标准值

混凝土各种强度（抗压、抗拉）标准值指标，是用概率的方法推导出来的，在推导时假定各种标准指标与立方体抗压强度具有相同的变异系数，由立方体抗压强度标准值来表示。

1. 轴心抗压强度标准值 f_{ck}

混凝土轴心抗压强度（棱柱体强度）标准值 f_{ck}，可由其强度平均值 f_{cm} 和立方体抗压强度标准值 $f_{cu,k}$，按概率和试验分析来确定。

由公式(2-5)得

$$f_{cu,k} = f_{cu,m}(1 - 1.645\delta) \quad (2-23)$$

上式中 $f_{cu,m}$ 为混凝土立方体抗压强度的平均值，δ 为变异系数，1.645 为相当于具有95%保证率的分位值，亦即将其可能出现小于标准值 $f_{cu,k}$ 的概率，限制在5%以内（图2-3）。

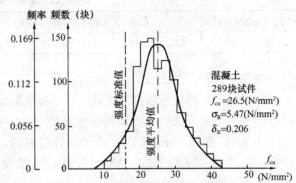

图 2-3 C20 混凝土强度频率分布图

则可由公式 (2-5) 得：

$$f_{ck} = f_{cm}(1-1.645\delta) = \alpha_{c1} \cdot f_{cu,m}(1-1.645\delta)$$
$$= \alpha_{c1} \frac{f_{cu,k}}{(1-1.645\delta)}(1-1.645\delta) = \alpha_{c1} f_{cu,k} \quad (2-24)$$

上式中：《规范》取 $f_{ck}=0.88\alpha_{c1} \cdot \alpha_{c2} f_{cu,k}$，其中 0.88 为考虑混凝土试件的尺寸、加载速度、养护条件等与结构构件实际受力情况差异的折减系数；系数 α_{c1} 为轴心抗压强度与立方体抗压强度的比值，或称轴心受压强度降低系数（见公式1-4）；系数 α_{c2} 为考虑混凝土脆性的折减系数。对 α_{c1} 及 α_{c2} 的取值为：

对 α_{c1}：当≤C50 时，取 $\alpha_{c1}=0.76$；当为 C80 时，取 $\alpha_{c1}=0.82$；中间值按线性插入法确定。

对 α_{c2}：当≤C40 时，取 $\alpha_{c1}=1.0$；当为 C80 时，取 $\alpha_{c2}=0.87$；中间值按线性插入法确定。

以上说明：混凝土的强度等级愈高，其抗压强度增长愈大，但脆性亦明显增大，其强度随脆性增加而降低。系数 α_{c1}、α_{c2} 主要是考虑对高强混凝土强度的折减。

2. 抗拉强度标准值 f_{tk}

混凝土轴心抗拉强度标准值 f_{tk} 的确定，与轴心抗压强度 f_{ck} 的确定相同。轴心抗拉强度平均值若以 f_{tm} 表示，则由试验分析可得 $f_{tm}=0.395(f_{cu,m})^{0.55}$。《规范》取：

$$f_{tm} = 0.88 \times \alpha_{c2} \times 0.395(f_{cu,m})^{0.55} \quad (2-25)$$

则得混凝土轴心抗拉标准值 f_{tk} 为

$$f_{tk} = 0.88 \times \alpha_{c2} \times 0.395(f_{cu,m})^{0.55} \times (1-1.645\delta)$$
$$= 0.88\alpha_{c2} \times 0.395\left(\frac{f_{cu,k}}{1-1.645\delta}\right)^{0.55} \times (1-1.645\delta) \quad (2-26)$$
$$= 0.88\alpha_{c2} \times 0.395(f_{cu,k})^{0.55}(1-1645\delta)^{0.45}$$

《规范》条文说明中给出了混凝土变异系数 δ 值，见表2-8。

混凝土的变异系数 δ 值　　　　　　　　　　表2-8

混凝土强度等级	C15	C20	C25	C30	C35	C40	C45	C50	C55	C60~C80
变异系数 δ	0.21	0.18	0.16	0.14	0.13	0.12	0.12	0.11	0.11	0.10

3. 混凝土抗压强度设计值的取值

根据混凝土的抗压强度标准值，可求得混凝土的抗压强度设计值。我国规范以往将混凝土的抗压强度分为轴心抗压强度设计值 f_c 和弯曲抗压强度设计值 f_{cm}，原《规范》取 $f_{cm}=1.1f_c$。实质上 f_{cm} 值是从 f_c 值换算过来的，它不是一个独立的试验指标。采用 f_{cm} 计算的缺点是：与其相应的混凝土应力-应变曲线不协调。《规范》取消了 f_{cm} 计算指标，使计算更为科学和符合实际。

2.7.2　附记：有关数理统计基本名词的概念

在工程结构设计进行统计分析时，常用到的有关名词，下面对其概念作简要介绍。

1. 随机事件和随机变量

在一定的条件下，可能出现或可能不出现的事件称为随机事件，表示随机事件的变量称为随机变量。例如在10根钢筋中，抽1根作试验，每一根钢筋都有可能被抽到，故抽样是随机事件。每根钢筋的强度试验值不相同，其值是随机变量。

2. 频率与概率

在一组不变事件的条件下，重复作 N 次试验，其中事件 A 出现 M 次，则其出现次数 M 称频数；相应的 M/N 值称为事件 A 出现的频率。例如进行10个混凝土试块抗压强度试验，其中强度为 $30\sim36\text{N/mm}^2$ 的有3个，则其频率为 $3/10=0.3$。

当试验次数 N 很大时，如果其频率 M/N 相对稳定地在某一数值 p 附近摆动，而且摆动幅度随试验次数的增多愈来愈小，则称 p 值为随机事件 A 出现的概率。由此可知，频率的稳定值叫做该随机事件的概率。

3. 算术平均值 x_m、标准差 σ、变异系数 δ

这是随机变量数列最常用的一组统计特征值。

(1) 算术平均值 x_m：是随机变量数列 x_1、x_2、……、x_n 的总和除以项数 n，即

$$x_m = \frac{\sum_{i=1}^{n} x_i}{n} \tag{2-27}$$

平均值 x_m 是表示一系列水平，但不能充分反映其分布情况。例如有两组混凝土抗压强度试验值：

$$x_1:\quad 28\quad 29\quad 33\quad (\text{N/mm}^2)$$
$$x_2:\quad 26\quad 30\quad 34\quad (\text{N/mm}^2)$$

两者的平均值均等于 30N/mm^2，而每组各个试验值与平均值的偏差之和均等于零（正负互相抵消），因而就看不出哪一组的离散程度大。实际是数列 x_1 较密，数列 x_2 较疏。为避免上述正负号相互抵消的影响，因此取用标准差特征值。

(2) 标准差（或称均方差）σ：等于平均值与每个试验值偏差的平方和除以 $(n-1)$，

然后再将其开方，即：

$$\sigma = \sqrt{\frac{\sum(x_m - x_i)^2}{n-1}} \tag{2-28}$$

经过以上这样的处理所得的 σ 值，其衡量的尺度（量钢）与随机变量及平均值相同，但由 σ 值的大小可以看出，σ 值愈大则数列愈离散。例如上例中，x_1 数列，$\sigma_1 = 2.65$；x_2 数列 $\sigma_2 = 4.00$。可见 σ 是用来衡量随机变量数列离散程度的特征值。

（3）变异系数 δ（或称离散系数）：等于标准差 σ 除以平均值 x_m，即

$$\delta = \frac{\sigma}{x_m} \tag{2-29}$$

在平均值相同的数列中，标准差可以表示不同数列的离散程度，它反映数列之间绝对误差（或离散）的大小。但在平均值不相同的数列中，用单一的标准差就无法比较了。因此必须用相对误差，即变异系数 δ 来判定其离散程度。如有两组混凝土抗压强度试验值：

$$x_2: \quad 26 \quad 30 \quad 34 \quad (N/mm^2)$$
$$x_3: \quad 36 \quad 40 \quad 44 \quad (N/mm^2)$$

两者的平均值不相同，而 σ 相同：$\sigma_2 = \sigma_3 = 4$，但 x_2 数列的 $\delta_2 = 0.133$；x_3 数列的 $\delta_3 = 0.100$，可见前者比后者离散。

参 考 文 献

[2-1] 建筑结构荷载规范（GB 50009—2001）. 北京：中国建筑工业出版社，2001
[2-2] 建筑结构可靠度设计统一标准（GB 50068—2001）. 北京：中国建筑工业出版社，2001
[2-3] 混凝土结构设计规范（GB 50010—2002）. 北京：中国建筑工业出版社，2002
[2-4] 哈尔滨工业大学，大连理工大学，北京建筑工程学院，华北水利水电学院合编（王振东主编）. 混凝土及砌体结构（上册）. 北京：中国建筑工业出版社，2002
[2-5] 黄士元等. 近代混凝土技术. 西安：陕西科学技术出版社，1998

第3章 受弯构件正截面承载力

3.1 概述

受弯构件是指承受弯矩和剪力共同作用下的板、梁等构件，钢筋混凝土板、梁的常用截面形式，有矩形、T形、工字形和空心形等。

若按截面所配置受力钢筋的不同，可分为：仅在截面受拉区配置受力钢筋的构件，称为单筋截面受弯构件；同时在截面受拉区和受压区配置受力钢筋的构件称为双筋截面受弯构件（图3-1）。

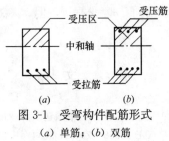

图3-1 受弯构件配筋形式
(a) 单筋；(b) 双筋

3.2 受弯构件一般构造要求

3.2.1 板的一般构造要求

钢筋混凝土板仅支承在两个边上，或者虽支承在四个边上，但其荷载主要沿短边 l_1 方向传递，其受力性能与梁相近，计算中可近似地仅考虑板在短边 l_1 方向的弯曲作用，故称为梁式板或单向板；反之当板支承在四个边上，其长边 l_2 与短边 l_1 的边长相差不多，荷载沿两个方向传递，在设计计算中必须考虑双向受弯的作用，故称为四边支承板或双向板❶。

1. 板的厚度

板截面厚度 h 与板的跨度及其所受荷载有关。从刚度要求出发，根据设计经验，单跨简支板的最小厚度不小于 $l_1/35$，多跨连续板的最小厚度不小于 $l_1/40$，悬臂板最小厚度不小于 $l_1/12$。对现浇单向板最小厚度：屋面板及民用建筑楼盖，不小于60mm；工业建筑楼盖不小于70mm；悬臂板一般为60mm，当板的悬臂长度大于500mm时为80mm。板厚度以10mm为模数。

2. 板的钢筋布置

单向板中通常布置两种钢筋：①受力钢筋——沿板的短跨方向在截面受拉一侧布置，

---

❶ 具体分析见11.2节。

其截面面积由计算确定；②分布钢筋——垂直于板的受力钢筋方向，并在受力钢筋的内侧按构造要求配置。图 3-2 所示为简支单向板受力钢筋两种布置方案。

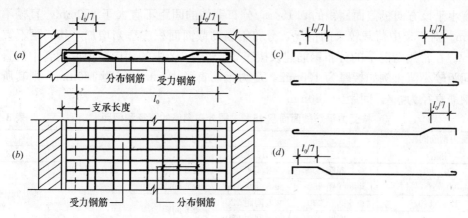

图 3-2　单向板钢筋布置

板嵌固在砖墙内的支承长度如图 3-2（a）一般不小于板的厚度。对现浇板由于在支座处有一定的嵌固性将产生较小的负弯矩，通常在板的上部每米长度内应设置不少于 5 根直径不小于 8mm，且截面面积不宜小于跨中受力钢筋截面面积 1/3 的构造钢筋（包括部分跨中钢筋在支座附近处从下部弯起的钢筋在内），其伸出墙边的长度不应小于 $l_0/7$。对沿非受力方向布置的上部构造钢筋，其截面面积根据实践经验可适当减少。对两边均嵌固在墙内的板角部分 $l_1/4$ 范围内，应双向布置上述构造钢筋，其伸出墙边的长度不应小于 $l_0/4$，l_0 为从墙边算起板的短边跨度。

3. 板的受力钢筋

钢筋直径：通常采用 6、8、10mm。为了使板内钢筋受力均匀，应尽量采用小直径的钢筋，同时为了便于施工，选用钢筋直径的种类愈少愈好，在同一块板中钢筋直径差应不少于 2mm。

钢筋间距：为了使板内钢筋能够正常地分担内力和便于浇筑混凝土，钢筋间距不宜太大，也不宜太小。当钢筋采用绑扎施工方法，板的受力钢筋间距为：

当板厚 $h \leq 150$mm 时，不应大于 200mm；

$h > 150$mm 时，不应大于 $1.5h$，且不应大于 300mm；

板中受力钢筋间距亦不宜小于 70mm；

板中下部纵向受力钢筋伸入支座的锚固长度不应小于 $5d$（d 为下部纵向受力钢筋直径）。

弯起钢筋：板中弯起钢筋的弯起角不宜小于 30°。弯起钢筋在端部可做成直钩，使其直接支承在模板上，以保证钢筋的设计位置和可靠锚固（图 3-3）。

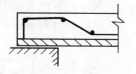

图 3-3　板中弯起钢筋做法

混凝土保护层：是指受力钢筋的外边缘至混凝土截面外边缘的最小距离。其作用是混凝土保护钢筋，防止钢筋锈蚀，并使钢筋可靠地锚固在混凝土内。钢筋混凝土板的保护层最小厚度不应小于钢筋的直径，并应符合表 3-3 的规定。

4. 板的分布钢筋

分布钢筋的作用是把荷载分散传递到板的各受力钢筋上去，承担因混凝土收缩及温度变化在垂直于板跨方向所产生的拉应力,并在施工中固定受力钢筋的位置。

分布钢筋单位长度上的截面面积,不宜小于单位宽度上受力钢筋截面面积的15%,且不宜小于该方向板截面面积的0.15%,分布钢筋的间距不宜大于250mm,直径不宜小于6mm。对于集中荷载较大的情况,分布钢筋的截面面积应适当增加,其间距不宜大于200mm。在常用情况下的分布钢筋建议按表3-1及表3-2中的相应数值取两者中的直径较大和间距较小值。例如板厚为100mm,受力钢筋直径10mm,间距160mm,则其所需的分布钢筋直径为Φ6,间距为180mm。[3-1]

按受力钢筋截面面积15%求得分布钢筋的直径和间距   表 3-1

受力钢筋间距 (mm)	受力钢筋直径				
	12	12/10	10	10/8	≤8
70、80	Φ8 间距 200	Φ8 间距 250	Φ6 间距 160	Φ6 间距 200	Φ6 间距 250
90、100	Φ8 间距 250	Φ6 间距 160	Φ6 间距 200	Φ6 间距 250	
120、140	Φ6 间距 200	Φ6 间距 220	Φ6 间距 250		
≥160	Φ6 间距 250	Φ6 间距 250			

按板截面面积0.15%求得分布钢筋的直径和间距   表 3-2

板厚 (mm)	100	90	80	70	60
分布钢筋直径、间距	Φ6 间距 180	Φ6 间距 200	Φ6 间距 230	Φ6 间距 250	Φ6 间距 250

3.2.2 梁的一般构造要求

1. 截面尺寸

梁的截面高度 h 也与跨度 l 及荷载大小有关。从刚度要求出发,根据设计经验,单跨次梁及主梁的最小截面高度分别可取为 $l/20$ 及 $l/12$,连续次梁及主梁则分别为 $l/25$ 及 $l/15$。

梁截面宽度 b 与截面高度 h 的比值 (b/h),对于矩形截面为 $1/2 \sim 1/2.5$,对于 T 形截面为 $1/2.5 \sim 1/3$。

截面尺寸:为了便于施工,应取统一规格按下列规定采用:

梁宽 $b=120、150、180、200、220、250$mm,大于250mm以50mm为模数增加。

梁高 $h=250、300、350、\cdots、800$mm,大于800mm以100mm为模数增加。

2. 钢筋的布置和用途

梁中一般配置以下几种钢筋(图3-4)。

纵向受力钢筋——用以承受弯矩,在梁的受拉区布置以承受拉力,有时由于弯矩较

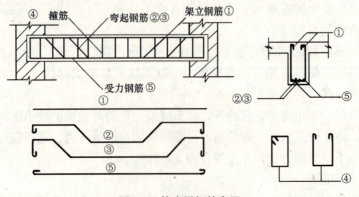

图 3-4 简支梁钢筋布置

大，亦在受压区布置，协助混凝土共同承担压力。

弯起钢筋——是将纵向受力钢筋从梁的底部弯起，用以承受弯剪区段截面的剪力，弯起后钢筋的顶部水平段可以承受支座处的负弯矩。

架立钢筋——设置在梁受压区，和纵向受力钢筋平行，用以固定箍筋的正确位置，并能承受梁内因收缩和温度变化所产生的内应力。

箍筋——用以承受梁的剪力；箍住梁内的受拉及受压纵向钢筋使其共同工作；此外，能固定纵向钢筋位置，便于浇筑混凝土。

3. 纵向受力钢筋

钢筋直径：梁中常用直径为10～25mm。纵向钢筋的选择应当适中，直径太粗则不易加工，钢筋与混凝土之间的粘结力亦差；直径太细则根数增加，在截面内不好布置。钢筋混凝土梁受力钢筋最小直径的选取为：

当梁高 $h \geqslant 300$mm 时，$d \geqslant 10$mm；

当梁高 $h < 300$mm 时，$d \geqslant 6$mm。

钢筋间距：为了便于浇筑混凝土，保证混凝土有良好的密实性，对采用绑扎骨架的钢筋混凝土梁，纵向钢筋的净间距应满足图3-5所示的要求。当截面下部纵向钢筋配置多于两排时，上排钢筋水平方向的中距应比下面两排的中距增大一倍。

混凝土保护层：受力钢筋的混凝土保护层最小厚度的概念与板的情况相同，应不小于钢筋的直径，并应符合表3-3的规定。

纵向受力钢筋的混凝土保护层最小厚度（mm）　　表3-3

环境类别		板、墙、壳			梁			柱		
		≤C20	C25～C45	≥C50	≤C20	C25～C45	≥C50	≤C20	C25～C45	≥C50
一		20	15	15	30	25	25	30	30	30
二	a	—	20	15	—	30	30	—	30	30
	b	—	25	20	—	35	30	—	35	30
三		—	30	25	—	40	35	—	40	35

注：在基础中纵向受力钢筋的混凝土保护层厚度不应小于40mm，当无垫层时不应小于70mm。

梁截面的有效高度：系指梁截面受压区的外边缘至受拉钢筋合力重心的距离。根据以上定义，对一类环境，当混凝土保护层厚度为25mm时，可得梁截面的有效高度 h_0 值（图3-5）为：

当受拉钢筋配置成一排时，近似取 $h_0 = h - 35$mm；

当受拉钢筋配置成二排时，近似取 $h_0 = h - 60$mm。

4. 构造钢筋

架立钢筋：钢筋直径与梁的跨度有关。当梁的跨度小于4m时，不宜小于8mm；当跨度为4～6m时，不宜小于10mm；当跨度大于6m时，不宜小于12mm。

侧向构造钢筋：当梁的腹板高度 $h_w \geqslant 450$mm 时，在梁的两个侧面应沿高度配置纵向构造钢筋（图3-6），每侧构造钢筋（不包括梁上、下部受力钢筋及架立钢筋）的截面面积不应小于腹板截面面积 bh_w 的0.1%，且其间距不宜大于200mm。此处，h_w 值见公式(4-25)中的说明。

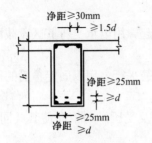

图3-5 纵向受力钢筋的间距
(d 为钢筋最大直径)

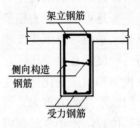

图3-6 构造钢筋

3.3 受弯构件正截面的试验研究

3.3.1 钢筋混凝土梁正截面工作的三个阶段[3-2]

钢筋混凝土受弯构件的破坏：一种是由弯矩引起的正截面破坏；另一种是由弯矩和剪力共同引起的斜截面破坏。本章仅讨论受弯构件正截面的破坏机理及计算方法。

试验研究表明：钢筋混凝土受弯构件正截面自加载至破坏的过程中，随着荷载的增加及混凝土塑性变形的发展，对于处于正常配筋的情况，其截面上的应力分布和应变发展过程，可分以下三个阶段。

第Ⅰ阶段——构件未开裂，弹性工作阶段。

构件开始加载时，正截面上各点的应力及应变均很小，二者成正比例关系，应变变化符合平截面假定（图3-7Ⅰ），混凝土基本上处于弹性工作阶段，受拉区由于钢筋的存在，其中和轴较匀质弹性体中和轴稍低。

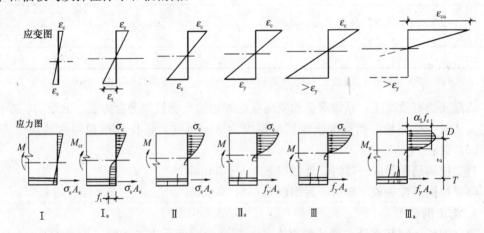

图3-7 钢筋混凝土受弯构件工作的三个阶段

当荷载继续增加，由于混凝土抗拉能力远小于抗压能力，受拉区混凝土发生塑性变形。

当构件受拉区边缘应变达到混凝土的极限拉应变时，相应的边缘拉应力达到混凝土的抗拉强度 f_t，拉应力图形接近矩形的曲线变化。此时受压区混凝土仍属弹性阶段工作，压应力图形接近三角形,构件处于将裂未裂的极限状态,其所能承受的弯矩以 M_{cr} 表示。此即第Ⅰ阶段末,以Ⅰ$_a$表示(图 3-7Ⅰ$_a$)。

第Ⅱ阶段——带裂缝工作阶段。

当荷载稍许增加,构件立即开裂。在裂缝截面处,其应力主要改由钢筋承担,使钢筋拉应力比出现裂缝以前突然增大很多,截面中和轴上移。受压区混凝土压应力继续增加,混凝土塑性变形有了明显地发展,压应力图形呈曲线变化。试验表明,其截面上各点平均应变的变化规律仍符合平截面假定(图 3-7Ⅱ)。

在第Ⅱ阶段中,当荷载继续增加直到某一数值时,纵向受拉钢筋开始屈服,钢筋应力达到其屈服强度,此即为第Ⅱ阶段末,以Ⅱ$_a$表示(图 3-7Ⅱ$_a$)。

第Ⅲ阶段——钢筋塑流阶段。

当荷载再继续增加时,钢筋应变骤增且不停地发展,而钢筋应力仍保持在屈服点 f_y 的水平上不变。此时裂缝不断向上延伸,混凝土压应力不断增大。但混凝土的总压力 D 始终保持不变,与钢筋总拉力 T 保持平衡($D=T$)(图 3-7Ⅲ)。

当弯矩再增加直至极限弯矩 M_u 时,称为第Ⅲ阶段末,以Ⅲ$_a$表示。此时,构件受压区边缘纤维应变增大到混凝土极限压应变 ε_{cu},构件即开始破坏。其后,在试验时虽然仍可继续变形,但所承受的弯矩将有所降低,最后受压区混凝土被压碎而导致构件完全破坏(图 3-7Ⅲ$_a$)。

在以上三个阶段中:

第Ⅰ阶段末(Ⅰ$_a$),构件所能承受的抗裂弯矩 M_{cr},是作为抗裂度计算的依据;

第Ⅱ阶段,构件在荷载标准值作用下,通常处在这一阶段,它是构件变形及裂缝宽度极限状态计算的依据;

第Ⅲ阶段末(Ⅲ$_a$),构件所能承受的破坏弯矩 M_{cr},是作为承载力极限状态计算的依据。

3.3.2 钢筋混凝土梁正截面的破坏形式

试验研究表明,梁正截面的破坏形式与配筋率 ρ❶、以及钢筋和混凝土的强度有关。在常用的钢筋级别和混凝土强度等级情况下,其破坏形式可分以下三类:

1. 适筋梁

当梁在其受拉区配置适量的钢筋时,在破坏以前受拉钢筋首先到达屈服强度,而后钢筋要经历较大的塑性,如图 3-8(b),破坏时有明显的预兆,因此称这种破坏形态为"塑性破坏"。由于适筋梁在破坏时钢筋的拉应力达到屈服点,而混凝土的压应力亦随之达到其抗压极限强度,两种材料性能基本上都得到充分利用,因而它是作为设计依据的一种破坏形式。

2. 超筋梁

破坏时受压区混凝土首先被压碎,钢筋拉应力尚小于屈服强度,破坏前没有明显的预兆,如图 3-8(c)而是受压混凝土突然的破坏,通常称这种破坏形态为"脆性破坏"。设计时应尽量避免。

---

❶ $\rho = A_s/bh_0$:A_s 为受拉钢筋的截面面积,b 为梁截面宽度,h_0 为梁截面的有效高度。

3. 少筋梁

当梁的配筋量很低，其开裂后的极限弯矩 M_u 不大于开裂时的弯矩 M_{cr}，只要构件混凝土一开裂，在裂缝处的受拉钢筋应力就立即进入屈服阶段，而受压区混凝土随之进入强化阶段，亦立即发生破坏，如图3-8（a）。其破坏是突然性的，也属于"脆性破坏"，少筋梁由于选定的截面尺寸过大，不经济，因此设计时也应避免。

不同破坏形态梁的荷载—挠度（P-v）曲线，见图3-9。

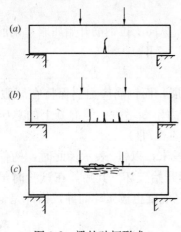

图3-8 梁的破坏形式
（a）少筋梁；（b）适筋梁；（c）超筋梁

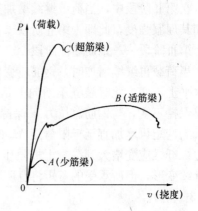

图3-9 不同破坏形态梁的 P-v 曲线

3.4 正截面受弯承载力计算一般规定

3.4.1 基本假定

钢筋混凝土构件正截面受弯承载力的计算方法，有下列四项基本假定：

1. 平截面假定 构件正截面在弯曲变形以后仍保持一平面。

试验研究表明，钢筋混凝土虽然是一种不均质的非弹性复合材料，但在构件出现裂缝以前基本上处于弹性工作阶段，截面上的应变沿梁高度为线性分布，符合平截面假定。而在裂缝出现以后，直至受拉钢筋达到屈服强度时，若在跨过几条裂缝的标距内量测平均应变，则其应变分布基本上亦符合平截面的假定。

2. 钢筋应力 σ_s 取等于钢筋应变 ε_s 与其弹性模量 E_s 的乘积，但不得大于其强度设计值 f_y。

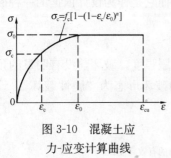

图3-10 混凝土应力-应变计算曲线

3. 不考虑截面受拉区混凝土抗拉强度，即认为拉力全部由纵向受拉钢筋承担。这是因为混凝土所承受的拉力很小，同时作用点又靠近中和轴，对截面总抗弯力矩的贡献也很小的缘故。

4. 对于混凝土受压的应力应变关系，在分析国内科研成果并参照国外有关规范规定的基础上，我国《规范》采用如图3-10所示的曲线，作为混凝土强度计算的理想化

σ_c-ε_c 计算曲线。按此求得的压应力合力，与试验值符合程度较好。

3.4.2 混凝土受压的应力-应变关系曲线

图 3-10 中混凝土 σ_c-ε_c 计算曲线如用于轴心受压构件，其应力应变增长规律为一条抛物线，随着混凝土压应力的增加，塑性性能逐渐增大，其极限压应变为 ε_0，相应的最大应力取 $\sigma_c = f_c$。

以上曲线如用于受弯和偏心受压构件，由于其应变沿梁截面高度非均匀分布，同时其最大压应变 ε_{cu} 要大于轴心受压构件的最大压应变 ε_0，因此，具体取值时，采用下列的简化方法：当压应变 $\varepsilon_c \leqslant \varepsilon_0$ 时，取与轴心受压构件相同的应力-应变关系曲线；当压应变 $\varepsilon_0 < \varepsilon_c \leqslant \varepsilon_{cu}$ 时，应力应变关系取为一条水平线。

为此，《规范》规定：混凝土受压的应力-应变关系计算曲线按下列规定取用：

当 $\varepsilon_c \leqslant \varepsilon_0$ 时

$$\sigma_c = f_c \left[1 - \left(1 - \frac{\varepsilon_c}{\varepsilon_0} \right)^n \right] \tag{3-1}$$

当 $\varepsilon_0 < \varepsilon_c \leqslant \varepsilon_{cu}$ 时

$$\sigma_c = f_y \tag{3-2}$$

$$n = 2 - \frac{1}{60}(f_{cu,k} - 50) \tag{3-3}$$

$$\varepsilon_0 = 0.002 + 0.5(f_{cu,k} - 50) \times 10^{-5} \tag{3-4}$$

$$\varepsilon_{cu} = 0.0033 - (f_{cu,k} - 50) \times 10^{-5} \tag{3-5}$$

式中 σ_c——混凝土压应变为 ε_c 时的混凝土压应力；

f_c——混凝土轴心抗压强度设计值，按附表 1 取用；

ε_0——混凝土压应力刚达到 f_c 时的混凝土压应变，如计算的 ε_0 值小于 0.002 时，取为 0.002；

ε_{cu}——正截面处于非均匀受压的混凝土极限压应变，如计算的 ε_{cu} 值大于 0.0033 时，取为 0.0033；当处于轴心受压时取为 0.002；

$f_{cu,k}$——混凝土立方体抗压强度标准值；

n——系数，当计算的 n 值大于 2.0 时，取为 2.0。

从以上公式有关参数的取值可以看出：当 $f_{cu,k} \leqslant 50\text{N/mm}^2$ 时，则 $\varepsilon_0 = 0.002$，$\varepsilon_{cu} = 0.0033$，表明所规定的为普通混凝土应力-应变计算曲线。

需要注意的是图 3-10 混凝土受压的应力-应变曲线是将轴压与弯曲组合在一起。供设计应用的混凝土受压应力-应变计算曲线与图 1-12 所示的混凝土受压应力-应变试验曲线有所不同。

对于混凝土受压应力-应变计算曲线的设计应用：如对轴心受压构件，由于其截面上混凝土压应力为均匀分布，则在混凝土的某一压应变为已知时，就可利用该计算曲线，求出该截面内相应的内力；或是已知内力而进行配筋的计算。

对受弯构件利用混凝土压应力-应变计算曲线进行配筋设计计算，在计算方法上与轴心受压构件相同，但由于其截面的受压区高度是随着作用的弯矩大小而变化的，同时混凝土压应力又是呈不均匀分布的，情况比较复杂，计算繁琐，一般需用计算机进行设计计算。

【例 3-1】 已知一轴心受压钢筋混凝土短柱，作用其上的荷载设计值 $N=2460\text{kN}$，柱截面尺寸为 $b\times h=300\text{mm}\times300\text{mm}$，混凝土强度等级为 C60（$f_c=27.5\text{N/mm}^2$），钢筋用 HRB400 级，要求混凝土受压应变 ε_0 值最大不超过 0.0015（即 $\varepsilon_c\leqslant0.0015$），试计算所需的纵向受力钢筋截面面积 A_s 值。

【解】 因所要求的混凝土压应变 $\varepsilon_c<\varepsilon_0$，因此，柱内的混凝土压应力 σ_c 小于混凝土轴心抗压强度 f_c，同时钢筋没有屈服，钢筋的压应力 σ_s 亦小于其屈服强度 f_y。这样，根据构件内、外力的平衡条件可写成：

$$N=\sigma_c A_c+\sigma_s A_s \tag{3-6}$$

(1) 求 σ_c

由公式（3-3）及（3-4）得

$$n=2-\frac{1}{60}(f_{cu,k}-50)=2-\frac{1}{60}(60-50)=1.833$$

$$\varepsilon_0=0.002+0.5(f_{cu,k}-50)\times10^{-5}=0.002+0.5\times(60-50)\times10^{-5}=0.00205$$

因 $\varepsilon_c\leqslant\varepsilon_0$，则由公式（3-1）得

$$\sigma_c=f_c\left[1-\left(1-\frac{\varepsilon_c}{\varepsilon_0}\right)^n\right]=27.5\times\left[1-\left(1-\frac{0.0015}{0.00205}\right)^{1.833}\right]=25\text{N/mm}^2$$

(2) 求 σ_s

$$\sigma_s=E_s\cdot\frac{\varepsilon_s}{\gamma_s}=2.0\times10^5\times\frac{0.0015}{1.11}=270\text{N/mm}^2$$

(3) 求 A_s

$$A_s=\frac{N-\sigma_c A_c}{\sigma_s}=\frac{2400\times10^3-25\times300\times300}{270}=778\text{mm}^2$$

选用 4Φ16（$A_s=804\text{mm}^2$）。

3.4.3 受压区混凝土等效应力图

受弯构件及偏心受力构件按承载力极限状态计算时，其正截面受压区混凝土的应力-应变图形，理论上可根据平截面假定得出每一纤维的应变值，再按上述的混凝土应力-应变计算曲线（图 3-10）得出相应的压应力值，从而可以求出压区混凝土的应力分布图。为了简化计算，国内、外规范多采用以等效矩形为应力图形来代替压区混凝土极限状态时的曲线应力分布图形，其换算的条件是：

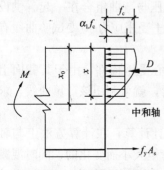

图 3-11 等效矩形应力图

1. 等效矩形应力图形的面积与曲线图形（即二次抛物线加矩形图）的面积相等，即压应力的合力大小不变。

2. 等效矩形应力图的形心位置与理论应力图形的总形心位置相同，即压应力的合力作用点不变。

根据以上条件，具体换算结果如图 3-11。该图中 x_0 为实际受压区高度，x 为换算受压区高度，《规范》规定取 $x=\beta_1 x_0$，并取换算矩形的压应力为 $\alpha_1 f_c$。这样，使计算方法大为简化，此处 α_1，β_1 为图形换算系数。

对 β_1、α_1 的取值，《规范》通过分析研究，规定：

对 β_1 值：当混凝土强度等级≤C50 时，取 $\beta_1=0.8$；当混凝土强度等级=C80 时，取 $\beta_1=0.74$，其中间值按线性内插法确定。

对 α_1 值：当混凝土强度等级≤C50 时，取 $\alpha_1=1.0$，当混凝土强度等级=C80 时，取 $\alpha_1=0.94$，其中间值按线性内插法确定。

若将上述条文简化计算的规定具体列出，则如表 3-4 所示。

等效矩形应力图形换算系数　　　　　　　　　表 3-4

混凝土强度等级	≤C50	C55	C60	C65	C70	C75	C80
α_1 值	1.00	0.99	0.98	0.97	0.96	0.95	0.94
β_1 值	0.80	0.79	0.78	0.77	0.76	0.75	0.74

由以上表中可以看出，系数 α_1、β_1 值主要是与高强混凝土有关，说明高强混凝土随其强度的提高，其提高速度逐渐降低的特性。

3.4.4 相对界限受压区高度

当构件（包括受弯和偏心受压）在荷载作用下达到极限承载力时，其正截面内受拉纵向钢筋达到屈服强度时的应变 ε_{sy}（$\varepsilon_{sy}=f_y/E_s$），同时受压区边缘混凝土也达到弯曲时极限压应变 ε_{cu} 值，此时构件处于适筋与超筋之间的界限状态而破坏。其界限状态换算受压区高 x_b（即 $x=x_b$）与截面有效高度 h_0 的比值 $\xi_b=x_b/h_0$，称为相对界限受压区高度。设计时，所求出的相对受压区高度 x/h_0，不能大于相对界限受压区高度 x_b/h_0，否则就要发生超筋破坏。

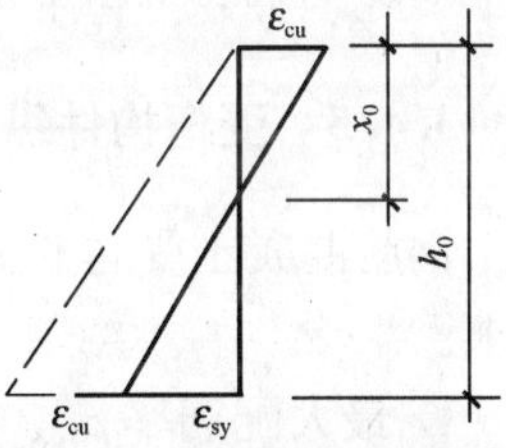

对受弯构件 ε_b 值，当钢筋有明显屈服点时，可根据应变平截面假定推导出来。如图 3-12 所示：

图 3-12　界限状态时截面应变图

$$\frac{x_0}{h_0}=\frac{\varepsilon_{cu}}{\varepsilon_{cu}+\varepsilon_{sy}}=\frac{1}{1+\dfrac{\varepsilon_{sy}}{\varepsilon_{cu}}}$$

故得

$$\xi_b=\frac{x_b}{h_0}=\frac{\beta_1 x_0}{h_0}=\frac{\beta_1}{1+\dfrac{f_y}{E_s\varepsilon_{cu}}} \tag{3-7}$$

式中　ξ_b——混凝土相对界限受压区高度；

　　　x_b——混凝土截面界限受压区高度；

　　　h_0——截面有效高度；

　　　f_y——普通钢筋抗拉强度设计值；

　　　E_s——钢筋弹性模量。

为此，《规范》规定：钢筋混凝土构件的相对界限受压区高度 ξ_b，应按下列公式计算：

（1）有屈服点钢筋：ε_b 按公式（3-7）确定。

（2）无屈服点钢筋：

$$\xi_b=\frac{\beta_1}{1+\dfrac{0.002}{\varepsilon_{cu}}+\dfrac{f_y}{E_s\varepsilon_{cu}}} \tag{3-8}$$

上述无屈服点钢筋是指经冷加工后的钢筋，包括冷拉钢筋、冷轧带肋钢筋、冷轧扭钢筋等，这些钢筋常用的都是细直径钢筋，由于经冷加工后，强度有所提高，但塑性性能降低，成为无明显屈服点的钢筋。而对《规范》规定的热轧钢筋，不论直径粗细，都是属于有屈服点的钢筋。

钢筋混凝土受弯构件相对界限受压区高度 ξ_b 值，对于有屈服点的钢筋根据不同的钢筋种类及不同的混凝土强度等级，按公式（3-7）计算结果列于表 3-5。

混凝土相对界限受压高度 ξ_b　　　　　表 3-5

混凝土强度等级	≤C50	C55	C60	C65	C70	C75	C80
HPB235 级 ($f_y=210\text{N/mm}^2$)	0.614	—	—	—	—	—	—
HRB335 级 ($f_y=300\text{N/mm}^2$)	0.550	0.541	0.531	0.522	0.512	0.503	0.493
HRB400、RRB400 ($f_y=360\text{N/mm}^2$)	0.518	0.508	0.499	0.490	0.481	0.472	0.463

注：表中空格表示低强度钢筋不宜与高强度混凝土配合。

3.4.5 受弯构件纵向受拉钢筋配筋率

钢筋混凝土受弯构件纵向受拉钢筋配筋率，设计时除按计算确定外还应符合下列要求。

1. 最大配筋率 ρ_{max}

当受弯构件配筋率达到相应于混凝土不首先破坏时的最大值，称为最大配筋率，以 ρ_{max} $\left(\rho=\dfrac{A_s}{bh_0}\right)$ 表示。对于矩形截面单筋受弯构件，可按其等效矩形应力分布图（图 3-11）得出：

$$\alpha_1 f_c bx = f_y A_s$$

$$\xi = \frac{x}{h_0} = \frac{f_y}{\alpha_1 f_c} \cdot \frac{A_s}{bh_0} = \rho \frac{f_y}{\alpha_1 f_c}$$

取 $\xi=\xi_b$，则相应的配筋率 ρ 即为最大配筋率 ρ_{max}，故

$$\rho_{max} = \xi_b \frac{\alpha_1 f_c}{f_y} \tag{3-9}$$

当受弯构件的实际配筋率 ρ 不超过 ρ_{max} 值时，构件破坏时受拉钢筋能够屈服，属于"适筋"破坏构件；否则，当实际配筋率 ρ 值超过 ρ_{max} 值时，属于"超筋"破坏构件，这是设计所不能容许的。

2. 最小配筋率 ρ_{min}

按最小配筋率 ρ_{min} 配筋的钢筋混凝土梁，破坏时所能承受的弯矩极限值 M_u 应等于同截面的素混凝土梁所能承受的弯矩 M_{cr}（M_{cr} 为按阶段 I_a 计算的开裂弯矩）时，处于少筋梁与适筋梁的界限状态时配筋率。当梁的配筋率 ρ 值小于最小配筋率 ρ_{min} 时，则作用在梁上的计算弯矩仅素混凝土就能够承受，按理可以不配受力钢筋；但考虑到混凝土强度的离散性较大，也因少筋梁是属于"脆性破坏"等因素，《规范》对最小配筋率作了具体的规定，见附表 7。当纵向受拉钢筋符合上述构造配筋的规定时，则使构件基本上能满足"开

裂后不致立即失效"的要求。

3. 经济配筋率

根据设计经验，受弯构件在截面宽高比适当的情况下，应尽可能地使其配筋率处在以下经济配筋率的范围内，这样，将会达到较好的经济效果；对钢筋混凝土板为 $\rho=$（0.4~0.8）%，对矩形截面梁为 $\rho=$（0.6~1.5）%；对于 T 形截面梁为 $\rho=$（0.9~1.8）%。

3.5 单筋矩形截面梁的受弯承载力计算

3.5.1 基本计算公式

1. 基本公式

如图 3-13 所示，由平衡条件可得

$$\sum N=0, \quad \alpha_1 f_c bx = f_y A_s \tag{3-10}$$

$$\sum M=0, \quad M \leqslant \alpha_1 f_c bx\left(h_0 - \frac{x}{2}\right) \tag{3-11}$$

或

$$M \leqslant f_y A_s\left(h_0 - \frac{x}{2}\right) \tag{3-12}$$

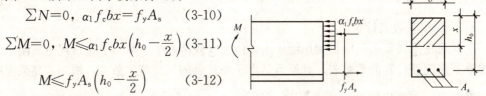

图 3-13 单筋矩形截面受弯构件承载力计算简图

式中 M——弯矩设计值；
f_c——混凝土轴心抗压强度设计值；
f_y——钢筋抗拉强度设计值；
A_s——纵向受拉钢筋的截面面积；
b——截面宽度；
x——等效矩形应力图形的换算受压区高度；
h_0——截面有效高度，$h_0 = h - a_s$；
α_1——系数，见表 3-4。

2. 适用条件

(1) 为了防止构件发生超筋破坏，则应满足下列条件：由公式（3-10）

$$\xi = \frac{x}{h_0} = \frac{A_s}{bh_0} \cdot \frac{f_y}{\alpha_1 f_c} = \rho \frac{f_y}{\alpha_1 f_c} \leqslant \xi_b \tag{3-13}$$

或

$$x \leqslant \xi_b h_0$$

即

$$\rho = \frac{A_s}{bh_0} \leqslant \xi_b \frac{\alpha_1 f_c}{f_y}$$

上式中 ρ 为构件实际配筋率，ξ_b 值可由表 3-5 查得，若将 ξ_b 值代入公式（3-11），则可求得单筋矩形截面适筋梁所能承受的最大弯矩 M_{umax} 值：

$$M_{umax} = \alpha_1 f_c b h_0^2 \xi_b (1 - 0.5\xi_b) \tag{3-11a}$$

(2) 为了防止出现少筋破坏的情况，受弯构件的配筋率 ρ 值尚应不小于最小配筋率 ρ_{min} 的规定，即

$$A_s \geqslant A_{s,min} = 0.45 \frac{f_c}{f_y} bh \tag{3-14}$$

及

$$A_s \geqslant A_{s,min} = 0.002 bh \tag{3-15}$$

3.5.2 计算方法[3-2]

单筋矩形截面梁的配筋计算方法：梁的截面面积 b，h 值一般由经验确定（见 3.2.2 节），或按经验配筋率确定，这样，其配筋计算可分以下二种方法：

1. 直接计算法

在公式（3-10）、式（3-11）或式（3-12）中，当确定 b、h 值后，还有二个未知数 x、A_s 值，这样，可由二个方程式直接解出：

$$x = h_0 \pm \sqrt{h_0^2 - 2M/\alpha_1 f_c b} \tag{3-16}$$

当求得的 x 值满足公式（3-13）要求时，则纵筋的截面面积为：

$$A_s = M/f_y\left(h_0 - \frac{x}{2}\right) \tag{3-17}$$

或由公式(3-10)

$$A_s = \xi \frac{\alpha_1 f_c}{f_y} b h_0 \tag{3-18}$$

2. 利用系数表计算法

此法在原《规范》中得到广泛应用，但在《规范》中，取消了原《规范》附录三用于单筋截面配筋计算的系数表。其原因是由于修订后的《规范》条文，增加了高强混凝土的强度等级，在确定相对界限受压区高度 $\xi_b\left(\xi_b = \frac{x_b}{h_0}\right)$ 值时，带来了一定的复杂性，因此，该系数表没有被列出。

经过笔者的分析，对确定 ξ_b 的复杂性问题是可以解决的，由于此法是现有大部设计人员习惯应用的方法，因此，具体介绍如下：

（1）对系数 α_s、γ_s 的理论推导

由公式（3-11）得：

$$M = \alpha_1 f_c b x \left(h_0 - \frac{x}{2}\right) = \alpha_1 f_c b h_0^2 \frac{x}{h_0}\left(1 - 0.5\frac{x}{h_0}\right) \tag{3-19}$$

$$= \alpha_1 f_c b h_0^2 \xi(1 - 0.5\xi) = \alpha_s \alpha_1 f_c b h_0^2$$

取

$$\alpha_s = \xi(1 - 0.5\xi) \tag{3-20}$$

则得

$$\alpha_s = \frac{M}{\alpha_1 f_c b h_0^2} \tag{3-21}$$

同理，按公式（3-11）可得：

$$M = f_y A_s \left(h_0 - \frac{x}{2}\right) = f_y A_s (1 - 0.5\xi) h_0 = f_y A_s \gamma_s h_0 \tag{3-22}$$

取

$$\gamma_s = 1 - 0.5\xi \tag{3-23}$$

故

$$A_s = \frac{M}{\gamma_s h_0 f_y} \tag{3-24}$$

或

$$A_s = \rho b h_0 = \xi \frac{\alpha_1 f_c}{f_y} b h_0 \tag{3-24a}$$

计算时按公式（3-21）求得的 α_s 值，由附表 8 可查得 γ_s 及 ξ 值，当符合 $\xi \leqslant \xi_b$ 时，满足要求。

（2）对 ξ_b 值的确定，有二种方法

第一法：由表 3-5 查得 ξ_b 值；再按与已知的 M 值由公式（3-21）得出的 α_s 值，从附

表 8 中查得 ξ 值。然后进行 ξ 与 ξ_b 值的比较,这样需同时查找二个表格,计算不便。

第二法:由表 3-5 可知,自 C50 开始,当混凝土强度等级增加 C5 时,则 ξ_b 值约降低 0.01(取二位数),根据这一特点,按 0.01 的级差,便可找到所需的 ξ_b 值。例如:钢筋为 HRB335 级,混凝土强度等级为 C60。由附表 8 先找到相当于 HRB335 级钢筋的黑线处 ξ=0.55,再向前数二行(C60 与 C50 相当于二个 C5)便得出 ξ_b=0.53。

此法比较简单,误差并不太大,且偏为安全。

【例 3-2】 已知钢筋混凝土简支梁(图 3-14),梁的安全等级为二级,计算跨度 $l=5.4m$,作用其上的均布荷载设计值 22kN/m(不包括梁自重)混凝土强度等级为 C60($f_c=27.5N/mm^2$, $f_t=2.04N/mm^2$),钢筋选用 HRB335 级($f_y=300N/mm^2$)试设计其截面尺寸及配筋。

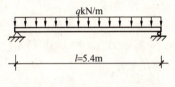

图 3-14 钢筋混凝土简支梁

【解】 (1) 截面尺寸估算

根据设计经验,取 $h=\dfrac{l}{12}=\dfrac{5.4\times 10^3}{12}=450mm$

取 $b=200mm$,因 $b/h=\dfrac{1}{2.25}$(介于 $\dfrac{1}{2}\sim\dfrac{1}{2.5}$)符合要求。

(2) 内力计算

混凝土自重取 25kN/m³,梁自重的荷载分项系数为 1.2,则梁的均布线荷载为:
$$q=22+0.45\times 0.20\times 25\times 1.2=24.7kN/m$$

因梁的安全等级为二级,故 $r_0=1.0$,则得:
$$M=\dfrac{1}{8}\times 24.7\times 5.4^2=90kN\cdot m$$

(3) 配筋计算

① 按直接计算法

查表 3-4 得 $\alpha_1=0.98$, $h_0=450-35=415mm$,则按公式(3-16)得

$$x=h_0-\sqrt{h_0^2-2M/\alpha_1 f_c b}$$
$$=415-\sqrt{415^2-2\times 90\times 10^6/0.98\times 27.5\times 200}=42.4mm$$

因 $\xi=\dfrac{x}{h_0}=\dfrac{42.4}{415}=0.102<\xi_b=0.531$($\xi_b$ 值由表 3-5 查得),满足要求。

故由公式(3-18)得

$$A_s=\xi\dfrac{\alpha_1 f_c}{f_y}bh_0=0.102\times\dfrac{0.98\times 27.5}{300}\times 200\times 415=761mm^2$$

② 利用系数表计算

由公式(3-21)得

$$\alpha_s=\dfrac{M}{\alpha_1 f_c b h_0^2}=\dfrac{90\times 10^6}{0.98\times 27.5\times 200\times 415^2}=0.097$$

查附得 8 得 $\gamma_s=0.949$, $\xi=0.102$;则由公式(3-24)或(3-24a)得

$$A_s=\dfrac{M}{\gamma_s h_0 f_y}=\dfrac{90\times 10^6}{0.949\times 415\times 300}=762mm^2$$

或

$$A_s=\xi\dfrac{\alpha_1 f_c}{f_y}bh_0=0.102\times\dfrac{0.98\times 27.5}{300}\times 200\times 415=761mm^2$$

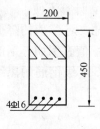

选用 4Φ16（$A_s=804\text{mm}^2$）（图 3-15）

(4) 适用条件验算

① 为防止超筋破坏的验算

因 $\xi=0.102<\xi_b=0.530$，满足要求。对 ξ_b 值可从表 3-5 中找得，或由附表 8 中找出。

② 为防止少筋破坏的验算

因 $A_{s,\min}=\dfrac{0.45\times 2.04}{300}\times 200\times 450=275\text{mm}^2<A_s=761\text{mm}^2$

又 $\qquad A_{s,\min}=0.002bh=0.002\times 200\times 450=180\text{mm}^2<A_s=761\text{mm}^2$

故满足要求。

图 3-15

3.6 双筋矩形截面梁的受弯承载力计算

3.6.1 概述

双筋截面一般用于下列情况：

（1）当构件所承受的弯矩较大，而截面尺寸受到限制，以致 $x>\xi_b h_0$，用单筋梁已无法满足设计要求时，可采用双筋截面梁计算；

（2）当构件在同一截面内受变号弯矩作用时，在截面上下两侧均应配置受力钢筋；

（3）由于构造上需要，在截面受压区已配置有受力钢筋，则按双筋截面计算，可以节约钢筋用量。

双筋截面承载力计算的基本假定与单筋截面基本相同，试验研究表明，当构件进入破坏阶段时，受压钢筋应力能达到屈服强度。故在计算公式中，可取钢筋抗压强度设计值为 f'_y。

双筋梁可以提高截面的延性，纵向受压钢筋愈多，截面延性越好；同时，由于受压钢筋的存在，可以减小构件在荷载长期作用下的变形。

在工程设计中，按双筋截面配筋计算是不经济的，一般不宜采用。

3.6.2 基本计算公式

1. 基本公式

如图 3-16 所示，双筋矩形截面承载力的计算，由平衡条件可得：

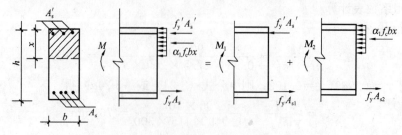

图 3-16 双筋矩形截面梁计算简图

$$\sum N=0 \quad \alpha_1 f_c bx + f'_y A'_s = f_y A_s \tag{3-25}$$

$$\sum M=0 \quad M \leqslant \alpha_1 f_c bx\left(h_0 - \frac{x}{2}\right) + f'_y A'_s (h_0 - a'_s) \tag{3-26}$$

式中 f'_y——钢筋的抗压强度设计值;

A'_s——受压钢筋截面面积;

a'_s——受压钢筋的合力点到截面受压区外边缘的距离;

A_s——受拉钢筋的截面面积 $A_s = A_{s1} + A_{s2}$,而 $A_{s1} = f'_y A'_s / f_y$。其余符号同前。

公式 (3-26) 中,若取:
$$M_1 = f'_y A'_s (h_0 - a'_s) \tag{3-27}$$

$$M_2 = \alpha_1 f_c bx\left(h_0 - \frac{x}{2}\right) \tag{3-28}$$

则得
$$M \leqslant M_1 + M_2 \tag{3-29}$$

式中 M_1——由受压钢筋的压力 $f'_y A'_s$ 和相应的部分受拉钢筋的拉力 $A_{s1} f_y$ 所组成的内力矩;

M_2——由受压区混凝土的压力和余下的受拉钢筋的拉力 $A_{s2} f_y$ 所组成的内力矩。

2. 适用条件

(1) 为了防止构件发生超筋破坏,则应满足:
$$x \leqslant \xi_b h_0 \tag{3-30}$$

或
$$\rho_2 = \frac{A_{s2}}{bh_0} \leqslant \xi_b \cdot \frac{\alpha_1 f_c}{f_y} \tag{3-31}$$

(2) 为了保证受压钢筋在构件破坏时达到屈服强度,则应满足:
$$x \geqslant 2a'_s \tag{3-32}$$

$$z \leqslant h_0 - a'_s \tag{3-33}$$

式中 z——受压区混凝土合力与受拉钢筋合力之间的内力偶臂。

公式 (3-32) 的意义为,规定的 x 值不能太小,否则受压钢筋的位置离中和轴太近,梁破坏时受压钢筋应力达不到抗压强度设计值 f'_y。

在双筋截面中,一般配筋量均比较大,因此没有必要验算其最小配筋率。

3.6.3 计算方法[3-2]

双筋截面梁设计时,其截面尺寸一般均为已知,仅需计算钢筋截面面积,具体可分以下三种情况:

1. 已知弯矩设计值 M,截面尺寸 b、h,混凝土强度等级和钢筋级别

求:受压钢筋和受拉钢筋截面面积 A'_s 及 A_s 值。

【解】 利用公式 (3-25)、式 (3-26) 求解时,其中有 x、A'_s 及 A_s 三个未知数,尚需补充一个条件才能算出。为了节约钢材,应充分利用混凝土的抗弯承载力,故取 $\xi = \xi_b$,可求得最小的 A'_s 值,以达到经济效果。这样,由公式 (3-26) 得:

$$M \leqslant \alpha_1 f_c bh_0^2 \xi_b (1 - 0.5\xi_b) + f'_y A'_s (h_0 - a'_s)$$

或
$$A'_s = \frac{M - \alpha_1 f_c bh_0^2 \xi_b (1 - 0.5\xi_b)}{f'_y (h_0 - a'_s)} \tag{3-34}$$

将 $\xi = \xi_b$ 代入公式 (3-25) 得

$$A_s = \frac{\alpha_1 f_c b h_0 \xi_b + f_y' A_s'}{f_y} \tag{3-35}$$

2. 已知弯矩设计值 M，截面尺寸 b、h，混凝土强度等级，钢筋级别和受压钢筋截面面积 A_s' 值。

求：受拉钢筋截面面积 A_s 值。

【解】 因 A_s' 为已知，则可利用公式（3-26）直接求解：

取
$$M_1 = f_y' A_s' (h_0 - a_s') \tag{3-36}$$

故
$$M_2 = M - M_1 ; \alpha_{s2} = \frac{M_2}{\alpha_1 f_c b h_0^2} \tag{3-37}$$

由 α_{s2} 查附表 8 可得 ξ、γ_{s2}，当 $\xi \leqslant \xi_b$ 时，则得

$$A_{s2} = \frac{M_2}{\gamma_{s2} h_0 f_y} \tag{3-38}$$

又
$$A_{s1} = \frac{f_y' A_s'}{f_y} \tag{3-39}$$

故得
$$A_s = A_{s1} + A_{s2} \tag{3-40}$$

在计算时，若 $\xi > \xi_b$，表明受压钢筋 A_s' 面积不足，可按上述 A_s' 为未知情况 1 计算。

3. 承载力校核

（1）已知构件截面尺寸 $b \times h$，混凝土强度等级，钢筋级别、受压钢筋和受拉钢筋截面面积 A_s' 及 A_s。

求：双筋截面梁所能承受的弯矩设计值。

【解】 根据已知条件，由公式（3-27）和（3-39）可求得：

$$M_1 = f_y' A_s' (h_0 - a_s')$$

及
$$A_{s1} = \frac{f_y' A_s'}{f_y}$$

则
$$A_{s2} = A_s - A_{s1}$$

当 $\xi = \dfrac{x}{h_0} = \dfrac{A_{s2}}{b h_0} \cdot \dfrac{f_y}{\alpha_1 f_c} = \rho \cdot \dfrac{f_y}{\alpha_1 f_c} \leqslant \xi_b$ 时，为适筋梁；又当 $\xi h_0 \geqslant 2 a_s'$ 时，受压钢筋能够屈服。所以可按 ξ 值查附表 8 得 α_{s2}，则

$$M_2 = \alpha_{s2} b h_0^2 \alpha_1 f_c \tag{3-41}$$

当 $M_1 + M_2 \geqslant M$ 时，则为安全。

（2）计算条件与上述情况相同，但计算结果为 $\xi > \xi_b$，即超筋情况。此时，则应取 $\xi = \xi_b$ 求所能承受的 M_2 值，以下计算与上述承载力校核计算情况相同。

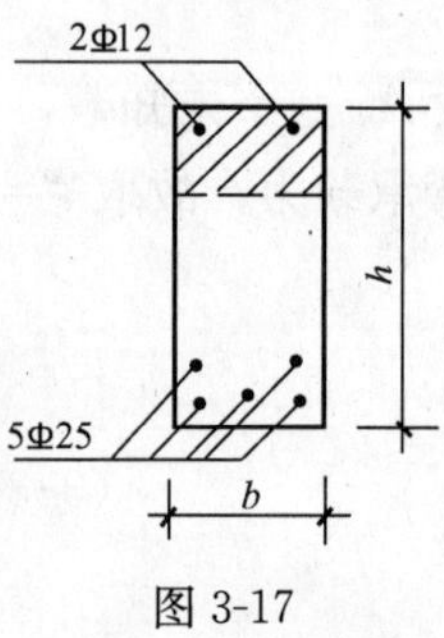

【例 3-3】 已知某梁截面尺寸为 $b \times h = 200 \times 500$ （mm），混凝土强度等级为 C30，钢筋用 HRB335 级若该梁承受的弯矩设计值 $M = 240$ kN·m（包括自重）。试计算该梁截面配筋。

【解】 (1) 验算是否需用双筋截面

$\alpha_1 = 1.0, f_c = 14.3 \text{N/mm}^2, f_y = f_y' = 300 \text{N/mm}^2$，设受拉钢

图 3-17

筋需排成二排，故 $h_0=500-60=440\text{mm}$，查表 3-5 得 $\xi_b=0.55$，按公式（3-19）求单筋截面最大弯矩为：

$$M_{\max}=\alpha_1 f_c b h_0^2 \xi_b(1-0.5\xi_b)$$
$$=1.0\times14.3\times200\times440^2\times0.55\times(1-0.5\times0.55)$$
$$=220.8\text{kN}\cdot\text{m}<M=240\text{kN}\cdot\text{m}$$

故应采用双筋截面。

（2）配筋计算

受压钢筋按单排配置计算，则按公式（3-34）得：

$$A'_s=\frac{M-\alpha_1 f_c b h_0^2 \xi_b(1-0.5\xi_b)}{f'_y(h_0-a'_s)}$$
$$=\frac{240\times10^6-1.0\times14.3\times200\times440^2\times0.55\times(1-0.5\times0.55)}{300\times(440-35)}$$
$$=158\text{mm}^2$$

按公式（3-35）得：

$$A_s=\frac{\alpha_1 f_c b h_0 \xi_b+f'_y A'_s}{f_y}$$
$$=\frac{1.0\times14.3\times200\times440\times0.55+300\times158}{300}$$
$$=2465\text{mm}^2$$

选用：受压钢筋 2Φ12（$A'_s=226\text{mm}^2$）

受拉钢筋 5Φ25（$A_s=2454\text{mm}^2$）

【例 3-4】 已知数据同上例，但配置受压钢筋 3Φ18（$A'_s=763\text{mm}^2$），试求受拉钢筋截面面积 A_s 值。

【解】 按公式（3-36）得

$$M_1=f'_y A'_s(h_0-a'_s)=300\times763\times(440-35)=92.7\text{kN}\cdot\text{m}$$
$$M_2=M-M_1=240-92.7=147.3\text{kN}\cdot\text{m}$$
$$\alpha_{s2}=\frac{M_2}{\alpha_1 f_c b h_0^2}=\frac{147.3\times10^6}{1.0\times14.3\times200\times440^2}=0.266$$

查附表 8 得 $\gamma_{s2}=0.842$

$$A_{s2}=\frac{M_2}{\gamma_{s2}h_0 f_y}=\frac{147.3\times10^6}{0.842\times440\times300}=1325\text{mm}^2$$

故

$$A_s=A'_s+A_{s2}=763+1325=2088\text{mm}^2$$

比较以上两例可知，由于［例 3-3］充分利用了混凝土的抗压性能，其计算总用钢量（$A_s+A'_s=2623\text{mm}^2$）比［例 3-4］总用钢量（$A_s+A'_s=2851\text{mm}^2$）为省。

3.7 T 形截面梁的受弯承载力计算

3.7.1 概述

在矩形截面受弯构件承载力计算中，由于其受拉区混凝土开裂不能参加受拉工作，如

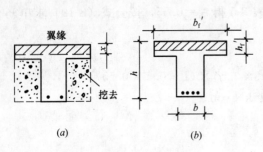

图 3-18 T形截面形成
(a) 矩形；(b) T形

果把受拉区两侧的混凝土挖去一部分，余下的部分只要能够布置受拉钢筋就可以了（图3-18），这样就成为T形截面。它和原来的矩形截面相比，其承载力计算值与原有矩形截面基本相同，但节省了混凝土用量，减轻了自重。

对于翼缘在受拉区的倒T形截面梁，当受拉区开裂以后，翼缘就不起作用了，因此在计算时应按 $b \times h$ 的矩形截面梁考虑。

在工程中采用T形截面受弯构件的有吊车梁、屋面大梁、槽形板、空心板等，T形截面一般为单筋截面。

受弯构件T形截面翼缘的纵向压应力沿宽度方向的分布试验分析表明是不均匀的，离开肋愈远，压应力愈小，且远离肋的部位翼缘还会因发生压屈失稳而退出工作。因此T形截面的翼缘宽度在设计时只取其一定范围内的宽度作为其计算宽度，即认为截面翼缘在这一宽度范围内的压应力是均匀分布的，其合力大小，大致与实际不均匀分布的压应力图形等效，翼缘与肋部亦能很好地整体工作。

对T形截面翼缘计算宽度 b'_f 的取值，《规范》规定应取表 3-6 中有关各项规定的最小值。

T形及倒L形截面受弯构件翼缘计算宽度 b'_f 取值   表 3-6

考虑情况		T形截面		倒L形截面
		肋形梁（板）	独立梁	肋形梁（板）
按计算跨度 l_0 考虑		$\frac{1}{3}l_0$	$\frac{1}{3}l_0$	$\frac{1}{3}l_0$
按梁（肋）净距 s_0 考虑		$b+s_0$	—	$b+\frac{s_0}{2}$
按翼缘高度 h'_f 考虑	当 $h'_f/h_0 \geqslant 0.1$	—	$b+12h'_f$	—
	当 $0.1 > h'_f/h_0 \geqslant 0.05$	$b+12h'_f$	$b+6h'_f$	$b+5h'_f$
	当 $h'_f/h_0 < 0.05$	$b+12h'_f$	b	$b+5h'_f$

注：1. 表中 b 为梁的腹板宽度；
2. 如肋形梁在梁跨内设有间距小于纵肋间距的横肋时，则可不遵守表列情况3的规定；
3. 对有加腋的T形、I形和倒L形截面，当受压区加腋的高度 $h_h \geqslant h'_f$，且加腋的宽度 $b_h \leqslant 3h_h$ 时，则其翼缘计算宽度可按表列情况3的规定分别增加 $2b_h$（T形、I形截面）和 b_h（倒L形截面）；
4. 独立梁受压区的翼缘板在荷载作用下经验算沿纵肋方向可能产生裂缝时，其计算宽度取用腹板宽度 b。

3.7.2 基本计算公式

1. T形截面的计算类型

受弯构件T形截面根据中和轴位置的不同，可分为二种类型：

第一类：中和轴在翼缘内；

第二类：中和轴在梁肋内。

现取 T 形截面中和轴恰好在翼缘和梁肋的界限处时（图 3-19），由平衡条件：

$$\sum N = 0 \quad \alpha_1 f_c b'_f h'_f = f_y A_s \tag{3-42}$$

$$\sum M = 0 \quad M = \alpha_1 f_c b'_f h'_f \left(h_0 - \frac{h'_f}{2}\right) \tag{3-43}$$

式中　b'_f——T 形截面受弯构件受压区翼缘的计算宽度；

　　　h'_f——T 形截面受弯构件受压区翼缘的高度。

对 T 形截面类型的判别方法为：

在设计时当弯矩计算值 M 为已知；其判别式为

$$\left.\begin{array}{l} M \leqslant \alpha_1 f_c b'_f h'_f \left(h_0 - \dfrac{h'_f}{2}\right) \text{为第一类} \\ M > \alpha_1 f_c b'_f h'_f \left(h_0 - \dfrac{h'_f}{2}\right) \text{为第二类} \end{array}\right\} \tag{3-44}$$

在承载力校核时，α_1、f_c、f_y、A_s 为已知，则其判别式为：

$$\left.\begin{array}{l} f_y A_s \leqslant \alpha_1 f_c b'_f h'_f \quad \text{为第一类} \\ f_y A_s > \alpha_1 f_c b'_f h'_f \quad \text{为第二类} \end{array}\right\} \tag{3-45}$$

2. 第一类 T 形截面构件计算公式

由图 3-20 可知，按平衡条件

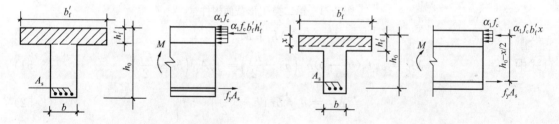

图 3-19　T 形截面梁类型的判别界限　　　　图 3-20　第一类 T 形截面构件

$$\sum N = 0 \quad \alpha_1 f_c b'_f x = f_y A_s \tag{3-46}$$

$$\sum M = 0 \quad M \leqslant \alpha_1 f_c b'_f x \left(h_0 - \frac{x}{2}\right) \tag{3-47}$$

适用条件：

(1) $\quad \rho \leqslant \rho_{\max}$ 或 $\xi = \dfrac{x}{h_0} = \dfrac{A_s}{b'_f h_0} \cdot \dfrac{f_y}{\alpha_1 f_c} = \rho \cdot \dfrac{f_y}{\alpha_1 f_c} \leqslant \xi_b$

此条件一般均能满足，不必验算。

(2) $\quad A_s \geqslant M_{\min} b h$

3. 第二类 T 形截面构件计算公式

由图 3-21 可知，按平衡条件：

$$\sum N = 0 \quad \alpha_1 f_c (b'_f - b) h'_f + \alpha_1 f_c b x = f_y A_s \tag{3-48}$$

$$\sum M = 0 \quad M \leqslant \alpha_1 f_c (b'_f - b) h'_f \left(h_0 - \frac{h'_f}{2}\right) + \alpha_1 f_c b x \left(h_0 - \frac{x}{2}\right) \tag{3-49}$$

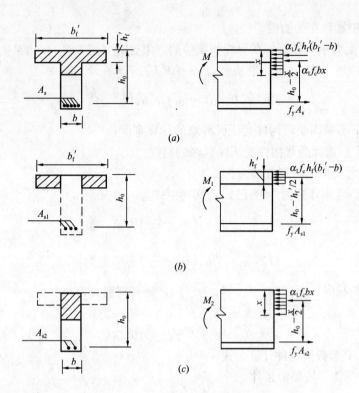

图 3-21 第二类 T 形截面构件

或
$$M \leqslant M_1 + M_2 \tag{3-50}$$

式中
$$M_1 = \alpha_1 f_c (b'_f - b) h'_f \left(h_0 - \frac{h'_f}{2}\right) = f_y A_{s1} \left(h_0 - \frac{h'_f}{2}\right) \tag{3-51}$$

$$M_2 = \alpha_1 f_c b x \left(h_0 - \frac{x}{2}\right) \tag{3-52}$$

适用条件（仅对 M_2）：

(1) $\rho_2 = \dfrac{A_{s2}}{b h_0} \leqslant \rho_{max}$，或 $\xi = \dfrac{x}{h_0} \leqslant \xi_b$

(2) $A_s \geqslant \rho_{min} b h$ 一般均能满足，不必验算。

3.7.3 计算方法[3-2]

1. 截面选择

T 形截面受弯构件计算时一般截面尺寸为已知，其受弯承载力计算可分以下二种情况：

第一类 T 形截面

判别条件：
$$M \leqslant \alpha_1 f_c b'_f h'_f \left(h_0 - \frac{h'_f}{2}\right)$$

按 $b'_f \times h$ 的单筋矩形截面受弯构件计算。

第二类 T 形截面

判别条件：
$$M > \alpha_1 f_c b'_f h'_f \left(h_0 - \frac{h'_f}{2}\right)$$

取
$$M = M_1 + M_2 \tag{3-53}$$

由公式（3-51）可得 M_1 值，同时可得：

$$A_{s1} = \frac{\alpha_1 f_c (b'_f - b) h'_f}{f_y} \tag{3-51a}$$

故
$$M_2 = M - M_1 \tag{3-53a}$$

由 $\alpha_{s2} = \dfrac{M_2}{\alpha_1 f_c b h_0^2}$ 可按单筋矩形截面计算方法由附表 8 查得 γ_{s2} 值，则得：

$$A_{s2} = \frac{M_2}{\gamma_{s2} h_0 f_y} \tag{3-54}$$

故
$$A_s = A_{s1} + A_{s2}$$

2. 承载力校核

对第一类：按 $b'_f \times h_0$ 单筋矩形截面受弯构件的方法计算；

对第二类：按以下步骤计算，判别条件：$f_y A_s > \alpha_1 f_c b'_f h'_f$

求：A_{s1} 及 M_1

$$A_{s1} = \frac{\alpha_1 f_c (b'_f - b) h'_f}{f_y}$$

$$M_1 = \alpha_1 f_c (b'_f - b) h'_f \left(h_0 - \frac{h'_f}{2} \right)$$

则得：
$$M_2 \text{ 及 } A_{s2}$$
$$A_s = A_{s1} + A_{s2}$$

要求 $\xi = \dfrac{A_{s2}}{b h_0} \cdot \dfrac{f_y}{\alpha_1 f_c} \leqslant \xi_b$，则由 ξ 值查附表 8 得 α_{s2}。

$$M_2 = \alpha_{s2} b h_0^2 \alpha_1 f_c$$

故得：当 $M_u = M_1 + M_2 \geqslant M$ 时安全。

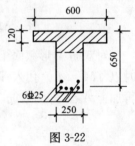

图 3-22

【例 3-5】 已知某 T 形截面梁，截面尺寸 $b'_f = 600$mm，$h'_f = 120$mm，$b \times h = 250 \times 650$（mm），混凝土强度等级采用 C30，钢筋用 HRB400 级，梁所承受的弯矩设计值 $M = 550$kN·m。试求所需受拉钢筋截面面积 A_s 值。

【解】 $\alpha_1 = 1.0$，$f_c = 14.3$N/mm²，$f_y = 360$N/mm²，取 $a_s = 60$mm，则 $h_0 = 650 - 60 = 590$mm。判定 T 形截面类型

$$\alpha_1 f_c b'_f h'_f \left(h_0 - \frac{h'_f}{2} \right) = 1.0 \times 14.3 \times 600 \times 120 \times \left(590 - \frac{120}{2} \right)$$

$$= 545.7 \text{kN} \cdot \text{m} < 550 \text{kN} \cdot \text{m}$$

故为第二类 T 形截面梁

$$M_1 = \alpha_1 f_c (b'_f - b) h'_f \left(h_0 - \frac{h'_f}{2} \right)$$

$$= 1.0 \times 14.3 \times (600 - 250) \times 120 \times \left(590 - \frac{120}{2} \right)$$

$$= 318.3 \text{kN} \cdot \text{m}$$

$$A_{s1} = \frac{\alpha_1 f_c (b'_f - b) h'_f}{f_y} = \frac{1.0 \times 14.3 \times (600 - 250) \times 120}{360} = 1668 \text{mm}^2$$

$$M_2 = M - M_1 = 550 - 318.3 = 231.7 \text{kN} \cdot \text{m}$$

$$\alpha_{s2} = \frac{M_2}{\alpha_1 f_c b h_0^2} = \frac{231.7 \times 10^6}{1.0 \times 14.3 \times 250 \times 590^2} = 0.186$$

查附表 8 得 $\gamma_{s2} = 0.896$

$$A_{s2} = \frac{231.7 \times 10^6}{0.896 \times 590 \times 360} = 1217 \text{mm}^2$$

故　$A_s = A_{s1} + A_{s2} = 1668 + 1217 = 2885 \text{mm}^2$　（图 3-22）

选用 6 Φ 25（$A_s = 2945 \text{mm}^2$）

3.7.4 双筋 T 形截面梁的受弯承载力计算

T 形截面梁在其受压区同时配有纵向受压钢筋 A_s' 时，使构件成为双筋 T 形截面梁（图 3-23），它在结构设计中有时会遇到；其配筋方法与 T 形截面梁（单筋）基本相同，计算时可以分为以下二种情况：

1. 当受压钢筋截面面积 A_s' 值按构造需要为已知时

如图 3-23 所示，受压钢筋 A_s' 值所能承受的弯矩 M_3 为：

$$M_3 = f_y' A_s' (h_0 - a_s') \tag{3-55}$$

在图（3-23）中如将 A_s' 所能承担的弯矩 M_3 值从弯矩设计值 M 中除去，则该梁成为与 T 形截面梁（单筋）相同。因此，按公式（3-44），可写成：

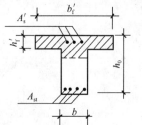

图 3-23　双筋 T 形截面梁

当

$$\left. \begin{array}{l} M - M_3 \leqslant \alpha_1 f_c (b_f' - b) h_f' \left(h_0 - \dfrac{h_f'}{2} \right) \quad \text{为第一类 T 形梁} \\ M - M_3 > \alpha_1 f_c (b_f' - b) h_f' \left(h_0 - \dfrac{h_f'}{2} \right) \quad \text{为第二类 T 形梁} \end{array} \right\} \tag{3-56}$$

对双筋 T 形截面梁的配筋计算，与 T 形截面梁（单筋）的计算方法相同；但在计算时以 $(M - M_3)$ 代入 T 形截面梁（单筋）的有关公式。所求得的受拉钢筋截面面积 A_s 值再加上 A_{s3}，即为双筋 T 形截面梁受拉钢筋截面面积 A_{st} 值。

$$A_{s3} = \frac{f_y'}{f_y} A_s' \tag{3-57}$$

$$A_{st} = A_s + A_{s3} \tag{3-58}$$

按构造配置的钢筋是指按计算不需要的附加受压钢筋。例如框架梁两端上部负弯矩受拉钢筋，有时为了便利施工，采用通长的配筋方法。这样，在跨间正弯矩区段的截面上部受压区，该钢筋就成了构造钢筋。当该受压钢筋配筋量较大时，则按双筋 T 形截面计算较为经济。

2. 当梁的截面尺寸受限制，按 T 形截面梁（单筋）计算不能满足要求时，在设计时，有时为了满足使用要求，例如室内净空必须保持有一定的高度，而使梁的高度受到限制时，如按 T 形截面梁（单筋）不能满足要求，即当：

$$M > \alpha_1 f_c (b_f' - b) h_f' \left(h_0 - \frac{h_f'}{2} \right) + \alpha_1 f_c b h_0^2 \xi_b (1 - 0.5 \xi_b) \tag{3-59}$$

则可按双筋 T 形截面梁计算，其计算方法：

因 $M = \alpha_1 f_c(b'_f - b)h'_f\left(h_0 - \dfrac{h'_f}{2}\right) + \alpha_1 f_c b h_0^2 \xi_b(1 - 0.5\xi_b) + f_y A_{s3}(h_0 - a'_s)$ (3-60)

以上公式与矩形截面双筋梁计算相似，取：

$$M = M_1 + M_2 + M_3 \tag{3-60a}$$

$$M_1 = \alpha_1 f_c(b'_f - b)h'_f\left(h_0 - \dfrac{h'_f}{2}\right) = f_y A_{s1}\left(h_0 - \dfrac{h'_f}{2}\right) \tag{3-51}$$

$$M_2 = \alpha_1 f_c b h_0^2 \xi_b(1 - 0.5\xi_b) = f_y A_{s2} h_0(1 - 0.5\xi_b) \tag{3-60b}$$

$$M_3 = f_y A_{s3}(h_0 - a'_s) \tag{3-60c}$$

上式中 A_{s1}、A_{s2}、A_{s3}——相应于弯矩设计值为 M_1、M_2、M_3 时的受拉钢筋截面面积。

则由公式（3-60b）可得，钢筋截面面积。

$$A_{s1} = \dfrac{\alpha_1 f_c(b'_f - b)h'_f}{f_y} \tag{3-61}$$

$$A_{s2} = \dfrac{\alpha_1 f_c b h_0 \xi_b}{f_y} \tag{3-61a}$$

$$A_{s3} = \dfrac{M_3}{f_y(h_0 - a'_s)} = \dfrac{M - M_1 - M_2}{f_y(h_0 - a'_s)} \tag{3-61b}$$

故得双筋 T 形截面梁受拉钢筋截面面积 A_{s1} 值及受压钢筋截面面积 A'_s 值为：

$$A_s = A_{s1} + A_{s2} + A_{s3} \tag{3-62}$$

$$A'_s = \dfrac{f_y}{f'_y} \cdot A_{s3} \tag{3-63}$$

【例 3-6】 已知条件同 ［例 3-4］，但在梁的截面受压区配有 2 Φ 26（$A'_s = 982 \text{mm}^2$）的构造钢筋，试求所需受拉钢筋截面面积 A_{st} 值。

【解】 求 M_3 按公式（3-55）得

$$M_3 = f'_y A'_s(h_0 - a'_s) = 360 \times 982 \times (590 - 60) = 187 \text{kN} \cdot \text{m}$$

因 $M - M_3 = 550 - 187 = 363 \text{kN} \cdot \text{m} < \alpha_1 f_c b'_f h'_f\left(h_0 - \dfrac{h'_f}{2}\right)$

$$= 1.0 \times 14.3 \times 600 \times 120 \times (590 - 60) = 545.7 \text{kN} \cdot \text{m}$$

故为第一类 T 形梁

$$a_s = \dfrac{M - M_3}{\alpha_1 f_c b'_f h_0^2} = \dfrac{363 \times 10^6}{1.0 \times 14.3 \times 600 \times 590^2} = 0.122$$

查附表 8 得 $\gamma_s = 0.935$，则

$$A_s = \dfrac{M - M_3}{\gamma_s h_0 f_y} = \dfrac{363 \times 10^6}{0.935 \times 590 \times 360} = 1828 \text{mm}^2$$

双筋 T 形梁受拉钢筋截面面积 A_{st} 值为

$$A_{st} = A_s + A_{s3} = A_s + \dfrac{f'_y}{f_y}A'_s = 1828 + 982 = 2810 \text{mm}^2$$

比较以上两例计算所得的受拉钢筋截面面积可知：

当计算考虑构造配置的受压钢筋作用时，即按双筋计算的 ［例 3-6］（受拉钢筋 $A_{st} = 2810 \text{mm}^2$），要比不考虑构造配置的 $A_s = 2885 \text{mm}^2$) 的钢筋截面面积略有减少。

3.7.5 受弯构件的延性

1. 延性的概念

在设计钢筋混凝土结构构件时,不仅要满足承载力、裂缝、刚度和稳定性的要求,而且还应具有一定的延性。

延性是指材料、截面或构件超越弹性变形以后,在承载力没有显著下降情况下所能承受后期变形的能力。后期变形包括材料的塑性,应变硬化和软化阶段的变形。上述的软化是指材料强度或构件承载力显著降低的变化阶段。

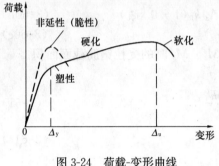

图 3-24 荷载-变形曲线

图 3-24 所示坐标的荷载可以是力或弯矩等,变形可以是曲率、转角或挠度等。若以 Δ_y 表示钢筋屈服或构件变形曲线发生明显转折时的变形,以 Δ_u 表示破坏时的变形,通常以延性比 Δ_u/Δ_y(或 θ_u/θ_y,θ_u、θ_y 为相应转角),或后期变形 $\Delta_u-\Delta_y$ 表示延性。延性比大,说明延性好,当达到最大承载力后发生较大的后期变形才破坏,其破坏时有一定的安全感。反之,延性差,达到承载力后,容易产生突然的脆性破坏,缺乏明显的预兆。

在设计时,要求结构构件具有一定的延性,其目的在于:

(1) 防止结构发生脆性破坏,确保人的生命和财产安全;

(2) 使结构能够适应偶然的超载、荷载的反复、基础的沉降和温度及收缩等产生的内力和变形的变化;

(3) 使超静定梁能够充分地进行内力重分布,有利于调整截面配筋量,避免配筋疏密悬殊,便于施工,节约钢材;

(4) 有利于吸收和耗散地震能量,使结构具有良好的抗震性能。

上述这些因素在结构设计中往往无法精确计算。若构件具有一定的延性,亦即具备足够的后期变形能力,则可以作为出现各种意外情况的安全储备。

2. 影响受弯构件截面延性的因素

试验研究表明:

(1) 混凝土的强度等级愈高,延性愈差;其中以高强混凝土表现尤为突出。为此,《规范》对高强混凝土强度指标取值上,乘以小于 1.0 的脆性系数 α_{c2},以确保设计安全(见 2.7.1 节)。

(2) 对钢筋:热轧钢筋延性较好,经冷加工后的钢筋(如冷轧带肋钢筋、冷轧扭钢筋、冷拔低碳钢筋丝等)强度虽然提高,但延性差,一般只能用于板类的受力钢筋及构造钢筋。

(3) 对单筋截面梁,受拉钢筋配筋率 ρ 值越小,截面的受压区高度 x 值随之减小,使受压区混凝土不易产生脆性破坏,延性越好。为此,在构件的塑性设计中,对截面或节点,其相对受压区高度有 $x/h_0 \leqslant 0.3$ 的要求,使之产生内力重布,以保证其有良好的延性。

(4) 双筋梁截面的延性随 ρ'/ρ 的比值增加而增加。在受压区配置适量的受压钢筋,既可增大混凝土的极限压应变 ε_{cmax},又可减少混凝土的受压区高度 x,因而延性增加,这一措施有时要比增加箍筋用量更为有效。

(5) 梁中配置箍筋,虽然对正截面的受弯承载力没有增加,但箍筋能将构件上、下纵筋连成整体，增加骨架整体性；同时箍筋能够防止受压纵筋的压屈，因而对延性有所改善。

在实际工程结构设计中，增加了结构的延性，在一定程度上意味着增加了结构的使用年限，这在结构抗震设计中，显得更为重要。

参 考 文 献

[3-1] 混凝土结构设计规范（GB 50010—2002）．北京：中国建筑工业出版社，2002
[3-2] 哈尔滨工业大学、大连理工大学、北京建筑工程学院、华北水利水电学院合编（王振东主编）．混凝土及砌体结构（上册）．北京：中国建筑工业出版社，2002

第4章 受弯构件斜截面承载力

4.1 概 述

钢筋混凝土受弯构件在弯矩和剪力共同作用下,除了进行正截面受弯承载力计算外,还必须进行斜截面受剪承载力计算。

1. 钢筋混凝土受弯构件在出现裂缝前的应力状态

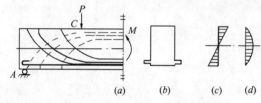

图 4-1 钢筋混凝土简支梁开裂前的应力状态
(a) 主应力轨迹线;(b) 换算截面;
(c) 正应力 σ 图;(d) 剪应力 τ 图

虽然它是两种不同材料组成的非均质体,但当构件内的拉应力较小,还未超过混凝土的抗拉极限强度,处于裂缝出现以前的 I_a 阶段状态时,则其应力可按一般材料力学公式来分析。在计算时可将纵向钢筋按其重心处钢筋的拉应变取与同一高度处混凝土纤维拉应变相等的条件,由虎克定律将钢筋截面面积换算成等效的混凝土截面面积,得出一个换算截面,则截面上任意点的正应力和剪应力分别按下式计算,其应力分布见图 4-1。

正应力
$$\sigma = \frac{My}{I_0} \tag{4-1}$$

剪应力
$$\tau = \frac{Vs}{bI_0} \tag{4-2}$$

式中 I_0——换算截面惯性矩。

由于受弯构件纵向钢筋的配筋率一般不超过 2%,所以按换算截面面积计算所得的正应力和剪应力值与按素混凝土截面计算所得的应力值相差不大。

计算时,若近似取矩形截面的惯性矩 $I_0 = \frac{1}{12}bh^3$,则在中和轴处公式(4-2)中 $s = \frac{1}{2}bh \cdot \frac{1}{4}h = \frac{1}{8}bh^2$,相应的最大剪应力为

$$\tau = \frac{V}{b} \cdot \frac{1}{8}bh^2 / \frac{1}{12}bh^3 = \frac{V}{b} \cdot \frac{1}{2/3 \cdot h} = \frac{V}{bz} \tag{4-3}$$

式中 b、h——矩形截面的宽度及高度;

z——垂直截面正应力 σ 的拉应力合力与压应力合力的力偶臂,$z = \frac{2}{3}h$。

此外,按材料力学公式,受弯构件正截面任意一点在正应力 σ 和剪应力 τ 共同作用下所产生的主应力,可按下式计算

主拉应力 σ_{tp}
$$\sigma_{tp} = \frac{\sigma}{2} + \sqrt{\frac{\sigma^2}{4} + \tau^2} \tag{4-4}$$

主压应力 σ_{cp}
$$\sigma_{cp} = \frac{\sigma}{2} - \sqrt{\frac{\sigma^2}{4} + \tau^2} \quad (4\text{-}5)$$

主应力的作用方向与构件纵向轴线的夹角 α 可由下式求得：

$$\text{tg}2\alpha = -\frac{2\tau}{\sigma} \quad (4\text{-}6)$$

图 4-1 (a) 中绘出了构件开裂前的主拉应力及主压应力轨迹线。在截面中和轴处因 $\sigma=0$，故其主应力与剪应力相等，方向与纵轴成 45°。

2. 钢筋混凝土受弯构件开裂后的斜裂缝

由试验分析可知，钢筋混凝土受弯构件在开裂后可能出现以下两种斜裂缝：

(1) 弯斜裂缝：如图 4-2 (a) 所示，在一般梁弯剪区段的弯矩和剪力均较大的部位，其截面下边缘由于剪应力等于零，相应的受拉主应力与受拉正应力相等，方向为水平方向；因此，首先在该处出现竖向弯曲裂缝。然后随着剪应力的增加，主拉应力方向逐渐向上弯斜，并沿着受压主应力轨迹线方向延伸发展而成弯斜裂缝。

(2) 腹部斜裂缝：当梁的腹部宽度较窄，或截面的高宽比较大时，腹部主拉应力过大，开裂时首先在中和轴附近出现 45°方向的斜裂缝；随着荷载的增加，再不断向上、下两端延伸而形成的腹部斜裂缝，如图 4-2 (b) 所示。在设计时，为了避免腹部斜裂缝的出现，对梁的宽度应有不能过小的限制，否则，对薄腹构件斜截面承载力，应作专门的验算。在梁中为了防止开裂后斜截面受剪承载力的破坏，可设置与梁纵轴垂直的箍筋和采用与主拉应力方向一致的弯起钢筋（图3-4）。

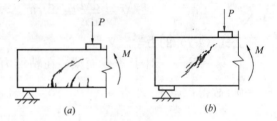

图 4-2 钢筋混凝土梁斜裂缝
(a) 弯斜裂缝；(b) 腹部斜裂缝

仅配有纵向钢筋而无箍筋和弯起钢筋的梁，称为无腹筋梁；而配有纵向钢筋、箍筋及弯起钢筋的梁，称为有腹筋梁。箍筋和弯起钢筋统称为腹筋。下面将具体讨论这二种梁的受剪性能。

4.2 无腹筋梁的斜截面受剪承载力

4.2.1 无腹筋梁的受力模型[4-4]、[4-5]

钢筋混凝土梁由于受力性能的复杂性，对斜截面受剪承载力的设计计算，在国内外至今没有取得较为一致的认识，因此，各国结构设计规范对其所规定的设计方法往往也有很大的差别。

对无腹筋梁的斜截面受剪承载力，一般可按下述的方法进行分析。

图 4-3 (a) 为无腹筋梁开裂后受力情况。图 4-3 (b) 为两斜裂缝间块体受力图，此时钢筋和混凝土之间的粘结力尚未破坏，T_1 为裂缝截面 a 处纵向钢筋的拉力，ΔT 为两斜裂缝间纵向钢筋受拉时内力的增量，由平衡条件可知，ΔT 值与块体中粘结力的合力相

等。图 4-3（c）为当荷载继续增加，ab 区间内钢筋与混凝土之间的粘结力已经全部破坏，纵向钢筋的拉力均相同，其值均为 T，此时，仍存在着剪压区 bc，在剪压区中压应力的合力为 D，D 与剪压面上的剪力 V_C 的合力为 F。D 与 T 之间的内力偶臂为 z。

由材料力学可知，剪力等于弯矩的变化率，故得：

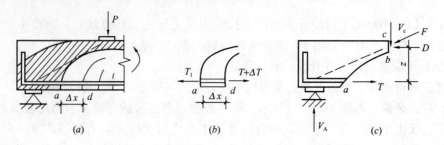

图 4-3 无腹筋梁开裂后受力图
(a) 裂缝开展后受力图；(b) 梁作用；(c) 拱作用

$$V = \frac{dM}{dx} = \frac{d}{dx}(T \cdot z) = z \cdot \frac{dT}{dx} + T \cdot \frac{dz}{dx} \tag{4-7}$$

公式 (4-7) 的力学意义为：

1. 第一项——对于等截面梁，在粘结力未破坏以前，可以近似假定 $z =$ 常数，则 $\frac{dz}{dx} = 0$，故得：

$$V = z \cdot \frac{dT}{dx} = q \cdot z \tag{4-8}$$

上式中取 $q = \frac{dT}{dx}$ 是表示受拉纵筋内力 T 的变化率，在数值上，由图 4-3 (b) 可知，它等于单位长度受拉纵筋表面上的粘结力 q。两斜裂缝间纵筋的内力增量 ΔT，等于两斜裂缝之间的粘结力 $q \cdot \Delta x$（即 $\Delta T = q \cdot \Delta x$）作用在块体上；这个块体如同悬臂梁一样的工作，最后由于在该块体固定端处混凝土受到弯曲时抗拉强度不足而破坏，这种现象称之为"梁作用"。

对于"梁作用"的破坏是由于截面上部固定端混凝土发生弯曲受拉而破坏，或是截面下部沿纵筋表面的粘结强度（即最大的粘结应力）不足而发生水平方向撕裂的破坏，这是一种突然发生的脆性破坏，在设计时应尽量避免出现。

2. 第二项——当无腹筋梁截面下部纵筋表面粘结力遭到完全破坏时，如图 4-3 (c) 所示的 ab 区段，则纵筋的拉力 T 保持为常数，$\frac{dT}{dx} = 0$，由公式 (4-7) 可得

$$V = T \cdot \frac{dz}{dx} \tag{4-9}$$

此时，在图 4-3 (c) 中，作用有外剪力 V_A，混凝土承受的斜压力 F 以及纵筋承担的水平拉力 T，如同一拉杆拱一样工作，这种现象称之为"拱作用"。

从以上介绍可知，要实现"拱作用"计算模型，必须具备以下三个条件：

(1) 梁下部开裂的受拉区段，纵筋表面粘结力遭到完全的破坏，即在图 4-3 (c) 中的 ab 段，纵筋拉力 T 值为常数。

(2) 破坏时截面上部始终存在着具有一定高度的剪压区，使混凝土承受斜压力 F。

(3) 纵筋拉力 T 与混凝土斜压力 F 的水平分力 D 之间的力偶臂 z 值是一个变量，其变化率 $\dfrac{\mathrm{d}z}{\mathrm{d}x}\neq 0$，这样，才能使斜压力 F 与水平力 T 相截交，实现拉杆拱平衡的受力体系。

在一般情况下，由于缺陷，裂缝等因素的影响，因而完满的达到最大的粘结强度，或是粘结力遭到完全破坏都是难以实现的，所以通常是两种机构联合承担剪力，而且由于"梁作用"的可靠性较差，故简单地可认为无腹筋梁的受力机理为一拉杆拱的计算模型。

以上对无腹筋梁的受力性能作了定性的分析。由于问题的复杂性，具体的计算方法，只有通过试验分析，才能确定。

4.2.2 无腹筋梁的剪切破坏

试验研究表明：无腹筋梁斜截面受剪切破坏主要与广义剪跨比 M/Vh_0 有关，具体地说，对均布荷载作用下的梁，主要与梁的跨高比 l/h_0 有关，l 为梁的计算跨度；对于集中荷载作用下的梁，主要与梁的剪跨比 $\lambda=a/h_0$ 有关，其中 $a=M/V$ 称为"剪跨"，a 值为集中荷载作用点到支座之间的距离（图4-4）。

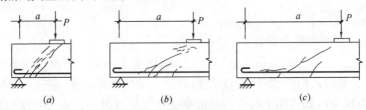

图 4-4 无腹筋梁的剪切破坏
(a) 斜压破坏；(b) 剪压破坏；(c) 斜拉破坏

梁的剪切破坏有三种形式：

1. 斜压破坏　当剪跨比或跨高比较小时（$\lambda<1.0$ 或 $l/h_0<4$），梁在弯剪区段内腹部的剪应力 τ 值很大，腹部混凝土首先开裂，并产生多条相互平行的斜裂缝；当荷载增加直至梁将被斜裂缝分割成数个混凝土短柱而压坏（图4-4 (a)），梁实际形成一个拉杆拱的受力模型。

在工程结构中，对于薄腹的 T 形，工字形截面梁，很容易产生这种斜压的破坏；在有腹筋梁中，腹筋为超筋时，也容易产生这种情况的破坏。

2. 斜拉破坏　当剪跨比或跨高比较大时（$\lambda>3$ 或 $l/h_0>12$），梁在弯剪区段内截面的剪应力 τ 和弯曲应力 σ 均较大的部位，首先在截面下边缘开裂，然后向上斜向延伸，其中一条较宽斜裂缝迅速向上发展到加载点边缘截面顶部，顶部无剪压面存在，同时在截面下部受拉纵筋和混凝土接触表面附近随之发生撕裂，很快把梁斜劈成两部分，破坏是突然的，破坏面整齐而无压碎痕迹，表现出明显的斜拉而发生脆性破坏特征（图4-4 (c)）。

斜拉破坏的受力性能，主要是受拉纵筋配置较低，破坏时不存在"拱作用"，破坏取决于混凝土的抗拉强度，故其承载力较低。这种破坏形态，主要在大剪跨比或大跨高比时考虑。对有腹筋梁，当箍筋配置过少，即箍筋为少筋的情况，亦需考虑。

3. 剪压破坏　当剪跨比或跨高比处于中间值时（$1\leqslant\lambda\leqslant 3$ 或 $4\leqslant l/h_0\leqslant 12$），梁在弯剪

区段首先出现一批与截面下边缘垂直的裂缝，然后斜向延伸并形成一条临界斜裂缝，随着荷载的增加，临界斜裂缝继续向上发展并延伸至剪压面（图 4-3（c）中的 bc 面）的下方，此后不再出现新的裂缝，直至剪压面处混凝土被压碎而破坏。这时在梁的受压破坏区可以看到很多的沿水平方向大致平行的短裂缝和混凝土被压碎的碎渣（图 4-4（b））。其受力性能，一般是属于拱作用而破坏。

剪压破坏是由于斜裂缝上部剪压面处混凝土受剪应力 τ 和正应力 σ 复合作用，对均布荷载的梁，还有由构件顶部荷载作用产生的局部挤压应力 σ_y 的共同作用而引起的破坏，此时均布荷载时由于压区混凝土处于双向受压应力状态，其受剪压承载力要比单向受压时要高。对于有腹筋梁，当箍筋配置适中时，能够充分发挥剪压区混凝土的抗剪作用，常常产生这种状态的破坏，避免产生脆性的破坏。

4.2.3 无腹筋梁的受剪承载力

1. 均布荷载作用下构件的受剪承载力

此时受剪承载力采用如下的计算公式：

$$V \leqslant V_c = 0.7 f_t b h_0 \tag{4-10}$$

式中 V——由荷载产生的剪力设计值；

V_c——构件剪力承载力设计值。

无腹筋梁的受剪承载力 V_c 值，从图 4-3 的破坏形态来看，主要是由于混凝土抗压强度 f_c 的不足而引起的，但公式（4-10）是以混凝土的抗拉强度 f_t 来表达其抗剪承载力 V_c 值；其原因，由试验可知（图 1-8（b）），混凝土抗压试件破坏，主要是横向变形时其抗拉强度不足出现了与压应力平行的垂直裂缝，实质上是抗拉的破坏。此外，从统计分析结果来看，用混凝土的 f_c 与 f_t 来表达梁的抗剪承载力和试验结果的符合程度，对普通混凝土两者并无明显的差异，但对高强度混凝土其抗拉强度增长要比抗压强度增长慢，根据混凝土强度增长规律采用 f_t 要比采用 f_c 符合程度好。因此《规范》从实用角度出发，采用如公式（4-10）所示的以 f_t 来表达梁混凝土抗剪承载力的计算公式。

图 4-5 列出不同跨高比的无腹筋简支梁在均布荷载作用下，支座处破坏时实测剪力值 V_c 与剪力设计值 $V_c = 0.07 f_c b h_0$ 的比较，可以看出剪切破坏的实测值高于设计值。

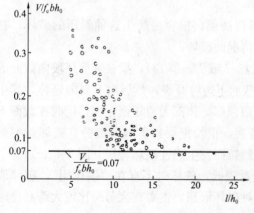

图 4-5 无腹筋简支梁支座剪力实测值和设计值的比较

公式（4-10）是根据图 4-5 中的剪力设计值并取 $f_c = 10 f_t$ 而得出的，它是一条重要的控制线，通过与试验对比经研究协商确定，又称剪力设计值的偏下线。当梁的最大剪力设计值 $V \leqslant 0.7 f_t b h_0$ 时，梁内不会出现斜裂缝；当 $V > 0.7 f_t b h_0$ 时，就可能出现斜裂缝；若用于有腹筋梁，这就要考虑出现裂缝后所引起的应力重分布，这对钢筋的弯起、切断、锚固等将起到不良的影响，需要在各种构造措施中加以不同的考虑。

2. 集中荷载作用下构件的斜截面受剪承载力

此时受剪承载力实测时其值会低于 $0.7f_tbh_0$，所以采用如下计算公式：

$$V_c = \frac{1.75}{\lambda + 1.0} f_t b h_0 \tag{4-11}$$

此处 λ——剪跨比；

当 $\lambda < 1.5$ 时，取 $\lambda = 1.5$，即 $V_c = 0.7 f_t b h_0$；

当 $\lambda > 3.0$ 时，取 $\lambda = 3.0$，即 $V_c = 0.44 f_t b h_0$；

公式（4-11）和公式（4-10）相同，是实测值的偏下线，对无腹筋梁来说，当由荷载产生的剪力设计值 V 不超过 V_c 值时，构件不会出现斜裂缝，使用十分方便。

需要说明的，公式（4-11）中的剪力系数原《规范》取 $\frac{0.2}{\lambda + 1.5}$，现改为 $\frac{1.75}{\lambda + 1.0}$，这是根据现有试验数据重新分析而得出的，其结果两者大体相当。

3. 梁的构造配筋

无腹筋梁的剪切破坏明显属于脆性破坏，通常仅在一些次要的小型构件中采用。具体为：

（1）截面高度 h 小于 150mm 的小梁，允许不配置箍筋；

（2）截面高度 h 在 150~300mm 之间的梁，离梁两端各四分之一跨度范围内需要配置箍筋，中间二分之一跨范围内可以不配置箍筋，但当中间有集中荷载时，仍应沿梁全跨配置箍筋；

（3）截面高度 h 超过 300mm 的梁，需全跨配置箍筋。

4. 一般板类受弯构件斜截面受剪承载力

无腹筋受弯构件的受剪开裂承载力：试验表明是随着截面高度的增加而降低的。对于一般板类构件，因其截面宽度 b 值较大，相应的剪应力很小，是可不进行剪力承载力验算的。但在板类构件截面较大时，需考虑这一因素的影响。因此，《规范》规定：不配置箍筋和弯起钢筋的一般板类受弯构件，其斜截面受剪承载力，采用如下的计算公式：

$$V \leqslant V_c = 0.7 \beta_h f_t b h_0 \tag{4-12}$$

$$\beta_h = \left[\frac{800}{h_0}\right]^{\frac{1}{4}} \tag{4-13}$$

式中 β_h——截面高度影响系数，当 $h_0 \leqslant 800$mm 时，取 $h_0 = 800$mm；当 $h_0 > 2000$mm 时，取 $h_0 = 2000$mm。

4.3 有腹筋梁的斜截面受剪承载力

4.3.1 腹筋的作用

在有腹筋梁中，配置腹筋是提高梁受剪承载力的有效措施。图 4-6（a）所示为配置腹筋的梁开裂后受力图形，由图中可以看出，腹筋可分为箍筋和弯起钢筋二种，其作用：

1. 箍筋

（1）箍筋直接承担了梁斜截面的部分受剪承载力，图 4-6 所示为箍筋拉力 V_s，纵筋水平粘结力 ΔT 及混凝土块体传来的斜压力 F，三者组成如同桁架下弦节点的受力平衡体系。其中的 V_s 即箍筋所能承受的垂直方向剪力值。

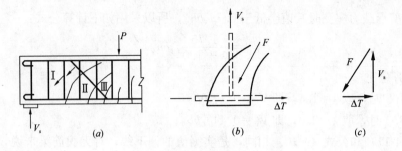

图 4-6 有腹筋梁斜截面受力图
(a) 开裂后受力图；(b) 箍筋下部节点受力图；(c) 力的平衡图

(2) 当梁的弯剪斜裂缝出现后，箍筋能有效地支持纵筋，减小纵筋的竖向变形，提高了纵筋受剪能力；

(3) 如图 4-6 (b) 所示，由于箍筋受拉，相对地可以抵消一部分或全部斜梁块体固端的弯曲拉应力，提高了块体的受剪能力；

(4) 箍筋能减弱纵筋水平方向的滑移，提高纵筋表面的粘结力，增强纵筋在混凝土中的锚固作用；

(5) 当箍筋布置较密时，箍筋将钢筋骨架中的混凝土围住，能够提高混凝土的抗压强度，当为"拱作用"的混凝土计算模型起主要作用时，箍筋对构件受剪承载力的提高，较为显著。

2. 弯起钢筋

弯起钢筋一般是将纵向受拉钢筋在接近支座区段弯起，其受力方向和梁的主拉应力走向相接近，与混凝土共同承担斜截面上主拉力；在斜裂缝出现以后，弯起钢筋更能充分地承担主拉力的作用。此外，弯起钢筋由于在梁弯剪区段将下部多余的受拉纵筋向上弯起，其上部水平段用以承担支座截面负弯矩，有效地发挥受拉纵筋的作用。

上述的箍筋和弯起钢筋相比，箍筋的抗剪作用优于弯起钢筋，施工难度也小。因此，在剪力不大的一般梁和薄腹梁中，基本上仅配置箍筋而不必专门设置弯起钢筋。

4.3.2 有腹筋梁的受力模型[4-4]

有腹筋梁的受剪性能，国际上较为普遍的将其比拟为一个平面桁架，如图 4-6 (a) 所示，将梁中开裂后的压区混凝土及块体Ⅰ，视为桁架的上弦，斜裂缝间混凝土块体Ⅱ、Ⅲ视为桁架的斜压杆，纵筋为受拉弦杆，箍筋及弯起钢筋为受拉腹杆，假定组成一个如图 4-7 (c) 所示铰接桁架，这样，桁架模型斜截面中箍筋承担的剪力 V_s 值及弯起钢筋承担的剪力 V_{sb} 值为：

$$V_s = \frac{f_{yv}A_{sv}}{s} \cdot h_0 \tag{4-14}$$

$$V_{sb} = f_y A_{sb} \sin\alpha \tag{4-15}$$

式中 V_s——斜截面中箍筋承担的剪力；

V_{sb}——斜截面中弯起钢筋承担的剪力；

A_{sv}、A_{sb}——分别为与斜截面相截交的箍筋及弯起钢筋截面面积；

f_{yv}、f_y——分别为箍筋及弯起钢筋的抗拉强度设计值；

s——箍筋间距；

α——弯起钢筋与受拉纵筋相截交的角度。

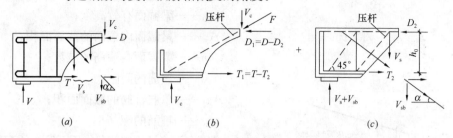

图 4-7 有腹筋梁斜截面受力计算简图
(a) 斜截面受剪计算简图；(b) 比拟拱作用计算模型；(c) 比拟平面桁架计算模型

从图 4-7 (c) 可以看出，桁架模型仅考虑了箍筋和弯起钢筋的受剪作用，而梁的实际受力并非铰接，受压区混凝土还能承担一定的剪力 V_c 值，则如图 4-7 所示，可以将其看成是由"拱作用"和"铰接桁架"联合组成的计算模型。这样，则由平衡条件可得有腹筋梁斜截面受剪承载力设计计算公式为：

$$V \leqslant V_c + V_s + V_{sb} \tag{4-16}$$

或

$$V \leqslant V_c + \frac{f_{yv} A_{sv}}{s} h_0 + f_y A_{sb} \sin\alpha \tag{4-17}$$

式中 V——由荷载产生的剪力设计值；

V_c——构件混凝土剪力承载力设计值；

V_s——桁架模型斜截面中箍筋承担的剪力；

V_{sb}——桁架模型斜截面中弯起钢筋承担的剪力。

要注意到公式 (4-16) 中的 V_c 值应与无腹筋梁混凝土受剪承载力公式 (4-10)、(4-11) 中的 V_c 值有所不同，它包括由于箍筋的存在控制斜裂缝的开展，使混凝土剪压区增大，导致受剪承载力 V_c 值的提高，其提高多少与箍筋的强度和箍筋配筋率有关，但目前对两者尚无明确的区分方法。为了计算简便，《规范》规定对有腹筋梁中的 V_c 与无腹筋梁的 V_c 取用相同的数值，这样计算是偏于安全的。

4.3.3 斜截面受剪承载力计算公式[4-3]

1. 仅配置箍筋时梁的斜截面受剪承载力

仅配置箍筋的梁，《规范》根据公式 (4-17) 的计算模式，并在试验分析的基础上，给出了受剪承载力 V_{cs} 值为二项相加的公式；第一项为混凝土所承受的受剪承载力，第二项为配置箍筋后梁所增加的受剪承载力，其计算公式为：

$$V_{cs} = V_c + V_s \tag{4-18}$$

(1) 对矩形、T 形和工字形截面的一般受弯构件

$$V_{cs} = 0.7 f_t b h_0 + 1.25 f_{yv} \frac{A_{sv}}{s} h_0 \tag{4-19}$$

或写成

$$\frac{V_{cs}}{f_t b h_0} = 0.7 + 1.25 \frac{\rho_{sv} \cdot f_{yv}}{f_t} \tag{4-20}$$

$$\rho_{sv} = \frac{n A_{sv1}}{bs} \tag{4-21}$$

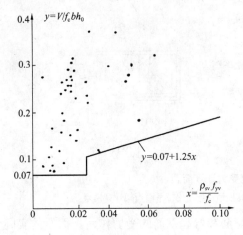

图 4-8 均布荷载作用下配置箍筋简支梁
的受剪承载力试验值与计算公式比较

式中 b——梁截面宽度；
h_0——梁截面有效高度；
A_{sv}——梁截面内箍筋的截面面积；
n——梁截面内箍筋的肢数；
s——箍筋的间距；
A_{sv1}——单肢箍筋的截面面积；
ρ_{sv}——箍筋的配筋率。

图 4-8 列出了均布荷载作用下简支梁配置箍筋时受剪计算公式（4-19）与实测值的比较，可以看出是偏于安全的；同时由试验可知，当梁的斜截面最大剪力设计值 V 低于公式（4-19）的 V_{cs} 时，能保证梁在使用条件下斜裂缝的宽度不会大于 0.2mm，符合裂缝宽度的设计要求。

对有腹筋梁的斜截面受剪承载力设计表达式可写成如下形式：

$$V \leqslant V_{cs} = 0.7 f_t b h_0 + 1.25 f_{yv} \frac{A_{sv}}{s} h_0 \tag{4-22}$$

在公式（4-22）中，若用于 T 形截面梁，翼缘加大了剪压区混凝土的面积，因此提高了梁的受剪承载力。试验表明，对梁的 V_c 值最大可提高 20% 左右。但当梁首先在腹板破坏时翼缘对承载力影响不大；因此，为简化计算，对 T 形和工字形截面梁仍按肋宽为 b 的矩形截面梁的受剪承载力计算公式（4-22）计算。

（2）集中荷载作用的独立梁（包括作用有多种荷载，且其中集中荷载对支座截面或节点边缘所产生的剪力值占总剪力值的 75% 及以上的情况），梁的受剪承载力计算公式为

$$V \leqslant V_{cs} = \frac{1.75}{\lambda + 1.0} f_t b h_0 + f_{yv} \frac{A_{sv}}{s} h_0 \tag{4-23}$$

式中 V_{cs}——混凝土和箍筋的受剪承载力；

λ——计算截面的剪跨比，$\lambda = \frac{a}{h_0}$；

a——为集中荷载到支座边缘的距离。

当 $\lambda \leqslant 1.5$ 时，取 $\lambda = 1.5$；
当 $\lambda > 3.0$ 时，取 $\lambda = 3.0$。

图 4-9 列出了集中荷载作用下矩形截面简支梁受剪承载力的实测值与计算值的比较，可以看出其计算值亦为实测值的偏下线。

在实际工程中，只有集中荷载作用的独立梁出现的情况较少，所以公式（4-23）在梁的设计中采用亦较少；但在柱（压弯剪构件）和拉杆（拉弯剪构件）中，该公式是二者建立受剪承载力计算公式的基础。

公式（4-22）及（4-23）V_s 项（即第 2 项）的承载力提高系数，原《规范》分别为 1.5 和

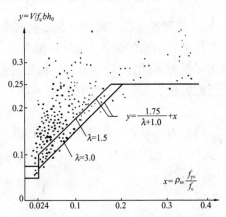

图 4-9 集中荷载作用下配置箍筋简支梁
的受剪承载力试验值与计算公式比较

1.25，而《规范》经修订后分别取用 1.25 及 1.0 的降低值，这样，与原《规范》相比，按公式（4-22）及（4-23）设计时，相应的箍筋用量增加了，从而可以适当提高构件受剪的可靠度，改善以往存在受剪可靠度偏低的问题。此外，随着生产技术的发展，使钢筋质量有了很大的提高，因此《规范》对箍筋的强度设计值 f_{yv} 由原来的 $210N/mm^2$ 可提高到 $360N/mm^2$，这样，当采用较高强度钢筋作箍筋的配筋时，由于配筋量相对的减少，对构件裂缝宽度将有所增大，但由于其承载力提高系数取值的降低，最终对裂缝宽度增大的现象有所减弱，影响并不明显。

2. 配有箍筋和弯起钢筋时的斜截面受剪承载力

当梁的剪力较大时，可配置箍筋和弯起钢筋共同承受剪力设计值。弯起钢筋所承受的剪力值应等于弯起钢筋的承载力垂直于梁纵轴方向的分力值。其斜截面承载力设计表达式为：

$$V \leqslant V_{cs} + 0.8 f_y A_{sb} \sin\alpha \tag{4-24}$$

式中 f_y——弯起钢筋的抗拉强度设计值；

A_{sb}——同一弯起平面内弯起钢筋的截面面积；

α——弯起钢筋与梁纵轴的夹角；

0.8——考虑到构件破坏时弯起钢筋可能有达不到屈服强度的应力的不均匀系数。

3. 纵筋配筋率对受剪承载力的影响

试验分析表明纵向受拉钢筋的配筋率 $\rho\left(\rho = \dfrac{A_s}{bh_0}\right)$ 较大时，在无腹筋梁中能够提高梁的受剪承载力。其提高的幅度，可用提高系数 $\beta_\rho = (0.7 + 20\rho)$ 来表示，即可取 $V_c = \beta_\rho f_t bh_0$。我国《规范》考虑到在土建工程中，对一般常用的梁其纵筋配筋率都不会太大。因此，未考虑这一影响系数，但是在 ρ 值大于 1.5% 时，纵筋的销栓作用对无腹筋梁的受剪承载力有明显的提高作用。

4. 截面限制条件及构造配筋

（1）截面限制条件

在斜截面受剪承载力设计中，当梁中箍筋的配筋率超过一定数值后（$\rho_{sv} > 0.144 f_c / f_{yv}$，即相当于 $V = 0.25 f_c bh_0$ 情况），继续增加箍筋用量则箍筋应力达不到屈服而混凝土首先被压碎，属于超筋梁斜压的脆性破坏。为了避免这种破坏的发生。因此要求构件截面尺寸不能过小。为此，《规范》规定了截面尺寸的限制条件。

当 $\dfrac{h_w}{b} \leqslant 4.0$ 时，属于一般的梁，应满足

$$V \leqslant 0.25 \beta_c f_c bh_0 \tag{4-25}$$

当 $\dfrac{h_w}{b} \geqslant 6.0$ 时，属于薄腹梁，应满足

$$V \leqslant 0.2 \beta_c f_c bh_0 \tag{4-26}$$

当 $4.0 < \dfrac{h_w}{b} < 6.0$ 时，应满足

$$V \leqslant 0.025 \left(14 - \dfrac{h_w}{b}\right) \beta_c f_c bh_0 \tag{4-27}$$

式中 V——剪力设计值；

b——截面腹板宽度;

h_w——截面腹板高度,矩形截面取有效高度,T形截面取有效高度减去翼缘高度,工字形截面取腹板净高;

β_c——混凝土强度影响系数。

试验分析表明,当梁的受剪承载力用混凝土轴心抗压强度设计值 f_c 来表达时,对高强混凝土取值过高,而在乘以系数 β_c 以后,其受剪承载力的计算值与试验结果符合程度较好,β_c 值可取为 $\beta_c = \sqrt{\dfrac{23.1}{f_c}}$,其中 23.1 是 C50 的 f_c 值。为了简化计算,《规范》对 β_c 的取值作如下规定:

当 $f_{cu,k} \leqslant 50 \text{N/mm}^2$ 时,取 $\beta_c = 1.0$;

当 $f_{cu,k} = 80 \text{N/mm}^2$ 时,取 $\beta_c = 0.8$;

当为其中间值时,可按直线内插法取用。

《规范》规定:对 T 形或工字形截面的简支梁,由于受压翼缘的有利影响,当有实践经验时,公式(4-25)中的系数可取 0.3,否则,不能放宽要求。

(2) 箍筋的构造配筋

试验表明,在混凝土出现斜裂缝以后,斜裂缝处混凝土承受的拉应力全部转移给箍筋,箍筋拉应力突然增大,如果箍筋配置过少,则斜裂缝一出现箍筋拉应力会立即达到屈服强度,甚至被拉断而导致斜拉的脆性破坏。这种情况属于箍筋少筋。为了避免因箍筋少筋的破坏,要求在梁内配置一定数量的箍筋,且箍筋的间距又不能过大,避免开裂后发生斜拉的破坏。《规范》规定,箍筋最小配筋率为

$$\rho_{sv,min} = \dfrac{nA_{sv1}}{bs} = 0.24 \dfrac{f_t}{f_{yv}} \tag{4-28}$$

当采用最小箍筋配筋率时,按公式(4-19)梁的受剪承载力为:

$$V_{cs} = 0.7 f_t b h_0 + 1.25 \times 0.24 f_t b h_0 = f_t b h_0 \tag{4-29}$$

故对矩形、T 形和工字形截面的一般受弯构件,当满足下列条件时:

$$V \leqslant f_t b h_0 \tag{4-30}$$

则可按构造要求配置箍筋,否则应按计算确定。这是按最小箍筋配筋的另一种表示方法,计算比较简便。

5. 斜截面受剪承载力的计算位置

由于每个构件发生斜截面剪切破坏的位置受作用的荷载、构件的外形、支座条件、腹筋配置方法和数量等因素的影响而不同。斜截面破坏可能在多处发生。

下列各个斜截面都应分别计算受剪承载力:

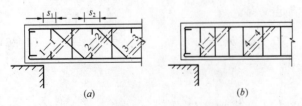

图 4-10 斜截面受剪承载力计算位置
(a) 配置箍筋和弯起钢筋;(b) 配置箍筋

(1) 支座边缘的斜截面(图 4-10 的截面 1—1);

(2) 箍筋直径或间距改变处的斜截面(图 4-10 (b) 的截面 4—4);

(3) 弯起钢筋弯起点处的斜截面(图 4-10 (a) 的截面 2—2、3—3);

(4) 腹板宽度或截面高度改变处

的截面。

图 4-10 中的 s_1 及 s_2 值按箍筋有关构造要求取用。

在计算弯起钢筋时，其剪力设计值，按下述方法采用：

(1) 当计算支座边第一排弯起钢筋时，取用支座边缘处的剪力设计值；

(2) 当计算下一排弯起钢筋时，取用前一排弯起钢筋弯起点处的剪力设计值。

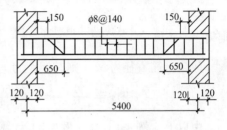

图 4-11 矩形截面简支梁

【例 4-1】 如图 4-11 所示的矩形截面简支梁，截面尺寸 $b \times h = 250 \times 550$ (mm²)，混凝土强度等级 C25，纵向钢筋 HRB400 级，箍筋 HPB235 级，承受均布荷载设计值 $q = 80 \text{kN/m}$（包括自重），根据正截面受弯承载力计算，配置纵筋 4Φ25。试求箍筋用量。

【解】 (1) 材料强度 $f_c = 11.9 \text{N/mm}^2$，$f_t = 1.27 \text{N/mm}^2$，$f_y = 360 \text{N/mm}^2$，$f_{yv} = 210 \text{N/mm}^2$。

(2) 支座边缘截面剪力设计值

$$V = \frac{1}{2} q l_n = \frac{1}{2} \times 80 \times (5.4 - 0.24) = 206.4 \text{kN}$$

(3) 验算截面尺寸（按公式 4-25）

$$h_0 = 550 - 35 = 515 \text{mm}$$

$$\frac{h_0}{b} = \frac{515}{250} = 2.06 < 4$$

则 $0.25 \beta_c f_c b h_0 = 0.25 \times 1.0 \times 11.9 \times 250 \times 515 = 383 \text{kN} > V = 206.4 \text{kN}$

故截面尺寸满足要求。

(4) 验算是否按计算配筋（按公式 4-30）

$$f_t b h_0 = 1.27 \times 250 \times 515 = 163.5 \text{kN} < V = 206.4 \text{kN}$$

故需按计算配置箍筋。

(5) 求所需箍筋数量（按公式 4-22）

$$\frac{A_{sv}}{s} = \frac{V - 0.7 f_t b h_0^2}{1.25 f_{yv} h_0} = \frac{206.4 \times 10^3 - 0.7 \times 1.27 \times 250 \times 515}{1.25 \times 210 \times 515} = 0.680$$

选用双肢箍筋，直径Φ8，则间距为：

$$s = \frac{A_{sv}}{0.680} = \frac{2 \times 50.3}{0.680} = 148 \text{mm}, \text{取用 } s = 140 \text{mm}$$

【例 4-2】 已知条件同 [例 4-1]，但要符合下列要求时，试求其箍筋用量：(1) 箍筋用 HRB335 级钢，仍按《规范》公式计算；(2) 箍筋仍用 HPB235 级钢，按原《规范》公式计算。

【解】 (1) 箍筋采用 HRB335 级钢筋

$f_{yv} = 300 \text{N/mm}^2$ 则由公式(4-22)得

$$\frac{A_{sv}}{s} = \frac{V - 0.7 f_t b h_0}{1.25 f_{yv} h_0} = \frac{206.4 \times 10^3 - 0.7 \times 1.27 \times 250 \times 515}{1.25 \times 300 \times 515} = 0.476$$

取用箍筋直径为Φ8，则其间距为

$$s = \frac{A_{sv}}{0.476} = \frac{2 \times 50.3}{0.476} = 211 \text{mm} \quad \text{取用 } s = 200 \text{mm}$$

(2) 按原《规范》公式计算

原《规范》均布荷载受剪承载力公式为：

$$V \leqslant 0.7 f_t b h_0 + 1.5 f_{yv} \frac{A_{sv}}{s} h_0$$

则得

$$\frac{A_{sv}}{s} = \frac{206.4 \times 10^3 - 0.7 \times 1.27 \times 250 \times 515}{1.5 \times 210 \times 515} = 0.567$$

取用箍筋直径为Φ8，则其间距为

$$s = \frac{A_{sv}}{0.567} = \frac{2 \times 50.3}{0.567} = 177 \text{mm}，取用 s = 170 \text{mm}$$

由以上［例 4-1］及［例 4-2］计算结果，所得箍筋用量统计如表 4-1 所示。

不同计算条件的箍筋用量表   表 4-1

项 次	所用公式	钢筋 f_{yv}	配筋量 A_{sv}/s	相对配筋增减量
1	《规范》	300	0.476 (0.513)	$\frac{0.513-0.567}{0.567} = -0.095$
2	《规范》	210	0.680	$\frac{0.680-0.567}{0.567} = 0.200$
3	原《规范》	210	0.567	0

注：表中 0.513 来源：粗略的估算，HRB335 级钢筋每吨 2800 元，HPB235 级钢筋每吨 2600 元，则经换算 $0.476 \times \frac{2800}{2600} = 0.513$，使钢价一致。

就以上两例计算结果，从表 4-1 中可以看出：

1. 表中第 2 项与第 3 项相比，相对用钢量 0.20，表示所用钢筋品种未变，即质量未变，而计算公式作修改，提高了构件受剪的可靠度，但用钢量增加了 20%；

2. 表中第 1 项与第 3 项相比，相对用钢量 -0.095 表示采用较高质量的钢筋，同时计算公式亦作了修改，提高了构件受剪的可靠度，用钢量不但没有增加，反而降低了 9.5%。

由以上对比分析可知，采用较高质量的钢筋作箍筋有很好的优越性，不但节约钢材，而且提高了结构受剪承载力的可靠度。

【例 4-3】 已知条件同［例 4-1］，要求同时配置箍筋和弯起钢筋，试求其所需箍筋及弯起钢筋用量。

【解】 计算步骤（1）～（4）同［例 4-1］

(5) 箍筋按构造要求配置，取双肢 φ8 间距 200

则

$$\rho_{sv} = \frac{2 A_{sv1}}{bs} = \frac{2 \times 50.3}{250 \times 200} = 0.201\%$$

又

$$\rho_{sv,min} = 0.24 \frac{f_t}{f_{yv}} = 0.24 \times \frac{1.27}{210} = 0.145\%$$

因 $\rho_{sv} > \rho_{sv,min}$，故符合箍筋构造配筋的要求。

(6) 求弯起钢筋截面面积（弯起角取 45°）

计算是否配弯起钢筋

$$V_{cs} = 0.7 f_t b h_0 + 1.25 f_{yv} \frac{A_{sv}}{s} h_0$$

$$= 0.7 \times 1.27 \times 250 \times 515 + 1.25 \times 210 \times \frac{101}{200} \times 515$$
$$= 182.7 \text{kN} \leqslant V = 206.4 \text{kN}$$

故需配置弯起钢筋,其所需的截面面积为:

$$A_{sb} = \frac{V - V_{cs}}{0.8 f_y \sin\alpha} = \frac{(206.4 - 182.7) \times 10^3}{0.8 \times 360 \times 0.707} = 116 \text{mm}^2$$

从梁跨中下部配置的纵向钢筋弯起 1⏀25 (A_{sb}=490.9mm²)。钢筋弯起点到支座边缘距离为 150+500=650mm(图 4-11);再验算第二排的弯起钢筋,第一排弯起钢筋弯起点处的剪力设计值 V=154.4kN<V_{cs}=182.8kN,故不必再配置第二排弯起钢筋。

【例 4-4】 某矩形截面简支梁,承受如图 4-12 所示的荷载设计值,均布荷载 q=10kN/m 和二个集中荷载 P=120kN。梁的截面尺寸 $b \times h$=250mm×600mm, h_0=540mm,混凝土强度等级 C25,箍筋选用 HRB335 级钢筋,试确定箍筋用量。

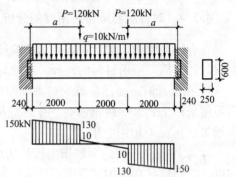

图 4-12

【解】 (1) 材料强度: f_c=11.9N/mm², f_t=1.27N/mm², f_{yv}=300N/mm²

(2) 剪力设计值,由均布荷载在支座边缘处产生的剪力设计值为

$$V_q = \frac{1}{2} q l_n = \frac{1}{2} \times 10 \times 6 = 30 \text{kN}$$

由集中荷载在支座边缘处产生的剪力设计值 V_p=120kN

在支座处总剪力为 $V = V_q + V_p = 30 + 120 = 150$kN

集中荷载在支座截面产生的剪力值与该截面总剪力值的百分比:120/150=80%>75%,应按集中荷载作用的相应公式计算斜截面受剪承载力。

(3) 复核截面尺寸

$$\frac{h_0}{b} = \frac{540}{250} = 2.16 < 4$$

$$0.25 \beta_c f_c b h_0 = 0.25 \times 1.0 \times 11.9 \times 250 \times 540 = 401.6 \text{kN} > V = 144 \text{kN}$$

截面尺寸满足要求。

(4) 验算是否需按计算配置箍筋

剪跨比 $\lambda = a/h_0 = 2/0.54 = 3.7 > 3$,取 λ=3.0

$$\frac{1.75}{\lambda + 1.0} f_t b h_0 = \frac{1.75}{3 + 1.0} \times 1.27 \times 250 \times 540 = 75 \text{kN} < V = 144 \text{kN}$$

故应按计算配置箍筋。

(5) 计算箍筋数量

$$\frac{A_{sv}}{s} = \frac{V - \frac{1.75}{\lambda + 1.0} f_t b h_0}{1.0 f_{yv} h_0} = \frac{(150 - 75.0) \times 1000}{1.0 \times 300 \times 540} = 0.463$$

选用双肢箍筋⏀8,即 n=2, A_{sv1}=50.3mm²

箍筋间距 $s = \dfrac{A_{sv}}{0.463} = \dfrac{2 \times 50.3}{0.463} = 218 \text{mm}$

按构造要求采用 $s=200\text{mm}$，沿梁全长配置。

（6）验算最小箍筋配筋率条件

$$\rho_{sv} = \dfrac{A_{sv}}{bs} = \dfrac{2 \times 50.3}{250 \times 200} = 0.20\%$$

因 $\rho_{sv,\min} = 0.24 \dfrac{f_t}{f_{yv}} = 0.24 \times \dfrac{1.27}{300} = 0.102\% < \rho_{sv} = 0.20\%$

满足要求。

4.3.4 对有腹筋梁箍筋用材的分析

在有腹筋梁中，虽然箍筋用量比纵筋要少，但它是构件配筋的主要组成部分，因此，在设计时对箍筋所用材料的选择，应给与足够的重视，一般情况，有如下特点：

1. 在设计时，要尽量改变过去采用低强度级别的钢筋作为箍筋用材的习惯，例如过去习惯采用 HPB235 级钢筋等。今后应尽量采用如 HRB335 级的较高级别的钢筋，其经济效果已在表 4-1 中说明。

2. 采用较高级别的钢筋作为箍筋的用材，不但是节约材料，而且可以提高结构的可靠度。亦即要提高结构可靠度不是像以前那样，单纯依靠增加材料的用量（如增加截面尺寸和钢筋用量），而是要从依靠提高材料质量入手，为今后提高结构可靠度的方法，指出新的方向。

3. 采用强度级别较高的钢筋作箍筋，是否会降低构件的抗裂性？应该说，对抗裂性降低有一定影响，但不甚明显。提高构件抗裂性的有效方法是提高混凝土的强度等级，此外，在施工时，应尽量降低水灰比，添加适量的掺合料，以增加混凝土密实度，同时，还应有良好的养护条件等有效措施。

4. 采用级别较高的钢筋作箍筋是否会增加裂缝的宽度？对容许出现裂缝的构件，可以说这会受到一定影响的，而即使采用 HRB400 级钢筋作箍筋，由于它是经过改进以后的钢种，延性大大优于原《规范》的Ⅲ级钢，在一般情况下使用影响不大，但使用时特别是对裂缝宽度限值要求较严格的构件，或箍筋间距较大的情况应该慎重处理。

减小裂缝宽度主要的有效方法：①尽量采用细直径的钢筋作箍筋，从而可以减小箍筋的间距。试验证明，箍筋间距愈小，裂缝宽度亦愈小，但裂缝根数增加；②必要时可适当增加箍筋用量，这也是一种解决的方法。

4.4 连续梁斜截面受剪承载力

1. 连续梁受剪内力状态

如图 4-13 所示，连续梁在荷载作用下，其剪跨区间内发生有正负二个方向的弯矩和存在一个反弯点。当作用的荷载较大时，在反弯点两侧的弯矩和剪力均相当大处的受拉边缘出现二条分别指向中间支座和加载点的临界斜裂缝。这样，在两临界斜裂缝区间内。由于弯矩较小，理论上是不会再出现弯斜裂缝的。上述所谓临界斜裂缝，是指梁侧发生的诸斜裂缝中，其中的一条裂缝宽度最大，对破坏起主要作用的裂缝。

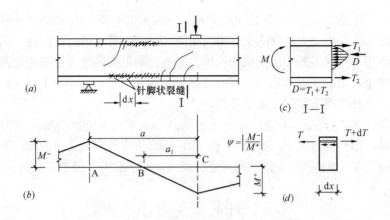

图 4-13 连续梁受剪跨段的受力状态

连续梁剪跨区间实际受力情况是，在弯矩最大截面至弯距为零的反弯点区间内，任意相邻截面的钢筋拉力差 dT，要通过钢筋表面的粘结力 dxq 传给混凝土，此处，$dT=dxq$，q 为单位长度的钢筋与混凝土的粘结力（图 4-13d）。因为钢筋的拉力差过大，进而引起粘结力的破坏，致使沿纵向钢筋与混凝土之间出现一批针脚状的粘结裂缝。当粘结裂缝出现后引起纵向钢筋受拉区的延伸，使原先部分受压的钢筋区段亦变成受拉，此时，在横截面上只有中间的部分混凝土面积承受压力和剪力（图 4-13c），这就使其压应力和剪应力增大，从而降低了梁的受剪承载力。

对连续梁受剪承载力降低的幅度，与广义剪跨比 λ（$\lambda=M/Vh_0$）大小有关。当 λ 值较大时，临界斜裂缝一出现，梁就发生斜拉破坏，这时连续梁和简支梁受剪承载力相近。当 λ 值较小时发生剪压破坏，这时当临界斜裂缝出现后，随之发生粘结力破坏裂缝，引起受剪承载力的降低。因此，就连续梁的剪压破坏情况来说，剪跨比 λ 值愈小，粘结开裂裂缝发展越充分，受剪承载力降低愈多。

2. 连续梁受剪承载力计算

连续梁受剪承载力，可与简支梁的对比分析确定。当连续梁与对比简支梁的条件相同，在集中荷载作用下，可将图 4-13（b）的剪跨区段与对比简支梁一起，作出其对应关系的弯矩图，如图 4-14 所示；则可得出二者剪跨比的相互关系，即：

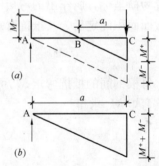

图 4-14 连续梁与简支梁弯矩图
(a) 连续梁弯矩图；(b) 对比简支梁弯矩图

对简支梁的剪跨比 λ，若取连续梁中弯矩比的绝对值为 $\psi=|M^-/M^+|$，又由图 (4-14b) 可知，$aV=M^++M^-$，则得

$$\lambda = \frac{a}{h_0} = \frac{(M^++M^-)}{Vh_0} = \frac{(1+\psi)M^+}{Vh_0}$$

或

$$M^+ = \frac{\lambda}{1+\psi} \cdot Vh_0 \qquad (4-31)$$

对连续梁的剪跨比 λ_1：

$$\lambda_1 = \frac{a_1}{h_0} = \frac{M^+}{Vh_0} \qquad (4-32)$$

从公式（4-32）与公式（4-31）对比可以看出：连续梁的剪跨比 λ_1 值要小于简支梁的剪跨比 λ 值，亦即其受剪承载力计算值反而略高于简支梁的受剪承载力计算值。同样，连续梁在均布荷载作用下，若将其与简支梁相比拟，则连续梁的跨高比要小于相应简支梁的跨高比。跨高比愈小，梁的受剪承载力也略有提高，亦即在均布荷载作用下，连续梁的受剪承载力，也略高于相应简支梁的受剪承载力。

为了简化计算，《规范》对连续梁的受剪承载力取用与简支梁受剪承载力计算公式相同的方法计算，即一般情况下，按公式（4-22）计算，当符合公式（4-23）条件时，取用简支梁的剪跨比 λ，按公式（4-23）计算连续梁的受剪承载力是偏于安全的。

4.5　斜截面受弯承载力

受弯构件在配筋计算时，除按正截面受弯和斜截面受剪承载力设计外，有时在弯剪区段内由于受拉纵向钢筋在跨间弯起或切断使其截面面积减少，虽然正截面的受弯承载力满足要求，但由于剪力的存在而相应斜截面的受弯承载力不足出现斜向裂缝，最终导致斜截面的破坏。下面对其作具体讨论。

4.5.1　抵抗弯矩图

抵抗弯矩图就是以各截面实际纵向受拉钢筋所能承受的弯矩为纵坐标，以相应的截面位置为横坐标，所作出的弯矩图（或称材料图）。计算时当梁的截面尺寸、材料强度及钢筋截面面积确定后，其抵抗弯矩值，可由下式确定

$$M_\mathrm{u} = f_y A_s h_0 \left(1 - \frac{\rho f_y}{2\alpha_1 f_\mathrm{c}}\right) \tag{4-33}$$

每根钢筋的抵抗弯矩 M_{ui} 可近似地按该根钢筋的面积 A_{si} 与钢筋总面积 A_s 的比值乘总抵抗弯矩 M_u 求得

$$M_{ui} = \frac{A_{si}}{A_s} M_\mathrm{u} \tag{4-34}$$

图 4-15 所示为钢筋混凝土简支梁左端部分的分离体。该图的上部为其配筋图，下部抛物线为其弯矩图，折线 abdefh 所包围的面积为其相应的抵抗弯矩图。在设计时，当所选定的纵向钢筋若沿梁长直通至两端配置时，因 A_s 值不变，则其抵抗弯矩图为一矩形 acfh。这样，不仅对梁中任一正截面的抗弯能力均是安全的，而且构造简单；但除跨中最大弯矩的截面外，其他截面的弯矩图均小于抵抗弯矩图，说明钢筋强度没有被充分利用。为了节约钢材，较合理的设计方法是将部分纵向钢筋在抗弯不需要的截面弯起，用以承担剪力和支座负弯矩；此外，对连续梁中间支座处的上部钢筋，在其按计算不需要区段可进行合理的切断。为此，在设计中如何来确定纵筋的弯起时和切断的位置，就需要通过作抵抗弯矩图的方法来解决。

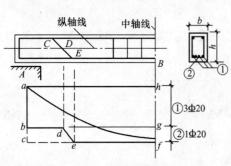

图 4-15　纵向钢筋的抵抗弯矩图

纵向钢筋弯起时其抵抗弯矩 M_u 图的表示方法：在图 4-15 的配筋剖面中，D 点为弯起钢筋和梁纵向中轴的交点，E 点为其弯起点，从 D、E 二点作垂直投影与抵抗弯矩图的二条平行于基线 ah 的直线 dg、ef 相交，则连线 $abdefh$ 表示②号钢筋弯起后的抵抗弯矩图。配筋图中 D 点表示梁斜截面受拉区与受压区近似的分界点，相应的抵抗弯矩的倾斜连线 ed 表示随着钢筋的弯起，其抵抗弯矩值在逐渐减小。

对于纵向钢筋切断时，抵抗弯矩图的作法，将在后面专门介绍。

4.5.2 斜截面的受弯承载力

对斜截面受弯承载力，一般是通过构造要求，使其斜截面的受弯承载力不低于相应正截面受弯承载力的方法加以保证。这样，只要能满足正截面受弯承载力的要求，就不需要再进行斜截面受弯承载力的计算。

如图 4-16 所示，取梁斜裂缝右边为分离体图（图 4-16b），则由图可知，其斜截面受弯承载力当不考虑箍筋的影响时则为：

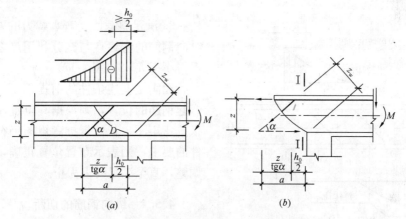

图 4-16 第一根弯起钢筋弯起点的确定
(a) 梁支座处分离体图；(b) 斜裂缝右边分离体图

$$M_{斜} = f_y(A_s - A_{sb})z + f_y A_{sb} z_w = f_y A_s z + f_y A_{sb}(z_w - z) \tag{4-35}$$

式中　z——垂直截面纵筋的内力偶臂；
　　　z_w——弯起钢筋的内力偶臂。

又由该图可知，当纵筋下弯以前，在支座边缘 1—1 垂直截面处纵筋所能承受的正截面弯矩

$$M = f_s A_s z \tag{4-36}$$

比较以上两式可知，若使钢筋弯下后斜截面的受弯承载力不低于未弯下时垂直截面的受弯承载力，即 $M_{斜} \geqslant M$，则必须满足

$$z_w \geqslant z \tag{4-37}$$

根据几何关系，如果钢筋的弯终点设在该垂直截面以外不少于 $h_0/2$ 处，则

$$z_w = a\sin\alpha = \left(\frac{z}{\mathrm{tg}\alpha} + \frac{h_0}{2}\right)\sin\alpha$$

当弯起角 $\alpha=45°$，取 $h_0 = (1.05\sim1.11)z$，则 $z_w = (1.08\sim1.10)z$。因此，就能

保证 $M_斜 \geqslant M$。

以上推算结果的结论是：承担支座负弯矩的第一根弯起钢筋的下弯点至支座边缘的水平距离，设计时必须保证 $\geqslant \frac{h_0}{2}$，此时可不进行斜截面受弯承载力的计算。以上的结论是在支座边缘垂直截面抵抗弯矩图和由荷载产生的弯矩图相等的情况而得出的；若其抵抗弯组图大于荷载弯矩图，则对 $\geqslant \frac{h_0}{2}$ 的构造要求可适当减小。同样，当梁支座边缘有第二根弯起钢筋时，其配筋构造亦有相同的要求。

4.5.3 纵向钢筋的弯起

在设计中，对梁纵向钢筋的弯起必须满足三个要求：
1. 满足斜截面受剪承载力的要求。这点，已在上面讨论了；
2. 满足正截面受弯承载力的要求。设计时，必须使梁的抵抗弯矩图不小于相应的荷载计算弯矩图；
3. 满足斜截面受弯承载力的要求，亦即纵向钢筋的弯终点与充分利用点之间的距离不得小于 $h_0/2$（图 4-17）。

在满足上述条件的前提下，一般先布置弯起钢筋的位置，则根据其位置作出相应的抵抗弯矩图，若该抵抗弯矩图仍符合上述条件的要求，则表示布置位置正确，否则应作调整，直至满足要求为止。

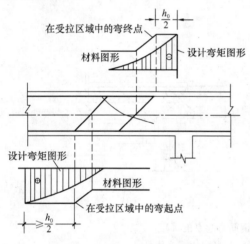

图 4-17 弯起点和弯矩图的关系

4.5.4 纵向钢筋的切断

1. 连续梁中间支座处受拉纵筋的切断

如图 4-18（a）中所示，支座顶部曲线图为荷载产生的弯矩图；阶梯形折线图为顶部纵向钢筋抵抗弯矩图（即材料图），抵抗弯矩图纵坐标总高度，是按支座最大弯矩所选定的纵向钢筋截面面积，按公式（4-33）算得的 M_u 值作出的，其每根钢筋的抵抗弯矩值，可近似按公式（4-34）相应钢筋面积的比例分配而求得。图中支座边缘的 g 点为抵抗弯矩图与设计弯矩图相等处，该点称为纵筋强度的充分利用点。图中若将部分纵筋切断，在切断后其抵抗弯矩图与设计弯矩图仍相等，即图中的 e 点，该点称为理论切断点；同时也是未切断纵筋的充分利用点。

纵筋在该理论切断点 e 处切断后，使该处构件所承受的拉力差较大，致使该处混凝土的拉应力骤增，往往引起弯剪裂缝的出现并向前发展；当斜裂缝发展至 c 点时，由于该处被切断纵筋端部的粘结力锚固不足，不能承受该截面的弯矩，致使在 c 截面纵筋的抵抗弯矩小于设计弯矩值，构件最终发生斜弯的破坏。

在设计时，为了避免发生上述这种斜弯的破坏，纵筋应从理论断点外伸一定长度 w 后切断。这时在实际切断点 b 处如出现斜裂缝（图 4-18b），则由于被切断钢筋在该处尚未

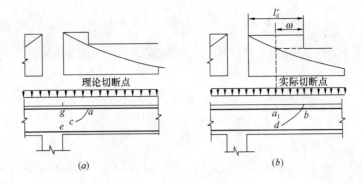

图 4-18 纵筋的切断
(a) 纵筋自理论切断点切断；(b) 纵筋自理论断点延伸长度 ω 后切断

被切断，钢筋强度尚未被充分利用，还能承受一部分由于斜裂缝的出现而增加的弯矩，此外和斜裂缝相交的箍筋对斜裂缝顶端取矩，亦能补偿部分由于斜裂缝出现而增加的弯矩；使斜截面受弯承载力得到保证。

对 ω 值的大小和被切断的钢筋直径有关，切断钢筋的直径越粗，要求参加补偿的钢筋表面面积越大，则 ω 值越大。《规范》规定取 $\omega=20d$，此处 d 为纵筋直径。此外，为了减少或避免钢筋与混凝土之间粘结裂缝的出现，还要求自钢筋的充分利用点开始，向外延伸一个延伸长度 l_d。设计时在 ω 与 l_d 之间选用其中一个较大的长度。

2. 受拉纵筋的延伸长度

钢筋的延伸长度，《规范》规定，梁支座负弯矩的纵向受拉钢筋不宜在受拉区截断，如必须截断时，应按以下规定进行：

(1) 当 $V \leqslant 0.7 f_t b h_0$ 时，取 $\omega \geqslant 20d$ 及 $l_d \geqslant 1.2 l_a$；

(2) 当 $V > 0.7 f_t b h_0$ 时，取 $\omega \geqslant h_0$ 及 $\omega \geqslant 20d$，$l_d = h_0 + 1.2 l_a$；

(3) 若按上述规定确定的切断点仍位于支座负弯矩受拉区以内时，则应取 $\omega \geqslant 1.3 h_0$ 及 $\omega \geqslant 20d$，$l_d \geqslant 1.7 h_0 + 1.2 l_a$。

上式中，d 为纵向钢筋直径，l_d 为钢筋的延伸长度，l_a 为受拉钢筋的锚固长度，l_a 按公式（4-38）确定。

3. 梁跨中正弯矩受拉钢筋的切断

纵向钢筋在切断后往往会出现过宽的裂缝，因此，在跨中正弯矩区，一般不允许将受拉纵筋切断，而向两端延伸直通至支座，或将其部分弯起作为负弯矩区的纵向受拉钢筋。仅当 $V \leqslant 0.7 f_t b h_0$ 时，即在使用阶段不会出现斜裂缝和配有足够的箍筋，根据设计经验确有把握时，才可在受拉区将纵筋切断，但其延伸长度不小于 $12d$。

4.5.5 设计例题[4-3]

【例 4-5】 一钢筋混凝土外伸梁，支承在砖墙上，其跨度和截面尺寸见图 4-19，荷载设计值（包括自重）$q_1=50$kN/m，$q_2=100$kN/m，混凝土用 C25（$f_c=11.9$N/mm², $f_t=1.27$N/mm²），纵筋和箍筋用 HRB335 级（$f_y=f_{yv}=300$N/mm²）。试设计此梁并进行钢筋布置。

【解】 (1) 作梁的弯矩图和剪力图

支座 B 反力，取 $\sum M_A=0$，得

$$R_B = \frac{1}{4.8} \times \left[\frac{1}{2} \times 50 \times 4.8^2 + 100 \times 1.28 \times \left(4.8 + \frac{1}{2} \times 1.28\right)\right] = 265.07 \text{kN}$$

则支座 B 反力 $R_A = 50 \times 4.8 + 100 \times 1.28 - 265.07 = 102.93 \text{kN}$

跨中最大弯矩
$$\frac{dM}{dx} = \frac{1}{dx} \times \left(R_A x - \frac{1}{2} q_1 x^2\right) = R_A - q_1 x = 0$$

故
$$x = \frac{R_A}{q_1} = \frac{102.93}{50} = 2.059 \text{m}$$

$$M_{\max} = 102.93 \times 2.059 - \frac{1}{2} \times 50 \times 2.059^2 = 105.95 \text{kN} \cdot \text{m}$$

支座 B 负弯矩
$$M_B = -\frac{1}{2} q_2 l^2 = -\frac{1}{2} \times 100 \times 1.28^2 = 81.92 \text{kN} \cdot \text{m}$$

剪力:计算结果见图 4-19。

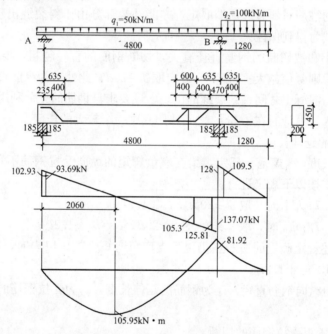

图 4-19 外伸梁各部尺寸及弯矩图、剪力图

(2) 正截面受弯承载力计算

跨中 $M_{\max} = 105.95 \text{kN} \cdot \text{m}$,求得 $A_s = 1004 \text{mm}^2$;选用 4Φ18 ($A_s = 1017 \text{mm}^2$)

支座 B $M_B = 81.92 \text{kN} \cdot \text{m}$,求得 $A_s = 742 \text{mm}^2$;选用 2Φ18+2Φ12 ($A_s = 735 \text{mm}^2$)

(3) 斜截面受剪承载力计算

① 验算截面限制条件

$0.25\alpha_1 f_c b h_0 = 0.25 \times 1.0 \times 11.9 \times 200 \times 415 = 246.93 \text{kN} > V = 127.82 \text{kN}$

故截面尺寸符合要求。

② 验算是否按计算配置箍筋

$1.0 f_t b h_0 = 1.0 \times 1.27 \times 200 \times 415 = 105.41 \text{kN} < V = 109.5 \text{kN}$

故对 B 支座需要按计算配置箍筋

③混凝土和箍筋承受的受剪承载力

取用双肢箍筋Φ6@200

$$V_{cs}=0.7f_t b h_0+1.25f_{yv}\frac{A_{sv}}{s}h_0=0.7\times1.27\times200\times415+1.25\times300\times\frac{57}{200}\times415=118.2\text{kN}$$

④受剪配筋计算

支座 A：因 $V_A=93.69\text{kN}<118.2\text{kN}$，故弯起钢筋按构造配置。

支座 $B_左$：$V_{B左}=127.82\text{kN}$

$$A_{sb}=\frac{(127.82-118.2)\times1000}{0.8\times300\times0.707}=57\text{mm}^2$$

用 1Φ18 弯起钢筋（$A_{sb}=254.5\text{mm}^2$）

支座 $B_左$：第二排弯起钢筋 $V_1=105.3\text{kN}<V_{cs}$，故第二排弯起钢筋按构造配置。

支座 $B_右$：$V_{B右}=109.5\text{kN}$，采用 1Φ18 弯起钢筋

(4) 抵抗弯矩值

一根Φ18 的抵抗弯矩值

$$M=f_y A_s h_0\left(1-\frac{f_y\rho}{2\alpha_1 f_c}\right)$$
$$=300\times254.5\times415\left(1-\frac{300\times254.5}{2\times1.0\times11.9\times200\times415}\right)=30.5\text{kN}\cdot\text{m}$$

根据以上数值可作出抵抗弯矩图（见图 4-20）

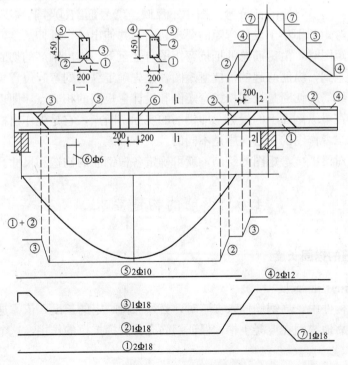

图 4-20 外伸梁配筋图

(5) 钢筋布置

如图 4-20 所示，首先应按比例绘出构件纵剖面、横剖面及设计弯矩图，然后进行配筋布置。当配置跨中截面正弯矩钢筋时，同时要考虑其中可以弯起用作抗剪和抵抗负弯矩的钢筋，

并应放在截面的中部,使其受力较为均匀。下面对图4-20的钢筋布置作简要说明:

1)梁跨中:共配置4Φ18抵抗正弯矩所需的纵筋,其中①号的2根钢筋一端伸入A支座,另一端宜伸过B支座通至梁端,也可以在B支座内切断与悬臂梁下部构造钢筋搭接。②、③号筋分别可在一端或两端弯起,参加抗剪和承担抵抗负弯矩。

2)A支座:因$V_A<0.7f_tbh_0$,③号筋按构造要求离支座边50mm处下弯,确定其下弯位置,并按4.6.1节规定锚固长度自支座边缘向支座内伸入600mm。⑤号筋是构造配置,无锚固要求。

3)B支座:根据抵抗弯矩图的需要,配置3Φ18+2Φ12承受负弯矩所需的纵筋。其中③号筋离支座B左边向上弯起,其弯终点至支座边的距离为50mm$<\frac{h_0}{2}$,仅参加抗剪不参加抗弯,故在左边负弯矩区中的抵抗弯矩图中不反映。③号筋在支座B右边参加抗弯。

②号筋在支座B左边弯起,根据抗剪要求,自②号筋弯终点至③号筋的弯起点水平距离取200mm。此时,②号筋通过作抵抗弯矩图,可求得其抵抗弯矩图顶部的水平线与设计弯矩图的交点,即充分利用点,这样,②号筋的弯终点至其充分利用点的水平距离,由实测可知大于$h_0/2$,故②号筋在支座左边同时可以参加抗剪及抗弯。②号筋在支座右边参加抗弯,根据抵抗弯矩图不小于设计弯矩图的要求切断,并伸出一个延伸长度。

⑦号筋自支座右边弯起参加抗剪,因其上部弯终点距离支座边缘为50mm$<h_0/2$,不参加抗弯,故在右边负弯矩的抵抗弯矩图中不反映。⑦号筋与④号筋在支座B左边参加抗弯,根据抵抗弯矩图不小于设计弯矩的要求切断,并伸出一个延伸长度。

在作抵抗弯矩图时,由钢筋总的抵抗弯矩图自上至下,作出钢筋的切断或下弯的抵抗弯矩图。但应注意到,纵筋弯起的抵抗弯矩图,是先确定纵筋的弯起位置再作出弯起处的抵抗弯矩图;而纵筋的切断是根据抵抗弯矩图和设计弯矩图的相交点,即理论切断点,再延伸一个长度,在梁纵剖面上的投影,即钢筋的实际切断点,它是先作出抵抗弯矩图来确定实际切断点,二者作图的先后次序是不同的。

总之,通过对梁抵抗弯矩图的绘制,就可确定各根钢筋的构造和尺寸。

4.6 钢筋的构造要求

4.6.1 钢筋的锚固长度

1. 受拉钢筋的锚固长度

钢筋混凝土构件中,当钢筋伸入支座时,必须保持一定的长度,依靠这个长度上的粘结力,将钢筋可靠地锚固在混凝土中,保证钢筋充分发挥抗拉的作用,这个长度称为锚固长度。

(1)充分利用钢筋受拉强度的锚固长度

钢筋锚固长度是根据拔出试验(图1-14)和研究分析确定的,拔出试验方法与钢筋在构件中实际锚固情况有所不同,但试验方法较为直接、简便,所以用来作为代表钢筋锚固性能的基本标准,或称基本锚固长度。《规范》规定,其锚固长度应按下式计算:

普通钢筋 $$l_a = \alpha \frac{f_y}{f_t} d \quad (4-38)$$

预应力混凝土 $$l_a = \alpha \frac{f_{py}}{f_t} d \quad (4-39)$$

式中 l_a——受拉钢筋的锚固长度；

f_y、f_{py}——普通钢筋、预应力钢筋抗拉强度设计值；

f_t——混凝土抗拉强度设计值，当混凝土强度等级高于 C40 时，按 C40 取值；

d——钢筋的公称直径；

α——钢筋的外形系数，按表 4-2 取用。

钢筋的外形系数 表 4-2

钢筋类型	光面钢筋	带肋钢筋	刻痕钢筋	螺旋肋钢丝	三股钢绞线	七股钢绞线
α	0.16	0.14	0.19	0.13	0.16	0.17

注：光面钢筋系指 HPB235 级的光面钢筋，受拉时其末端应做 180°弯钩，弯后平直长度不应小于 3d，但作受压钢筋时可不做弯钩；带肋钢筋系指 HRB335 级、HRB400 级及 RRB400 级余热处理表面带肋的钢筋。

为了设计方便，将热轧钢筋的基本锚固长度，按公式（4-38）计算结果，列入表 4-3。

热轧钢筋的基本锚固长度 l_a 表 4-3

钢筋种类	混凝土强度等级													
	C15	C20	C25	C30	C35	C40	C45	C50	C55	C60	C65	C70	C75	C80
HPB235 级	35d	29d	25d	22d	20d	18.5d	17.5d	17d	—	—	—	—	—	—
HRB335 级	46d	38d	33d	29.5d	27d	20.5d	23.5d	22.5d	21.5d	20.5d	20d	20d	19.5d	19d
HRB400 级 RRB400 级	55.5d	46d	40d	35.5d	32d	29.5d	28d	27d	26d	25d	24d	23.5d	23d	23d

注：1. 表中的基本锚固长度值使用时，需考虑乘以下面《规范》规定的修正系数。

2. 原《规范》对钢筋的锚固长度亦是按钢筋种类及混凝土强度等级的不同，规定以 5d 为间隔的长度，用查表法确定的，但比较粗略，由于我国目前使用的钢筋强度及外形的多样性，因此，《规范》采用公式(4-38)、(4-39)的方法确定，比原《规范》规定的内容全面且较为符合实际。

(2) 锚固长度的修正

《规范》规定：当符合下列条件时，计算锚固长度应进行修正：

1) 当 HRB335、HRB400 和 RRB400 级钢筋的直径大于 25mm 时，其锚固长度应乘以修正系数 1.1；

2) HRB335、HRB400 和 RRB400 级的环氧树脂涂层钢筋，其锚固长度应乘以修正系数 1.25；

3) 当钢筋在混凝土施工过程中易受扰动（如滑模施工）时，其锚固长度应乘以修正系数 1.1；

4) 当 HRB335、HRB400 及 RRB400 级钢筋在锚固区的混凝土保护层厚度大于钢筋直径的 3 倍且配有箍筋时，其锚固长度可乘以修正系数 0.8；

5) 除构造需要的锚固长度外，当纵向受力钢筋的实际配筋面积大于其设计面积时，如有充分依据和可靠措施，其锚固长度可乘以设计计算面积与实际配筋面积的比值，但对有抗震设防要求及直接承受动力荷载的结构构件，不得采用此项修正；

6) 当采用骤然放松预应力钢筋的施工工艺时，先张法预应力钢筋的锚固长度应从距构件末端 $0.25l_{tr}$ 处开始计算，此处 l_{tr} 为预应力传递长度，按《规范》6.1.9 条确定。

经上述修正后的锚固长度不应小于按公式（4-38）及（4-39）计算锚固长度的 0.7 倍，且不应小于 250mm。

在以上规定中，由于为防止钢筋在恶劣环境中的锈蚀，我国已生产出在表面涂有环氧树脂涂层的钢筋，试验表明，涂层对钢筋与混凝土之间粘结锚固性能有所降低，其锚固强度下降 20% 左右，因此，锚固长度应适当增加。

2. 机械锚固及构造措施

当钢筋的锚固长度有限，而自身的锚固承载力又不足时，可以采用机械锚固措施，《规范》规定：对 HRB335 级、HRB400 级和 RRB400 级纵筋，当末端采用机械锚固措施时，包括附加锚固端头在内的锚固长度可取为按公式（4-38）计算的锚固长度的 0.7 倍。

机械锚固的形式及构造要求宜按图 4-21 采用。

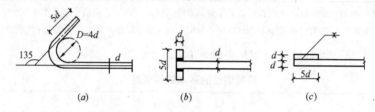

图 4-21 钢筋机械锚固的形式及构造要求
(a) 末端带 135°弯钩；(b) 末端与钢板穿孔塞焊；(c) 末端与短钢筋双面贴焊

采用机械锚固措施时，锚固长度范围内的箍筋不应少于 3 个，且直径不应小于纵向钢筋直径 0.25 倍，其间距不应大于纵向钢筋直径的 5 倍，当纵向钢筋的混凝土保护层厚度不小于钢筋公称直径的 5 倍时，可不配置上述箍筋。

对机械锚固提出上述构造措施的原因，是由于其锚固力较集中地作用在锚头附近，有较大的挤压力，使相应的混凝土容易被压碎，因此，采取了上述对箍筋构造的要求。

3. 受压钢筋的锚固长度

由于钢筋端头的压力，减少了需通过钢筋和混凝土之间的粘结应力所传递的压力，故受压钢筋锚固长度可以适当减小。《规范》规定，当计算中充分利用钢筋的受压强度时，受压钢筋锚固长度应不小于 $0.7l_a$ 值。

4.6.2 钢筋在支座处的锚固

1. 对板端

《规范》规定：在简支板支座处或连续板的端支座及中间支座处，下部纵向受力钢筋应伸入支座，其锚固长度 l_{as} 不应小于 $5d$（d 为纵向钢筋直径）。

2. 对梁端

(1) 梁的简支端支座：包括简支梁和连续梁的端部，其弯矩 $M=0$。当梁端剪力较小时，一般不会出现斜裂缝，纵筋适当伸入支座即可；但当梁端剪力较大时，靠近支座处出现临界斜裂缝后，会使端部纵筋拉力增大，若纵筋的锚固长度不足，甚至会从支座内拔出，发生斜截面的弯曲破坏。为此《规范》规定：梁端下部纵筋的锚固长度 l_{as}，应符合下列要求（图 4-22b）：

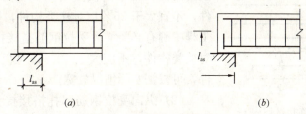

图 4-22　纵向受力钢筋端部锚固
(a) 伸入支座锚固；(b) 伸入支座长度不足时锚固作法

1) 当 $V \leqslant 0.7 f_t b h_0$ 时，$l_{as} \geqslant 5d$；　　　　　　　　　　　　　　　　(4-40)

$$V > 0.7 f_t b h_0 \text{ 时，} \begin{array}{l} \text{带肋钢筋 } l_{as} \geqslant 12d \\ \text{光面钢筋 } l_{as} \geqslant 15d \end{array} \bigg\} \quad (4\text{-}41)$$

此处 d 为纵向受力钢筋的直径。

如果纵向受力筋直伸入梁支座范围内锚固长度不符合上述规定时，可将纵筋上弯（图4-22b），两段相加以满足 l_{as} 长度的要求，或采取在钢筋上加焊横向钢筋或钢板等有效锚固措施。

2) 支承在砌体结构上的钢筋混凝土独立梁，在纵向受力钢筋的锚固长度 l_{as} 范围内应配置不少于两个箍筋，其直径不宜小于纵向受力钢筋最大直径的 0.25 倍，间距不宜大于纵向受力钢筋最小直径的 10 倍；当采取机械锚固措施时，箍筋间距尚不宜大于纵向受力钢筋最小直径的 5 倍。

3) 混凝土强度等级等于或小于 C25 时梁的简支端，当距支座边 1.5h 范围内作用有集中荷载，且 $V > 0.7 f_t b h_0$ 时，对带肋钢筋宜采用附加锚固措施，或取锚固长度 $l_{as} \geqslant 15d$。

(2) 梁的中间支座：连续梁在中间支座处，下部纵向受压钢筋伸入支座内的锚固长度 l_{as}，一般宜满足公式（4-40）及公式（4-41）的要求。

4.6.3　钢筋的连接

当构件内钢筋长度不够时，宜在钢筋受力较小处设置连接接头，在同一根钢筋上宜少设接头；其连接方法，可采用机械连接或焊接及搭接接头。

1. 搭接接头

对轴心受拉和小偏心受拉的受力钢筋、双面配置受力钢筋的焊接骨架，不得采用搭接接头，当受拉钢筋直径大于 28mm 及受压钢筋直径大于 32mm 时，不宜采用搭接接头。

受拉钢筋的搭接接头处，其拉力由一根钢筋通过粘结应力传给混凝土，再由混凝土通过粘结应力传递给另一根钢筋，实现两根反向受力的钢筋在搭接区段间全部内力的传递。当混凝土与钢筋在搭接区段间粘结应力不足时，沿纵向钢筋表面的混凝土将发生相对劈裂而导致纵向粘结裂缝的出现，《规范》对搭接接头的规定：

(1) 同一构件中相邻纵向受力钢筋的绑扎搭接接头宜相互错开。

钢筋绑扎搭接接头连接区段的长度为 $1.3l_l$（图4-23），l_l 为受拉钢筋的搭接长度。凡搭接接头中点位于该连接长度区段内时，均属于同一连接区段内的搭接接头。同一连接区

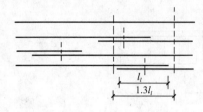

图 4-23 同一连接区段内
纵筋绑扎搭接接头

段内的受拉钢筋搭接接头面积百分率：对板、梁类构件，不宜大于 25%；对柱类构件，不宜大于 50%。当工程中确有必要增大受拉钢筋搭接接头面积百分率时，对梁类构件，不应大于 50%；对板类、墙类及柱类构件，可根据实际情况放宽。

（2）纵向受拉钢筋绑扎搭接接头的搭接长度 l_l 应根据位于同一连接区段内的钢筋搭接接头面积百分率按下式计算，且在任何情况下其搭接长度均不应小于 300mm：

$$l_l = \zeta l_a \tag{4-42}$$

式中 l_a——纵向受拉钢筋的锚固长度，按公式（4-38）计算；
ζ——纵向受拉钢筋搭接长度修正系数，按表 4-4 确定。

纵向受拉钢筋搭接长度修正系数   表 4-4

纵向钢筋搭接接头面积百分率（%）	≤25	50	100
ζ	1.2	1.4	1.6

（3）构件中的纵向受压钢筋，当采用搭接连接时，其受压搭接长度不应小于 $0.7l_l$，此处，l_l 值按公式（4-42）确定，且在任何情况下不应小于 200mm。

（4）在搭接长度范围内的混凝土会引起横向受拉，一般用加密箍筋来承担这种横向拉力。《规范》规定，在搭接长度范围内配置的箍筋，直径不宜小于 $0.25d$，d 为搭接钢筋直径较大值。箍筋间距：当为受拉时不应大于 $5d$，且不应大于 100mm；当为受压时，不应大于 $10d$，且不应大于 200mm；d 为搭接钢筋直径较小值。当受压钢筋直径大于 25mm 时，尚应在搭接接头两个端面以外处 100mm 范围内，各设置两根箍筋。

2. 机械连接和焊接接头

直径大于 25mm 的受拉钢筋和直径大于 32mm 的受压钢筋宜采用机械连接。

《规范》规定：受力钢筋机械连接接头及焊接接头的位置宜相互错开，且不宜设置在结构受力较大处。钢筋焊接接头连接区段内的长度为 $35d$（d 为受力纵筋的较大直径），且不应小于 500mm；处于同一连接区段内的受力钢筋接头面积百分率不宜大于 50%。受压钢筋的接头百分率可不受限值。

4.6.4 钢筋骨架的构造

1. 箍筋

箍筋在梁的弯剪区段内承受斜截面剪力的同时，能够改善混凝土和纵筋的黏结锚固性能，箍筋和纵筋联系在一起约束混凝土的作用。

（1）形式和肢数

箍筋的形式有封闭式和开口式两种（图 4-24）。当梁中配有计算需要的纵向受压钢筋时，箍筋应作成封闭式，箍筋的两个端头应作成 135°弯钩，弯钩端部的平直段长度不应小于 $5d$（d 为箍筋直径）和 50mm。在不承受扭矩和动力荷载的整浇肋形楼板中的 T 形截面梁，在截面上部为受压的区段范围内，亦可采用开口式箍筋。

箍筋一般采用双肢箍，当梁宽度 $b > 400$mm，且一排内的纵向受压钢筋多于 3 根时，

或当梁宽度 $b \leqslant 40mm$ 但一层内的纵向受压钢筋多于 4 根时，应设置复合箍筋。

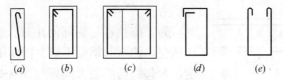

图 4-24 箍筋的形式和肢数
(a) 单肢箍；(b) 双肢箍；(c) 四肢箍；(d) 封闭箍；(e) 开口箍

(2) 直径

为了使箍筋与纵筋联系形成的钢筋骨架有一定的刚性，因此，箍筋的直径不能太小。《规范》规定：

梁的高度　$h \leqslant 800mm$ 时，直径不小于 6mm；
　　　　　$h > 800mm$ 时，直径不小于 8mm。

当梁中配有计算需要的纵向受压钢筋时，箍筋直径尚不应小于 $d/4$（d 为纵向受压钢筋的最大直径）。

(3) 间距

1) 箍筋间距除应满足计算需要外，其最大间距应符合表 4-5 的规定。

梁中箍筋的最大间距 (mm) 表 4-5

梁高 (mm)	$V > 0.7f_tbh_0$	$V \leqslant 0.7f_tbh_0$	梁高 (mm)	$V > 0.7f_tbh_0$	$V \leqslant 0.7f_tbh_0$
$150 < h \leqslant 300$	150	200	$500 < h \leqslant 800$	250	350
$300 < h \leqslant 500$	200	300	$h > 800$	300	400

2) 当按计算配置纵向受压钢筋时，箍筋间距不应大于 $15d$（d 为纵向受压钢筋最小直径）；同时不应大于 400mm。

当一排内的纵向受压钢筋多于 5 根且直径大于 18mm 时，箍筋间距不应大于 $10d$。

2. 弯起钢筋

弯起钢筋的作用和箍筋相似，用以承受斜裂缝之间的主拉力。弯起钢筋虽然受力方向和主拉应力方向相接近，但不便施工，同时箍筋传力比弯起钢筋均匀，因此，宜优先采用箍筋承受剪力。

弯起钢筋不宜放在梁截面宽度的两侧，且不宜使用粗直径的钢筋作为弯起钢筋，弯折半径 r 不应小于 $10d$（d 为弯起钢筋直径）。

弯起钢筋一般是由纵向受力钢筋弯起，亦可单独设置，但应将其布置成图 4-25 (a) 所示的"鸭筋"形式，不能采用仅在受拉区有一小段水平长度的"浮筋"（图 4-25 (b)），

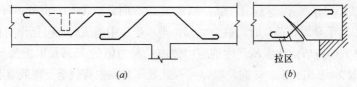

图 4-25 单独设置的弯起钢筋

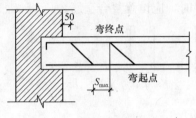

图 4-26 弯起钢筋最大间距

以防止由于弯起钢筋的锚固不足发生滑动而降低其抗剪能力。

为了防止弯起钢筋间距过大而可能出现不与斜裂缝相交,使弯起钢筋不能发挥作用的情况,《规范》规定,弯起钢筋的最大间距(图 4-26)为前一排(对支座而言)的弯起点至后一排的弯终点的距离,不应大于表 4-5 中 $V>0.7f_tbh_0$ 栏的规定。

弯起钢筋的弯起角宜取 45°或 60°。

4.7 偏心受力构件受剪承载力[4-3]

4.7.1 偏心受压构件

一般框架柱中内力有轴向压力、弯矩和剪力。设计时除按偏心受压构件计算其正截面承载力外,当横向剪力较大时,还应计算其斜截面受剪承载力。

试验表明:轴向压力对构件受剪承载力起有利作用,主要在于能阻滞斜裂缝的出现和开展,增强了骨料咬合作用,增大了混凝土剪压区高度,从而提高了混凝土的受剪承载力。

图 4-27 列出了一组构件的试验结果,在轴压比(N/f_cbh)较小时,构件受剪承载力随轴压比的增大而提高,当轴压比 $N/f_cbh=0.4\sim0.5$ 时受剪承载力达到最大值,再增大轴压力将导致受剪承载力极限值的降低。由此可知,轴向压力对构件受剪承载力的有利作用是有一定限度的。故在计算时对轴向压力规定了一个上限值,取用 $N=0.3f_cA$(A 为构件截面面积)。

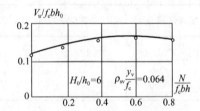

图 4-27 $V_u/f_cbh_0 \sim N/f_cbh$ 关系曲线

偏心受压构件受剪承载力计算公式,《规范》是在无轴向压力计算公式的基础上,加上一项轴向压力对受剪承载力影响的提高值。根据试验资料分析,其提高值取 $0.07N$。这样,矩形截面钢筋混凝土偏心受压构件受剪承载力计算公式可表达为:

$$V \leqslant \frac{1.75}{\lambda+1.0}f_tbh_0 + 1.0f_{yv}\frac{A_{sv}}{s}h_0 + 0.07N \tag{4-43}$$

式中 N——与剪力设计值 V 相应的轴向压力设计值,当 $N>0.3f_cA$ 时,取 $N=0.3f_cA$;

λ——偏心受压构件计算截面的剪跨比。

公式(4-43)中,计算截面的剪跨比按下列规定取用:

框架柱,取 $\lambda=H/2h_0$;当 $\lambda<1$,取 $\lambda=1$;当 $\lambda>3$ 时,取 $\lambda=3$;此处,H 为柱净高。

其他构件,当承受均布荷载时,取 $\lambda=1.5$;当承受集中荷载时(包括作用有多种荷载,且集中荷载对支座截面或节点边缘所产生的剪力值占总剪力值的 75% 及以上情况),取 $\lambda=a/h$;当 $\lambda<1.5$ 时,取 $\lambda=1.5$;当 $\lambda>3$ 时,取 $\lambda=3$;此处 a 为集中荷载至支座或节点边缘的距离。

矩形截面钢筋混凝土偏心受压构件,在受剪承载力计算时,为了防止箍筋的超筋破坏，其受剪截面应符合下列限制条件：
$$V \leqslant 0.25\beta_c f_c b h_0 \quad (4-44)$$

矩形截面钢筋混凝土偏心受压构件，若符合下列公式的要求时：
$$V \leqslant \frac{1.75}{\lambda+1.0} f_t b h_0 + 0.07N \quad (4-45)$$

说明不需要配置箍筋，可不进行斜截面受剪承载力计算，而仅需按构造要求配置箍筋。

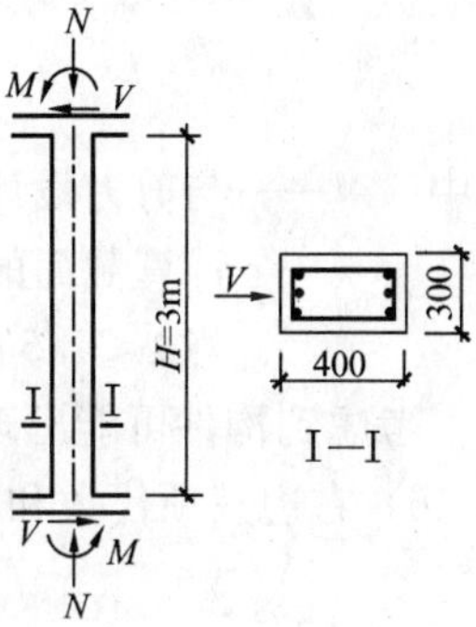

【例 4-6】 已知一钢筋混凝土框架柱，柱的各部尺寸如图 4-28 所示，混凝土用 C30（$f_c=14.3\text{N/mm}^2$，$f_t=1.43\text{N/mm}^2$），纵筋用 HRB335 级（$f_y=300\text{N/mm}^2$），箍筋用 HPB235 级（$f_{yv}=210\text{N/mm}^2$），柱端作用弯矩设计值 $M=116\text{kN}\cdot\text{m}$，轴力设计值 $N=710\text{kN}$，剪力设计值 $V=170\text{kN}$。求：所需箍筋数量。

【解】 （1）验算截面限制条件
$$0.25\beta_c f_c b h_0 = 0.25 \times 1.0 \times 14.3 \times 300 \times 365$$
$$= 391.5\text{kN} > 170\text{kN}$$

图 4-28

截面尺寸满足要求。

（2）箍筋数量的确定
$$\lambda = \frac{H}{2h_0} = \frac{3000}{2 \times 365} = 4.11 > 3, 取 \lambda = 3$$

$$\frac{N}{f_c A} = \frac{710000}{14.3 \times 300 \times 400} = 0.414 > 0.3$$

取
$$N = 0.3 f_c A = 0.3 \times 14.3 \times 300 \times 400$$
$$= 514.8\text{kN}$$

因
$$V \leqslant \frac{1.75}{\lambda+1.0} f_t b h_0 + 0.07N$$
$$= \frac{1.75}{3+1.0} \times 1.43 \times 300 \times 365 + 0.07 \times 514800 = 104.5\text{kN} < 700\text{kN}$$

需要按计算配置箍筋
$$\frac{nA_{sv1}}{s} = \frac{V - \left(\frac{1.75}{\lambda+1.0} f_t b h_0 + 0.07N\right)}{1.0 f_{yv} h_0} = \frac{170000 - 104500}{1.0 \times 210 \times 365} = 0.855$$

选用双肢箍筋直径Φ8（$A_{sv1}=50.3\text{mm}^2$），则其间距
$$s = \frac{2 \times 50.3}{0.855} = 118\text{mm}, 取用 s = 100\text{mm}$$

4.7.2 偏心受拉构件

当构件内受有轴向拉力、弯矩和剪力，且剪力较大时，设计中除按偏心受拉构件计算其正截面的受弯承载力外，还需计算其斜截面受剪承载力。

试验表明偏心受拉构件在其弯剪区段出现斜裂缝后，其斜裂缝末端混凝土的剪压区高度比无轴向拉力时的受弯构件为小，往往出现无剪压区的情况，产生斜拉破坏。因此，轴向拉力使构件受剪承载力明显降低，其降低幅度随轴向拉力的增大而增大，但对箍筋的受

剪承载力几乎没有影响。

《规范》对偏心受拉构件的受剪承载力计算公式与偏心受压构件采用同样的处理方法，在无轴向拉力计算公式的基础上，减去一项轴向拉力对受剪承载力影响的降低值，根据试验资料，其降低值近似取 $0.2N$。这样，矩形截面钢筋混凝土偏心受拉构件受剪承载力计算公式可表达为：

$$V \leqslant \frac{1.75}{\lambda+1.0}f_t bh_0 + 1.0f_{yv}\frac{A_{sv}}{s}h_0 - 0.2N \tag{4-46}$$

式中　N——与剪力设计值 V 相应的轴向拉力设计值；

　　　λ——计算截面的剪跨比，取 $\lambda=a/h_0$，a 为集中荷载至支座或节点边缘的距离；当 $\lambda<1.5$ 时，取 $\lambda=1.5$；当 $\lambda>3$ 时，取 $\lambda=3$。

考虑到构件可能出现裂缝贯通全部截面，剪压区完全消失的情况，《规范》规定公式 (4-46) 右边三项代数和小于第二项时，取

$$V = 1.0f_{yv}\frac{A_{sv}}{s}h_0 \tag{4-47}$$

且

$$1.0f_{yv}\frac{A_{sv}}{s}h_0 \geqslant 0.36f_t bh_0 \tag{4-48}$$

参 考 文 献

[4-1]　《混凝土结构设计规范》(GB 50010—2002). 北京：中国建筑工业出版社，2002.

[4-2]　《混凝土结构设计规范》(GBJ 10—89). 北京：中国建筑工业出版社，1989.

[4-3]　哈尔滨工业大学、大连理工大学、北京建筑工程学院、华北水利水电学院合编（王振东主编）. 混凝土及砌体结构（上册）. 北京：中国建筑工业出版社，2002.

[4-4]　R. Park and T. paulay《Reinforced Concrete Strutures》，1975.

[4-5]　美国钢筋混凝土房屋建筑规范（ACI 1992 年公制版）. 北京：中国建筑科学研究院结构所译，1993.

第5章 受扭构件扭曲截面承载力

5.1 概 述

钢筋混凝土构件受纯扭的情况较少，通常都是在弯矩、剪力和扭矩共同作用下的受力状态。例如钢筋混凝土雨篷梁、框架边梁、曲梁、吊车梁、螺旋形楼梯等，均属于受弯剪扭构件。

试验表明，无筋矩形截面混凝土构件在扭矩作用下，首先在其长边中点最薄弱处，产生一条斜裂缝，并很快向相邻两边斜向延伸，形成三面开裂一面受压的一个空间扭曲歪斜裂缝面，使构件立即破坏。其破坏带有突然性，属于脆性破坏。

钢筋混凝土纯扭构件开裂前钢筋的应力很小，其应力状态与无筋纯扭构件相似，基本处于弹性工作阶段，截面主应力大小由公式（4-4）、公式（4-5）可知，对纯扭构件 $\sigma=0$，故得

$$\sigma_{tp} = -\sigma_{cp} = \tau \tag{5-1}$$

上式中，τ 为构件横截面的剪应力，其最大 τ 值发生在截面长边的中点；σ_{tp} 与 σ_{cp} 为互成垂直并与 τ 值成 45°方向。由于混凝土的抗拉强度低于其抗剪强度，因此，在开裂时就会在垂直主拉应力作用平面内产生斜裂缝。

钢筋混凝土纯扭构件开裂后，由于截面有钢筋的联系，斜截面拉应力主要由钢筋承受，开裂时斜裂缝的倾角与构件纵轴接近于 45°方向（图 5-1），其破坏特征主要与配筋量大小有关：

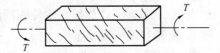

图 5-1 钢筋混凝土纯扭构件斜裂缝

当配筋率较少时（少筋构件），在荷载作用下，裂缝一出现，钢筋不能承受开裂后混凝土卸载给钢筋的外扭矩，因而构件立即破坏，其破坏性质与无筋构件相同。

当构件处在正常配筋率时（适筋构件），随着外扭矩的不断增加，纵筋和箍筋都相继达到屈服强度，而后由于混凝土被压碎而破坏。其破坏是随着钢筋的逐渐塑流而发生的，属于塑性破坏。

当纵筋和箍筋的配筋率相差较大，亦即其中一种配置过多，在破坏时另一种配置适量的钢筋首先达到屈服，进而受压边混凝土被压碎，此时配置过多的钢筋仍未屈服（称部分超配筋构件）。破坏时也具有一定的塑性性能。

当构件的配筋率过大或混凝土强度等级过低时，破坏时纵筋和箍筋均未屈服而混凝土首先被压碎（称完全超配筋构件），属于脆性破坏，设计时应予以避免。

试验表明：配置钢筋对提高受扭构件的抗裂性能作用不大，但开裂后钢筋能够承受一定的扭矩，因而能使构件在破坏时的受扭承载力大大提高。

5.2 矩形截面纯扭构件承载力

钢筋混凝土构件在扭矩作用下即将开裂时其截面内力已进入弹塑性阶段；在开裂后处于带裂缝工作情况，由于扭矩在构件四侧引起与斜裂缝垂直的主拉应力方向不同，其破坏扭面处于空间受力状态，破坏形态随着纵筋及箍筋配筋量不同而异，因此其内力状态较为复杂。目前国内外对其承载力计算和受剪一样没有取得较为一致的认识，因而其设计方法也不尽相同。

5.2.1 钢筋混凝土纯扭构件计算模型[5-3]

钢筋混凝土纯扭构件的承载力，在计算理论上虽有不同的解释，但其计算模型较普遍的认为是可按变角空间桁架模型来分析，具体内容如下：

1. 薄管理论

图 5-2 为一封闭管壁厚度不等的薄壁管构件截面，在扭矩作用下，可得：

$$T = \oint r \cdot q \mathrm{d}s = 2q \oint \frac{r \cdot \mathrm{d}s}{2} = 2q \cdot A_0 \tag{5-2}$$

式中 T——外扭矩；

q——横截面管壁上单位长度的剪力值，称为剪力流（N/mm）；

r——自扭心至管壁中心线的距离；

A_0——剪力流作用管壁中心轴线所包围的横截面面积；

$\oint$——表示自起点经 360°再回至起点的积分符号。

公式（5-2）为计算纯扭构件的理论基础。

2. 变角空间桁架模型

钢筋混凝土纯扭构件计算时不考虑核芯面积混凝土的作用，构件出现裂缝以后的破坏图形可比拟为一个空间桁架。即纵筋可视为桁架的弦杆，箍筋可视为桁架的竖杆，斜裂缝间的混凝土条带可视为桁架的斜压腹杆，组成空间桁架的受力状态（图 5-3）。

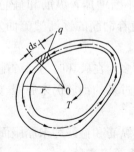
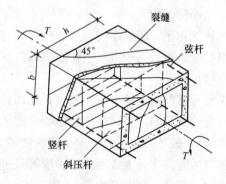

图 5-2 受纯扭薄壁管构件　　　图 5-3 纯扭构件破坏时工作图形

由图 5-3 取空间桁架模型中一侧壁为分离体，如图 5-4 所示：设 P 为桁架分离体中纵筋的总拉力，D 为混凝土条带斜压力，q 为剪力流强度，α 为斜裂缝与纵轴倾角，并取：

A_{cor}——截面核芯部分的面积，$A_{cor}=b_{cor} \cdot h_{cor}$；

u_{cor}——截面核芯部分的周长，$u_{cor}=2(b_{cor}+h_{cor})$；

b_{cor}、h_{cor}——从箍筋内表面计算的截面核芯部分短边及长边尺寸；

A_{stl}——对称布置的全部纵向钢筋截面面积；

A_{st1}——单肢箍筋的截面面积；

f_y、f_{yv}——纵筋及箍筋抗拉强度设计值；

s——箍筋的间距。

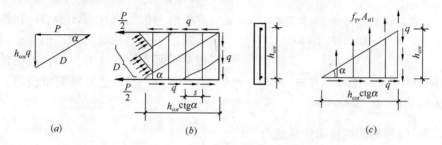

图 5-4　变角空间桁架模型分离体图
(a) 力的平衡图；(b) 变角空间桁架模型分离体图；(c) 分离体图

则纵筋的总拉力为：

$$P = \frac{A_{stl} f_y h_{cor}}{u_{cor}} \tag{A}$$

由图 5-4 (c) 得

$$h_{cor} q = \frac{A_{st1} f_{yv}}{s} h_{cor} \mathrm{ctg}\alpha$$

即

$$q = \frac{A_{st1} f_{yv}}{s} \mathrm{ctg}\alpha \tag{B}$$

由图 5-4 (a) 得

$$\mathrm{ctg}\alpha = \frac{P}{h_{cor} q} = \frac{A_{stl} f_y}{u_{cor}} \frac{1}{q} = \frac{A_{stl} f_y}{u_{cor}} \frac{s}{A_{st1} f_{yv}} \frac{1}{\mathrm{ctg}\alpha}$$

故

$$\mathrm{ctg}\alpha = \sqrt{\frac{A_{stl} f_y s}{A_{st1} f_{yv} u_{cor}}} = \sqrt{\zeta} \tag{C}$$

将 (C) 式代入 (B) 式得

$$q = \sqrt{\zeta} \frac{A_{st1} f_{yv}}{s} \tag{D}$$

若近似取 $A_0 = A_{cor}$，将 (D) 式代入公式 (5-2)，则得变角空间桁架模型的理论计算公式为

$$T_0 = 2\sqrt{\zeta} \frac{A_{st1} f_{yv}}{s} A_{cor} \tag{5-3}$$

$$\zeta = \frac{A_{stl}f_y s}{A_{st1}f_{yv}u_{cor}} \tag{5-4}$$

式中 T_0——纯扭构件扭矩承载力,相当于外扭矩最大值;

ζ——受扭纵筋与箍筋的配筋强度比。

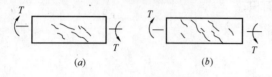

图 5-5 纯扭构件临界斜裂缝
(a) $\zeta>1.0$; (b) $\zeta<1.0$

公式 (C) 中的 α 值,为纯扭构件破坏时临界斜裂缝的倾角,与纯扭构件刚开裂时斜裂缝与纵轴的倾角接近 45°的情况不同,α 值由实测和公式 (C) 均表明,是随着纵筋的配筋强度 ($A_{stl}f_y s$) 和箍筋的配筋强度 ($A_{st1}f_{yv}u_{cor}$) 的比值,亦即与 ζ 值的不同而变化的 (图 5-5),故该计算模型称为变角空间桁架模型。当 $\zeta=1.0$ 时,$\text{ctg}\alpha=1$,即 $\alpha=45°$,这是早期所设想的计算模型,称为古典空间桁架模型。

5.2.2 矩形截面纯扭构件承载力[5-1]

试验研究表明,纯扭构件极限承载力的计算模型,并非理想的铰接空间桁架,其中的混凝土在各侧面内仍有一定的连续性,同时截面核芯混凝土亦能起到一定的抗扭作用。为此,我国《规范》对钢筋混凝土矩形截面纯扭构件,通过试验研究和统计分析 (图 5-6),在满足可靠度要求前提下,提出如下半经验半理论的承载力计算公式。

$$T \leqslant T_0 = 0.35 f_t W_t + 1.2\sqrt{\zeta}\frac{A_{st1}f_{yv}}{s}A_{cor} \tag{5-5}$$

同时
$$0.6 < \zeta \leqslant 1.7 \tag{5-6}$$

式中 T——扭矩设计值;

f_t——混凝土的抗拉强度设计值;

W_t——截面受扭塑性抵抗矩,由公式(5-7)确定。

公式 (5-5) 中第一项表示开裂后混凝土所能承担的扭矩。试验研究表明,钢筋混凝土构件在扭矩作用下,其开裂后的斜裂缝仅在表面某个深度上形成,不会贯穿整个截面,而且形成许多相互平行,断断续续,前后交错的斜裂缝,分布在四个侧面上 (图 5-2),最终并不成为连续的通长螺旋形裂缝,因此混凝土本身并没有分割成可动机构,还可以承担一定的扭矩。另一方面,构件受扭时由于有钢筋的连系,使其裂缝开展受到一定的限制,并增加了由于扭转剪切变形在斜裂缝处形成相互的摩擦力,因而使混凝土具有一定的抗扭能力。系数 0.35 是由于混凝土开裂以后,使抗扭承载力降低的影响系数,其值由试验分析确定。对 W_t 的取值,我们认为在构

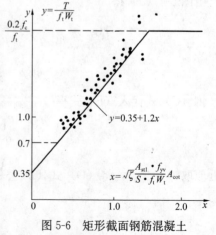

图 5-6 矩形截面钢筋混凝土
纯扭构件计算曲线

件即将破坏时，混凝土已进入全塑性状态，故用公式（5-7）的表达式。

$$W_t = \frac{b^2}{6}(3h-b) \text{❶} \tag{5-7}$$

式中　b——矩形截面的宽度，在受扭构件中，应取矩形截面的短边尺寸；

　　　h——矩形截面的高度，在受扭构件中，应取矩形截面的长边尺寸。

公式（5-5）中第二项表示开裂后按桁架模型确定的纵筋和箍筋所能承担的扭矩。从理论公式（5-3）与试验公式（5-5）第二项比较二者的差别为，其扭矩承载力影响系数由 2.0 降低至 1.2。其降低的主要原因是由于构件破坏时截面中短边的箍筋未能达到屈服强度而造成的。其中的 ζ 值是表示纵筋及箍筋不同配筋和不同强度比对受扭承载力的影响；由试验可知，ζ 值符合公式（5-6） $0.6 < \zeta \leqslant 1.7$ 的规定时，则所配置的纵筋和箍筋基本都能屈服，否则当 $\zeta \leqslant 0.6$，表示多配箍筋，或 $\zeta > 1.7$，表示多配纵筋时，多配的钢筋不能屈服，不能发挥其应有的抗扭能力。

钢筋混凝土矩形截面纯扭构件的配筋方法：计算时先按公式（5-6）的规定范围假定 ζ 值，然后按公式（5-5）求得箍筋的用量，再按公式（5-6）求得纵筋的用量。从施工角度来看，箍筋用量愈少，施工愈简单，故在设计时对 ζ 的取值略大一些，使纵筋用量略多，较为理想。

【例 5-1】 已知一钢筋混凝土矩形截面纯扭构件，截面尺寸 $b \times h = 150\text{mm} \times 300\text{mm}$，作用其上的扭矩设计值 $T = 4.8\text{kN} \cdot \text{m}$，混凝土用 C30（$f_t = 1.43\text{N/mm}^2$），钢筋用 HRB335（$f_y = 300\text{N/mm}^2$），试计算其配筋。

【解】　混凝土核芯截面面积

$$A_{cor} = b_{cor} \times h_{cor} = 100 \times 250 = 25000 \text{mm}^2$$

构件截面抗扭塑性抵抗矩

$$W_t = \frac{b^2}{6}(3h-b) = \frac{150^2}{6}(3 \times 300 - 150) = 28.1 \times 10^5 \text{mm}^3$$

取 $\zeta = 1.2$ 则由公式（5-5）可得

$$\frac{A_{st1}}{s} = \frac{T - 0.35 f_t W_t}{1.2\sqrt{\zeta} \cdot f_{yv} \cdot A_{cor}} = \frac{48 \times 10^5 - 0.35 \times 1.43 \times 28.1 \times 10^5}{1.2\sqrt{1.2} \times 300 \times 0.25 \times 10^5} = 0.344$$

---

❶ 公式(5-7)为假定矩形截面内扭剪应力进入全塑性状态时，出现与各边成 45° 的塑性应力分布界限线，其所形成的剪力流(图 5-7)对截面的扭转中心取矩，则由平衡条件可得：

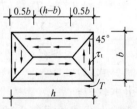

图 5-7　矩形截面扭剪应力全塑性状态时假定的应力分布

$$T = \left\{ 2 \times \frac{b}{2}(h-b) \times \frac{b}{4} + 4 \times \frac{1}{2} \times \frac{b}{2} \times \frac{b}{2} \times \frac{2}{3} \times \frac{b}{2} + 2 \times \frac{b}{2} \times \frac{b}{2} \left[\frac{2}{3} \times \frac{b}{2} + \frac{1}{2}(h-b) \right] \right\} \tau_1$$

$$= \frac{b^2}{6}(3h-b)\tau_1$$

$$W_t = \frac{b^2}{6}(3h-b)$$

取用箍筋直径为Φ8 则 $A_{st1}=50.3\text{mm}^2$，$s=50.3/0.344=146\text{mm}$，取用 $s=140\text{mm}$。由公式（5-4）可得纵筋截面面积：

$$A_{stl} = \zeta \frac{A_{st1} \cdot f_{yv} \cdot u_{cor}}{f_y \cdot s} = 1.2 \times \frac{50.3 \times 300 \times 2(100+250)}{300 \times 140} = 302\text{mm}^2$$

选用纵筋直径Φ10，则纵筋所需根数 302/78.5＝3.85 根，取 4 根，对称布置。

5.3 矩形截面弯剪扭构件承载力

钢筋混凝土构件在弯矩、剪力和扭矩共同作用下，其承载力的各种计算理论和设计方法，都比较繁琐，不便应用。我国《规范》在试验研究和理论分析的基础上，采用如下的简化方法：

1. 对弯矩：按受弯构件正截面受弯承载力公式，单独计算所需的纵筋；
2. 对剪力和扭矩：按受剪扭构件在考虑其相关关系基础上，分别计算出其受扭所需的纵筋，以及受剪和受扭所需的箍筋。

将以上计算结果进行合理的叠加，得出构件所需的配筋。

弯剪扭共同作用下的构件，所谓相关关系是指在截面某一受压区域内的混凝土，将同时承受弯矩、扭矩和剪力的双重或多重的作用，致使构件承载力降低的内力（或应力）变化关系。当采用上述简化计算方法后，将一个复杂的问题转变成便于设计应用的方法，提高了对该构件设计的可操作性。

在结构工程中，采用叠加法进行内力计算，在理论上仅适合于弹性工作阶段；而对于开裂后的弯剪扭复合受力构件，利用空间桁架模型，根据其内力分解和平衡关系的分析研究表明[5-3]，采用上述的简化计算方法亦是合理的，这是我国近年来在科研和设计方法上取得的一大进步。

5.3.1 构件剪扭计算公式的建立[5-2]

钢筋混凝土构件在剪力和扭矩共同作用下，其受剪及受扭承载力计算公式仍采用与受弯构件的受剪承载力及纯扭构件承载力计算公式相协调的表达式，即取：

$$V_0 = V_{c0} + V_s \tag{5-8}$$
$$T_0 = T_{c0} + T_s \tag{5-9}$$
$$V \leqslant V_c + V_s \tag{5-10}$$
$$T \leqslant T_c + T_s \tag{5-11}$$

式中 V_0——受弯构件的受剪承载力；

T_0——纯扭构件的受扭承载力；

V_{c0}——受弯构件受剪承载力公式中混凝土的受剪承载力；

T_{c0}——纯扭构件承载力公式中混凝土的受扭承载力；

V_s、T_s——钢筋承受的受剪及受扭承载力；

V、T——剪扭构件的剪力及扭矩设计值；

V_c、T_c——剪扭构件承载力公式中混凝土承受的受剪及受扭承载力。

公式（5-10）及公式（5-11）中的 V_c 和 T_c 值，由于混凝土既要承受剪力，又要承受扭矩的作用，因此，剪扭构件混凝土的受剪承载力 V_c 及受扭承载力 T_c 相互之间存在着相关关系；通过试验分析，该相关关系计算时可采用如图 5-8 的无量纲坐标来表示。

钢筋混凝土构件在剪力和扭矩共同作用下，在试验过程中很难分出混凝土及钢筋各自所能承受的承载力。一般可认为配有箍筋剪扭构件中混凝土的受剪及受扭承载力，与未配箍筋无腹筋剪扭构件混凝土的受剪及扭承载力相关关系大体相当，其中忽略了箍筋对混凝土承载力有利的影响。这样，就可通过对无腹剪扭筋构件试验，得出的受剪及受扭承载力，认为是有腹筋剪扭构件混凝土的受剪及受扭承载力，同时亦偏于安全。

对剪扭构件中混凝土的 V_c 值与 T_c 值的相关关系，由图 5-8 的试验结果可知，其相关曲线接近四分之一圆的规律性。这样，公式（5-10）及公式（5-11）中的混凝土承载力项 V_c 和 T_c 值，就可按图 5-8 相关曲线的规律性确定，而二者钢筋的承载力 V_s 和 T_s 值，则认为和弯剪及纯扭构件承载力公式中的 V_s 及 T_s 值相同，二者采用简单的叠加方法。这样，公式（5-10）及公式（5-11）的计算模式就可以确定。

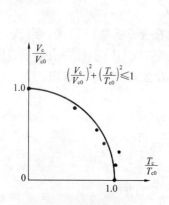

图 5-8　无腹筋剪扭构件
相关试验曲线

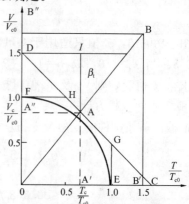

图 5-9　$\dfrac{V}{V_{c0}} - \dfrac{T}{T_{c0}}$ 曲线简化计算

5.3.2　《规范》对剪扭构件承载力简化计算[5-1]

1. 对 V_c 和 T_c 的简化计算

在图 5-8 中曲线方程为 $\left(\dfrac{V_c}{V_{c0}}\right)^2 + \left(\dfrac{T_c}{T_{c0}}\right)^2 = 1$，对 V_{c0}、T_{c0} 值可由无腹筋弯剪及纯扭承载力公式计算得出，当构件的扭剪比 n（$n = T_c/V_c b$）为已知时，则 V_c 及 T_c 值就可以求出。为了简化计算，《规范》规定其圆弧曲线 EF 可用如图 5-9 所示的三折线 EG、GH 及 HF 来代替。在作直线 CD 时，为了简化方便取 CE＝DF＝0.5，得出的计算值与相应试验值符合程度最好。这样，在图 5-9 中，B 点表示任意扭剪比（T/Vb）时；用无量纲坐标表示剪扭构件承载力的计算点，其中 OA 区段表示混凝土的承载力，AB 区段表示相应钢筋所能承受的承载力。若取 $AI = DI = \beta_t$，则得

$$\dfrac{V_c}{V_{c0}} = 1.5 - \beta_t$$

$$V_c = (1.5 - \beta_t)V_{c0} \tag{5-12}$$

$$\dfrac{T_c}{T_{c0}} = \beta_t，\text{或 } T_c = \beta_t T_{c0} \tag{5-13}$$

式中 β_t——剪扭构件混凝土承载力降低系数。

对 β_t 值，由图 5-9 $\triangle OAA'' \approx \triangle OBB''$，可得

$$\frac{\beta_t}{\frac{V_c}{V_{c0}}} = \frac{\frac{T}{T_{c0}}}{\frac{V}{V_{c0}}}$$

则

$$\beta_t = \frac{T}{V} \cdot \frac{V_c}{T_{c0}} = (1.5 - \beta_t) \frac{T}{V} \cdot \frac{V_{c0}}{T_{c0}}$$

解之得

$$\beta_t = \frac{1.5}{1 + \frac{V}{T} \cdot \frac{T_{c0}}{V_{c0}}}$$

对于矩形截面，可取 $V_{c0} = 0.7 f_t b h_0$；$T_{c0} = 0.35 f_t W_t$，则得

$$\beta_t = \frac{1.5}{1 + 0.5 \frac{V}{T} \cdot \frac{W_t}{b h_0}} \tag{5-14}$$

由图 5-9 可知，β_t 值只适用于 GH 范围，故必须符合 $0.5 \leqslant \beta_t \leqslant 1.0$。当 $\beta_t < 0.5$ 时，取 $\beta_t = 0.5$；当 $\beta_t > 1.0$，取 $\beta_t = 1.0$。β_t 为水平线 DI 到斜线 GH 上任一点的垂直距离。

当求得 β_t 值后，则 V_c 及 T_c 值可按公式（5-12）及公式（5-13）求出。

2. 剪扭构件承载力计算

矩形截面剪扭构件的受剪及受扭承载力，可表达为[5-1]

$$V \leqslant 0.7(1.5 - \beta_t) f_t b h_0 + 1.25 f_{yv} \frac{A_{sv}}{s} h_0 \tag{5-15}$$

$$T \leqslant 0.35 \beta_t f_t W_t + 1.2 \sqrt{\zeta} \frac{A_{stl} f_{yv}}{s} A_{cor} \tag{5-16}$$

上式中 β_t 值按公式（5-14）确定。

对集中荷载作用下的矩形截面独立梁（包括作用多种荷载，且其中集中荷载对支座截面所产生的剪力值占总剪力值的 75% 及以上的情况），则公式（5-15）应改为

$$V \leqslant \frac{1.75}{\lambda + 1}(1.5 - \beta_t) f_t b h_0 + f_{yv} \frac{A_{sv}}{s} h_0 \tag{5-17}$$

相应的 β_t 值应为

$$\beta_t = \frac{1.5}{1 + 0.2(\lambda + 1) \frac{V}{T} \frac{W_t}{b h_0}} \tag{5-18}$$

3. 外荷载 V、T 值较小时简化计算

《规范》规定，弯剪扭构件外载较小时，可按下述方法简化计算：

(1) 当 $V \leqslant 0.35 f_t b h_0$ \tag{5-19}

或 $V \leqslant \frac{0.875}{\lambda + 1} f_t b h_0$ \tag{5-20}

可忽略剪力的影响，仅按受弯构件的正截面受弯承载力和纯扭构件承载力分别进行计算。

(2) 当 $T \leqslant 0.175 f_t W_t$ \tag{5-21}

可忽略扭矩的影响，仅按受弯构件的正截面受弯承载力和斜截面受剪承载力分别进行

计算。

公式（5-19）、(5-20）及（5-21）表示所作用外荷载要比构件混凝土开裂后受剪及受扭极限承载力值小得多，因此，可不考虑其构件配筋的影响。

5.4 T形和工字形截面弯剪扭构件承载力

5.4.1 试验分析[5-8]

试验表明：T形和工字形截面的纯扭构件，破坏时第一条斜裂缝出现在腹板侧面的中部，其破坏形态和规律性与矩形截面纯扭构件相似。

如图 5-10 所示，当 T 形截面腹板宽度大于翼缘厚度时，如果将其悬挑翼缘部分去掉，则可看出其腹板侧面斜裂缝与其顶面裂缝基本相连，形成了断断续续相互贯通的螺旋形斜裂缝；亦即其斜裂缝是随较宽的腹板而独立形成，不受悬挑翼缘存在的影响。这为其抗扭承载力满足较宽矩形的完整性原则，来划分数个矩形，然后分别进行计算的合理性提供了依据。

试验表明：对于配有封闭箍筋的翼缘（图 5-11），其截面抗扭承载力是随着翼缘悬挑宽度的增加而提高。但当悬挑宽度过小（一般小于其翼缘的厚度），其提高效果不显著。反之，悬挑宽度过大，翼缘与腹板连接处整体刚度相对减弱，翼缘弯曲变形后易于断裂，不能承受扭矩作用。《规范》规定，取用悬挑宽度不得超过其厚度的 3 倍。

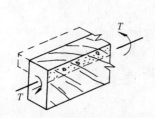
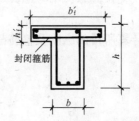

图 5-10　T形截面纯扭构件裂缝图　　图 5-11　T形截面翼缘的封闭箍筋

试验表明：当 T 形和工字形截面构件的扭剪比较大时（$T/Vb \geqslant 0.4$），斜裂缝呈扭转的螺旋形开展，其破坏形态呈扭型破坏；当扭剪比较小时（$T/Vb < 0.4$），构件两侧腹板出现均呈同向倾斜的剪切斜裂缝，其破坏形态呈剪型破坏。对于剪型破坏的一类构件，由于扭矩较小，翼缘处于构件截面受压区，设计时翼缘可按构造要求配置受扭纵筋和配筋。

5.4.2 承载力计算

对 T 形或工字形截面弯剪扭构件，除弯矩按受弯构件承载力公式单独计算以外，其剪扭承载力按下列方法确定：

1. 将 T 形或工字形截面划分为数个矩形截面，其划分的方法为：首先满足腹板矩形截面的完整性，按图 5-12 所示的方法进行划分。
2. 所划分的各个矩形截面抗扭塑性抵抗矩，按表 5-1 规定的近似值取用。
3. 扭矩分配：对所划分的每个矩形截面所承受的扭矩设计值，按下列规定计算。

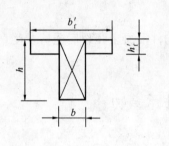
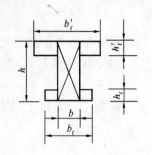

T形及工字形截面抗扭塑性抵抗矩	表 5-1
截面	W_t 值
全截面	$W_t = W_{tw} + W'_{tf} + W_{tf}$
腹板	$W_{tw} = \dfrac{b^2}{6}(3h-b)$
受压及受拉翼缘	$W'_{tf} = \dfrac{h'^2_f}{2}(b'_f - b)$; $W_{tf} = \dfrac{h^2_f}{2}(b_f - b)$

图 5-12 T形及工字形截面划分矩形截面的方法

对腹板
$$T_w = \frac{W_{tw}}{W_t} \cdot T \tag{5-22}$$

对受压翼缘
$$T'_f = \frac{W'_{tf}}{W_t} \cdot T \tag{5-23}$$

对受拉翼缘
$$T_f = \frac{W_{tf}}{W_t} \cdot T \tag{5-24}$$

式中 T_w、T'_f、T_f——分别为腹板、受压翼缘及受拉翼缘的扭矩设计值。

4. 剪扭配筋计算

对腹板：考虑其同时承受剪力和扭矩，按 V 及 T_w 由公式（5-15）及公式（5-16）进行配筋计算。

对受压及受拉翼缘：不考虑翼缘承受剪力，按 T'_f 及 T_f 由纯扭公式（5-5）分别进行配筋计算。

最后将计算所得的纵筋及箍筋截面面积分别合理相叠加。

5.5 受扭构件的构造要求

5.5.1 构造要求

1. 截面限制条件

在受扭构件设计时，为了保证构件截面尺寸不致过小，使其在破坏时混凝土不首先被压碎，因此，《规范》在试验的基础上，对钢筋混凝土剪扭构件，规定如下的截面限制条件：

当 $h_w/b \leqslant 4$ 时
$$\frac{V}{bh_0} + \frac{T}{0.8W_t} \leqslant 0.25\beta_c f_c \tag{5-25}$$

当 $h_w/b = 6$ 时
$$\frac{V}{bh_0} + \frac{T}{0.8W_t} \leqslant 0.20\beta_c f_c \tag{5-25a}$$

当 $4 < h_w/b < 6$ 时，按线性插入法确定。

计算时如不满足公式（5-25）的要求，则需加大构件截面尺寸，或提高混凝土强度等级。

2. 构造配筋界限

当构件所能承受的剪力及扭矩，相当于素混凝土构件即将开裂时剪力及扭矩值的界限状态时，称为构造配筋界限。从理论上来说，构件处于这一状态还未开裂，混凝土能够承受外载而不需要设置受剪及受扭钢筋；但在设计时为了安全可靠，以防止构件偶然开裂，在构造上还应设置符合最小配筋率要求的钢筋截面面积。《规范》规定对剪扭构件构造配筋的界限为：

$$\frac{V}{bh_0} + \frac{T}{W_t} \leqslant 0.7f_t \tag{5-26}$$

3. 箍筋的构造要求

弯剪扭构件箍筋的直径和间距，其构造要求与构件仅受剪时的情况相同，具体可见 4.6.4 节的规定，但在表 4-4 中箍筋构造配筋的条件为 $V \leqslant 0.7f_t bh_0$，对剪扭构件应改为 $\frac{V}{bh_0} + \frac{T}{W_t} \leqslant 0.7f_t$ 来判定。箍筋的搭接长度见图 5-13 规定。

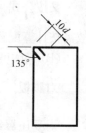

图 5-13 箍筋搭接长度

4. 纵筋的构造要求

弯剪扭构件受力纵筋的直径，其构造要求与受弯构件相同，即当梁高 $h < 300\text{mm}$ 时，直径不应小于 8mm。受扭纵筋的间距，不应大于 200mm，同时也不大于梁截面短边的长度；当 $h \geqslant 300\text{mm}$ 时，其直径和间距按计算确定。受扭纵筋应按受拉钢筋的要求锚固在支座内。

此外，由于受扭构件属于空间内力状态，设计时必须同时配置纵筋和相应箍筋，否则单纯的配置纵筋或箍筋，则不能起到抗扭作用。

【例 5-2】 已知一均布荷载作用下钢筋混凝土 T 形截面弯剪扭构件，截面尺寸 $b'_f = 400\text{mm}$，$h'_f = 80\text{mm}$、$b \times h = 200\text{mm} \times 450\text{mm}$。构件所承受的弯矩设计值 $M = 54\text{kN} \cdot \text{m}$，剪力设计值 $V = 64\text{kN}$，扭矩设计值 $T = 6\text{kN} \cdot \text{m}$。混凝土采用 C20（$f_c = 9.6\text{N/mm}^2$、$f_t = 1.1\text{N/mm}^2$），钢筋采用 HPB235 级钢（$f_y = 210\text{N/mm}^2$），试计算其配筋。

【解】 （1）受弯纵筋计算 $h_0 = 450 - 35 = 415\text{mm}$

因

$$\alpha_1 f_c b'_f h'_f \left(h_0 - \frac{h'_f}{2}\right) = 1.0 \times 9.6 \times 400 \times 80 \times \left(415 - \frac{80}{2}\right)$$

$$= 115.2\text{kN} \cdot \text{m} > 54\text{kN} \cdot \text{m}$$

故属于第一类 T 形截面

$$M = \alpha_1 f_c b_f x \left(h_0 - \frac{x}{2}\right)$$

$$x = h_0 - \sqrt{h_0^2 - \frac{2M}{\alpha_1 f_c \cdot b'_f}} = 415 - \sqrt{415^2 - \frac{2 \times 54 \times 10^6}{1.0 \times 9.6 \times 400}} = 35.4\text{mm}$$

$$A_s = \frac{\alpha_1 f_c b'_f x}{f_y} = \frac{1.0 \times 9.6 \times 400 \times 35.4}{210} = 647\text{mm}^2$$

（2）受剪及受扭钢筋计算

（A）截面限制条件验算

$$W_{tw} = \frac{200^2}{6} \times (3 \times 450 - 200) = 76.7 \times 10^5 \text{mm}^3$$

$$W'_{tf} = \frac{80^2}{2} \times (400 - 200) = 6.4 \times 10^5 \text{mm}^3$$

$$W_t = (76.7 + 6.4) \times 10^5 = 83.1 \times 10^5 \text{mm}^3$$

当混凝土强度等级小于C50时，$\beta_c = 1.0$

因 $h_w/b = (415-80)/200 = 1.68 < 4$

$$\frac{V}{bh_0} + \frac{T}{0.8W_t} = \frac{6.4 \times 10^3}{200 \times 415} + \frac{6 \times 10^6}{0.8 \times 83.1 \times 10^5}$$
$$= 1.674 < 0.25 \times 1.0 \times 9.6 = 2.4$$

故截面尺寸符合要求

又按公式（5-26）验算构件配筋界限 $\frac{V}{bh_0} + \frac{T}{W_t} = 1.493 > 0.7 \times 1.1 = 0.77$

故需按计算配置受扭钢筋。

(B) 扭矩分配：

对腹板 $T_w = \frac{W_{tw}}{W_t}T = \frac{76.7 \times 10^5}{83.1 \times 10^5} \times 6.0 = 5.54 \text{kN} \cdot \text{m}$

对受压翼缘 $T'_f = \frac{W'_{tf}}{W_t}T = \frac{6.4 \times 10^5}{83.1 \times 10^5} \times 6.0 = 0.46 \text{kN} \cdot \text{m}$

(C) 腹板配筋：

$$A_{cor} = b_{cor} \times h_{cor} = 150 \times 400 = 0.6 \times 10^5 \text{mm}^2$$
$$u_{cor} = 2(b_{cor} + h_{cor}) = 2 \times (150 + 400) = 1100 \text{mm}$$

抗扭箍筋，由公式（5-14）得

$$\beta_t = \frac{1.5}{1 + 0.5\frac{V}{T}\frac{W_t}{bh_0}} = \frac{1.5}{1 + 0.5 \times \frac{6.4 \times 10^3}{5.54 \times 10^6} \times \frac{76.7 \times 10^5}{200 \times 415}} = 0.978$$

取 $\zeta = 1.3$，由公式（5-16）得

$$\frac{A_{st1}}{s} = \frac{5.54 \times 10^6 - 0.35 \times 0.978 \times 1.1 \times 76.7 \times 10^5}{1.2\sqrt{1.3} \times 210 \times 0.6 \times 10^5} = 0.154$$

抗剪箍筋，由公式（5-15）得

$$\frac{A_{sv}}{s} = \frac{64 \times 10^3 - 0.7 \times (1.5 - 0.978) \times 200 \times 415 \times 1.1}{1.25 \times 210 \times 415} = 0.281$$

故得腹板单肢箍筋总截面面积为

$$\frac{A_{st1}}{s} = 0.154 + \frac{0.281}{2} = 0.295$$

取箍筋直径为$\phi 8$（$A_{st1} = 50.3 \text{mm}^2$），则得箍筋间距为

$$s = \frac{A_{st1}}{0.295} = \frac{50.3}{0.295} = 170.5 \text{mm}，取用 s = 160 \text{mm}$$

抗扭纵筋，由公式（5-4）得

$$A_{stl} = 1.3 \times \frac{50.3 \times 210 \times 1100}{210 \times 160} = 450 \text{mm}^2$$

故得腹板所需纵筋：

弯曲受压区所需纵筋总面积为

$$A'_s = \frac{450}{2} = 225 \text{mm}^2，选用 2\phi 12（A'_s = 226 \text{mm}^2）$$

弯曲受拉区所需纵筋总面积为

$$A_s = 647 + \frac{450}{2} = 872 \text{mm}^2, 选用 2\Phi20 + 1\Phi18(A_s = 883\text{mm}^2)$$

(D) 受压翼缘配筋，按纯扭构件计算

$$A_{cor} = b_{cor} \times h_{cor} = 150 \times 30 = 4500 \text{mm}^2$$
$$u_{cor} = 2(b_{cor} + h_{cor}) = 2 \times (150 + 30) = 360 \text{mm}$$

取 $\zeta = 1.5$，由公式（5-3）得

$$\frac{A_{st1}}{s} = \frac{4.6 \times 10^5 - 0.35 \times 6.4 \times 10^5 \times 1.1}{1.2\sqrt{1.5} \times 210 \times 0.045 \times 10^5} = 0.154$$

取箍筋直径为 $\Phi 8$（$A_{st1} = 50.3 \text{mm}^2$），则得箍筋间距为

$$s = \frac{50.3}{0.154} = 327 \text{mm} \quad 选用 s = 200 \text{mm}$$

纵筋截面面积

$$A_{stl} = 1.5 \times \frac{50.3 \times 210 \times 360}{210 \times 327} = 83.1 \text{mm}^2$$

翼缘纵筋按构造要求配置，选用 $4\Phi 8$

$$(A_{stl} = 4 \times 50.3 = 201.2 \text{mm}^2 > 83.5 \text{mm}^2)$$

构件截面钢筋布置如图 5-14 所示。

5.5.2 受扭构件最小配筋率[5-4],[5-5]

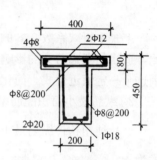

图 5-14 T形截面钢筋布置

钢筋混凝土构件能够承受相当于素混凝土受扭构件所能承受的极限承载力时相应的配筋率，称为受扭构件钢筋的最小配筋率。受扭构件的最小配筋率，应包括构件箍筋及纵筋最小配筋率两个含义。

1. 箍筋最小面积配筋率

（1）纯扭构件箍筋最小面积配筋率 $\rho^t_{sv,min}$，根据定义可表示为 $\rho^t_{sv,min} = \frac{2A_{st1}}{bs}$。

试验研究表明，纯扭构件在即将开裂时构造配筋界限状态的扭矩 T 值，按公式（5-26）的规定取 $T = 0.7 f_t W_t$。根据最小配筋率的定义，可利用素混凝土受扭构件即将开裂前和钢筋混凝土受扭构件开裂后所能承受扭矩相等条件，由公式（5-16）求出所需的箍筋截面面积，即

$$0.7 f_t W_t = 0.35 f_t W_t + 1.2\sqrt{\zeta} \frac{A_{st1} f_{yv}}{s} A_{cor} \tag{A}$$

则纯扭构件箍筋最小面积配筋率：

$$\rho^t_{sv,min} = \frac{2A_{st1}}{bs} = 0.30 \frac{1}{\sqrt{3}} \frac{f_t}{f_{yv}} \frac{W_t}{A_{cor}} \frac{2}{b} \tag{B}$$

在上式中，若近似取 $b_{cor} = 0.8b$，$h_{cor} = 0.9h$，$\zeta = 1.2$，$b/h = 0.333$，则可简化成如下公式

$$\rho^t_{sv,min} = \frac{2A_{st1}}{bs} = 0.34 \frac{f_t}{f_{yv}} \tag{C}$$

（2）剪扭构件箍筋最小面积配筋率（$\rho_{sv,min}$）

当构件同时受剪及受扭时，由于二者的承载力存在着相关关系，因此其相应的箍筋最小面积配筋率，亦必须同时加以考虑，具体确定方法为：

当为纯扭构件时，即为公式（C）：

$$\rho_{sv,min}^t = 0.34 \frac{f_t}{f_{yv}} \tag{D}$$

当为受剪构件时，由《规范》10.2.10 条规定可得

$$\rho_{sv,min}^v = 0.24 \frac{f_t}{f_{yv}} \tag{E}$$

当为同时受剪及受扭构件时，二者箍筋的最小配筋率，为了简化计算，《规范》采用纯扭构件的箍筋最小面积配筋率乘以 0.8 的折减系数后的数值，作为剪扭构件的箍筋最小面积配筋率，即：

$$\rho_{sv,min} = \frac{A_{sv}}{bs} = \frac{2A_{st1}}{bs} = 0.8 \times 0.34 \frac{f_t}{f_{yv}} = 0.28 \frac{f_t}{f_{yv}} \tag{5-27}$$

上式中折减系数 0.8 的意义，是考虑到土建工程中构件实际仅受纯的情况极少，因此，适当的考虑剪力的影响，根据经验确定的。使用时，只要是同时受剪扭的情况，均采用这个一定值近似式，简化了计算，当扭剪比较小时，是偏于安全的。

2. 纵筋最小面积配筋率

（1）纯扭构件纵筋最小面积配筋率 $\rho_{tl,min}^t$，根据定义可表示为 $\rho_{tl,min}^t = \frac{A_{stl}}{bh}$，其计算公式为：

$$\rho_{tl,min}^t = \frac{A_{stl}}{bh} = \frac{A_{stl} f_y s}{A_{stl} f_{yv} u_{cor}} \frac{2A_{st1}}{bs} \frac{u_{cor}}{2h} \frac{f_{yv}}{f_y} = \zeta \rho_{sv,min}^t \frac{u_{cor}}{2h} \frac{f_{yv}}{f_y}$$

若取 $\zeta=1.2$、$b_{cor}=0.8b$，$h_{cor}=0.9h$，并将公式（C）代入上式，则得：

$$\rho_{tl,min}^t = 0.48 \frac{f_t}{f_y} \tag{5-28}$$

（2）剪扭构件纵筋最小面积配筋率

弯剪扭构件的纵筋最小面积配筋率，是由构件受弯的纵筋最小面积配筋率 $\rho_{sw,min}$ 和构件受剪扭的纵筋最小面积配筋率 $\rho_{tl,min}$ 二者合理叠加而成。

对受弯的 $\rho_{sw,min}$ 值，可由公式（3-14）及公式（3-15）确定。

对受剪扭的 $\rho_{tl,min}$ 值，存在着相关关系；分析研究表明，其值是随二者的扭剪比 n（$n=T/Vb$）而减小的。

当 $V=0$，则 $n=\infty$，即相当为纯扭的情况，$\rho_{tl,min} = \rho_{tl,min}^t$；

当 $T=0$，则 $n=0$，即相当为受剪的情况，$\rho_{tl,min}=0$。

当为中间值时，亦可由线性内插方法求得，但计算亦较为繁琐。为了简化计算，《规范》采用如下的拟合曲线方程，来表达构件受剪扭时纵筋最小面积配筋率：

$$\rho_{tl,min} = 0.6\sqrt{n} \frac{f_t}{f_y} \tag{5-29}$$

上式中 n 为扭剪比（$n=T/Vb$），当 $n>2$ 时，取 $n=2$ 计算。按公式（5-29）确定的剪扭纵筋最小面积配筋率，比理论推导值略偏于安全。

（3）对纵筋最小面积配筋率计算公式应用的说明

由于弯剪扭构件纵筋最小面积配筋率在计算时存在一定的复杂性,下面提出几点在设计应用公式(5-29)时需注意的问题:

(A) 对计算截面的选取,一般是由荷载产生的扭矩 T 和剪力 V 都较大的截面,如构件固定端处;有时当有扭矩发生时的跨中截面。

(B) 对受扭纵筋除应在计算截面四角配置外,其余受扭纵筋宜沿截面周边对称均匀布置;在弯曲受拉边,应以弯曲受拉边所分配到的受扭纵筋截面面积与受弯所需的受拉纵筋截面面积二者之和来确定(具体可参见[例 5-2]的设计内容)。

(C) 确定扭剪比 n 时所用的 T、V 值,是指由荷载产生的 T、V 设计值,并不是纵筋能够承担的 T、V 值,设计时不能搞错。

(D) 在确定扭剪比 n 时,是指同一截面上的 T、V 值;而不能采用构件沿跨度最大的 T 值,而同时又采用不同截面上的最小的 V 值,这样也是错误的。

【例 5-3】 已知一雨篷梁,结构各部尺寸如图 5-15 所示,根据估算作用在梁上的荷载设计值(包括自重),$q_1 = 12 \text{kN/m}$,$q_2 = 3.7 \text{kN/m}^2$,混凝土强度等级用 C30($f_c = 14.3 \text{N/mm}^2$,$f_t = 1.43 \text{N/mm}^2$)钢筋用 HRB335 级($f_y = 300 \text{N/mm}^2$)。试设计其配筋。

【解】 1. 内力计算(图 5-16)

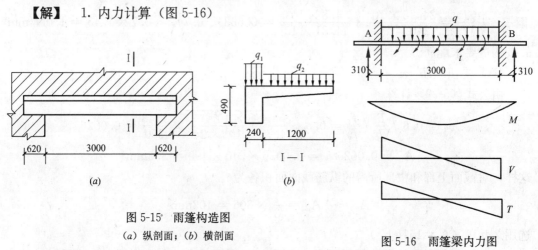

图 5-15 雨篷构造图
(a) 纵剖面;(b) 横剖面

图 5-16 雨篷梁内力图

(1) 求弯矩

可按两端为铰接的简支梁计算,计算跨度 $l_0 = 3620 \text{mm}$。荷载设计值

$$q = q_1 + q_2 \times 1.2 = 12 + 3.7 \times 1.2 = 16.5 \text{kN/m}$$

$$M = \frac{1}{8} q l^2 = \frac{1}{8} \times 16.5 \times 3.62^2 = 27 \text{kN} \cdot \text{m}$$

(2) 求剪力

$$V = \frac{1}{2} q l_n = \frac{1}{2} \times 16.5 \times 3.00 = 24.75 \text{kN}$$

(3) 求扭矩

单位长度扭矩 t 值:

$$t = 3.7 \times 1.2 \times \frac{1.2 + 0.24}{2} = 3.2 \text{kN} \cdot \text{m/m}$$

支座边缘处扭矩值:

$$T_A = T_B = \frac{1}{2}tl_n = \frac{1}{2} \times 3.2 \times 3 = 4.8 \text{kN} \cdot \text{m}$$

2. 配筋计算

(1) 受弯纵筋

按 $b \times h = 240\text{mm} \times 490\text{mm}$ 单筋截面梁计算，可得 $A_{sw} = 202\text{mm}^2$；受弯纵筋的最小面积配筋率：

$$A_{sw,min} = 0.002bh = 0.002 \times 240 \times 490 = 235\text{mm}^2$$

$$A_{sw,min} = 0.45\frac{f_t}{f_y}bh = 0.45 \times \frac{1.43}{300} \times 240 \times 490 = 252\text{mm}^2$$

则受弯纵筋截面面积取 $A_{sw} = 252\text{mm}^2$

(2) 剪扭配筋

构造配筋界限条件的验算

$$h_0 = 490 - 35 = 455\text{mm}$$

$$W_t = \frac{b^2}{6}(3h - b) = \frac{240^2}{6} \times (3 \times 490 - 240) = 11.81 \times 10^6 \text{mm}^3$$

因 $\dfrac{V}{bh_0} + \dfrac{T}{W_t} = \dfrac{24.75 \times 10^3}{240 \times 455} + \dfrac{4.8 \times 10^6}{11.81 \times 10^6} = 0.633 < 0.7f_t = 0.7 \times 1.43 = 1.0\text{N/mm}$

故按构造要求配筋。

(A) 受扭纵筋

由公式（5-29）计算

$$\rho_{tl} = 0.6\sqrt{\frac{T}{Vb}} \cdot \frac{f_t}{f_y} = 0.6\sqrt{\frac{4.8 \times 10^6}{24.75 \times 10^3 \times 240}} \times \frac{1.43}{300} = 0.0026$$

$$A_{tl} = 0.0026bh = 0.0026 \times 240 \times 490 = 306\text{mm}^2$$

这样，对截面上部和中部所需的纵筋截面面积各为

$$A_s = \frac{1}{3}A_{tl} = \frac{1}{3} \times 306 = 102\text{mm}^2$$

选用 2Φ10 （$A_s = 157\text{mm}^2$）

对截面下部所需的纵筋截面面积：由图 5-16 可以看出，在跨中因扭矩为零，故跨中截面下部仅需配置受弯的纵筋 A_{sw}；而在两端支座处，因弯矩为零，故仅需受扭所需分配至截面下部的纵筋 $\frac{1}{3}A_{tl}$。考虑到跨中抗弯纵筋不允许在下部的跨间切断，必须直伸入两端支座（有时可以合理的向上弯起），故截面下部所需纵筋截面面积为：$A_s = A_{sw} = 252\text{mm}^2$，选用 2Φ14 （$A_s = 308\text{mm}^2$）（图 5-17）；

在支座，利用下部伸入的受弯纵筋，可以用于该截面受扭所需的纵筋，即在下部可取 $A_{sw} = 0$，$A_{tl} = A_{sw}$。

(B) 剪扭箍筋

由箍筋最小配筋率公式计算

$$\rho_{sv,min} = \frac{A_{sv}}{bs} = 0.28\frac{f_t}{f_{yv}} = 0.28 \times \frac{1.43}{300} = 0.00134$$

取用箍筋的直径为 Φ6 （$A_{sv1} = 28.3\text{mm}^2$）

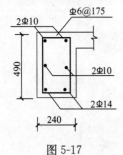

图 5-17

$$s = \frac{A_{sv}}{b \cdot \rho_{sv,min}} = \frac{2 \times 28.3}{240 \times 0.00134} = 176 \text{mm}$$

取用箍筋的间距为 $s=170$mm（图 5-17）。在实际结构设计中，对雨篷这类悬挑式结构构件还需进行抗倾复的验算，本例计算从略。

5.6 框架边梁的协调扭转

5.6.1 结构的扭转类型

钢筋混凝土结构构件的扭转，根据其扭转的受力性能，可以分为以下两种类型：

1. 平衡扭转——构件的扭转由平衡条件确定，其扭矩在梁内不会产生内力重分布。例如雨篷板对其支承的雨篷梁所产生的扭转，称为平衡扭转。

图 5-18（a）所示为平衡扭转计算简图的例子，其扭转属于静定结构体系，CD 梁在荷载 q_1 作用下，在梁 C 端产生最大负弯矩 M_C；支承梁 A、B 两端与柱子固接在一起，在 M_C 作用下，两侧产生弹性扭矩 $T_A = T_B = \frac{1}{2}M_C$，方向与 M_C 方向相反。此时，对 T_A 及 T_B 不能进行塑性调幅，亦即不会产生内力重分布，否则，由于 AB 梁的塑性变形，将使 CD 梁失去平衡。

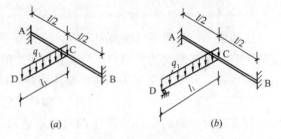

图 5-18 结构构件扭转类型计算简图举例
（a）平衡扭转；（b）协调扭转

2. 协调扭转——在超静定结构中，由于相邻构件的弯曲转动受到支承梁一定的约束，在支承梁内引起的扭转。

图 5-18（b）为协调扭转计算简图的例子。在 D 点可以是简支的铰支座，也可能是连续的铰支座或固定端；整个结构属于超静定结构体系。CD 梁（即相邻构件）一般是框架的次梁，受弯后在 C 端产生支座负弯矩 M_C。支承梁 AB 在 M_C 作用下产生弹性扭矩 $T_A = T_B = \frac{1}{2}M_C$；此时，对 T_A 及 T_B 可以采用比弹性扭矩较小的设计值进行配筋设计，即所谓进行调幅。这样，在梁的 A、B 两端开裂后形成了塑性铰而产生内力重分布，使相应的 M_C 值亦随之减小，而 CD 梁的跨中弯矩却有所增加，从而应对 A、B 两侧扭矩与 CD 梁跨中的弯矩进行合理的调整，使结构的配筋及布置，更趋于合理和经济，同时也便于施工。

5.6.2 框架边梁协调扭转设计——《规范》规定法[5-6]

我国《规范》受扭设计条文中，首次增加了有关协调扭转设计内容，下面对其作具体介绍。

1. 框架边梁结构弹性内力简化计算

在设计时，对框架边梁内力（包括 N、M、V、T 值），即其按基本组合分析时的荷载效应设计值，一般可通过电算分析求得。此外，也可按结构力学方法进行简化计算，具

体建议如下:

(1) 边梁的弯矩及剪力值

纵向框架边梁,当活荷载与恒载比值不大于 1 时,一般可不考虑活荷载最不利布置,而由各跨均为布满活荷载时进行框架内力分析,求出边梁支座及跨中的弯矩和剪力;最后根据设计经验,采取适当增加跨中弯矩(如可增加 15% 左右)后,进行配筋的方法来解决。

在内力分析时,如果边梁的抗弯刚度比柱的抗弯刚度大很多时(通常认为梁柱的线刚度比大于 3~4 时),可将边梁视为铰支在柱上的连续梁进行计算。当边梁为等跨等截面的连续梁时,其各跨的内力系数,可近似按平面楼盖中所给出两端为铰支座的连续梁内力系数来取用,但由于框架连续边梁两端往往与柱子整体连接,而并非铰支座,则需在两端支座(或区段)处,配置不少于纵筋最小配筋率承担负弯矩的纵向钢筋,以防止两端支座上部混凝土开裂或过宽的裂缝宽度。

(2) 边梁的弹性扭矩值

1) 计算基本假定(如图 5-18(b) 所示):

①边梁 A、B 两端可视为固定端,即忽略了两端可能锚固不足引起节点对边梁扭转效应的影响;②忽略与边梁 A、B 两端节点相交的横向框架产生转动的影响;③与边梁相交的框架次梁,其 C 端可视为与边梁整体连接,D 端为铰支座的单跨梁。

在实际工程中,D 端大部分与柱子整体连接形成连续支座,也可能为固定端,但当 D 端为铰支座时相应的 C 端所产生的负弯矩为最不利;因此,为了简化计算,这样的假定是偏于安全的。

2) 当有一根次梁与边梁连接时:如图 5-18(b) 所示,边梁 AB 在次梁负弯矩 M_C 作用下,则边梁在 C 点的扭矩 T_C 应与 M_C 相等,即 $T_C = M_C$;同时边梁在 C 点扭转角应与次梁在 C 点由 M_C 引起的转角相等。利用以上二个条件,可以得出 C 点的转角和相应的边梁弹性扭矩值。具体推导为:

由材料力学公式可知,扭矩等于抗扭刚度与构件单位长度扭转角的乘积,则在 l_s 范围内,扭矩 T_C 值为:[5-9]

$$T_C = K_s \varphi / l_s \tag{A}$$

式中 K_s——构件的弹性抗扭刚度,即 $K_s = G_C J_r$;

G_C——混凝土剪切弹性模量,可取 $G_C = 0.4 E_C$;

J_r——截面极惯性矩;对于矩形截面梁称为相当极惯性矩,以 $J_r = \alpha b^4$ 表示,b 为矩形截面宽度,α 称为极惯性矩系数,可按表 5-2 的规定确定[5-9];

l_s——边梁 AB 内次梁的间距($l_s = l/2$,为边梁 AB 计算跨度);

φ——在 l_s 长度内扭转角。

矩形截面纯扭构件极惯性矩系数 α 值 表 5-2

h/b	1.0	1.5	2.0	2.5	3.0	4.0	6.0	8.0	10.0	>10.0
α	0.14	0.29	0.46	0.62	0.79	1.12	1.79	2.46	3.12	3.33

对于有一根次梁作用的边梁 AB 在 C 点的扭矩 T_C 因受左右二边扭转角的作用,则 T_C

$$= \frac{K_s \cdot 2\varphi}{l_s}。$$

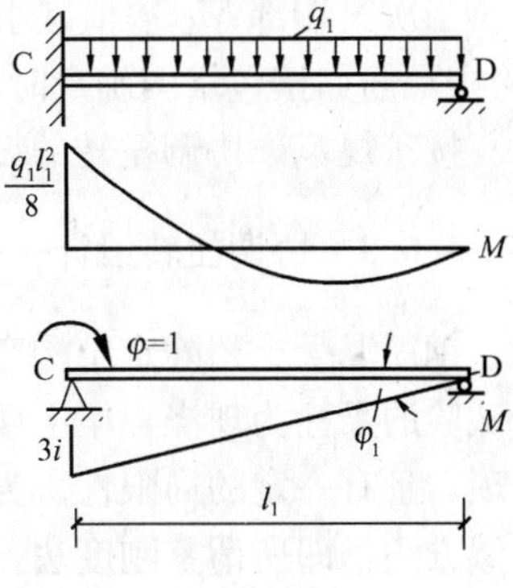

又由图 5-19 可知，次梁 C 点在转角 φ_1 作用下的杆端弯矩为 $3i\varphi_1$（$i=E_cI_c/l_1$，I_c 为次梁截面惯性矩），又次梁在 C 点的固端弯矩为 $\frac{1}{8}q_1l_1^2$。则次梁在 C 点产生扭转后的负弯矩 M_C 值为：

$$M_C = \frac{1}{8}q_1l_1^2 - 3i\varphi_1 \tag{B}$$

取 $T_C=M_C$，因 $\varphi_1=2\varphi$，则可得：

$$\varphi = \frac{q_1l_1^2}{8} \Big/ \left[\frac{2K_s}{l_s} + 6i\right] \tag{5-30}$$

$$M_C = \frac{q_1l_1^2}{8} \Big/ \left[1 + \frac{3i}{K_s}l_s\right] \tag{5-31}$$

边梁 AB 段及 BC 段的扭矩设计值为

$$T_{AB} = T_{BC} = \frac{1}{2}M_C \tag{5-32}$$

图 5-19 次梁弯矩图

(C) 当有二根次梁与边梁连接时：此时，可以按以上同样的方法，推导出次梁在 C 点扭转后的负弯矩 M_C 公式（5-31）相同，相应的边梁弹性扭矩（图 5-20），为：

$$T_{AC} = T_{BC} = M_C \tag{5-33}$$

2. 协调扭转的设计——《规范》法

《规范》第 7.6.16 条规定：对属于协调扭转的钢筋混凝土结构构件，受相邻构件约束的支承梁的扭矩宜考虑内力重分布。考虑内力重分布后的支承梁，仍应按弯剪扭构件进行承载力计算，且其配置的纵向钢筋和箍筋尚应符合公式（5-27）、式（5-29）的构造要求。

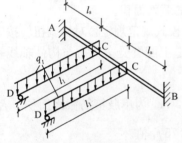

图 5-20 二根次梁与边梁相交的计算简图

对考虑内力重分布问题，在《规范》条文说明中指出：对独立的支承梁，扭矩调幅不超过 40%（即可取经调幅后的扭矩设计值不小于 0.6 倍的弹性扭矩设计值）时，相应的裂缝宽度能够满足规范规定的要求。

对边梁箍筋的最大间距，除应符合表 4-4 的规定外，《规范》规定箍筋间距 s 不宜大于 $0.75b$（b 为边梁截面宽度）的要求。

3. 有关问题的说明

(1) 对扭矩调幅系数的取值为 0.4，是通过试验和分析研究确定的[5-6]，它大于受弯调幅系数为 0.3，主要原因是构件受扭开裂后在四个侧面所发生的裂缝宽度要比受弯仅在弯曲受拉区发生的裂缝宽度要小，因此，受扭调幅系数可以适当取大一些。

(2) 所谓独立梁，相当于框架梁、柱为现浇，而梁上的板为预制的情况。

(3) 由于边梁两端考虑了内力重分布，使其扭矩设计值减小，则与边梁相连接的次梁端部负弯矩 M_C 的取值，在配筋时相应的亦可以减小，但不能小于调幅后的扭矩值 T_C（在图 5-18 (b) 中 $T_C=T_A+T_B \leqslant M_C$），否则就不安全。

当次梁端部 M_C 取值减小后,应验算 CD 次梁跨中截面受拉所需的配筋量是否会增加(跨中配筋如按包络图确定时,一般不会增加)。

按《规范》协调扭转的设计例题,可参考文献[5-6],此处从略。

5.6.3 协调扭转设计——零刚度法[5-7]

钢筋混凝土超静定结构弯、剪、扭构件协调扭转的设计方法,《规范》法仅对经过初步试验的梁柱为现浇,梁上楼板为预制的独立支承梁体系作了初步的规定。该法计算较为繁琐,且有一定的局限性。为此,下面将介绍另一种较为简便,而且在国外已采用与其的类似方法,即所谓零刚度法。

1. 零刚度法的概念

钢筋混凝土超静定受弯、剪、扭共同作用下的构件,设计时取支承梁(如框架边梁)的扭转刚度为零,即取扭矩为零,不计算相邻构件(如框架次梁)的受扭作用(图 5-21),仅对开裂扭矩配置所需构造钢筋的设计方法,称为零刚度法。此法在国外应用的简况如下[5-6]:

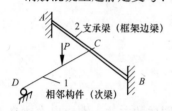

图 5-21 超静定结构弯剪扭构件示意图
1—相邻构件(次梁);
2—支承梁(框架边梁)

美国 ACI 规范规定:对超静定结构协调扭转按零刚度法设计时,仅需在构造上配置不少于纯扭构件的开裂扭矩时受扭所需的纵筋及箍筋的截面面积。

欧洲国际混凝土 CEB 模式规范规定:对协调扭转按零刚度法设计时,只需在构造上配置受扭所需与构件轴线垂直的封闭箍筋。对箍筋的要求为:

(1) 箍筋配筋率 $\rho_{sw} = \dfrac{A_{sv}}{bs} \geqslant 0.2 \dfrac{f_{tm}}{f_{yk}}$;式中 $A_{sv} = 2A_{st1}$,A_{st1} 为单肢箍筋截面面积,f_{tm} 为混凝土抗拉强度平均值,大约相当于我国《规范》的 $1.75f_t$ 值。

(2) 箍筋间距 s 不超过 $0.75b$,b 为截面短边尺寸。

2. 零刚度法设计方法的建议

由于我国《规范》对零刚度法没有具体的规定,但此法计算较为简便,为此,笔者通过试验研究,并借鉴于国外规范的经验,在《规范》有关设计条文的基础上,对其提出如下的设计方法。

对一般情况下超静定结构的协调扭转,设计时取支承梁的扭矩为零,仅按受弯剪进行内力分析;为了保证支承梁受扭时有较好的延性和具有控制裂缝开展的能力,在构造上必须配置相当于纯扭构件开裂扭矩所需的受扭钢筋,具体的设计方法为:

(1) 对相邻构件(如框架次梁):假定它与支承梁相交的梁端为铰支座进行内力分析,求出该构件在铰支座处的梁端反力,以确定该梁受弯及受剪所需的钢筋截面面积。

(2) 对支承梁(如框架边梁):取相邻构件作用在支承梁上的扭矩为零,按作用在梁上的荷载设计值(包括梁自重及由相邻构件铰支端传来的反力)进行内力分析,求出支承梁受弯所需的纵筋和受剪所需的箍筋截面面积。

(3) 支承梁在结构分析时,可不考虑扭矩对其承载力的影响,但是为了控制扭转效应(变形)对斜裂缝不致发生过宽的作用,在构造上必须按下列方法配置受扭钢筋:

对箍筋：不宜小于按公式（5-27）的受扭箍筋最小配筋率的要求：

$$\rho_{sv,min} = \frac{A_{sv}}{bs} \geq 0.28 \frac{f_t}{f_{yv}} \tag{5-27}$$

箍筋的间距 s 不宜大于 $0.75b$，b 为梁截面腹部宽度。

对纵筋：不宜小于按公式（5-29）取扭剪比 $T/Vb = 2$ 时的受扭纵筋最小配筋率的要求：

$$\rho_{tl,min} = \frac{A_{tl}}{bh} \geq 0.6 \sqrt{T/Vb} \cdot \frac{f_t}{f_y} = 0.85 \frac{f_t}{f_y} \tag{5-34}$$

最后应将受弯所得的纵筋与箍筋和受扭构造所得的纵筋与箍筋合理相叠加。

公式（5-27）是在国内对纯扭构件试验研究的基础上，进行理论推导和简化计算确定的，其值接近纯扭构件开裂时的箍筋最小配筋率；在公式（5-34）中取 $T/Vb=2$，相当于纯扭构件开裂扭矩时纵筋最小配筋率。因此，采用上述对受扭的构造配筋是符合零刚度法设计要求的。

采用零刚度设计方法，对一般情况的协调扭转均可使用。但是对一些较特殊情况，如当受扭构件截面高宽比 h/b 较大时（例如 $h/b>6$），在截面高度一侧可能会出现过宽斜裂缝；或是在构件有限长度内（例如边梁在靠近柱边处）有较大的扭转荷载作用时，将会在该区段四侧发生较大的扭转斜裂缝等，因此，应该进行专门分析确定配筋。

3. 对相邻构件与支承梁相交的端部负弯矩取为零处（即支座 C 点）纵筋配筋的处理

当按零刚度法取相邻构件端部的负弯矩等于零（即相当于取支承梁的扭矩等于零）计算时，其扭转效应当扭转（变形）仍然存在。因此，为了控制因扭转效应对次梁端部不致发生过宽的裂缝，故在其端部须配置必要的负弯矩纵向受拉构造钢筋。具体要求：

（1）次梁端部纵向受拉钢筋截面面积应不小于次梁端部负弯矩等于支承梁（框架边梁）总开裂扭矩时，按次梁受弯计算所得的受拉纵筋截面面积。

支承梁的开裂扭矩可取 $T_{cr} = 0.7 f_t W_c$；其开裂总扭矩与结构布置情况有关，当支承梁与一根相邻构件相交时，其总开裂扭矩等于 $2T_{cr}$；当支承梁与二根相邻构件相交时，其总开裂扭矩等于 T_{cr}。

（2）次梁端部纵向受拉钢筋截面面积同时应不小于其受弯构件纵筋最小配筋率所需的钢筋截面面积。实际配筋时，取以上二者中（指按支承梁在次梁端的总扭矩和按纵筋最小配筋率计算纵筋时的二种情况）的较大值。

上述的相邻构件端部的纵筋在与支承梁相交的顶部处，经过这样构造配筋处理后，使该超静定结构体系的扭转处于相互协调的工作状态。

4. 以上对零刚度法的设计建议有以下的特点：

（1）所建议的设计计算公式，是建立在一定试验分析的基础上，对构件受扭开裂承载力的确定是有一定可靠依据的。

（2）按构造配置的受扭钢筋（包括纵筋和箍筋）用量，略低于 ACI 规范，但与 CEB 规范相比，本文公式考虑了扭转效应而增加了纵筋截面面积，略偏于安全。

（3）对控制裂缝的宽度措施：与 CEB 规范相同，在构造上规定箍筋间距 $s \leq 0.75b$ 的限制要求；ACI 规范没有提出这样特殊的规定。

试验分析表明：在构件中增加钢筋的配筋量，对减小裂缝宽度效果并不显著；当配筋量不变而选用箍筋直径较细、间距较小时,对减小裂缝宽度效果十分显著。因此,在构造上对箍筋间距加以一定的限制是非常重要的。

【例 5-4】 已知一纵向框架边梁,梁的各部轴线尺寸如图 5-22 所示,边梁的截面尺寸为 $b×h=240\text{mm}×600\text{mm}$,与边梁相交的次梁截面尺寸为 $b_1×h_1=200\text{mm}×450\text{mm}$。作用在次梁上的荷载标准值为:恒载 $g_{1k}=12\text{kN/m}$,活载 $q_{1k}=10\text{kN/m}$,直接作用在边梁上的均布荷载标准值(包括自重)恒载 $g_k=18\text{kN/m}$,活载 $q_k=0$,混凝土强度等级为 C30,钢筋用 HRB335 级。试用零刚度法设计该边梁的配筋。

【解】 1. 次梁 CD 配筋设计

(1)荷载设计值

$g_1+q_1=1.2×12+1.4×10=28.4\text{kN/m}$

(2)求次梁内力:按零刚度法计算时次梁计算简图,如图 5-22 所示。

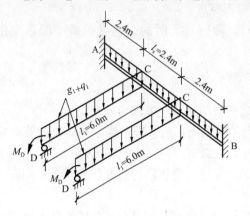

图 5-22 框架边梁计算简图:

$$M_D=-\frac{1}{16}(g_1+q_1)l_1^2$$

支座 D 负弯矩 $M_D=-\frac{1}{16}(g_1+q_1)l_1^2=-\frac{1}{16}×28.4×6.0^2=-63.9\text{kN}\cdot\text{m}$

支座反力 $R_D=\frac{1}{2}×28.4×6.0+\frac{63.9}{6.0}=95.85\text{kN}$

$R_C=74.55\text{kN}$

跨中最大弯矩

$$\frac{dM}{dx}=R_D-(g_1+q_1)x=0,\quad x=\frac{R_D}{g_1+q_1}=\frac{95.85}{28.4}=3.38\text{mm}$$

$$M_{\max}=R_Dx-\frac{1}{2}(g_1+q_1)x^2-M_D$$

$$=95.85×3.38-\frac{1}{2}×28.4×3.38^2-63.9=97.85\text{kN}\cdot\text{m}$$

(3)次梁跨中配筋

配筋时乘以荷载组合系数 1.15,则得跨中弯矩 $M=1.15×97.85=112.5\text{kN}\cdot\text{m}$。按单筋梁计算,可得 $A_s=1040\text{mm}^2$,选用 4Φ18($A_s=1017\text{mm}^2$)。

2. 边梁 AB 配筋设计

取纵向框架中间跨为计算单元,其两端视为固定端,当按零刚度法计算时,其计算简图如图 5-23 所示。

(1)荷载设计值

$g=1.2×18=21.6\text{kN/m}$,$R_c=74.55\text{kN}$

(2)受弯计算

支座弯矩

$$M_A=M_B=-\frac{1}{12}gl^2-\frac{2}{9}R_cl$$

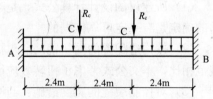

图 5-23 框架中间跨边梁按零刚度法计算简图

$$= -\frac{1}{12} \times 21.6 \times 7.2^2 - \frac{2}{9} \times 74.55 \times 7.2$$

$$= -212.6 \text{kN} \cdot \text{m}$$

取受弯调幅系数为 0.2，则调幅后的支座负弯矩为

$M'_A = M'_B = 0.8 M_A = -0.8 \times 212.6 = -170.1 \text{kN} \cdot \text{m}$

支座反力 $R_A = R_B = \frac{1}{2}gl + R_c = \frac{1}{2} \times 21.6 \times 7.2 + 74.55 = 152.3 \text{kN}$

这样，可求出边梁跨中截面弯矩值，配筋时应乘以荷载组合系数 1.15，则得：

$M_{中} = 1.15 \times \left(\frac{1}{8} \times 21.6 \times 7.2^2 + 74.55 \times 2.4 - 170.1 \right) = 171.1 \text{kN} \cdot \text{m}$

需配受弯纵筋截面面积：

A、B 支座截面　　上部　　$A_s = 1159 \text{mm}^2$

跨中截面　　　　下部　　$A_s = 1166 \text{mm}^2$

(3) 受剪计算

$$V_A = V_B = R_A = 152.3 \text{kN}$$

$$V_{C左} = V_A - gl_2 = 152.3 - 21.6 \times 2.4 = 100.5 \text{kN}$$

$$V_{C右} = V_{C左} - R_C = 100.5 - 74.55 = 26 \text{kN}$$

边梁的 AC 及 BC 区段受剪所需的箍筋

$$\frac{A_{sv1}}{s} = \frac{1}{2} \times \frac{V_A - 0.7 f_t b h_0}{1.25 h_0 f_{yv}} = \frac{1}{2} \times \frac{152.3 \times 10^3 - 0.7 \times 1.43 \times 240 \times 540}{1.25 \times 540 \times 300} = 0.056$$

边梁 CC 段受剪所需的箍筋

$$\frac{A_{sv1}}{s} = \frac{A_{st1}}{s} = \frac{1}{2} \times \frac{26 \times 10^3 - 0.7 \times 1.43 \times 240 \times 540}{1.25 \times 540 \times 300} < 0$$

(4) 受扭计算——按零刚度法构造配筋

受扭纵筋：按公式（5-34）

$$A_{stl} = 0.85 \frac{f_t}{f_y} bh = 0.85 \times \frac{1.43}{300} \times 240 \times 600 = 584 \text{mm}^2$$

受扭箍筋：按公式（5-27）

$$\frac{A_{st1}}{s} = \frac{1}{2} \times \frac{A_{sv}}{s} = 0.28 \frac{f_t}{f_{yv}} \times \frac{b}{2} = 0.28 \times \frac{1.43}{300} \times \frac{240}{2} = 0.160$$

(5) 边梁最后的配筋

1) 对纵筋：由受弯与受扭纵筋合理叠加。

A、B 支座截面

上部　$A_s = 1159 + \frac{1}{4} \times 584 = 1305 \text{mm}^2$，选用 6Φ16（$A_s = 1206 \text{mm}^2$，其中 2Φ16 由下部弯起）

中部　$A_s = 2 \times \frac{1}{4} \times 584 = 292 \text{mm}^2$，每侧选用 2Φ14（$A_s = 308 \text{mm}^2$）

下部　$A_s = \frac{1}{4} \times 584 = 146 \text{mm}^2$，选用 4Φ16（$A_2 = 804 \text{mm}^2$，由跨中伸至支座）

跨中截面（CC 区段）

上部　$A_s=0$ 选用 $4\Phi16$（$A_s=804mm^2$）；

中部　$A_s=292mm^2$ 每侧选用 $2\Phi14$；

下部　$A_s=1166mm^2$ 选用 $6\Phi16$（$A_s=1206mm^2$）

2）对箍筋：由受剪与受扭相叠加

在 AC 及 BC 区段：

$$\frac{A_{st1}}{s}+\frac{A_{sv1}}{s}=0.160+0.056=0.216$$

取箍筋直径 $\Phi6$（$A_s=28.3mm$），则箍筋间距 $s=28.3/0.216=131mm$；取用 $s=130mm$。

在 CC 区段：$\frac{A_{wt1}}{s}+\frac{A_{sv1}}{s}=0.160+0=0.160$

取箍筋直径 $\Phi6$，则箍筋间距 $=28.3/0.160=177mm$；又根据构造要求 $s=0.75b=0.75\times240=180mm$；取用 $s=170mm$。

3. 次梁与边梁交点处次梁负弯矩构造钢筋

（1）按开裂扭矩计算

$$M_C=T_A=T_B=0.7f_tW_t=0.7\times1.43\times\frac{240^2}{6}\times(3\times600-240)=15kN\cdot m$$

则可求出次梁负弯矩处弯曲受拉纵筋截面面积 $A_s=123mm^2$

（2）按纵向钢筋最小配筋率的要求确定

$$A_s=0.002bh=0.002\times200\times450=180mm^2$$

又

$$A_s=0.45\frac{f_t}{f_y}bh=0.45\times\frac{1.43}{300}\times200\times450=193mm^2$$

最后取 $A_2=193mm^2$，选用 $2\Phi12$（$A_s=226mm^2$）。

（3）次梁 C 端负弯矩纵筋的锚固：可自梁顶向下弯，延伸长度取 $1.7l_a$。

故　$1.7l_a=1.7\times\alpha\frac{f_y}{f_t}d=1.7\times0.14\times\frac{300}{1.43}\times12=600mm$（具体构造见图 5-24）。

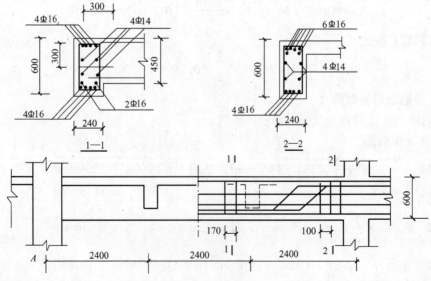

图 5-24　边梁配筋图

参 考 文 献

[5-1] 混凝土结构设计规范(GB 50010—2002). 北京：中国建筑工业出版社，2002.

[5-2] 哈尔滨工业大学、大连理工大学、北京建筑工程学院、华北水利水电学院合编. 王振东主编. 混凝土及砌体结构(上册). 北京：中国建筑工业出版社，2002.

[5-3] 王振东，施岚青，康谷贻执笔. 桁架理论在钢筋混凝土构件受弯剪扭复合作用分析中的应用. 混凝土结构研究报告选集(3). 北京：中国建筑工业出版社，1994.

[5-4] 王振东，叶英华，康谷贻. 钢筋混凝土受扭构件最小配筋率. 建筑结构(34.4). 北京：中国建筑工业出版社，2004.

[5-5] 王振东，康谷贻，叶英华. 钢筋混凝土受扭构件构造配筋的设计方法. 建筑结构第(34.6). 北京：中国建筑工业出版社，2004.

[5-6] 王振东. 贾益纲. 钢筋混凝土结构构件协调扭转的设计方法. 建筑结构(34.7). 北京：中国建筑工业出版社，2004.

[5-7] 王振东. 钢筋混凝土结构构件协调扭转的零刚度设计方法. 建筑结构(34.8). 北京：中国建筑工业出版社，2004.

[5-8] 吕玉山. 钢筋混凝土 T 形截面纯构件承载力试验研究，硕士论文. 哈尔滨建筑工程学院学报. 1983.

[5-9] 孙训方，方孝淑，关来泰编. 材料力学(上册). 北京：人民教育出版社. 1979.

第6章 受压构件正截面承载力

6.1 概 述

钢筋混凝土受压构件，柱子是其代表的形式，其截面上往往由于弯矩 M 的存在而形成纵向压力 N 的偏心（$e_0 = M/N$，见图 6-1），或是由于混凝土材料和钢筋布置的不均匀性，使作用其上的纵向压力很难通过截面的形心。因此，在实际受压构件中几乎都是偏心受压的受力状态。但是在设计中，对以恒载为主多层房屋的内柱、桁架受压腹杆的计算以及偏心受压构件出平面承载力验算时，可近似地简化为轴心受压构件进行计算。

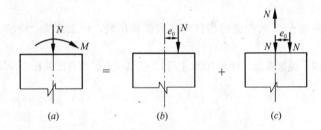

图 6-1 轴力和弯矩作用的 3 种表示

6.2 受压构件构造要求

钢筋混凝土柱的设计，需符合下列的构造要求：

(1) 截面形状：多数采用方形或矩形，有时根据建筑体型要求，亦有采用圆形或多边形的。

(2) 截面尺寸：最小尺寸一般控制在 $l_0/b \leqslant 30$ 或 $l_0/d \leqslant 25$（l_0 为构件的计算长度，按 6.3.3 节确定，b 为矩形截面的短边，d 为圆形截面直径），以免长细比过大。

为了施工方便，截面尺寸在 800mm 以内时，以 50mm 为模数，当 800mm 以上时，以 100mm 为模数，一般截面不宜小于 250mm×250mm。

(3) 混凝土强度等级不宜低于 C30。纵向钢筋的混凝土保护层厚度为 $c = 30mm$（一类环境）。

(4) 纵向钢筋：纵向受力钢筋直径不宜小于 12mm，一般取 12~32mm，宜选用直径较粗的钢筋；根数对圆形截面不宜少于 8 根，且不应少于 6 根，沿截面周边均匀布置。

偏心受压柱当截面高度 $h \geqslant 600mm$ 时，在柱的侧面应设置直径为 10~16mm 的纵向构造钢筋，并相应设置复合箍筋或拉筋。

纵向受力钢筋的净间距：对于垂直浇筑混凝土的柱，不应小于 50mm，对于水平浇筑的柱（如预制柱），最小净距与梁相同。在偏心受压柱中垂直于弯矩作用平面和轴心受压柱中各边配置的纵向受力钢筋，其中距不宜大于 300mm。

纵向钢筋配筋百分率（$\rho=\dfrac{A_s}{bh}\times 100\%$）：对轴心受压和偏心受压构件，全部配筋百分率不应小于 0.6%，一侧的配筋百分率不应小于 0.2%。配筋百分率过小对提高构件承载力作用不大。柱的全部纵向受压钢筋配筋百分率不宜大于 5%，常用范围为 0.6%～3.0%。配筋百分率过大，在构件持续荷载过程中，如果突然卸载，则钢筋能够恢复其全部压缩变形，而混凝土只能恢复其中的弹性压缩变形，其余的徐变变形大部分不能恢复，造成二者之间的变形不协调，可能产生立即的脆性断裂。

纵向钢筋在楼层处连接：在施工时一般在楼板顶面处将下柱纵向钢筋伸出楼面 $0.7l_l$ 的距离与上柱纵筋相互搭接，l_l 值按公式（4-42）确定，且在任何情况下其搭接长度不小于 200mm。当上下柱的截面尺寸不同时，可在梁高范围内将下层柱的纵筋弯折一倾角，其倾角斜度不应大于 1/6，然后伸入上层柱（图 6-2）。

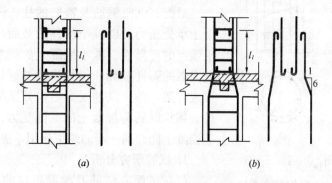

图 6-2 柱绑扎纵向钢筋的接头
(a) 上下层相互搭接；(b) 下层钢筋弯折后伸入上层

（5）箍筋：应做成封闭式，但不可采用有内折角的形式。图 6-3 列出常用的箍筋形式。

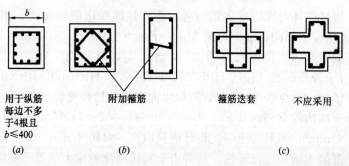

图 6-3 箍筋形式

箍筋直径：不应小于 $d/4$，且不应小于 6mm，d 为纵向钢筋的最大直径。

箍筋间距：不应大于 400mm 及构件截面的短边尺寸，且不应大于 $15d$，d 为纵向受力钢筋的最小直径。

当柱中全部纵向受力钢筋的配筋百分率大于 3% 时，箍筋直径不应小于 8mm，间距不应大于纵向受力钢筋最小直径的10倍,且不应大于200mm。

箍筋末端应做成135°弯钩且弯钩末端平直段长度不应小于箍筋直径的5倍。

(6) 复合箍筋:纵向钢筋至少每隔一根置于箍筋转弯处。当柱子截面短边大于400mm,且各边纵向钢筋多于3根时,或当柱子截面短边不大于400mm,但各边纵向钢筋多于4根时,应设置复合箍筋。复合箍筋的直径和间距均与所设置的箍筋相同。

(7) 柱中纵向受力钢筋搭接长度范围内的箍筋间距的要求,见4.6.3节。

6.3 轴心受压构件正截面承载力计算

钢筋混凝土轴心受压柱按照其箍筋的作用和配置方法的不同可分为两类,即配有纵筋和箍筋柱及配有纵筋和螺旋箍筋柱二种(图6-4)。

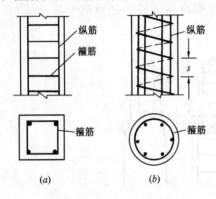

图6-4 柱的类型
(a) 配有箍筋柱;(b) 配有螺旋箍筋柱

6.3.1 配有纵筋和箍筋柱正截面的受压承载力

对配有纵向钢筋及箍筋的柱,纵筋能够协助混凝土承受压力,以减小构件的截面尺寸,改善混凝土强度的离散性、减小混凝土的徐变变形、防止构件突然的脆性破坏和增强构件的延性。箍筋和纵筋形成骨架,防止纵筋受力后向外压屈,从而保证构件破坏前纵筋与混凝土的共同受力。此外箍筋对核心混凝土能起到一定的约束作用,提高其极限变形。

1. 试验研究分析

(1) 对配有纵筋及箍筋短柱的试验研究表明,在轴心荷载作用下,构件截面中的钢筋和混凝土同时受压,其压应变基本上是均匀分布的,钢筋的压应变 ε'_s 与混凝土的压应变 ε_c 基本一致,即可取

$$\varepsilon'_s = \varepsilon_c \tag{6-1}$$

钢筋混凝土短柱破坏时压应变大致与混凝土棱柱体受压破坏时的 ε_0 相同,可取 $\varepsilon_0 = 0.002$。这样,其相应的纵向钢筋应力值为 $\sigma'_s = E_s \varepsilon_0 = 2.0 \times 10^5 \times 0.002 = 400 \text{N/mm}^2$,由此可知,当钢筋的抗压强度设计值大于 400N/mm^2 时,就不能充分发挥其作用了。因此《规范》规定,对于普通钢筋(包括 HPB235、HRB335、HRB400、RRB400 等),其钢筋抗拉强度设计值 f_y 小于 400N/mm^2 时,则取纵向钢筋抗拉强度设计值 $f'_y = f_y$。而对于如用作预应力混凝土结构的钢筋,其 $\sigma'_s = 2.05 \times 10^5 \times 0.002 = 410 \text{N/mm}^2$,虽然其抗拉强度设计值大于 410N/mm^2,但其抗压强度设计值只取 $f'_{py} = 410 \text{N/mm}^2$。

(2) 对钢筋混凝土轴心受压长柱,常常由于其长细比的增大以及一些随机因素引起的附加偏心,使构件产生附加挠度,从而增加附加弯矩,使其承载力低于短柱的承载力。

若以稳定系数 φ 代表长柱和短柱承载力之比,则得

$$\varphi = \frac{N_{长柱}}{N_{短柱}} \tag{6-2}$$

φ 值主要与柱子的长细比 $\dfrac{l_0}{b}$ 有关,b 为矩形截面的短边尺寸。图6-5所示为试验所得

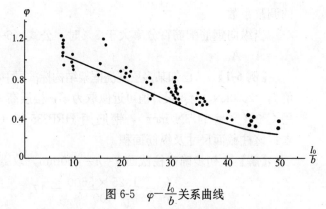

图 6-5 $\varphi - \dfrac{l_0}{b}$ 关系曲线

的 $\varphi - l_0/b$ 关系曲线，其曲线方程式对矩形截面近似地可写成：

$$\varphi = \left[1 + 0.002\left(\dfrac{l_0}{b} - 8\right)^2\right]^{-1} \tag{6-3}$$

由图 6-5 可见：当 $l_0/b \leqslant 8$ 时，$\varphi = 1.0$，即为短柱的情况；当 $l_0/b > 8$ 时，φ 值随 l_0/b 的增大而减小，即为长柱的情况。有关轴心受压构件与偏心受压构件对短柱与长柱的区分概念相同，计算时《规范》规定对轴压构件按表 6-1 取用；表中的 φ 值略比按公式(6-3)计算所得的 φ 值偏小，这是考虑到由于荷载的初始偏心及其长期作用的不利影响的缘故。对任意截面取 $b = \sqrt{12} i$，i 为截面的最小回转半径 $i = \sqrt{I/A}$，I 为截面惯性矩，A 为截面面积，对矩形截面 $i = \sqrt{I/A} = \sqrt{\dfrac{1}{12} bh^3 / bh} = h/3.5$。

钢筋混凝土轴心受压构件的稳定系数　　　　　　表 6-1

l_0/b	$\leqslant 8$	10	12	14	16	18	20	22	24	26	28
l_0/d	$\leqslant 7$	8.5	10.5	12	14	15.5	17	19	21	22.5	24
l_0/i	$\leqslant 28$	35	42	48	55	62	69	76	83	90	97
φ	1.00	0.98	0.95	0.92	0.87	0.81	0.75	0.70	0.65	0.60	0.56
l_0/b	30	32	34	36	38	40	42	44	46	48	50
l_0/d	26	28	29.5	31	33	34.5	36.5	38	40	41.5	43
l_0/i	104	111	118	125	132	139	146	153	160	167	174
φ	0.52	0.48	0.44	0.40	0.36	0.32	0.29	0.26	0.23	0.21	0.19

注：l_0——构件的计算长度；b——矩形截面的短边尺寸；d——圆形截面的直径。

2. 正截面受压承载力的计算

轴心受压构件（图 6-6）承载力计算公式为：

$$N \leqslant 0.9 \varphi (f_c A + f'_y A'_s) \tag{6-4}$$

式中　N——轴向压力设计值；

　　　A——构件截面面积；

　　　A'_s——全部纵向受压钢筋截面面积；

　　　f_c——混凝土的轴心抗压强度设计值；

　　　f'_y——纵向钢筋的抗压强度设计值；

　　　φ——构件的稳定系数，按表 6-1 取用；

　　　0.9——防止构件偶然偏心以及为保持与偏心受压构件正截面承载力有相近可靠度时

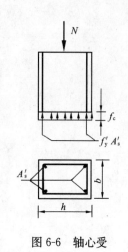

图 6-6 轴心受压柱计算简图

的调整系数。

当纵向钢筋配筋百分率大于 3% 时,公式(6-4)中 A 改用 A_n, $A_n = A - A_s$。

【例 6-1】 已知某多层现浇框架结构标准层中柱,轴向压力设计值 $N = 2000\text{kN}$,弯矩设计值可近似取为零,楼层高 $H = 5.6\text{m}$,混凝土用 C30($f_c = 14.3\text{N/mm}^2$),钢筋用 HRB335 级($f'_y = 300\text{N/mm}^2$)。求:该柱截面尺寸及纵筋面积。

【解】 初步确定柱截面 $b = h = 400\text{mm}$,取 $l_0 = 1.25H$,则得

$$\frac{l_0}{b} = \frac{1.25 \times 5600}{400} = 17.5$$

查表 6-1,$\varphi = 0.825$,故得纵向受压钢筋截面积

$$A'_s = \frac{\dfrac{N}{0.9\varphi} - f_c A}{f'_y} = \frac{\dfrac{2000000}{0.9 \times 0.825} - 14.3 \times 400 \times 400}{300} = 1352\text{mm}^2$$

按构造要求,全部受压钢筋配筋百分率不宜小于 0.6%,按 0.6% 计算则得

$$A'_s = \frac{0.6}{100} \times 400 \times 400 = 960\text{mm}^2 < 1352\text{mm}^2$$

故满足最小配筋率的要求。选用 4Φ22($A'_s = 1520\text{mm}^2$)。

6.3.2 配有纵筋和螺旋箍筋柱正截面的受压承载力

当柱承受的轴向荷载设计值较大,同时其截面尺寸由于建筑使用上的要求而受到限制,若按配有纵筋和箍筋的柱来计算,即使是提高混凝土强度等级和增加纵筋用量仍不能满足计算要求时,可考虑采用配有间接钢筋(螺旋箍筋或焊接环式箍筋)柱,以提高构件的承载能力。但由于这种柱施工比较复杂,用钢量较多,造价较高,因此不宜普遍采用。

1. 试验研究分析

对于配有螺旋箍筋柱,螺旋箍筋所包围的核芯部分混凝土,相当于受到一个套箍的作用,有效地限制了混凝土的横向变形,使核芯混凝土在三向压应力作用下工作,从而提高了柱的承载能力;此时,螺旋箍筋产生了拉应力,随着荷载的增加直到螺旋箍筋屈服,不再起到进一步约束横向变形的作用,核芯部分混凝土的抗压强度不再提高,使混凝土被压碎而导致构件破坏。

2. 正截面受压承载力计算

当混凝土在轴向压力及四周的径向均匀压应力 σ_2 作用下时,其抗压强度将由单轴受压时的 f_c 提高到 f_1,f_1 值由下式确定[注]

$$f_1 = f_c + 4.1\sigma_2 \tag{6-5}$$

式中 f_1——被约束混凝土的轴心抗压强度设计值;

σ_2——间接钢筋应力达到屈服强度时,受压构件核芯混凝土的径向压应力值。

对 σ_2 值可按图 6-7 所示具体推导如下

[注] 参看 1.3.2 节公式(1-7)。

$$2f_yA_{ss1} = 2\sigma_2 s\int_0^{\frac{\pi}{2}} r\sin\theta d\theta = \sigma_2 s \cdot d_{cor}$$

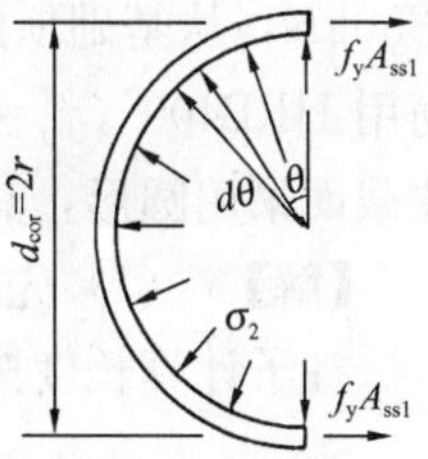

故
$$\sigma_2 = \frac{2f_yA_{ss1}}{sd_{cor}} = \frac{2f_yA_{ss1}\cdot \pi d_{cor}}{4\frac{\pi}{4}d_{cor}^2 \cdot s} = \frac{f_yA_{ss0}}{2A_{cor}} \quad (6-6)$$

式中 f_y——间接钢筋的抗拉强度设计值；
d_{cor}——核芯截面的直径；
A_{cor}——核芯截面面积；
s——沿构件轴线方向螺旋箍筋的螺距；
A_{ss1}——单肢螺旋箍筋的截面面积；
A_{ss0}——螺旋箍筋的换算截面面积。

图 6-7 混凝土径向压应力

$$A_{ss0} = \frac{\pi d_{cor}A_{ss1}}{s} \quad (6-7)$$

配有螺旋箍筋柱的承载力，可按纵向内外力平衡的条件推导出，其计算公式为
$$N \leqslant f_1A_{cor} + f_y'A_s' = (f_c + 4\sigma_2)A_{cor} + f_y'A_s'$$
$$= f_cA_{cor} + f_y'A_s' + 2f_yA_{ss0} \quad (6-8)$$

《规范》同时考虑了对可靠度的协调以及高强混凝土的特性的调整系数 0.9，规定设计时采用如下的表达式

$$N \leqslant 0.9(f_cA_{cor} + f_y'A_s' + \alpha f_yA_{ss0}) \quad (6-9)$$

式中 α——间接钢筋对承载力的影响系数，当 $f_{cuk}\leqslant 50\text{N/mm}^2$ 时，取 $\alpha=2.0$；当 $f_{cuk}=80\text{N/mm}^2$ 时，取 $\alpha=1.7$；当 $50\text{N/mm}^2<f_{cuk}<80\text{N/mm}^2$ 时，按直线内插法确定。

上述公式由三部分组成：第一项 f_cA_{cor} 为核芯混凝土的承载力；第二项为纵向受压钢筋的承载力；第三项 $2\alpha f_yA_{cor}$ 为螺旋箍筋所增加的承载力。由此可见对配有间接钢筋柱承载力要比配有纵筋和箍筋柱的承载力高。

在配有间接钢筋柱内，保护层在柱破坏前早就剥落。为了保证在使用荷载下保护层不致剥落，《规范》规定：按公式（6-9）算得的构件受压承载力设计值，不应大于按公式（6-4）算得的构件受压载承力设计值的 1.5 倍。

《规范》同时规定：当遇到下列任意一种情况时，不考虑间接钢筋的影响，而按公式（6-4）进行计算。

(1) 当 $l_0/d>12$ 时，因长细比较大，柱子有可能丧失稳定而破坏，而使间接钢筋不能充分起作用；

(2) 当按公式（6-9）算得的承载力小于按公式（6-4）算得的承载力时；

(3) 当间接钢筋的换算截面面积 A_{ss0} 小于纵向钢筋全部截面面积的 25% 时，可以认为间接钢筋配置得太少，约束作用的效果不明显。

对配有间接钢筋的柱，如在计算中考虑间接钢筋的作用时，则间接钢筋的间距不应大于 80mm 及 $d_{cor}/5$，以便形成较为均匀的约束压力；同时不应小于 40mm，以保证混凝土的浇筑质量。螺旋箍筋的直径按箍筋有关规定采用。

【例 6-2】 已知某公共建筑门厅内底层现浇钢筋混凝土框架柱，承受轴向压力 $N=$

2850kN，从基础顶面到二层楼面的高度为 4.0m。混凝土用 C35（$f_c=16.7\text{N/mm}^2$），纵筋用 HRB400（$f'_y=360\text{N/mm}^2$），箍筋用 HRB335（$f_y=300\text{N/mm}^2$）。按建筑设计要求柱截面采用圆形，其直径不大于 350mm。试进行该柱配筋计算。

【解】 （1）先按配有纵筋和箍筋柱计算

柱子计算长度按《规范》规定取 $1.0H$，则
$$l_0 = 1.0H = 1.0 \times 4.0 = 4.0\text{m}$$

计算稳定系数 φ 值，因 $l_0/d = 4000/350 = 11.43$，查表 6-1 得 $\varphi=0.931$

圆形柱混凝土截面面积为
$$A = \frac{\pi d^2}{4} = \frac{3.14 \times 350^2}{4} = 96160\text{mm}^2$$

由公式（6-4）求得纵向受压钢筋截面面积
$$A'_s = \frac{\dfrac{N}{0.9\varphi} - f_c A}{f'_y} = \frac{\dfrac{2850000}{0.9 \times 0.931} - 16.7 \times 96160}{360} = 4987\text{mm}^2$$

求配筋率
$$\rho' = \frac{A'_s}{A} = \frac{4985}{96160} = 0.052 > 0.05$$

配筋率太高，因 $l_0/d < 12$，若混凝土强度等级不再提高，则可采用螺旋箍筋柱，以提高柱的承载能力。具体计算如下：

（2）按配有纵筋和螺旋箍筋柱计算

假定纵筋配筋率按 $\rho'=0.03$ 计算，则
$$A'_s = 0.03A = 0.03 \times 96160 = 2888\text{mm}^2$$

选用 10 ⏀ 22，相应的 $A'_s = 3801\text{mm}^2$。混凝土的核芯直径和核芯面积为
$$d_{cor} = 350 - 50 = 300\text{mm}$$
$$A_{cor} = \frac{\pi d_{cor}^2}{4} = \frac{3.14 \times 300^2}{4} = 70650\text{mm}^2$$

按公式（6-9）可求得螺旋箍筋的换算截面面积
$$A_{ss0} = \frac{\dfrac{N}{0.9} - (f_c A_{cor} + f'_y A'_s)}{2f_y}$$
$$= \frac{2850000/0.9 - (16.7 \times 70650 + 360 \times 3801)}{2 \times 300} = 1030.8\text{mm}^2$$

因 $A_{ss0} > 0.25A'_s$（$=0.25 \times 3801 = 950\text{mm}^2$），满足构造要求。

若取螺旋箍筋直径为 10mm，则单肢箍筋截面面积 $A_{ss1}=78.5\text{mm}^2$。螺旋箍筋间距
$$s = \frac{\pi d_{cor} \cdot A_{ss1}}{A_{ss0}} = \frac{3.14 \times 300 \times 78.5}{1030.8} = 71.8\text{mm}$$

取用 $s=60\text{mm}$，满足大于 40mm 及小于 80mm、同时小于及等于 $0.2d_{cor} = 0.2 \times 300 = 60\text{mm}$ 的要求。

柱的承载力验算：

当按以上配置纵筋和螺旋箍筋后，按公式（6-9）计算柱的承载力为

$$A_{ss0} = \frac{\pi d_{cor} \cdot A_{ss1}}{s} = \frac{3.14 \times 300 \times 78.5}{60} = 1232.5 \text{mm}^2$$

$$N = 0.9(f_c A_{cor} + f'_y A'_s + \alpha f_y A_{ss0})$$
$$= 0.9(16.7 \times 70650 + 360 \times 3801 + 2 \times 300 \times 1232.5) = 2958950\text{N}$$

按公式（6-4）计算

$$N = 0.9\varphi(f_c A + f'_y A'_s) = 0.9 \times 0.931(16.7 \times 96160 + 360 \times 3801) = 2492110\text{N}$$

因 $1.5 \times 2492110 = 3738170\text{N} > 2958950\text{N}$，故该柱能承受 $N = 2958.9\text{kN}$，满足设计要求。

6.3.3 受压构件计算长度 l_0 取值

对于受压构件计算长度 l_0 的取值，和其两端支承情况及有无侧移等因素有关。按照材料力学的推导，在理想情况下的 l_0 值为：当两端为铰支座时取 $l_0 = l$（l 为构件实际长度），其相应的柱型，称为受压构件的标准柱；当两端为固定时取 $l_0 = 0.5l$；当一端固定，一端铰支时取 $l_0 = 0.7l$。

在实际工程中，由于构件不是理想的支承情况，因此，通过工程实践经验，《规范》对轴心受压和偏心受压柱的计算长度 l_0，按下列规定确定：

(1) 刚性屋盖单层房屋排架柱，露天吊车柱和栈桥柱，其计算长度 l_0 可按表 6-2 取用。

刚性屋盖单层房屋排架柱，露天吊车柱和栈桥柱的计算长度　　表 6-2

柱 的 类 别		l_0		
		排架方向	垂直排架方向	
			有柱间支撑	无柱间支撑
无吊车房屋柱	单　跨	$1.5H$	$1.0H$	$1.2H$
	两跨及多跨	$1.25H$	$1.0H$	$1.2H$
有吊车房屋柱	上　柱	$2.0H_u$	$1.25H_u$	$1.5H_u$
	下　柱	$1.0H_l$	$0.8H_l$	$1.0H_l$
露天吊车柱和栈桥柱		$2.0H_l$	$1.0H_l$	—

注：1. 表中 H 为从基础顶面算起的柱子全高；H_l 为从基础顶面至装配式吊车梁底面或现浇式吊车梁顶面的柱子下部高度；H_u 为从装配式吊车梁底面或从现浇式吊车梁顶面算起的柱子上部高度；

2. 表中有吊车房屋排架柱的计算长度，当计算中不考虑吊车荷载时，可按无吊车房屋柱的计算长度采用，但上柱的计算长度仍可按有吊车房屋采用；

3. 表中有吊车房屋排架柱的上柱在排架方向的计算长度，仅适用于 $H_u/H_l \geq 0.3$ 的情况，当 $H_u/H_l < 0.3$，计算长度宜采用 $2.5H_u$。

(2) 一般多层房屋中梁柱为刚接的框架结构，多层柱的计算长度 l_0 可按表 6-3 取用。

框架结构各层柱的计算长度　　表 6-3

楼盖类别	柱 的 类 别	l_0	楼盖类别	柱 的 类 别	l_0
现浇楼盖	底层柱	$1.0H$	装配式楼盖	底层柱	$1.25H$
	其余各层柱	$1.25H$		其余各层柱	$1.5H$

注：表中 H 对底层柱为从基础顶面到一层楼盖顶面的高度；对其余各层柱为上下两层楼盖顶面之间的高度。

(3) 当水平荷载较大时，按上述方法确定的计算长度 l_0 值偏小，通过分析规定：当水平荷载产生的弯矩设计值占总弯矩设计值的 75% 以上时，框架柱的计算长度 l_0 可按下列两个公式计算，并取其中的较小值：

$$l_0 = [1 + 0.15(\psi_u + \psi_l)]H \quad (6\text{-}10)$$

$$l_0 = (2 + 0.2\psi_{\min})H \quad (6\text{-}11)$$

$$\psi_u (\text{或 } \psi_l) = \frac{\sum E_{cc} I_c / H}{\sum E_{cb} I_b / H_b} \quad (6\text{-}12)$$

式中 ψ_u、ψ_l——分别为柱的上端、下端节点处交汇的各柱线刚度之和与交汇的各梁线刚度之和的比值；$\psi_{\min}$ 为比值 ψ_u、ψ_l 中的较小值；

E_{cc}、E_{cb}——分别为交汇于节点处的柱段及梁段混凝土弹性模量；

I_c、I_b——分别为交汇于节点处的柱段及梁段截面惯性矩；

H、H_b——柱的高度（按表 6-3 的注采用）梁的轴线跨度。

6.4 偏心受压构件正截面承载力计算

6.4.1 偏心受压构件的破坏形态[6-2]

钢筋混凝土偏心受压构件在轴向压力 N 和弯矩 M 共同作用下（图 6-1），随着偏心距 e_0（$e_0 = M/N$）值和所配置纵向钢筋用量的不同，构件将出现不同性质的破坏形态，具体可分为：

1. 大偏心受压（受拉破坏）

当构件的偏心距较大而受拉钢筋配置适量时，构件由于受拉纵筋首先达到屈服强度，并随着荷载的增加、变形及裂缝的不断发展，截面受压区高度逐渐在减小，最后受压区混凝土亦被压碎而导致破坏。这种破坏形态在破坏前有明显的预兆，属于塑性破坏，如图 6-8（a）。

2. 小偏心受压（受压破坏）

当构件偏心距较小，或虽偏心距较大，但受拉钢筋配置数量较多时，构件的破坏是由于受压区混凝土达到极限压应变 ε_{cu} 值而引起的。破坏时，距轴向压力较远一侧的混凝土和纵向钢筋可能受压或受拉，其混凝土可能出现裂缝或不出现裂缝，相应的钢筋应力一般均未达到屈服强度。而距轴向力较近一侧的纵向受压钢筋应力达到屈服强度，最终由于受压区混凝土出现大致与构件纵轴平行的裂缝和剥落的碎渣而破坏。破坏时没有明显预兆，属脆性破坏，见图 6-8（b）。

3. 两种偏心受压破坏形态的界限

从以上两种偏心受压破坏特征可以看出，二者之间的根本区别在于受拉钢筋在破坏时能否达到屈服。这和受弯构件的适筋破坏及超筋破坏两种情况完全一致。即在破坏时纵向受拉钢筋应力达到屈服强度，同时受压区混凝土亦达到极限压应变 ε_{cu} 值，此时其相对受压区高度称为相对界限受压区高度 ξ_b（ξ_b 值按表 3-5 取用）。

故当：$\xi \leqslant \xi_b$ 时，属于大偏心受压破坏；

$\xi > \xi_b$ 时，属于小偏心受压破坏。

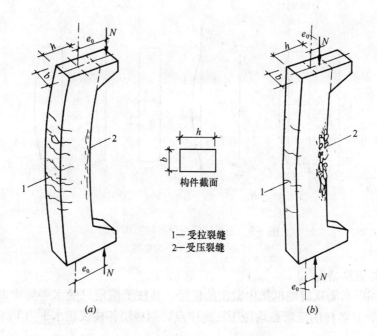

图 6-8 偏心受压构件破坏形态
(a) 大偏心受压破坏；(b) 小偏心受压破坏

6.4.2 柱按考虑二阶效应内力分析法[5-3]

1. 对于无侧向位移结构

对于无侧向位移，或是侧向位移很小，可以忽略不计时的钢筋混凝土柱，在竖向偏心压力作用下，由于柱的纵向弯曲将产生附加挠度，则柱中部截面的最大弯矩将由两部分组成（图 6-9）：

$$M = Ne_0 + Nv \tag{6-13}$$

式中　N——竖向压力；

　　　e_0——竖向压力对截面形心轴的偏心距，$e_0 = M/N$；

　　　v——考虑二阶效应后的柱高中点挠度。

上式中弯矩 Ne_0 值随着 N 值的增大而成线性关系，称一阶弯矩或初始弯矩；而弯矩 Nv 值是随着 N 及 v 值的增大而增大，故称二阶弯矩（图 6-9），在力学中称之为 p-δ 效应（其中 N 即为 p，v 即为 δ）。

对公式（6-13）中 v 值为 $v = v_1 + \Delta v$，其中 v_1 为未考虑二阶效应的弯矩 Ne_0 值所产生的挠度，Δv 为柱在竖向压力下的纵向弯曲在柱高中点产生的挠度，亦即二阶效应引起的附加挠度。因此，更准确地说，p-δ 效应是由 N 和 Δv 所形成的二阶效应。

我国《规范》通常将公式（6-13）写成如下表达式：

$$\eta = \frac{(Ne_0 + Nv)}{Ne_0} = 1 + \frac{v}{e_0} \tag{6-14}$$

式中　η——称为偏心距增大系数，它表示产生二阶效应后的总弯矩 $Ne_0 + Nv$ 与未考虑二阶效应的弯矩 Ne_0 的比值。

在结构计算时，只要合理的求得 v 值，就可得出 η 值。

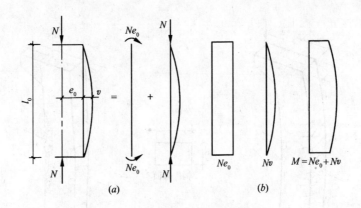

图 6-9　无侧移偏心受压柱二阶效应
(a) 荷载图；(b) 弯矩图

2. 对于有侧移结构

如图 6-10 所示为从规则框架中截出的楼层，其柱子假定只受水平集中力 V 及竖向压力 N_i 的作用，且各柱的反弯点均位于柱高中点，则楼层各柱仅在水平力 V_i 作用下，相应

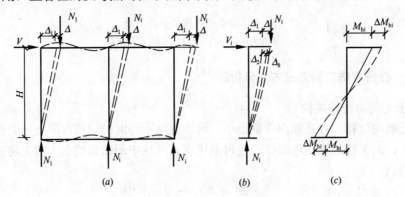

图 6-10　有侧移框架柱的二阶效应

的柱端弯矩为 M_{hi}，其值为：

$$M_{hi} = V_i H = N_i \Delta_1 \tag{6-15}$$

式中　H——柱子高度；

Δ_1——相当于将 $M_{hi}=V_i H$ 换算成 $M_{hi}=N_i\Delta_1$ 时的换算偏心距；

V_i——第 i 柱所分配的水平力；

V——作用在所截取楼层的水平力，$V=\sum V_i$。

在公式 (6-15) 中，柱高 H 是一个定值，M_{hi} 是随着 V_i 而变化的；或可理解为当 N_i 发生变化时 M_{hi} 亦随之而变而 Δ_1 不受 N_i 的影响，它是一个定值。Δ_1 与公式 (6-13) 的 e_0 性质相同。需要注意到，Δ_1 值并不是柱在水平力 V_i 作用下所产生的真正侧移，而是一个换算偏心距。因此，M_{hi} 只受 N_i 影响而变化称为柱的一阶弯矩。

当各柱在水平力 V_i 和纵向压力 N_i 同时作用下，则 V_i 同时受 N_i 的影响，将再产生侧移 Δ，柱端相应所增加的附加弯矩为 ΔM_{hi}，则各柱端的水平荷载总的弯矩 M 值为：

$$M = M_{hi} + \Delta M_{hi} = (\Delta_1 + \Delta)N_i \tag{6-16}$$

式中　Δ——考虑纵向压力 N_i 作用时,柱端所增加的侧移(即附加挠度)。

公式(6-16)中,其中的 $(\Delta_1+\Delta)$ 与公式(6-13)中的 (e_0+v) 性质相同,其中 $\Delta M_{hi}=N_i\Delta$。当纵向压力 N_i 发生变化时,相应的 Δ 值亦随之而变,故称 ΔM_{hi} 为二阶弯矩,或称二阶效应。在力学中称之为 $P-\Delta$ 效应(其中的 N_i 相当为 P)。

上述的 Δ 值应理解为 $\Delta=\Delta_2+\Delta_k$(图6-10b),其中的 Δ_2 为柱在水平力 V_i 和纵向压力 N_i 共同作用下,当 N_i 值不变,而由于水平力 V_i 的作用使 N_i 所产生的侧移,相应的 $\Delta_2 N_i$ 属于一阶弯矩;而 Δ_k 为柱在水平力 V_i 和纵向压力 N_i 共同作用下,由于 N_i 自身变化的影响对水平荷载所增加的附加挠度。因此,更准确的说,$P-\Delta$ 效应是由 N_i 和 Δ_k 所形成的二阶效应,其中的 Δ_K 是同时随 V_i 和 N_i 的变化而变化的量值。

这样,对有水平力 V_i 和纵向压力 N_i 共同作用下,考虑水平力二阶效应时的偏心受压柱,其偏心增大系数 η 值的表达式为:

$$\eta=\frac{M_{hi}+\Delta M_{hi}}{M_{hi}}=\frac{M_{hi}/N_i+\Delta M_{hi}/N_i}{M_{hi}/N_i}=\frac{\Delta_1+\Delta}{\Delta_1}=1+\frac{\Delta}{\Delta_1} \qquad (6-17)$$

3. 二阶效应的特点

公式(6-14)与公式(6-17)对 η 的表达式是一致的。在柱的内力分析中二阶效应是指 $p-\delta$ 效应和 $P-\Delta$ 效应的总称,其特点为:

(1) 对无侧移的柱

其二阶效应中因没有水平力作用,不存在 $P-\Delta$ 效应而仅有 $p-\delta$ 效应。且其 $p-\delta$ 效应一般不会增大柱端控制截面的弯矩。当柱上、下两端弯矩为同向时(如图6-9),$p-\delta$ 效应会增加柱段中部的弯矩;当为反向时,在柱高度内存在反弯点,其柱高范围内任何一个截面的一阶弯矩加二阶附加弯矩都不会大于柱两端较大端部截面的弯矩,亦即在设计时可直接按较大端部截面的弯矩进行配筋,而不需要考虑 $p-\delta$ 效应引起附加弯矩的影响。

(2) 对有侧移的柱

当柱端同时作用有水平力 V_i 和纵向压力 N_i 时,因水平力 V_i 受纵向压力 N_i 的影响所产生 $P-\Delta$ 效应,而纵向压力 N_i 在柱段内同时还要产生纵向弯曲即 $p-\delta$ 效应。一般由于柱段中部有反弯点存在,在设计时可仅考虑 $P-\Delta$ 效应对柱端弯矩的增大作用,对柱中部可以不加考虑;而 $p-\delta$ 效应,其增量无论是对柱端和柱段中部对柱的截面设计影响均不大。

(3) 对于底层框架柱的中部至底端段

柱的一阶弯矩将因柱的 $p-\delta$ 二阶效应或柱的 $P-\Delta$ 二阶效应而增加附加弯矩。因此,在截面设计中是必须同时考虑二种二阶效应的影响。

(4) 有侧移框架按弹性方法分析

假定同层各柱在水平荷载下的弯矩偏心增大系数都应是相同的;而当考虑结构的非线性(二阶效应)特征后,试验研究表明,可足够准确地认为上述假定仍是成立的。这实质上是一种"层效应"的概念。对规则框架设计,要考虑这一特点。

6.4.3　柱的分类[6-2]

1. 柱的分类

钢筋混凝土柱的长细比 l_0/h(l_0 为柱两端铰接时理论计算长度,h 为弯矩作用方向截面高度)对柱的二阶弯矩影响很大,破坏性质亦不相同,设计时根据长细比的不同,柱按无侧移情况分析，可以分为以下三类：

(1) 短柱

$l_0/h \leqslant 5$，这时柱的二阶弯矩与一阶弯矩 Ne_0 相比很小，可以忽略，并认为柱的弯矩与轴压力成正比例增长，$\dfrac{dM}{dx}$ 为常数，Ne_0 图形为矩形。

要注意到对于轴心受压柱，当 $l_0/b \leqslant 8$ 时为短柱，这是通过试验确定的（见图 6-5），此处，b 为柱截面的短边尺寸；它与上述偏心受压短柱的区分条件略有差异，但在概念上是一致的，都是认为当柱的纵向弯曲变形（或称 p-δ 效应）很小，可以忽略不计时为短柱。二者造成差异的原因是由于在考虑柱子的稳定性（即纵向弯曲）时，所取用的计算表达式不同而带来的误差。

(2) 长柱

$l_0/h = 6 \sim 30$，这时侧向附加挠度 v 与偏心距 e_0 相比已不能忽略，特别是在偏心距较小的构件中，其二阶弯矩在总弯矩中占有相当大的比重。随着轴向压力 N 的增加，相应的二阶弯矩 Nv 值的增加愈来愈快，即 $\dfrac{dM}{dx} \neq$ 常数，Nv 的图形为曲线形，因此在计算时需考虑二阶弯矩的影响。

(3) 细长柱

$l_0/h > 30$，构件由于长细比很大，它在较低的荷载下，其受力性能与长柱相似。但当荷载超过其临界荷载值后，虽然其截面中应力比材料强度值低得多，但构件将发生失稳而破坏。在设计中采用这一类型的构件是不经济的，应尽量避免其出现。

2. 柱的破坏特征

由上述可知，偏心受压构件在纵向弯曲的影响下，其破坏特征有两种类型：

对于长细比较小的短柱，其纵向弯曲的影响也很小，构件是由于材料的受压强度（小偏心）或受拉强度（大偏心）不足而破坏，属于"材料破坏"。对于长细比在一定范围的长柱，随轴力的加大其二阶弯矩也有增长，柱的承载能力比相同截面的短柱有所减小，但就其破坏特征来说，和短柱的破坏特征相同，属于"材料破坏"。

对于长细比很大的细长柱，构件截面内的应力虽远小于其材料强度，但由于纵向弯曲失去平衡，引起构件的破坏，属于"失稳破坏"。

图 6-11 所示为三个截面尺寸、配筋和材料等级完全相同而长细比不同的柱。图中 $abcd$ 曲线是构件截面在破坏时承载能力 N 与 M 之间的相互关系曲线。从该图可以看出：直线 ob 是短柱自加载到破坏时的 N-M 相关曲线。由于其长细比很小，即纵向弯曲的影响很小，其偏心距 e_0 可以认为是不变的，故其荷载变化相互关系线是直线，属于"材料破坏"类型。

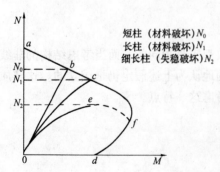

图 6-11 偏心受压构件 N-M 曲线及其破坏性质

图中曲线 $0c$ 是长柱自加载到破坏时的 N-M 相关曲线。由于其长细比略大，对其纵向弯曲也有影响，构件的承载能力随着二阶弯矩的增加而有所降低，$0c$ 线呈曲线形状，但就其破坏性质来说，仍属于"材料破坏"类型。

图中 $0e$ 线是细长柱自加载到破坏的 $N-M$ 相关曲线。由于该柱的长细比很大,在接近临界荷载时,虽然其钢筋并未屈服,混凝土应力也未达到其抗压极限强度,而曲线 $0e$ 与构件的 $N-M$ 材料破坏相关曲线没有相交,构件将由于微小纵向力的增加引起不收敛弯矩的增加而导致破坏,即所谓"失稳破坏"。

由该图可知,三个柱的纵向承载能力各不相同,若其值分别为 N_0、N_1、N_2,则 $N_0 > N_1 > N_2$,即由于长细比的增加降低了构件的承载能力。

6.4.4 偏心受压构件考虑二阶效应的内力计算

在钢筋混凝土偏心受压构件进行内力分析时,应考虑结构的侧移和竖向挠曲变形引起的二阶效应的影响,但从理论上进行分析和设计应用都比较繁琐。为此,《规范》规定下列两种考虑二阶效应对内力影响的近似分析法。

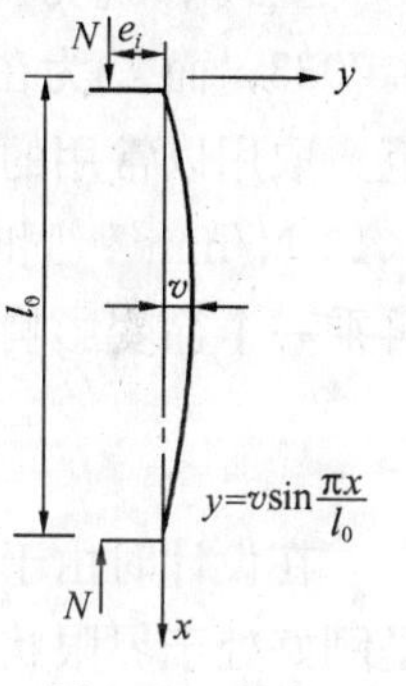

1. 偏心距增大系数法(亦称 $\eta - l_0$ 法):如图 6-12 所示,柱子在竖向荷载 N 作用下的一阶弯矩和二阶弯矩之和(即总弯矩 M)的最大值,产生在柱子杆件的中部,其值可通过将竖向压力 N 与截面重心的初始偏心距 e_i 的乘积,再乘以偏心距增大系数 η 来表达,即取:

$$M = N(e_i + v) = Ne_i\left(1 + \frac{v}{e_i}\right) = \eta e_i N \quad (6-18)$$

取 $\eta = 1 + \dfrac{v}{e_i}$

图 6-12 柱的挠度曲线

式中　η——偏心距增大系数;
　　　e_i——柱截面的初始偏心距,取 $e_i = e_0 + e_a$;
　　　e_0——竖向压力对截面重心轴的偏心距 $e_0 = M/N$;
　　　e_a——附加偏心距;
　　　v——附加挠度。

在工程实际施工中,很难使竖向压力恰好作用在预定的作用点上,加之尺寸的偏差造成的误差、混凝土材料的不均匀性以及钢筋布置位置的偏差等原因,使竖向压力除原有的轴向偏心距 e_0 外,还将形成为附加偏心距 e_a。《规范》规定对 e_a 值应取不小于 20mm 和偏心方向截面尺寸的 1/30 两者中的较大值。

(1) η 值的确定

在公式(6-18)中,对附加挠度 v 值的确定:如图 6-12 所示。试验表明柱的挠度曲线近似可取下列正弦曲线,即

$$y = v \sin \frac{\pi x}{l_0}$$

截面的曲率

$$\phi = \frac{M}{EJ} \approx \frac{d^2 y}{dx^2}$$

对 y 求二次导数得

$$\phi = \frac{d^2 y}{dx^2} = v \frac{\pi^2}{l_0^2} \sin \frac{\pi x}{l_0}$$

当 $x=0.5l_0$ 时，代入上式可得

$$\phi = v\frac{\pi^2}{l_0^2} \tag{6-19}$$

或

$$v = \phi\frac{l_0^2}{\pi^2} \approx \phi\frac{l_0^2}{10}$$

故

$$\eta = 1 + \frac{v}{e_i} = 1 + \frac{\phi l_0^2}{10 e_i} \tag{6-20}$$

当为界限状态破坏时，钢筋进入屈服阶段，混凝土被压碎，此时相应的曲率 ϕ_b 值为

$$\phi_b = \frac{\varepsilon_{cu} + \varepsilon_s}{h_0}$$

上式中 ε_{cu} 为构件达到最大承载力时截面受压区边缘混凝土极限压应变，取 $\varepsilon_{cu}=0.0033$；而 ε_s 为在界限状态下受拉钢筋达到屈服时的应变值，取 $\varepsilon_s=f_{yk}/E_s$。设计时《规范》取用以常用的 HRB335 级钢筋作为确定 ϕ_b 值的基点，即取 $f_{yk}=335\text{N}/\text{mm}^2$，$E_s=2\times10^5\text{N}/\text{mm}^2$；同时还考虑混凝土在长期荷载作用下将产生徐变，并根据实测结果将 ε_{cu} 值再乘一个徐变影响系数 1.25，这样可得

$$\phi_b = \frac{1.25 \times 0.0033 + 335/(2\times10^5)}{h_0} = \frac{1}{172 h_0} \tag{6-21}$$

在设计时由于偏心受压构件包括了大偏心和小偏心受压的各种受力状态，构件不一定是刚好处于界限状态破坏，故构件的实际曲率 ϕ 值可在 ϕ_b 的基础上，乘以 ζ_1 及 ζ_2 二个修正系数，则得

$$\eta = 1 + \frac{\phi l_0^2}{10 e_i} = 1 + \frac{\phi_b l_0^2}{10 e_i}\zeta_1\zeta_2 = 1 + \frac{1}{1720 e_i/h_0}\left(\frac{l_0}{h_0}\right)^2 \zeta_1\zeta_2$$

近似取 $h_0=0.9h$ 代入上式得

$$\eta = 1 + \frac{1}{1400 e_i/h_0}\left(\frac{l_0}{h}\right)^2 \zeta_1\zeta_2 \tag{6-22}$$

式中　l_0——柱的计算长度，按 6.3.3 节取用；

　　　ζ_1——小偏心受压构件截面曲率修正系数；

　　　ζ_2——偏心受压构件长细比对截面曲率的影响系数。

分析研究表明：对于大偏心受压构件，破坏时混凝土压应变达到极限压应变 ε_{cu} 值，钢筋的拉应变 ε_s 达到屈服时的拉应变 ε_y 值，相应的曲率接近于 ϕ_b，所以当 $\zeta_1>1.0$ 时，取 $\zeta_1=1.0$。

对小偏心受压构件，破坏时钢筋的拉应变 ε_s 达不到 ε_y，亦可能是压应变，混凝土的极限压应变 ε_{cu} 值亦随偏心距的减小而减小，当为轴心受压时，其极限应变 ε_{cu} 值由 0.0033 降至 0.002。为此，《规范》在试验分析的基础上，对修正系数 ζ_1 值取用如下的经验表达式：

$$\zeta_1 = \frac{0.5 f_c A}{N} \tag{6-23}$$

式中　A——构件的截面面积，对 T 形、I 形截面均取 $A=bh+2(b_f'-b)h_f'$。

公式 (6-22) 中 ζ_2 值是考虑当构件的长细比较大时，混凝土的压应变 ε_c 和钢筋的拉应变 ε_s 达不到极限应变值，其控制截面曲率随长细比的增加而降低，最后导致失稳破坏

的修正系数。由试验表明当 $l_0/h \leqslant 15$ 时，ζ_2 对 η 值的影响不大，因此《规范》规定当 $\dfrac{l_0}{h}$ $\leqslant 15$ 时，取 $\zeta_2=1.0$；当 $l_0/h > 15$ 时，取用下列 ζ_2 的经验公式：

$$\zeta_2 = 1.15 - 0.01 \frac{l_0}{h} \leqslant 1.0 \tag{6-24}$$

(2) 采用 $\eta-l_0$ 法设计计算时几点说明[6-3]

1) 当框架柱同时有竖向荷载和水平荷载作用下，则柱的总弯矩设计值在理论上可由公式（6-13）与公式（6-16）相叠加，可写成：

$$M = M_v + Nv + M_h + \Delta M_h \tag{6-25}$$

式中　M_v——由竖向荷载在柱控制截面引起的一阶弯矩设计值，相当于公式（6-13）中 Ne_0 值（设计时取 e_0 以 e_i 代替）；

　　　M_h——由水平荷载在柱控制截面引起的一阶弯矩设计值，相当于公式（6-17）中的 M_{hf} 值；

　　　Nv——为竖向荷载下的纵向弯曲在柱段中点产生的附加弯矩；

　　　ΔM_h——为水平荷载受竖向压力 N 的影响，产生附加侧移时，所增加的附加弯矩。

对柱段中部控制截面：柱在水平荷载下，柱段中部有反弯点存在，因此，公式（6-25）中的 M_h 值近似为零，ΔM_h 值很微小可略去不计，则公式（6-25）可写成：

$$M = M_v + Nv = \eta e_i N = \eta M_v \tag{6-26}$$

对柱端控制截面：柱在竖向荷载下，对柱端原则上不产生 p-δ 效应，亦即在公式（6-25）中，由 p-δ 效应引起的附加弯矩 Nv 值可以忽略，这样公式（6-25）可写成：

$$M = M_v + M_h + \Delta M_h = M_v + \eta_s M_h \tag{6-27}$$

式中　η_s——反映水平荷载的一阶弯矩产生二阶效应时的弯矩增大系数，$\eta_s = 1 + \dfrac{\Delta M_h}{M_h}$。

公式（6-26）与公式（6-27）的表达形式不一致，为了简化计算，《规范》规定：对柱子总弯矩 M，取用如下的统一表达式：

$$M = \eta(M_v + M_h) \tag{6-28}$$

上式中 η 值仍按公式（6-22）确定，但其计算长度 l_0 的取值为：在常用的情况下 l_0 值按表 6-3 确定；当水平荷载的弯矩设计值（即 M_h 值）占总弯矩设计值（即 M 值）的 75% 及以上时，则 l_0 值应按公式（6-10）及公式（6-11）确定，并取两式中的较小值。

公式（6-28）与公式（6-27）比较，因公式（6-27）仅在等号后面 M_h 项乘以 η_s 值，若要使所求的总弯矩 M 值相同，必然要取 η 值小于 η_s 值方为合理；为此，《规范》是对计算长度 l_0 的取值进行调整，加以解决的。

通过验算结果表明，对框架结构在常用的情况下，η 与 η_s 值均按公式（6-22）确定，相应的 l_0 值均按表 6-3 确定，计算结果差异不大，其原因是《规范》对表 6-3 中规定的 l_0 值比理论值略小，有了一定的调整。但当 M_k 值偏大时，则按表 6-3 确定 l_0 值所得相应的 η 值，又显得过小，偏于不安全，而必须采用公式（6-10）及公式（6-11）来确定 l_0 值。由以上的分析表明，《规范》对柱端控制截面的承载力计算，是一种近似的计算方法。

2) 采用 $\eta-l_0$ 法设计计算简便，但在下列情况下，计算误差较大：当框架柱梁线刚度比（即在框架节点处交汇的各柱段线刚度之和与交汇的各梁段线刚度之和的比值）过大时，计算是偏于不安全的，其次是由于在计算 η 值时是按各柱控制截面分别计算的，未考虑满足同层各柱侧移相等的基本条件，故在框架各跨跨度不等，荷载不等时，而导致各柱列竖向荷载之间的比例与常规情况有较大差异时，计算结果，亦将导致较大的误差；此外，对复式框架、框架-剪力墙结构或框架-核心筒等较复杂结构，计算结果亦可能导致较大的误差。对上述情况，设计时采用下述的考虑二阶效应的弹性分析法进行承载力计算，将是有效的办法。

【例 6-3】 已知某偏心受压柱，柱两端弯矩相等，截面尺寸 $b \times h = 200\text{mm} \times 400\text{mm}$，轴向压力设计值 $N = 900\text{kN}$，偏心距 $e_0 = 20\text{mm}$；$\dfrac{l_0}{h} = 20$；混凝土用 C30（$f_c = 14.3\text{N/mm}^2$），钢筋用 HRB335 级（$f_y = 300\text{N/mm}^2$）。求：构件偏心距增大系数 η 值。

【解】（1）求 e_i 值：取 $h_0 = 365\text{mm}$

$$e_a = h/30 = 400/30 = 13.3\text{mm} < 20\text{mm}，故取 e_a = 20\text{mm}$$

则
$$e_i = e_0 + e_a = 20 + 20 = 40\text{mm}$$

（2）求 ζ_1 值：按公式（6-23）

$$\zeta_1 = \frac{0.5 f_c A}{N} = \frac{0.5 \times 14.3 \times 200 \times 400}{900 \times 1000} = 0.636$$

（3）求 ζ_2 值：按公式（6-24）

$$\zeta_2 = 1.15 - 0.01 \frac{l_0}{h} = 1.15 - 0.01 \times 20 = 0.95$$

（4）求 η 值：按公式（6-25）

$$\eta = 1 + \frac{1}{1400 e_i/h_0} \times \left(\frac{l_0}{h}\right)^2 \zeta_1 \zeta_2 = 1 + \frac{1}{1400 \times 40/365} \times (20)^2 \times 0.636 \times 0.95 = 2.575$$

2. 考虑二阶效应的弹性分析法

钢筋混凝土结构在荷载作用下，当其内力达到承载力极限状态时钢筋和混凝土的力学性能，已进入材料非线性的应力-应变状态时按弹性方法分析的内力分析法。因此，实际上它是一种同时反映材料非线性（二阶效应）的弹性分析法。此法在计算理论上较为成熟，但是由于结构各构件在受力状态下其非线性特征（材料的非线性，构件各截面内力的变化）各不相同，因此，即使利用有限元和计算机进行分析亦相当复杂。为了简化计算并能较准确的反映结构在这一状态下的内力和变形，《规范》规定，对结构及各种构件的弹性抗弯刚度 EI 乘以不同的折减系数，然后采用弹性分析的方法，求出构件的内力（弯矩 M、剪力 V、轴力 N），最终根据其内力值按偏心受压构件正截面承载力公式设计计算。此时在有关承载力公式中的 ηe_i 值，不需要再推求 η 值，而是取用 $\eta = 1$，$e_i = e_0 + e_a$ 即可，其中 $e_0 = M/N$，M、N 即为上述经刚度修正后的弯矩及轴向压力设计值。

在结构分析时，其刚度折减系数是考虑了二阶效应使构件刚度的降低，通过试验分析确定的，具体取值为：对梁，取 0.4；对柱，取 0.6；对剪力墙和核心筒壁，取 0.45。当验算表明剪力墙或核心筒底部不开裂时，其折减系数可取 0.7。

上述考虑二阶效应结构弹性分析法，是一种普遍可以使用的方法，实际上是取代了传统的结构一阶弹性分析法。这样，使分析所得的内力较为符合实际；而对各杆件控制截面的最不利内力组合原则和承载力计算公式，与采用结构一阶弹性分析法时完全相同。

6.4.5 矩形截面偏心受压构件正截面的承载力[6-1][6-2]

1. 基本假定

钢筋混凝土偏心受压构件正截面承载力的计算和受弯构件相同，采用下列基本假定：

（1）平截面假定：即构件正截面弯曲变形以后仍保持一平面；

（2）不考虑截面受拉区混凝土参加工作；

（3）截面受压区混凝土的应力图形采用等效矩形应力图形，其受压强度为轴心抗压强度设计值 f_c，受压区边缘混凝土应变取 $\varepsilon_c = \varepsilon_{cu} = 0.0033$；

（4）当截面受压区高度满足 $x \geq 2a'_x$ 要求时，受压钢筋能够达到抗压强度设计值；

（5）受拉钢筋应力 σ_s 取等于钢筋应变 ε_s 与其弹性模量 E_s 的乘积，但不得大于其强度设计值 f_y。

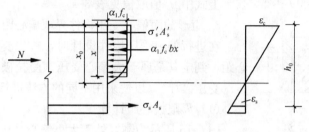

图 6-13 偏心受压构件应力应变分布图

2. 钢筋应力 σ_s 值

在偏心受压承载力计算时，必须确定受拉钢筋或受压应力较小边的钢筋应力 σ_s 值：

（1）用平截面假定条件，确定 σ_s 值

由图 6-13 可知

$$\frac{\varepsilon_c}{\varepsilon_c + \varepsilon_s} = \frac{x_0}{h_0}，即 \varepsilon_s = \varepsilon_c \left(\frac{1}{x_0/h_0} - 1 \right)$$

故

$$\sigma_s = E_s \varepsilon_s = \varepsilon_c \left(\frac{1}{x_0/h_0} - 1 \right) E_s$$

根据基本假定，对普通混凝土取 $x = 0.8x_0$，当构件破坏时取 $\varepsilon_c = \varepsilon_{cu} = 0.0033$，同时取 $\xi = x/h_0$，则得

$$\sigma_s = 0.0033 \left(\frac{0.8}{\xi} - 1 \right) E_s \quad (6-29)$$

当 $\sigma_s > 0$ 时，A_s 受拉；反之，当 $\sigma_s < 0$ 时，A_s 受压。

（2）σ_s 的简化计算式

如图 6-14 所示，公式（6-29）中 σ_s 与 ξ 为双曲线函数，可采用如下的简化，成为线性方程式。当 $\xi = \xi_b$ 时，$\sigma_s = f_y$；当 $\xi = 0.8$ 时，$\sigma_s = 0$，通过以上二点可得 $\sigma_s - \xi$ 的表达式为：

$$\sigma_s = \frac{f_y}{\xi_b - 0.8}(\xi - 0.8) \quad (6-30)$$

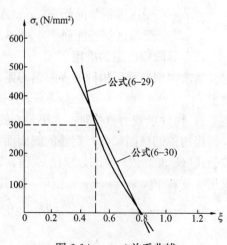

图 6-14 $\sigma_s - \xi$ 关系曲线

公式（6-30）为线性方程，与公式（6-29）

相比，由于 σ_s 值对小偏心受压构件的极限承载力影响很小，故二者计算 σ_s 值的误差不大，但降低了方程式的次数，使计算简化。

对于高强混凝土，通过试验分析，公式（6-29）及（6-30）应取用如下表达式：

$$\sigma_s = \varepsilon_{cu}\left(\frac{\beta_1}{\xi}-1\right)E_s \tag{6-31}$$

及近似公式

$$\sigma_s = \frac{f_y}{\xi_b - \beta_1}(\xi - \beta_1) \tag{6-32}$$

上式中 β_1 值取值见表 3-4。

3. 矩形截面偏心受压构件界限偏心距

在进行偏心受压构件设计时，首先要确定构件的界限偏心距，判定其是属于大偏心受压（受拉破坏）还是小偏心受压（受压破坏），以便采用不同的方法进行配筋计算。

（1）界限偏心距计算

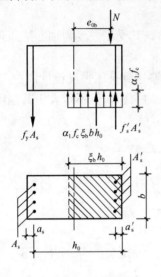

图 6-15 偏心受压构件界限状态下计算简图

图 6-15 所示为刚好处于大小偏心受压界限状态下矩形截面的应力分布。此时，混凝土在界限状态下受压区相对高度为 $\xi_b = x_b/h_0$；受拉钢筋应力已经达到屈服强度，即 $\sigma_s = f_y$；则由平衡条件可得界限状态破坏时的轴压力 N_b 和弯矩 M_b 为：

$$N_b = \alpha_1 f_c b \xi_b h_0 + f'_y A'_s - f_y A_s \tag{6-33}$$

$$M_b = 0.5\alpha_1 f_c b \xi_b h_0 (h - \xi_b h_0) + 0.5(f'_y A'_s + f_y A_s)(h_0 - 2a_s) \tag{6-34}$$

由此可得相对界限偏心距为：

$$\frac{e_{0b}}{h_0} = \frac{0.5\alpha_1 f_c b \xi_b h_0 (h - \xi_b h_0) + 0.5(f'_y A'_s + f_y A_s)(h_0 - 2a_s)}{(\alpha_1 f_c b \xi_b h_0 + f'_y A'_s - f_y A_s)h_0} \tag{6-35}$$

或

$$\frac{e_{0b}}{h_0} = \frac{M_b}{N_b h_0} = \frac{\alpha_1 f_c \zeta_b (h - \xi_b h_0) + (\rho' f'_y + \rho f_y)(h_0 - 2a_s)}{2h_0(\alpha_1 f_c \xi_b + \rho' f'_y - \rho f_y)} \tag{6-36}$$

式中 e_{0b}——界限偏心距；

ρ'——受压区钢筋配筋率，$\rho' = A'_s/bh_0$；

ρ——受拉区钢筋配筋率，$\rho = A_s/bh_0$。

（2）界限偏心距的应用

当求得偏心受压构件的界限偏心距 e_{0b} 值后，则可利用下述方法判别构件大小偏心的类型：

1）构件承载力校核时，大小偏心的判别

当构件的截面尺寸，钢筋的截面面积 A_s 及 A'_s 值，材料强度等级均为已知时，则可按公式（6-35）或（6-36）求出 e_{0b} 值；同时根据构件的长细比以及其内力设计值 N 和 M，求出 η 及 e_0 值，$e_i = e_0 + e_a$，则可判定其偏心的类型：

当

$$\left.\begin{array}{l}\eta e_i < e_{0b} \text{ 时为小偏心受压；}\\ \eta e_i \geqslant e_{0b} \text{ 时为大偏心受压。}\end{array}\right\} \tag{6-37}$$

2）构件设计时大小偏心的判别

在构件设计时由于配筋率 ρ 及 ρ' 均为未知,不能直接按公式(6-35)或公式(6-36)来确定界限偏心距 e_{0b} 值,而一般通过分析研究,来区分其偏心类型,以便设计应用。

从公式(6-36)可以看出,界限偏心距 e_{0b} 值是随着钢筋的配筋率 ρ 及 ρ' 值的减小而降低的。这样,就可根据钢筋的最小配筋率 ρ_{min} 及 ρ'_{min} 值,求出最小界限偏心距 $e_{0b,min}$ 值,则当 $\eta e_i < e_{0b,min}$ 时,表明构件属于小偏心受压破坏的情况。

当 $\eta e_i \geqslant e_{0b,min}$ 时,则构件可能为大偏心受压破坏,亦可能为小偏心受压的破坏。当构件为不对称配筋时,为了节约钢材,充分发挥受压混凝土的作用,通常总是取 $x = \xi_b h_0$ 按大偏心受压公式进行计算,使 $A_s + A'_s$ 的用量为最小。这样,就限制了截面受压区高度 x 最大只能为 $x = \xi_b h_0$,相应的钢筋都能达到屈服强度时的界限状态,设计结果满足了大偏心受压载承力的要求,不会再出现小偏心受压破坏的情况。

当 $\eta e_i \geqslant e_{0b,min}$ 构件出现小偏心受压破坏的条件为 $x > \xi_b h_0$,同时受拉钢筋 A_s 配置过多,没有屈服,而受压钢筋 A'_s 又配置较小的情况。这样,只有当钢筋的 A_s 及 A'_s 值均为已知时,才有可能出现小偏心受压的破坏。由以上分析可知,在设计时,当 $\eta e_i \geqslant e_{0b,min}$,若按大偏心受压进行计算,可通过对 A_s 及 A'_s 值用量的调整,就不会出现小偏心受压破坏的情况了。

对最小界限偏心距 $e_{0b,min}$ 值,按《规范》规定,可取受拉钢筋的 $\rho_{min}\left(\rho_{min} = \dfrac{A_s}{bh_0}\right)$ 值等于 0.002 和 $0.45 f_t / f_y$ 两者中的较大者,并取受压钢筋的 $\rho'_{min}\left(\rho'_{min} = \dfrac{A'_s}{bh_0}\right)$ 值等于 0.002,并近似取 $h = 1.05 h_0$,$a_s = 0.05 h_0$,代入公式(6-36)可得出常用的各种混凝土强度等级和钢筋的相对界限偏心距的最小值,如表 6-4 所示。

最小相对界限偏心距 $e_{0b,min}/h_0$　　　　　　　　　表 6-4

钢筋 \ 混凝土	C20	C30	C40	C50	C60	C70	C80
HPB235 级	0.296	0.283	—	—	—	—	—
HRB335 级	0.363	0.331	0.320	0.313	0.320	0.327	0.335
HRB400 和 RRB400 级	0.411	0.361	0.343	0.335	0.342	0.348	0.356

故对不对称配筋的偏心受压构件,设计时大小偏心的判别条件,可按下式确定:

$$\left.\begin{array}{l} \text{当} \quad \eta e_i < e_{0b,min} \text{ 时,为小偏心受压;} \\ \text{当} \quad \eta e_i \geqslant e_{0b,min} \text{ 时,为大偏心受压。} \end{array}\right\} \quad (6\text{-}38)$$

在图 6-16 中列出不同钢材品种和不同混凝土强度等级当为最小配筋率 ρ_{min} 和 ρ'_{min} 时的相对界限偏心距 $e_{0b,min}/h_0$ 值。由图中可以看出,$e_{0b,min}/h_0$ 值在 0.3 上、下波动,因此,为了简化计算可近似取 $e_{0b,min}/h_0 = 0.3$,故在设计时,对不对称配筋的偏心受压构件大小偏心的判别条件,可近似按式下确定:

$$\left.\begin{array}{l} \text{当} \quad \eta e_i < 0.3 h_0 \text{ 时,为小偏心受压;} \\ \quad \eta e_i \geqslant 0.3 h_0 \text{ 时,为大偏心受压。} \end{array}\right\} \quad (6\text{-}39)$$

4. 矩形截面大偏心受压构件不对称配筋计算

(1) 判别条件

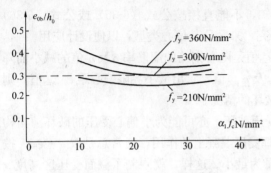

图 6-16 $e_{0b}/h_0 \sim \alpha_1 f_c$ 相关曲线
（取配筋率为 ρ_{min} 和 ρ'_{min} 值）

根据以上分析，大偏心受压构件的判别条件为：

当用于构件设计时 $\eta e_i \geq 0.3h_0$；（或 $\eta e_i \geq e_{0b,min}$）；

当用于截面校核时 $x \leq \xi_b h_0$。

(2) 基本计算公式

大偏心受压构件破坏时和适筋梁的情况相同，其受拉及受压纵向钢筋均能达到屈服强度，受压区混凝土应力为抛物线形分布（图 6-17a）。为简化计算，同样可以用矩形应力分布图形来代替实际的应力分布图（图 6-17b），压应力取为混凝土轴心抗压强度设计值 f_c，受压区高度取 x，则得平衡方程式为

$$\Sigma N = 0 \quad N \leq \alpha_1 f_c bx + f'_y A'_s - f_y A_s \tag{6-40}$$

$$\Sigma M = 0 \quad Ne \leq \alpha_1 f_c bx \left(h_0 - \frac{x}{2}\right) + f'_y A'_s (h_0 - a'_s) \tag{6-41}$$

$$e = \eta e_i + \frac{h}{2} - a_s \tag{6-42}$$

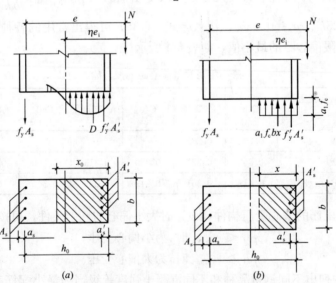

图 6-17 大偏心受压应力计算图形
(a) 实际应力分布图；(b) 计算图形

式中 α_1——系数，见表 3-4 的规定；

e_i——初始偏心距，见 6-4-4 节的规定。

(3) 适用条件

1) 为了保证受拉钢筋 A_s 达到屈服强度，则应满足

$$x \leqslant \xi_b h_0 \tag{6-43}$$

2) 为了保证受压钢筋 A'_s 达到屈服，则应满足

$$x \geqslant 2a'_s \tag{6-44}$$

或

$$z \leqslant h_0 - a'_s \tag{6-45}$$

式中 z——受压区混凝土合力与受拉钢筋合力之间的内力偶臂。

(4) 截面选择

对偏心受压构件，其截面尺寸是预先估算确定的，因此，截面选择一般是指配筋的计算。即按公式 (6-40) 及公式 (6-41)，确定钢筋的截面面积。

第一种情况 当 A_s 和 A'_s 均为未知时

由基本计算公式可知未知数有三个，即 A_s、A'_s 及 x，而平衡方程式只有两个，所以必须补充一个条件才能求解。与受弯构件双筋截面设计方法相同，为了节约钢材，应充分利用混凝土受压承载力，使 $(A_s+A'_s)$ 总用钢量最省为补充条件，即令 $\xi=x/h_0=\xi_b$，代入公式 (6-40) 及 (6-41) 可得

$$A'_s = \frac{Ne - \alpha_1 f_c b h_0^2 \xi_b (1-0.5\xi_b)}{f'_y (h_0-a'_s)} \tag{6-46}$$

$$A_s = \frac{\alpha_1 f_c \xi_b b h_0 + f'_y A'_s - N}{f_y} \tag{6-47}$$

当按公式 (6-46) 求得的 A'_s 值为 $A'_s<0.002bh$ 时，则取 $A'_s=0.002bh$，并按 A'_s 为已知重新求得 A_s 值。

第二种情况 当 A'_s 为已知而求 A_s 时

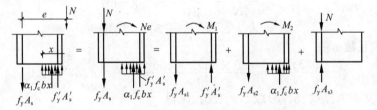

图 6-18 当 A'_s 为已知时受力情况

此时在公式 (6-40) 及 (6-41) 中，只有 x 和 A_s 二个未知数，故其值可直接解出。具体方法和受弯构件双筋截面设计方法相同，可将其内力矩分解为二部分 (图 6-18)，即

$$M_1 = f'_y A'_s (h_0 - a'_s); M_2 = Ne - M_1$$

$$\alpha_{s2} = \frac{M_2}{\alpha_1 f_c b h_0^2}, \quad \text{由 } \alpha_{s2} \text{ 查附表 8 得 } \gamma_{s2},$$

$$A_{s2} = \frac{M_2}{\gamma_{s2} h_0 f_y}; A_{s1} = \frac{f'_y}{f_y} A'_s; \quad A_{s3} = \frac{N}{f_y}$$

故

$$A_s = A_{s1} + A_{s2} - A_{s3} \tag{6-48}$$

当 $A_s<\rho_{min}bh$ 时，则取 $A_s=\rho_{min}bh$。

当 $\alpha_{s2}>\alpha_{smax}$ 时，表明 A'_s 值取值太小，此时应再按 A'_s 及 A_s 均为未知的情况求得 A_s 及 A'_s 值。

当 $\gamma_{s2} h_0 > h_0 - a'_s$ 时，即 $x<2a'_s$，表明受压钢筋 A'_s 达不到 f'_y，则可取 $x=2a'_s$ 或 $A'_s=0$，分别计算 A_s 值，然后取两者中的较大值。具体计算为：

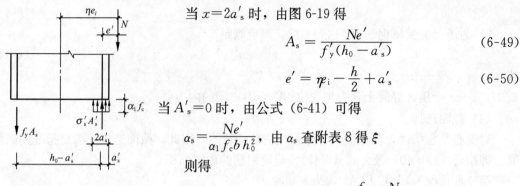

当 $x=2a_s'$ 时,由图 6-19 得

$$A_s = \frac{Ne'}{f_y'(h_0-a_s')} \quad (6-49)$$

$$e' = \eta e_i - \frac{h}{2} + a_s' \quad (6-50)$$

当 $A_s'=0$ 时,由公式(6-41)可得

$$\alpha_s = \frac{Ne'}{\alpha_1 f_c b h_0^2}, \text{ 由 } \alpha_s \text{ 查附表 8 得 } \xi$$

则得

$$A_s = \xi b h_0 \frac{\alpha_1 f_c}{f_y} - \frac{N}{f_y} \quad (6-51)$$

图 6-19 当 $x=2a_s'$ 时构件的受力情况

按公式(6-49)或公式(6-51)求得的 A_s 值,当 $A_s<\rho_{\min}bh$ 时,则取 $A_s=\rho_{\min}bh$。

【例 6-4】 已知某柱在荷载设计值作用下,纵向压力 $N=940$kN,弯矩 $M=470$ kN·m,柱截面尺寸 $b\times h=400$mm$\times 600$mm,$a_s=a_s'=35$mm,混凝土 C30($f_c=14.3$N/mm^2),钢筋用 HRB400 级($f_y=f_y'=360$N/mm^2),柱计算长度 $l_0=6.0$m。求:钢筋截面面积 A_s' 及 A_s。

【解】 因 $l_0/h=\frac{6000}{600}=10>5$,需考虑纵向弯曲影响。$h_0=600-35=565$mm。

$$e_a = h/30 = 600/30 = 20\text{mm},$$

$$e_0 = \frac{M}{N} = \frac{470000}{940} = 500\text{mm},$$

$$e_i = e_0 + e_a = 500 + 20 = 520\text{mm}$$

求偏心距增大系数 η 值

$$\zeta_1 = \frac{0.5 f_c A}{N} = \frac{0.5 \times 14.3 \times 400 \times 600}{940 \times 1000} = 1.83 > 1.0$$

取 $\zeta_1=1.0$;又因 $l_0/h<15$,故取 $\zeta_2=1.0$;则得

$$\eta = 1 + \frac{1}{1400 e_i/h_0} \cdot \left(\frac{l_0}{h}\right)^2 \zeta_1 \zeta_2$$

$$= 1 + \frac{1}{1400 \times 520/565} \times (10)^2 \times 1.0 \times 1.0 = 1.078$$

因 $\eta e_i = 1.078 \times 520 = 560.6 > 0.3 h_0 = 0.3 \times 565 = 169.5$mm

故按大偏心受压构件计算

$$e = \eta e_i + \frac{h}{2} - a_s = 1.078 \times 520 + \frac{600}{2} - 35 = 825.6\text{mm}$$

查表 3-5 得 $\xi_b=0.520$,则得

$$A_s' = \frac{Ne - \alpha_1 f_c b h_0^2 \xi_b (1-0.5\xi_b)}{f_y'(h_0-a_s')}$$

$$= \frac{940 \times 10^3 \times 825.6 - 1.0 \times 14.3 \times 400 \times 565^2 \times 0.520(1-0.5 \times 0.520)}{360 \times (565-35)}$$

$$= 385\text{mm}^2$$

选用 2 Φ16($A_s'=402$mm^2)

$$A_s = \frac{\alpha_1 f_c \xi_b b h_0 + f'_y A'_s - N}{f_y}$$

$$= \frac{1.0 \times 14.3 \times 0.520 \times 400 \times 565 + 360 \times 385 - 940000}{360}$$

$$= 2442 \text{mm}^2$$

选用 4 ⌀ 28 ($A_s = 2463 \text{mm}^2$)

【例 6-5】 已知条件同[例 6-4],并已知 $A'_s = 628 \text{mm}^2$ (2 ⌀ 20)。求:受拉钢筋截面面积 A_s 值。

【解】 $M_1 = f'_y A'_s (h_0 - a'_s) = 360 \times 628 \times (565 - 35) = 119822400 \text{N} \cdot \text{mm}$

$M_2 = Ne - M_1 = 940000 \times 825.6 - 119822400 = 656241600 \text{N} \cdot \text{mm}$

$$\alpha_{s2} = \frac{M_2}{\alpha_1 f_c b h_0^2} = \frac{656241600}{1.0 \times 14.3 \times 400 \times 565^2} = 0.359$$

由附表 8,得 $\gamma_{s2} = 0.765$

$$A_{s2} = \frac{M_2}{\gamma_{s2} h_0 f_y} = \frac{656241600}{0.765 \times 565 \times 360} = 4217.5 \text{mm}^2$$

故 $A_s = A_{s1} + A_{s2} - \frac{N}{f_y} = 628 + 4217.5 - \frac{940000}{360} = 2234 \text{mm}^2$

选用 2 ⌀ 28 + 2 ⌀ 25 ($A_s = 2214 \text{mm}^2$)

从[例 6-4]及[例 6-5]比较可以看出取 $\xi = \xi_b$ 时所求得的钢筋总用量要少一些。

5. 矩形截面小偏心受压构件不对称配筋计算

(1) 判别条件

小偏心受压构件的判别条件为:

当用于构件设计时 $\eta e_i < 0.3 h_0$ (或 $\eta e_i < e_{0b,\min}$);

当用于截面校核时 $x > \xi_b h_0$。

(2) 基本计算公式

对于小偏心受压构件破坏的应力分布图形,可能是全截面受压或截面部分受压、部分受拉。与偏心压力距离较近一侧的纵向受压钢筋 A'_s,一般都能达到屈服强度;而远离偏心压力一侧的纵向钢筋 A_s,可能受拉亦可能受压,其应力 σ_s 往往未达到屈服强度(图 6-20)。设计时可取图 6-21 所示计算图形,此时 σ_s 值可按公式(6-31)或公式(6-32)计算,即

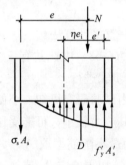
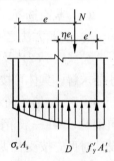

图 6-20 小偏心受压实际应力分布图

$$\sigma_s = \frac{f_y}{\xi_b - \beta_1}\left(\frac{x}{h_0} - \beta_1\right) \tag{6-32}$$

这样可得其平衡方程式为

$$N \leqslant \alpha_1 f_c b x + f'_y A'_s - f_y A_s \frac{x/h_0 - \beta_1}{\xi_b - \beta_1} \tag{6-52}$$

$$Ne \leqslant \alpha_1 f_c b x \left(h_0 - \frac{x}{2}\right) + f'_y A'_s (h_0 - a'_s) \tag{6-53}$$

$$e = \eta e_i + \frac{h}{2} - a_s \tag{6-54}$$

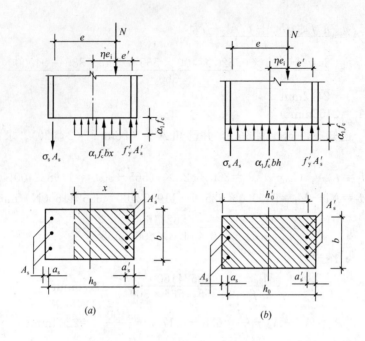

图 6-21 小偏心受压计算图形
(a) A_s 受拉；(b) A_s 受压

(3) 截面选择

1) 解题方法之———直接计算法

公式（6-52）及公式（6-53）中，共有三个未知数 A_s、A_s' 及 x，需要补充一个条件才能求解。具体可按下列步骤进行：

①对 A_s 值的确定：由试验研究可知，小偏心受压构件破坏时远离偏心压力一侧的纵向钢筋 A_s 在一般情况下其应力较小，可能受压，亦可能受拉，且达不到屈服强度 f_y 值。设计时可先按受拉纵钢的最小配筋率取 $A_s = A_{s,\min} = 0.002bh$ 及 $A_s = A_{s,\min} = 0.45bh f_c / f_y$ 两者中的较大值进行计算，初步确定 A_s 值。

②对 A_s' 值的校核：

对小偏心受压构件，当轴向压力 N 值很大时，其远离偏心压力一侧的钢筋 A_s 由受拉转为受压状态，A_s 值按最小配筋率配置过小，钢筋应力可能达到 f_y' 而破坏，因此，需对 A_s 值进行校核。

《规范》规定：对采用非对称配筋的小偏心受压构件，当 $N > f_c A$ 时，尚应按下列公式进行验算，即 A_s' 的重心的平衡方程式（图 6-21b）为：

$$Ne' \leqslant f_c bh \left(h_0' - \frac{h}{2}\right) + f_y' A_s (h_0' - a_s) \tag{6-55}$$

在上式中当构件已进入全截面受压状态时，混凝土等效压应力可不考虑其换算系数 α_1 的影响，故取消了 α_1 值。此外，在公式中其附加偏心距 e_a 可取与 e_0 反向，则得：

$$e' = \frac{h}{2} - a_s' - (e_0 - e_a) \tag{6-56}$$

这样，可得

$$A_s = \frac{Ne' - f_c bh \left(h_0' - \frac{h}{2}\right)}{f_y'(h_0' - a_s)} \tag{6-57}$$

最后，按 $A_{s,\min}$ 值与按公式（6-57）计算的 A_s 值，取两者中的较大值，作为所需的纵向钢筋 A_s 值。

③对 A_s' 值的确定：当 A_s 值确定后，则在公式（6-53）及公式（6-52）中只剩下 A_s' 及 x 两个未知数，联立解方程式可得 x 值，或对受压钢筋 A_s' 重心取矩（图 6-21（a）），同样可得出 x 值，即

$$Ne' \leqslant \alpha_1 f_c bx\left(\frac{x}{2} - a_s'\right) - \sigma_s A_s(h_0 - a_s') \tag{6-58}$$

此时

$$e' = \frac{h}{2} - a_s' - \eta e_i \tag{6-59}$$

上式中对 e_i 取值与公式(6-18)中的 e_i 值相同。这样，将公式(6-30)代入公式(6-58)得

$$Ne' \leqslant \alpha_1 f_c bx\left(\frac{x}{2} - a_s'\right) - f_y A_s \frac{x/h_0 - 0.8}{\xi_b - 0.8}(h_0 - a_s')$$

经整理后得出

$$x^2 - \left[2a_s' - \frac{2f_y A_s(h_0 - a_s')}{\alpha_1 f_c b h_0(0.8 - \xi_b)}\right]x - \left[\frac{2Ne'}{\alpha_1 f_c b} + \frac{1.6 f_y A_s}{\alpha_1 f_c b(0.8 - \xi_b)}(h_0 - a_s')\right] = 0 \tag{6-60}$$

在上式中，对 C60 及以上的高强混凝土，0.8 值应以 β_1 代替。这样，就可以解得受压区高度 x 值，并可根据下列不同情况确定 A_s' 值：

若 $\xi_b h_0 < x < h$ 时，此时说明远离纵向压力 N 的纵筋 A_s 基本处于受拉状态，则由公式（6-60）解得的 x 值代入公式（6-53）可得：

$$A_s' = \frac{Ne - \alpha_1 f_c bx(h_0 - 0.5x)}{f_y'(h_0 - a_s')} \tag{6-61}$$

若 $x \geqslant h$ 时，说明处于全截面受压状态，此时，公式（6-60）中的 A_s 值，应取 $-A_s$ 代替，重新解出 x 值；若重解出的 x 仍符合 $x \geqslant h$ 时，则取 $x = h$ 代入公式（6-61）可得

$$A_s' = \frac{Ne - f_c bh(h_0 - 0.5h)}{f_y'(h_0 - a_s')} \tag{6-62}$$

当重解出的 x 符合 $x < h$ 时，则 A_s' 值仍按公式（6-61）确定；此外，当最后求得的 A_s' 值为 $A_s' < A_{s,\min}'$ 时，则取 $A_s' = A_{s,\min}' = 0.002bh$ 进行配筋。

【例 6-6】 已知一偏心受压柱，$b \times h = 200 \times 500$（$mm^2$），$a_s = a_s' = 35mm$，$l_0/h < 5$，作用在柱上的荷载设计值所产生的内力 $N = 2000kN$，$M = 200kN \cdot m$，混凝土用 C25（$f_c = 11.9N/mm^2$，$f_t = 1.27N/mm^2$），钢筋用 HRB335 级（$f_y = f_y' = 300N/mm^2$）。求：钢筋截面面积 A_s 及 A_s'。

【解】

因

$$e_0 = \frac{M}{N} = \frac{200000}{2000} = 100mm$$

$$e_a = h/30 = 500/30 = 16.7mm < 20mm，取用 e_a = 20mm$$

$$e_i = e_0 + e_a = 100 + 20 = 120 \text{mm}。$$

又因 $\eta e_i = 1 \times 120 = 120 \text{mm} < 0.3h_0 = 0.3 \times 465 = 139.5 \text{mm}$，故按小偏心受压构件计算，则

$$e = \eta e_i + \frac{h}{2} - a_s = 1.0 \times 120 + \frac{500}{2} - 35 = 335 \text{mm}$$

$$e' = \frac{h}{2} - a'_s - \eta e_i = \frac{500}{2} - 35 - 1.0 \times 120 = 95 \text{mm}$$

(1) 求 A_s 值

取 $\quad A_s = A_{s,\min} = 0.002bh = 0.002 \times 200 \times 500 = 200 \text{mm}^2$

$$A_{s,\min} = 0.45 f_t bh/f_y = 0.45 \times 1.27 \times 200 \times 500/300 = 190.5 \text{mm}^2$$

又 $N = 2000 \text{kN} > f_c A = 11.9 \times 200 \times 500 = 1190000 \text{N} = 1190 \text{kN}$，则应对 A_s 进行校核。由公式（6-56），可得

$$e' = \frac{h}{2} - a'_s - (e_0 - e_a) = \frac{500}{2} - 35 - (100 - 20) = 135 \text{mm}$$

由公式（6-57）可得

$$A_s = \frac{Ne' - f_c bh\left(h'_0 - \frac{h}{2}\right)}{f'_y(h'_0 - a_s)} = \frac{2000 \times 1000 \times 135 - 11.9 \times 200 \times 500 \times \left(465 - \frac{500}{2}\right)}{300 \times (465 - 35)}$$

$$= 110 \text{mm}^2 < A_{s,\min}$$

故取 $A_s = 200 \text{mm}^2$

(2) 求 A'_s 值

将 A_s 值代入公式（6-60）

$$x^2 - \left[2a'_s - \frac{2f_y A_s(h_0 - a'_s)}{\alpha_1 f_c b h_0 (0.8 - \xi_b)}\right]x - \left[\frac{2Ne'}{\alpha_1 f_c b} + \frac{1.6 f_y A_s}{\alpha_1 f_c b(0.8 - \xi_b)}(h_0 - a'_s)\right] = 0$$

即 $\quad x^2 - \left[2 \times 35 - \frac{2 \times 300 \times 200 \times (465 - 35)}{1.0 \times 11.9 \times 200 \times 465 \times (0.8 - 0.550)}\right]x$

$$- \left[\frac{2 \times 2000 \times 10^3 \times 95}{1.0 \times 11.9 \times 200} + \frac{1.6 \times 300 \times 200}{1.0 \times 11.9 \times 200 \times (0.8 - 0.550)}(465 - 35)\right] = 0$$

得 $\quad x^2 + 116.5x - 229042 = 0$

解得 $\quad x = 424 \text{mm} < h = 500 \text{mm}$

将 x 值代入公式（6-61）得

$$A'_s = \frac{Ne - \alpha_1 f_c bx(h_0 - 0.5x)}{f'_y(h_0 - a'_s)}$$

$$= \frac{2000 \times 10^3 \times 335 - 1.0 \times 11.9 \times 200 \times 424\left(465 - 0.5 \times \frac{424}{2}\right)}{300 \times (465 - 35)} = 2385 \text{mm}^2$$

故取 $A_s = 200 \text{mm}^2$ 选用 2Φ12（$A_s = 226 \text{mm}^2$）

$A'_s = 2385 \text{mm}^2$ 选用 4Φ32（$A_s = 3217 \text{mm}^2$）

2）解题方法之二——用迭代法求解

对于不对称配筋的小偏心受压构件，按公式（6-52）及公式（6-53）配筋计算时，可以采用迭代法求解，同时由于从大小偏心界限到接近轴心受压的整个小偏心受压区段的偏心距变化幅度不大，这就为采用迭代法求解易于收敛提供了有利条件，一般只需经过少数

几次运算即可求得达到一定精度的解答，计算较为简便。采用迭代法求解的计算步骤如下。

①根据已知条件，求得偏心距 ηe_i；若 $\eta e_i < 0.3 h_0$ 时，按小偏心受压构件计算。

②确定远离偏心压力 N 一侧的纵向钢筋截面面积 A_s 值；可由受拉钢筋最小配筋率 $A_{s,min}$ 及按公式（6-57）计算所得的 A_s 两者中的较大值，定为取用的 A_s 值。

③初步估算截面受压区高度 x_1 及受压纵筋截面面积 A'_{s1} 值：对小偏心受压构件，其截面受压区高度 x_1，当为界限状态时，为其最小值，应取 $x_1 = \xi_b h_0$；当为全截面受压时为其最大值，应取 $x_1 = h$（或 h_0），故近似取二者的平均值 $x_1 = h_0(\xi_b + 1)/2$，即取 $\dfrac{x_1}{h_0} = (\xi_b + 1)/2$ 作为初步的估算。

将所求得的 x_1 值，代入公式（6-53）中的 x 值，第一次求得 A'_{s1} 值。从公式（6-52）可以看出，小偏心受压截面高度 x 值还与纵筋截面面积 A_s 值有关，因此，必须通过以下几次迭代运算，才能最终确定 A'_s 值。

④第二次重求 A'_{s2} 值：将 A'_{s1} 值代入公式（6-52），求得 x_2 值，并以 x_2 值再代入公式（6-53）中的 x 值，求解得 A'_{s2} 值。

⑤经过几次运算，各次所得的 A'_s 值，一般相差在 5% 以内时，认为合格，计算结束；否则再次运算，直到精度达到要求为止。

【例 6-7】 已知条件同［例 6-6］，试用迭代法求钢筋截面面积 A_s 及 A'_s 值。

【解】 同例 6-6，可得：$\eta e_i = 120 \text{mm} < 0.3 h_0 = 139.5 \text{mm}$，故按小偏心受压构件计算。

$$e = 335 \text{mm}, \quad e' = 95 \text{mm}, \quad A_s = 200 \text{mm}^2$$

取
$$\xi_1 = \frac{x_1}{h_0} = \frac{\xi_b + 1}{2} = \frac{0.55 + 1}{2} = 0.775$$

由公式（6-53）计算 A'_s 的第一次近似值

$$A'_{s1} = \frac{Ne - \alpha_1 f_c b h_0^2 \xi_1 (1 - 0.5 \xi_1)}{f'_y (h_0 - a'_s)}$$

$$= \frac{2000 \times 1000 \times 335 - 1.0 \times 11.9 \times 200 \times 465^2 \times 0.775 \times (1 - 0.5 \times 0.775)}{300 \times (465 - 35)}$$

$$= 3300 \text{mm}^2$$

将 A'_{s1} 及 A_s 值代入公式（6-52）得受压区高度近似值。

$$\xi_2 = \frac{x_2}{h_0} = \frac{N - f'_y A'_s - f_y A_s \dfrac{\beta_1}{\xi_b - \beta_1}}{\alpha_1 f_c b h_0 - f_y A_s \dfrac{1}{\xi_b - \beta_1}}$$

$$= \frac{2000 \times 1000 - 300 \times 3300 - 300 \times 200 \times \dfrac{0.8}{0.55 - 0.8}}{1.0 \times 11.9 \times 200 \times 465 - 300 \times 200 \times \dfrac{1}{0.55 - 0.8}} = 0.892$$

将 ξ_2 值代入公式（6-53）计算 A'_s 的第二次近似值。

$$A'_{s2} = \frac{Ne - \alpha_1 f_c b h_0^2 \xi_2 (h_0 - 0.5 \xi_2)}{f'_y (h_0 - a'_s)}$$

$$= \frac{2000 \times 1000 \times 335 - 1.0 \times 11.9 \times 200 \times 465^2 \times 0.892 \times (1 - 0.5 \times 0.892)}{300 \times (465 - 35)}$$

$$= 3222 \text{mm}^2$$

A'_{s1} 与 A'_{s2} 的误差较小（2.5%），计算符合要求。

【例 6-8】 已知矩形截面偏心受压柱，截面尺寸 $b \times h = 400\text{mm} \times 500\text{mm}$，计算长度 $l_0 = 6\text{m}$，内力设计值 $N = 3500\text{kN}$，$M = 245\text{kN} \cdot \text{m}$。采用混凝土强度等级 C60（$f_c = 27.5\text{N/mm}^2$，$f_t = 2.04\text{N/mm}^2$），纵向钢筋采用 HRB400 级（$f_y = f'_y = 360\text{N/mm}^2$）。试用迭代法，求所需配置的 A_s 和 A'_s 值。

【解】 因 $l_0/h = 6000/500 = 12 > 5$，故应考虑偏心距增大系数

取 $a_s = a'_s = 40\text{mm}$，$h_0 = 500 - 40 = 460\text{mm}$

$$e_a = h/30 = 500/30 = 16.7\text{mm} < 20\text{mm}, \text{取 } e_a = 20\text{mm}$$

$$e_i = e_0 + e_a = 245 \times 10^6/3500 \times 10^3 + 20 = 90\text{mm}$$

(1) 计算 η 值：

$$\zeta_1 = \frac{0.5 f_c A}{N} = \frac{0.5 \times 27.5 \times 400 \times 500}{3500 \times 1000} = 0.786 < 1.0$$

$$\zeta_2 = 1.15 - 0.01 \frac{l_0}{h} = 1.15 - 0.01 \times 12 = 1.03 > 1.0, \text{取 } \zeta_2 = 1.0$$

$$\eta = 1 + \frac{1}{1400 e_i/h_0}\left(\frac{l_0}{h}\right)^2 \zeta_1 \zeta_2 = 1 + \frac{1}{1400 \times 90/460} \times (12)^2 \times 0.786 \times 1.0 = 1.413$$

$\eta e_i = 1.413 \times 90 = 127.2\text{mm} < 0.3 h_0 = 0.3 \times 460 = 138\text{mm}$，故按小偏心受压计算。

(2) 求 A_s 值

因 $A_s = A_{s,\min} = 0.002bh = 0.002 \times 400 \times 500 = 400\text{mm}^2$

$$A_{s,\min} = 0.45 \frac{f_t}{f_y} bh = 0.45 \times \frac{2.04}{360} \times 400 \times 500 = 510\text{mm}^2$$

取 $A_s = 510\text{mm}^2$，选用 2⌀18（$A_s = 509\text{mm}^2$）

又因 $N = 3500\text{kN} < f_c A = 27.5 \times 400 \times 500 = 5500000\text{N} = 5500\text{kN}$，故可不必进行防止 A_s 可能产生受压破坏的校核。

(3) 求 A'_s 值（按迭代法求解）：

由表 3-5 查得 $\xi_b = 0.499$；由表 3-4 查得 $\alpha_1 = 0.98$，$\beta_1 = 0.78$

$$e = \eta e_i + \frac{h}{2} - a_s = 127.2 + 250 - 40 = 337.2\text{mm}$$

取 $\xi_1 = (\xi_b + 1)/2 = (0.499 + 1)/2 = 0.75$

由公式 (6-53) 计算 A'_s 的第一次近似值

$$A'_{s1} = \frac{Ne - \alpha_1 f_c b \xi_1 (h_0 - 0.5\xi_1)}{f'_y(h_0 - a'_s)}$$

$$= \frac{3500 \times 1000 \times 337.2 - 0.98 \times 27.5 \times 400 \times 460^2 \times 0.75 \times (1 - 0.5 \times 0.75)}{360 \times (460 - 40)}$$

$$= 734\text{mm}^2$$

将 A'_{s1} 代入公式 (6-52) 得出截面受压区高度

$$\xi_2 = \frac{N - f'_y A'_s - f_y A_s \dfrac{\beta_1}{\xi_b - \beta_1}}{\alpha_1 f_c b h_0 - f_y A_s \dfrac{1}{\xi_b - \beta}}$$

$$= \frac{3500 \times 1000 - 360 \times 734 - 360 \times 509 \times \dfrac{0.78}{0.499 - 0.78}}{0.98 \times 27.5 \times 400 \times 460 - 360 \times 509 \times \dfrac{1}{0.499 - 0.78}} = 0.667$$

将 ξ_2 代入公式（6-53），计算 A'_s 的第二次近似值

$$A'_{s2} = \frac{Ne - \alpha_1 f_c b \xi_2 (h_0 - 0.5\xi_2)}{f'_y (h_0 - a'_s)}$$

$$= \frac{3500 \times 1000 \times 337.2 - 0.98 \times 27.5 \times 400 \times 460^2 \times 0.667 \times (1 - 0.5 \times 0.667)}{360 \times (460 - 40)}$$

$$= 1099 \text{mm}^2$$

将 A'_{s3} 代入公式（6-52）得出 $\xi_3 = 0.644$；再将 ξ_3 代入公式（6-53）计算出 A'_s 的第三次近似值 $A'_{s3} = 1218 \text{mm}^2$。

将 A'_{s3} 代入公式（6-52）得出 $\xi_4 = 0.636$；再将 ξ_4 代入公式（6-53）计算出 A'_s 的第四次近似值 $A'_{s4} = 1262.6 \text{mm}^2$

因 A'_{s3} 与 A'_{s4} 的误差 $3.5\% < 5\%$，计算结束，最后取 $A'_s = 1262.6 \text{mm}^2$ 选用 4Φ20 ($A'_s = 1256 \text{mm}^2$)。

6. 矩形截面偏心受压构件对称配筋的计算

在实际工程中，偏心受压构件在不同的荷载作用下，在同一截面内可能分别承受正负的弯矩，亦即截面中的受拉钢筋在反向弯矩作用下变为受压，而受压钢筋则变为受拉。因此，当其所产生的正负弯矩值相差不大时，或者其正负弯矩相差较大，但按对称配筋计算时其纵向钢筋总的用量比按不对称配筋计算时纵向钢筋总的用量相差不多时，均宜采用对称配筋。

对称配筋的偏心受压构件，其受力性能与非对称配筋基本相同，但由于钢筋截面面积 $A_s = A'_s$，故其具体计算方法略有差异，现分述如下。

(1) 构件大小偏心的判别

因对称配筋 $A_s = A'_s$，并可取 $f_y = f'_y$，则由公式（6-40）可知，当 $\xi = \xi_b$ 时，得

$$N_b = \alpha_1 f_c b h_0 \xi_b + f'_y A'_s - f_y A_s = \alpha_1 f_c b h_0 \xi_b$$

式中 N_b——偏心受压构件对称配筋界限状态极限承载力。

所以对称配筋时的判别条件为

$N > N_b$（或 $\xi > \xi_b$）时，为小偏心受压（受压破坏）；

$N \leq N_b$（或 $\xi \leq \xi_b$）时，为大偏心受压（受拉破坏）。

(2) 大偏心受压构件计算

由基本公式

$$N \leq \alpha_1 f_c b h_0 \xi, \text{得} \xi = \frac{N}{\alpha_1 f_c b h_0} \tag{6-63}$$

$$Ne \leq \alpha_1 f_c b h_0^2 \xi (1 - 0.5\xi) + f'_y A'_s (h_0 - a'_s)$$

故得

$$A_s = A'_s = \frac{Ne - \alpha_1 f_c b h_0^2 \xi (1 - 0.5\xi)}{f'_y (h_0 - a'_s)} \tag{6-64}$$

其中 e 由式（6-22）确定。

(3) 小偏心受压构件计算

1) 解题方法之一——《规范》规定的方法

由基本公式

$$N \leq \alpha_1 f_c b h_0 \xi + f'_y A'_s - f_y A_s \frac{\xi - \beta_1}{\xi_b - \beta_1}$$

$$= \alpha_1 f_c b h_0 \xi + f'_y A'_s \left(\frac{\xi_b - \xi}{\xi_b - \beta_1}\right) \tag{6-65}$$

故得
$$f'_y A'_s = (N - \alpha_1 f_c b h_0 \xi) \frac{\xi_b - \beta_1}{\xi_b - \xi} \tag{6-66}$$

又由力矩平衡方程式得

$$Ne = \alpha_1 f_c b h_0^2 \xi(1 - 0.5\xi) + f'_y A'_s (h_0 - a'_s)$$

$$= \alpha_1 f_c b h_0^2 \xi(1 - 0.5\xi) + (N - \alpha_1 f_c b h_0 \xi) \frac{\xi_b - \beta_1}{\xi_b - \xi} (h_0 - a'_s)$$

即
$$Ne \frac{\xi_b - \xi}{\xi_b - \beta_1} = \alpha_1 f_c b h_0^2 \xi(1 - 0.5\xi) \frac{\xi_b - \xi}{\xi_b - \beta_1} + (N - \alpha_1 f_c b h_0 \xi)(h_0 - a'_s)$$

上式为 ξ 的三次方程式，很难求解，计算时同时考虑高强混凝土在内，近似取 $\xi(1-0.5\xi) \approx 0.43$，则在 $\xi = 0.6 \sim 1.0$ 常用范围内带来的误差是可接受的。这样，上式可写成

$$Ne \frac{\xi_b - \xi}{\xi_b - \beta_1} = \alpha_1 f_c b h_0^2 \times 0.43 \frac{\xi_b - \xi}{\xi_b - \beta_1} + (N - \alpha_1 f_c b h_0 \xi)(h_0 - a'_s)$$

由上式解得 ξ 值，经整理后得

$$\xi = \frac{N - \xi_b \alpha_1 f_c b h_0}{\dfrac{Ne - 0.43 \alpha_1 f_c b h_0^2}{(\beta_1 - \xi_b)(h_0 - a'_s)} + \alpha_1 f_c b h_0} + \xi_b \tag{6-67}$$

当求得 ξ 值后，则钢筋截面面积为

$$A_s = A'_s = \frac{Ne - \alpha_1 f_c b h_0^2 \xi(1 - 0.5\xi)}{f'_y (h_0 - a'_s)} \tag{6-68}$$

式中：e 由式（6-54）确定。

计算时，同时要满足最小配筋率，$A_s = A'_s \geqslant 0.002bh$ 的要求。

【例 6-9】 一偏心受压柱，已知 $b \times h = 300 \times 500$ (mm)，$a_s = a'_s = 35$mm，在荷载设计值作用下纵向压力 $N = 960$kN，弯矩 $M = 172.8$kN·m，混凝土用 C25（$f_c = 11.9$N/mm²），钢筋用 HRB335 级（$f_y = f'_y = 300$N/mm²），$l_0/h < 5$，采用对称配筋。求：钢筋截面面积 $A_s = A'_s$ 值。

【解】 因 $l_0/h < 5$，故取 $\eta = 1.0$

$$N_b = \alpha_1 f_c b h_0 \xi_b = 1.0 \times 11.9 \times 300 \times 465 \times 0.550 = 913 \text{kN}$$

因 $N = 960$kN $> N_b$，故属小偏心受压构件

$$e_0 = \frac{M}{N} = \frac{172800}{960} = 180 \text{mm}; \quad e_a = 20 \text{mm}; \quad e_i = e_0 + e_a = 200 \text{mm}$$

$$e = \eta e_i + \frac{h}{2} - a_s = 1 \times 200 + \frac{500}{2} - 35 = 415 \text{mm}$$

取 $\beta_1 = 0.8$；$\xi_b = 0.550$

$$\xi = \frac{N - \xi_b \alpha_1 f_c b h_0}{\dfrac{Ne - 0.43 \alpha_1 f_c b h_0^2}{(\beta_1 - \xi_b)(h_0 - a'_s)} + \alpha_1 f_c b h_0} + \xi_b$$

$$= \frac{960000 - 1.0 \times 11.9 \times 300 \times 465 \times 0.550}{\dfrac{960000 \times 415 - 0.43 \times 1.0 \times 11.9 \times 300 \times 465^2}{(0.8 - 0.550)(465 - 35)} + 1.0 \times 11.9 \times 300 \times 465} + 0.550$$

$$= 0.571$$

$$A_s = A'_s = \frac{Ne - \alpha_1 f_c b h_0^2 \xi(1-0.5\xi)}{f'_y(h_0 - a'_s)}$$

$$= \frac{960000 \times 415 - 1.0 \times 11.9 \times 300 \times 465^2 \times 0.571 \times (1-0.5 \times 0.571)}{300 \times (465-35)}$$

$$= 647 \text{mm}^2$$

又 $A_{s,\min} = 0.002 \times 300 \times 500 = 300 \text{mm}^2 < A_s$

选用 2Φ20（$A_s = A'_s = 628 \text{mm}^2$）

2）解题方法之二——用迭代法求解

对于对称配筋小偏心受压构件，用迭代法求解的方法步骤，与不对称配筋的情况基本相同，但可以取用对称配筋的条件，$A_s = A'_s$，及 $f_y = f'_y$，使解题更快捷一些，具体见例 6-10。

【例 6-10】 已知条件同 [例 6-9]，试用迭代法求钢筋截面面积 $A_s = A'_s$ 值。

【解】 因 $\eta = 1.0$；$e_i = 200 \text{mm}$；$\xi_b = 0.550$

$$e = \eta e_i + \frac{h}{2} - a_s = 1.0 \times 200 + \frac{500}{2} - 35 = 415 \text{mm}$$

$$e' = \frac{h}{2} - \eta e_i - a'_s = 250 - 1.0 \times 200 - 35 = 15 \text{mm}$$

由公式（6-63）得

$$x = \frac{N}{\alpha_1 f_c b} = \frac{960000}{1.0 \times 11.9 \times 300} = 269 \text{mm} > \xi_b h_0 = 0.550 \times 465 = 256 \text{mm}$$

故为小偏心受压构件，取

$$x_1 = \frac{\xi_b h_0 + x}{2} = \frac{0.55 \times 465 + 269}{2} = 262.4 \text{mm}$$

$$\xi_1 = \frac{x_1}{h_0} = \frac{262.4}{465} = 0.564$$

代入公式（6-68）可得 $A_s = A'_s$ 第一次近似值

$$A_{s1} = A'_{s1} = \frac{Ne - \alpha_1 f_c b h_0^2 \xi(1-0.5\xi)}{f'_y(h_0 - a'_s)}$$

$$= \frac{960 \times 1000 \times 415 - 1.0 \times 11.9 \times 300 \times 465^2 \times 0.564(1-0.5 \times 0.564)}{300 \times (465-35)}$$

$$= 665 \text{mm}^2$$

代入公式（6-65）可得（取 $\beta_1 = 0.8$）

$$\xi_2 = \frac{N - f'_y A'_{s1} \dfrac{\xi_b}{\xi_b - 0.8}}{\alpha_1 f_c b h_0 - f'_y A'_{s1} \dfrac{1}{\xi_b - 0.8}}$$

$$= \frac{960 \times 1000 - 300 \times 665 \times \dfrac{0.55}{0.55 - 0.8}}{1.0 \times 11.9 \times 300 \times 465 - 300 \times 665 \times \dfrac{1}{0.55 - 0.8}} = 0.569$$

将 ξ_2 值代入公式（6-68）可得 $A_s = A'_s$ 第二次近似值

$$A_{s2} = A'_{s2} = \frac{960 \times 1000 \times 415 - 1.0 \times 11.9 \times 300 \times 465^2 \times 0.569 \times (1-0.5 \times 0.569)}{300 \times (465-35)}$$

$=652.2\text{mm}^2$

将 A'_{s2} 再代入公式（6-65）计算得 $\xi_3=0.5692$，则 $A_{s3}=A'_{s3}=651.6\text{mm}^2$，以上计算结果与例6-9计算结果相比，误差为：

$$\frac{651.6-647}{651.6}=0.7\%$$

【例 6-11】 一偏心受压柱，已知计算长度 $l_0=6.0\text{m}$，截面 $b\times h=400\text{mm}\times 600\text{mm}$，$a_s=a'_s=35\text{mm}$，在不同情况的荷载设计值作用下，柱的两组最不利组合内力值为：$M_1=-320\text{kN·m}$，$N_1=350\text{kN}$；$M_2=360\text{kN·m}$，$N_2=540\text{kN}$。混凝土用 C35（$f_c=16.7\text{N/mm}^2$），钢筋用 HRB335 级（$f_y=f'_y=300\text{N/mm}^2$），采用对称配筋。

求：钢筋截面面积 $A_s=A'_s$ 值。

【解】 （1）按 M_1，N_1 计算

$\frac{l_0}{h}=\frac{6000}{600}=10>5$，需考虑偏心距增大系数 η 的影响。其截面偏心距为：

$$e_0=\frac{M}{N_1}=\frac{320}{350}=0.914\text{m},\ e_a=h/30=600/30=20\text{mm},\ e_i=e_0+e_a=934\text{mm}$$

$$\zeta_1=\frac{0.5f_cA}{N}=\frac{0.5\times 16.7\times 400\times 600}{350\times 1000}=5.73>1.0,\ \text{故取}\ \zeta_1=1.0$$

又因 $\frac{l_0}{h}=10<15$，故取 $\zeta_2=1.0$

$$\eta=1+\frac{1}{1400e_i/h_0}\left(\frac{l_0}{h}\right)\zeta_1\cdot\zeta_2$$

$$=1+\frac{1}{1400\times 934/565}\times(10)^2\times 1.0\times 1.0=1.043$$

则

$$e=\eta e_i+\frac{h}{2}-a_s=1.043\times 934+\frac{600}{2}-35=1239\text{mm}$$

先按大偏心受压情况计算截面相对受压区高度 ξ，则由公式（6-63）

得

$$\xi=\frac{N}{\alpha_1 f_c b h_0}=\frac{350\times 1000}{1.0\times 16.7\times 400\times 565}=0.093<\xi_b=0.55$$

又 $\frac{2a'_s}{h_0}=\frac{2\times 35}{565}=0.124>\xi=0.093$，取 $\xi=0.124<\xi_b$，故属于大偏心受压情况。由公式（6-64）得

$$A_s=A'_s=\frac{Ne-\alpha_1 f_c b h_0^2\xi(1-0.5\xi)}{f'_y(h_0-a'_s)}$$

$$=\frac{350\times 1000\times 1239-1.0\times 16.7\times 400\times 565^2\times 0.124\times(1-0.5\times 0.124)}{300\times(565-35)}$$

$$=1167\text{mm}^2$$

（2）按 M_2、N_2 计算

截面偏心距为：$e_0=\frac{M_2}{N_2}=\frac{360}{540}=0.667\text{m}$，$e_a=h/30=600/30=20\text{mm}$

$$e_i=e_0+e_a=667+20=687\text{mm}$$

由 $\zeta_1=\frac{0.5f_cA}{N}=\frac{0.5\times 16.7\times 400\times 600}{540\times 1000}=3.71>1.0$，故取 $\zeta_1=1.0$

又 $\zeta_2=1.0$,则

$$\eta = 1 + \frac{1}{1400 \times 687/565} \times (10^2) \times 1.0 \times 1.0 = 1.059$$

$$e = 1.059 \times 687 + \frac{600}{2} - 35 = 992.5 \text{mm}$$

先按大偏心受压情况计算截面相对受压区高度 ξ,则由公式 (6-63) 得

$$\xi = \frac{N}{\alpha_1 f_c b h_0} = \frac{540 \times 1000}{1.0 \times 16.7 \times 400 \times 565} = 0.143 < \xi_b = 0.55$$

又 $\frac{2a_s'}{h_0} = \frac{2 \times 35}{565} = 0.124 < \xi = 0.143$,取 $\xi = 0.143 < \xi_b$,故属大偏心受压情况,由公式 (6-64) 得

$$A_s = A_s' = \frac{Ne - \alpha_1 f_c b h_0^2 \xi(1 - 0.5\xi)}{f_y'(h_0 - a_s')}$$

$$= \frac{540 \times 1000 \times 992.5 - 1.0 \times 16.7 \times 400 \times 565^2 \times 0.143 \times (1 - 0.5 \times 0.143)}{300 \times (565 - 35)}$$

$$= 1590 \text{mm}^2$$

综合以上二种计算结果,最后选用截面每侧的钢筋为 4Φ22 ($A_s = A_s' = 1520 \text{mm}^2$,误差为 4.6%)。

6.5 沿截面腹部均匀配筋偏心受压构件正截面承载力计算

沿截面腹部均匀配置纵向钢筋的矩形、T形、工字形截面钢筋混凝土偏心受压构件,其正截面受压承载力的计算为:

1. 基本计算公式

如图 6-22 所示,构件在偏心压力设计值 N 作用下,其截面除在受压及受拉的外边缘分别配置纵向钢筋 A_s' 及 A_s 外,同时在腹部均匀配置纵向钢筋 A_{sw},则其正截面受压承载力按下列公式确定。

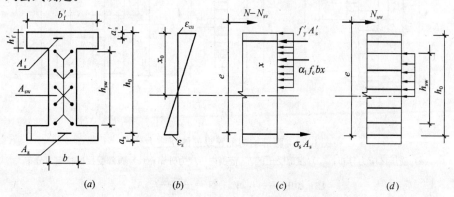

图 6-22 沿截面腹部均匀配筋的偏心受压构件计算简图
(a) 横截面;(b) 应变图;(c) 配置 A_s' 及 A_s 偏心受压构件受力情况;
(d) 腹部均匀配置受压纵筋时受力情况

$$N \leqslant \alpha_1 f_c [\xi b h_0 + (b'_f - b) h'_f] + f'_y A'_s - \sigma_s A_s + N_{sw} \tag{6-69}$$

$$Ne \leqslant \alpha_1 f_c \left[\xi(1-0.5\xi) b h_0^2 + (b'_f - b) h'_f \left(h_0 - \frac{h'_f}{2} \right) \right] + f'_y A'_s (h_0 - a'_s) + M_{sw} \tag{6-70}$$

式中 N_{sw}、M_{sw}——沿截面腹部均匀配置的纵向钢筋所承担的轴向压力,以及由 N_{sw} 对 A_s 重心的力矩。

公式（6-69）、公式（6-70）中由二部分组成：

当构件仅在截面上、下两侧配置纵向钢筋 A'_s 及 A_s 时,其计算公式与一般偏心受压构件相同,可由图 6-22（c）按平衡条件得出；

当构件仅在截面腹部均匀配置总的纵向钢筋截面面积 A_{sw} 时,A_{sw} 所能承担的受压承载力 N_{sw}、M_{sw} 值,其计算公式可由图 6-22（d）推导得出。

2. 腹部均匀配筋时 A_{sw} 所能承担的承载力 N_{sw} 及 M_{sw} 值

图 6-22（d）腹部纵筋的压应力分布如图 6-23（a）所示,可视为如图 6-23（b）及 6-23（c）两种情况叠加,计算时假定纵筋应力达到屈服强度 f_{yw} 值。

（1）均匀配置纵向钢筋所承担的轴向压力 N_{sw} 值

计算时取腹部均匀配筋时受压区高度为 D,并取

$$D = h_{sw} - (h_0 - x_0) = h_{sw} \left(1 + \frac{x_0 - h_0}{h_{sw}} \right) = h_{sw} \left(1 + \frac{\xi - \beta_1}{\beta_1 \omega} \right) \tag{6-71}$$

则得

$$N_{sw} = D f_{yw} \frac{A_{sw}}{h_{sw}} = \left(1 + \frac{\xi - \beta_1}{\beta_1 \omega} \right) f_{yw} A_{sw} \tag{6-72}$$

公式（6-72）中,$\xi = x/h_0 = \beta_1 x_0/h_0$,$\omega = h_{sw}/h_0$,$A_{sw}$ 为腹部均匀配筋时,腹部受压的 h_{sw} 范围内所需总的纵筋截面面积。

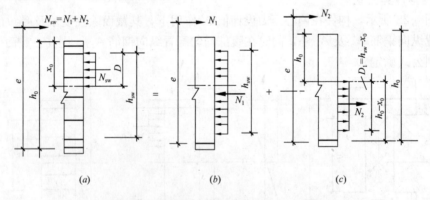

图 6-23 腹部均匀配置纵筋的压应力分布
(a) 受压区应力分布；(b) 腹部受压区 h_{sw} 范围内压应力分布；(c) 腹部受拉区拉应力分布

注：图中 $N_1 = f_{yw} A_{sw}$; $N_2 = -\dfrac{\xi - \beta_1}{\beta_1 \omega} f_{yw} A_{sw}$

《规范》规定对公式（6-72）取用如下的表达式,并规定当 $\xi > \beta_1$ 时取 $\xi = \beta_1$ 计算（β_1 由表 3-4 查得）。

$$N_{sw} = \left(1 + \frac{\xi - \beta_1}{0.5 \beta_1 \omega} \right) f_{yw} A_{sw} \tag{6-73}$$

公式（6-73）中，等号后面第2项分母的0.5系数，是考虑腹部受压区D范围内，纵筋往往不能达到全塑性的屈服状态，它是根据经验确定的使N_{sw}值适当调低的一个调整系数。

（2）均匀配置纵向钢筋的内力对A_s重心的力矩M_{sw}值

公式（6-72）中等号后面第1项其合力$N_1=f_{yw}A_{sw}$是表示腹部均匀配筋范围内全部受压时纵筋所承担的轴压承载力（图6-23b）；第2项其合力$N_2=-\dfrac{\xi-\beta_1}{\beta_1\omega}f_{yw}A_{sw}$是表示腹部受拉区纵筋所承担的受拉承载力（图6-23c）；（在公式6-72中，N_2为正值，即$N_2=\dfrac{\xi-\beta_1}{\beta_1\omega}f_{yw}A_{sw}$）。

将以上N_1、N_2等号后面二项合力分别对A_s重心取矩，然后相叠加，因：

$$h_0-x_0=-h_0\left(\dfrac{x_0}{h_0}-1\right)=-\dfrac{\xi-\beta_1}{\beta_1\omega}h_{sw}$$

则近似可得M_{sw}值为

$$M_{sw}=N_{sw}e=f_{yw}A_{sw}\dfrac{h_{sw}}{2}+\dfrac{\xi-\beta_1}{\beta_1\omega}f_{yw}A_{sw}\cdot\dfrac{1}{2}(h_{sw}-x_0)$$

$$=\left[0.5-0.5\times\left(\dfrac{\xi-\beta_1}{\beta_1\omega}\right)^2\right]f_{yw}A_{sw}h_{sw} \tag{6-74}$$

《规范》规定对公式（6-74）取用如下的表达式，并规定当$\xi>\beta_1$时，取$\xi=\beta_1$计算

$$M_{sw}=\left[0.5-\left(\dfrac{\xi-\beta_1}{\beta_1\omega}\right)^2\right]f_{yw}A_{sw}h_{sw} \tag{6-75}$$

公式（6-75）与公式（6-74）相比，取消了等号后边第二项的系数0.5，其原因同样是考虑受压区纵筋不能达到全塑性屈服状态而修正的。

3. 配筋计算方法

对腹部均匀配筋的偏心受压构件，腹部所需的纵向钢筋一般是根据构造或设计要求，是事先确定的，即所需的A_{sw}值为已知，而且均采用对称配筋。这样，在公式（6-69）及公式（6-70）中，只有ξ及$A'_s=A_s$二个未知数，在理论上是可以求解的，但计算比较烦琐，下面对其作简要介绍。

（1）T形截面类型的判别：

为了简化计算，《规范》规定，对工字形截面构件按T形截面构件计算，不考虑受拉翼缘的影响。这样，采用对称配筋，由公式（6-69），取$f'_yA'_s=\sigma_sA_s$，直接可解出x值。

当$x\leqslant h'_f$时，按宽度为b'_f的矩形截面的偏压构件计算；

当$x>h'_f$时，按T形截面受压区高度在腹板的情况计算。

（2）大小偏心类型的判别

在公式（6-69）及公式（6-70）中，当为大小偏心界限状态时，则以$\xi=\xi_b$代入，可得相应的N_b及M_b值。

$$N_b=\alpha_1f_c[\xi_bbh_0+(b'_f-b)h'_f]+N_{swb} \tag{6-76}$$

对M_b值，则应以截面中心为轴线，得出相应的弯矩方程式为：

$$M_b=N_be_{0b}=\alpha_1f_cbh_0\xi_b\left[\dfrac{h}{2}-\dfrac{\xi_bh_0}{2}\right]+M_{swb} \tag{6-77}$$

上式中 N_{swb} 可由公式（6-73）取 $\xi=\xi_b$ 时求出；M_{swb} 可由公式（6-75）取 $\xi=\xi_b$，并换算为对截面中心线取矩的公式求出；因 $e=e_{0b}+\frac{h}{2}-a_s$，则 $e_{0b}=e\left(1-\frac{h-2a_s}{2e}\right)$，其换算系数为 $\left(1-\frac{h-2a_s}{2e}\right)$，故得：

$$M_{swb} = \left(1-\frac{h-2a_s}{2e}\right)\left[0.5-\left(\frac{\xi_b-\beta_1}{\beta_1\omega}\right)^2\right]f_{yw}A_{sw}h_{0w} \qquad (6-78)$$

则得 $e_{0b}=M_b/N_b$；又 $e_0=M/N$

此处，N 为纵向压力设计值；M 为 N 对截面中心线所产生的弯矩。计算时取 e_0 以 ηe_i 代入。

当 $\eta e_i \geq e_{0b}$ 时，为大偏心受压构件；

当 $\eta e_i < e_{0b}$ 时，为小偏心受压构件。

(3) 截面配筋计算

(A) 对大偏心受压构件

取 $\xi=\xi_b$ 及 $\sigma_s=f_y$，按公式 (6-69)、(6-70)、(6-73)、(6-75) 可以直接求解，得出 $A'_s=A_s$ 值。

(B) 对小偏心受压构件

在公式 (6-69) 及 (6-70) 中，其中的 σ_s 值可由公式 (6-32) 代入，这样，只有 ξ 及 $A'_s=A_s$ 二个未知数，在理论上可以直接求解，但由于需要解 ξ 的三次方程式，计算很是不便，一般可采用迭代法求解（具体可参照 6.4.3 节，矩形截面小偏心受压用迭代法求解的方法与步骤）。

上述方法，仅适用于均匀配置的纵筋每个侧边不少于 4 根的情况。

6.6 双向偏心受压构件承载力验算[6-1][6-2]

在实际工程结构中的双向偏心受压构件，例如多层框架房屋的角柱，设计时有时会遇到配筋时其纵向钢筋一般需沿截面四周布置的情况。

双向偏心受压构件正截面承载力计算《规范》规定：有附录 F 计算法及近似法。附录 F 计算法较为复杂，下面介绍近似法的具体验算方法。

《规范》规定，其验算公式如下式，并参见图 6-24：

$$N \leq \frac{1}{\frac{1}{N_{ux}}+\frac{1}{N_{uy}}-\frac{1}{N_{u0}}} \qquad (6-79)$$

式中 N_{u0}——构件的轴心受压承载力设计值；

N_{ux}——轴向力作用于 x 轴，并考虑相应的计算偏心距 $\eta_x e_{ix}$ 后，按全部纵向钢筋计算的构件偏心受压承载力设计值；此处，η_x 应按公式 (6-22) 规定的方法计算；

N_{uy}——轴向力作用于 y 轴，并考虑相应的计算偏心距 $\eta_y e_{iy}$ 后，按全部纵向钢筋计算的构件偏心受压承载力设计值；此处，η_y 应按公式 (6-22) 规定的方法计算。

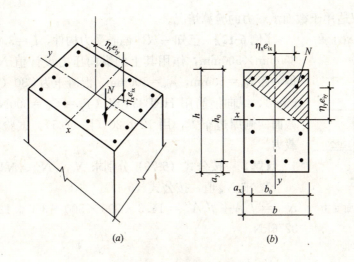

图 6-24 双向偏心受压构件
(a) 立体图；(b) 平面图
1—力作用点

上述的 N_{u0} 值可按公式（6-4）计算，取 N 等 N_{u0}，且不考虑稳定系数 φ 及系数 0.9 的影响。

对 N_{ux} 值：取 $N_{ux}=N_x+N_{sw}$，具体可按下列方法计算：

(1) 对上、下两边配置的纵向钢筋：N_x 值可按 6.4 节之 5 款矩形截面偏心受压构件对称配筋计算之大偏心或小偏心对称配筋基本公式，取 $N=N_x$ 进行计算。

(2) 沿截面腹部均匀配置的纵向钢筋：除上下两边纵筋外，其腹部配置的纵筋，按《规范》规定公式（6-73），公式（7-75）确定，即：

$$N_{sw} = \left[1 + \frac{\xi - \beta_1}{0.5\beta_1\omega}\right] f_{yw} A_{sw} \tag{6-73}$$

$$M_{sw} = \left[0.5 - \left(\frac{\xi - \beta_1}{\beta_1\omega}\right)^2\right] f_{yw} \cdot A_{sw} h_{sw} \tag{6-75}$$

式中 A_{sw}——沿截面腹部均匀配置的全部纵向钢筋截面面积；对 x 轴当腹筋承担的轴力和弯矩时，即除在截面上、下最外边一排纵向钢筋外，其余全部均匀配置的腹筋截面面积，即为 A_{sw} 值；同理亦可求得对 y 轴的 A_{sw} 值；

f_{yw}——截面腹部均匀配置的纵向钢筋强度设计值；

N_{sw}——沿截面腹部均匀配置的纵向钢筋所承担的轴向压力，当 ξ 大于 β_1 时，取 $N_{sw}=f_{yw}A_{sw}$（β_1 值见表 3-4）；

M_{sw}——沿截面腹部均匀配置的纵向钢筋的内力对受拉钢筋截面面积 A_{sx}（或 A_{sy}）重心的力矩，当 ξ 大于 β_1 时，取 $M_{sw}=0.5f_{yw}A_{sw}h_{sw}$；

A_s——计算时当对 x 轴（或 y 轴）取矩时，截面受拉区最外边一排纵向钢筋的截面面积；

ω——均匀配置纵向钢筋区段的高度 h_{sw} 与截面有效高度 h_0 的比值，$\omega=h_{sw}/h_0$；并可取 $h_{sw}=h_0-a'_s$。

构件的偏心受压承载力 N_{uy} 值，可采用与 N_{ux} 相同的方法计算。

上述方法,仅适用于截面承载力的验算情况。

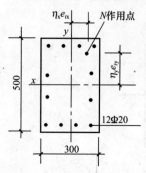

图 6-25　构件截面受力示意图

【例 6-12】 已知一双向偏心受力构件,$l_0=3.0\text{m}$,$b\times h=300\text{mm}\times500\text{mm}$,作用其上的纵向压力设计值 $N=1090\text{kN}$,偏心距 $e_{0x}=50\text{mm}$,$e_{0y}=100\text{mm}$,混凝土为 C30($f_c=14.3\text{N/mm}^2$),纵向钢筋用 HRB335 级($f_y=f'_y=300\text{N/mm}^2$),沿截面四侧周边布置,用 12 Φ 20(图 6-25)。试验算该构件承载力。

【解】 按公式(6-79)分别求 N_{u0}、N_{ux}、N_{uy} 值。

1. 求 N_{u0} 值,按公式(6-4)

$$N_{u0}=f_cA+f'_yA'_s=14.3\times300\times500+300\times12\times314.2=3276\text{kN}$$

2. 求 N_{ux} 值:

(1) 判别偏心类型,因对称配筋近似由公式(6-63)可得

$$\xi=\frac{N}{\alpha_1 f_c b h_0}=\frac{1090\times10^3}{1.0\times14.3\times500\times265}=0.575>\xi_b=0.550$$

故属于小偏心受压

(2) 求 N_x 值:取 $N_{ux}=N_x+N_{sw}$

上式中 N_x 为对称配筋不考虑腹筋时小偏心受压构件的承载力,可按公式(6-63)计算,式中的 N 用 N_x 代替,则可写成:

$$N_x e_x=\alpha_1 f_c b h_0^2 \xi(1-0.5\xi)+f'_y A'_s(b_0-a'_s) \quad (6-63)$$

求 e_x 值:

$$l_0/b=3000/300=10>5,\text{需求 }\eta_x\text{ 值}$$

$$e_{ix}=e_{0x}+e_a=50+20=70\text{mm}$$

$$\zeta_1=\frac{0.5f_cA}{N}=\frac{0.5\times14.3\times300\times500}{1090\times10^3}=0.984$$

$$\zeta_2=1.0(\text{因 }l_0/b<15)$$

$$\eta_x=1+\frac{1}{1400\times70/265}(10)^2\times0.984\times1.0=1.266$$

$$e_x=\eta_x e_{ix}+\frac{b}{2}-a'_s=1.266\times70+\frac{300}{2}-35=203.6\text{mm}$$

求 ξ 值:对于小偏心受压构件,由于 N_x 值与受压钢筋强度屈服程度有关,故应按公式(6-67),先求 ξ 值

取

$$D=\frac{Ne_x-0.43\alpha_1 f_c h b_0^2}{(\beta_1-\xi_b)(b_0-a'_s)}$$

$$=\frac{1090\times10^3\times203.6-0.43\times1.0\times14.3\times500\times265^2}{(0.8-0.55)(265-35)}=104647$$

则

$$\xi=\frac{N-0.55\times\alpha_1 f_c h b_0}{D+\alpha_1 f_c h b_0}+\xi_b$$

$$=\frac{1090\times10^3-0.55\times1.0\times14.3\times500\times265}{104647+1.0\times14.3\times500\times265}+0.550=0.574$$

将 ξ 值代人公式(6-64)得:

$$N_x = \frac{1}{203.6}[1.0 \times 14.3 \times 500 \times 265^2 \times 0.574 \times (1 - 0.5 \times 0.574)$$
$$+ 300 \times 4 \times 314.2 \times (265 - 35)] = 1435.2 \text{kN}$$

(3) 求 N_{sw} 值：由公式（6-73）得

$$N_{sw} = \left[1 + \frac{\xi - \beta_1}{0.5\beta_1 \omega}\right] f_{yw} \cdot A_{sw}$$
$$= \left[1 + \frac{0.574 - 0.8}{0.5 \times 0.8 \times 230/265}\right] \times 300 \times 4 \times 314.2 = 131.6 \text{kN}$$

故得 $N_{ux} = N_x + N_{sw} = 1435.2 + 131.6 = 1567 \text{kN}$

3. 求 N_{uy} 值

(1) 判别偏心类型：近似由公式（6-63）

$$\xi = \frac{N}{\alpha_1 f_c b h_0} = \frac{1090 \times 10^3}{1.0 \times 14.3 \times 300 \times 465} = 0.546$$
$$< \xi_b = 0.550, 故为大偏心受压$$

(2) 求 N_y 值：取 $N_{uy} = N_y + N_{sw}$

对大偏心受压构件 ξ 值，可直接按（6-63）计算得出，则由公式（6-64）可得

$$N_y e_y = \alpha_1 f_c b h_0^2 \xi (1 - 0.5\xi) + f_y' A_s' (h_0 - a_s')$$

求 e_y 值：

$$l_0/h = 3000/500 = 6 > 5, 需求 \eta_y 值$$
$$e_{iy} = e_{0y} + e_a = 100 + 20 = 120 \text{mm}$$
$$\zeta_1 = \frac{0.5 f_c A}{N} = \frac{0.5 \times 14.3 \times 300 \times 500}{1090 \times 10^3} = 0.984; 取 \zeta_2 = 1.0$$
$$\eta_y = 1 + \frac{1}{1400 \times 120/465} \times 6^2 \times 0.984 \times 1.0 = 1.098$$

则得
$$e_y = \eta_y e_{iy} + \frac{h}{2} - a_s' = 1.098 \times 120 + \frac{500}{2} - 35 = 346.8 \text{mm}$$

故
$$N_y = \frac{1}{346.8} \times (1.0 \times 14.3 \times 300 \times 465^2 \times 0.546 \times (1 - 0.5 \times 0.546)$$
$$+ 300 \times 4 \times 314.2 \times (465 - 35) = 1529.2 \text{kN}$$

(3) 求 N_{sw} 值：由公式（6-73）得：

$$N_{sw} = \left[1 + \frac{\xi - \beta_1}{0.5\beta_1 \omega}\right] f_{yw} \cdot A_{sw}$$
$$= \left[1 + \frac{0.546 - 0.8}{0.5 \times 0.8 \times 430/465}\right] \times 300 \times 4 \times 314.2 = 118.1 \text{kN}$$

故得
$$N_{uy} = N_y + N_{sw} = 1529.2 + 118.1 = 1647.3 \text{kN}$$

4. 构件承载力验算

由公式（6-81）得：

$$\frac{1}{\frac{1}{N_{ux}} + \frac{1}{N_{uy}} - \frac{1}{N_{u0}}} = \frac{1}{\frac{1}{1567} + \frac{1}{1647.2} - \frac{1}{3276}}$$
$$= \frac{1}{0.0006382 + 0.0006071 - 0.0003053} = 1064 \text{kN} < N$$

故构件承载力满足要求。

参 考 文 献

[6-1] 混凝土结构设计规范(GB 50010—2002). 北京：中国建筑工业出版社，2002.

[6-2] 哈尔滨工业大学、大连理工大学、北京建筑工程学院、华北水利水电学院(王振东主编). 混凝土及砌体结构(上册). 北京：中国建筑工业出版社，2002.

[6-3] 中国建筑科学研究院主编. 混凝土结构设计. 北京：中国建筑工业出版社，2003.

第7章 冲切、柱下独立基础和疲劳承载力

7.1 冲切承载力计算

承受集中荷载的双向支承板（如板式基础）、支承在柱上的无梁楼板等结构构件，有可能由于混凝土的受冲切承载力不足，使其沿柱边向板内发生大致呈45°倾角截头锥体形的斜截面冲切破坏（图7-1）。冲切破坏首先是由于斜截面上混凝土抗拉强度不足而发生的，因此是一种脆性破坏。

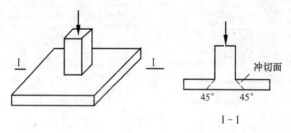

图 7-1 板的冲切破坏

7.1.1 不配置抗冲切钢筋的混凝土板

1. 板的冲切承载力计算[7-1]

在局部荷载或集中反力作用下不配置箍筋或弯起钢筋的混凝土板，其受冲切承载力在通过试验和参考国外有关规定的基础上，《规范》规定如下的设计计算公式（参见图7-2）：

$$F_l \leqslant 0.7\beta_h f_t \eta u_m h_0 \tag{7-1}$$

公式中的系数 η，应按下列两个公式计算，并取其中较小值：

$$\eta_1 = 0.4 + \frac{1.2}{\beta_s} \tag{7-2}$$

$$\eta_2 = 0.5 + \frac{\alpha_s h_0}{4 u_m} \tag{7-3}$$

式中 F_l——局部荷载设计值或集中反力设计值；对板柱结构的节点，取柱所承受的轴向压力设计值的层间差值减去柱顶冲切破坏锥体范围内板所承受的荷载设计值；当有不平衡弯矩时，应按《规范》第7.7.5条的规定确定；

β_h——截面高度影响系数：当 $h \leqslant 800\text{mm}$ 时，取 $\beta_h = 1.0$；当 $h \geqslant 2000\text{mm}$ 时，取 $\beta_h = 0.9$；其间按线性内插法取用；

u_m——临界截面的周长：距离局部荷载或集中反力作用面积周边 $h_0/2$ 处板垂直截面的最不利周长；

h_0——截面有效高度，取两个方向配筋的截面有效高度平均值；

η_1——局部荷载或集中反力作用面积形状的影响系数；

η_2——临界截面周长与板截面有效高度之比的影响系数；

β_s——局部荷载或集中反力作用面积为矩形时的长边与短边尺寸的比值；β_s 不宜大于 4；当 $\beta_s<2$ 时；取 $\beta_s=2$；当面积为圆形时，取 $\beta_s=2$；

α_s——板柱结构中柱类型的影响系数：对中柱，取 $\alpha_s=40$；对边柱，取 $\alpha_s=30$；对角柱，取 $\alpha_s=20$。

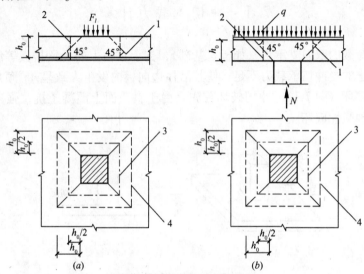

图 7-2 板受冲切承载力计算
(a) 局部荷载作用下；(b) 集中反力作用下
1—冲切破坏锥体的斜截面；2—临界截面；3—临界截面的周长；4—冲切破坏锥体的底面线

2. 对公式（7-1）有关问题的说明[7-3]

（1）考虑了厚板对受冲切承载力起降低的不利作用，因此在公式中引入了截面尺寸效应系数 β_h。

（2）调整系数 η 考虑了两个调整系数 η_1、η_2 的影响，η_1 是考虑当加载面积形状为矩形时，其面积的长边与短边之比过大，会使冲切承载力有所降低，而对其边长之比作了限制的调整系数；η_2 是考虑当临界截面相应周长与板截面有效高度之比 u_m/h_0 过大时，同样会引起对受冲切承载力的降低的调整系数。公式（7-1）中的系数 η 只能取 η_1、η_2 中的较小值，以确保安全。

（3）考虑板中开孔的影响：在实际工程中，为满足建筑功能的要求，有时要在柱边附近设置垂直的孔洞，从而降低板的受冲切承载力。为此，《规范》规定：当板开有孔洞且孔洞至局部荷载或集中反力作用面积边缘的距离不大于 $6h_0$ 时，受冲切承载力计算中取用的临界截面周长 u_m，应扣除局部荷载或集中反力作用面积中心至开孔外边画出两条虚线之间所包围的长度 4（图 7-3）。

（4）非矩形截面柱的临界截面最不利周长：对非矩形（异形）截面柱的临界截面周长，应选取周长 u_m 的形状要呈凸形折线（图 7-4），由此可得到最小的周长，此时在局部周长区段离柱边的距离允许大于 $h_0/2$。

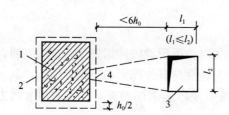
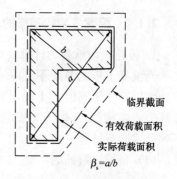

图 7-3 邻近孔洞时的临界截面周长
1—局部荷载或集中反力作用面；2—临界截面周长；
3—孔洞；4—应扣除的长度
注：当图中 $l_1 > l_2$ 时，孔洞边长 l_2 用 $\sqrt{l_1 l_2}$ 代替

图 7-4 非矩形荷载面积的 β_s 值
及临界截面的取用

【**例 7-1**】 已知一无梁楼盖楼板，柱网尺寸为 5.5m×5.5m，板的厚度 $h=150$mm，中柱截面尺寸为 400mm×400mm；楼面荷载设计值（包括自重）$q=7.6$kN/m²；混凝土强度等级为 C30（$f_t=1.43$N/mm²）。试验算该板的受冲切承载力。

【**解**】 1. 求 F_l 值

柱轴压力 $N=7.6\times5.5\times5.5=229.9$kN

冲切集中反力设计值
$$F_l = N - q(a+2h_0)^2$$
$$= 229.9 - 7.6\times(0.4+2\times0.12)^2$$
$$= 226.8\text{kN}$$

2. 求 u_m
$$u_m = 4(a+h_0) = 4\times(400+120) = 2080\text{mm}$$

3. 求 η 及 β_h 值
$$\eta_1 = 0.4 + \frac{1.2}{\beta_s} = 0.4 + \frac{1.2}{2} = 1.0$$

$$\eta_2 = 0.5 + \frac{\alpha_s \cdot h_0}{4u_m} = 0.5 + \frac{40\times120}{4\times2080} = 1.08$$

4. 冲切承载力验算

取 $\eta=1.0$；因 $h=150$mm<800mm，取 $\beta_h=1.0$

$0.7\beta_h f_t \eta u_m h_0 = 0.7\times1.0\times1.43\times1.0\times2080\times120 = 249.9$kN $> F_l = 226.8$kN

满足要求。

【**例 7-2**】 已知条件同［例 7-1］，但距柱边 640mm 处开有 400mm×600mm 的洞口（如图 7-5）。试验算该板的受冲切承载力。

【**解**】 由图 7-5 可知 $\dfrac{AB}{600} = \dfrac{200+60}{200+60+640}$

故得 $AB=173$mm；$u_m=2080-173=1907$mm

$0.7\beta_h f_t \eta u_m h_0 = 0.7\times1.0\times1.43\times1.0\times1907\times120$
$= 229.1$kN $> F_l = 226.8$kN

满足要求。

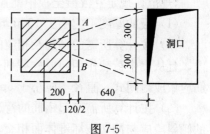

图 7-5

7.1.2 配置抗冲切钢筋的混凝土板

1. 板的冲切承载力计算

当混凝土板的厚度不足以承受受冲切承载力时，可配置抗冲切钢筋。试验表明，配有抗冲切钢筋的钢筋混凝土板，其破坏形态和受力特性与有腹筋梁相类似，因此，其承载力计算公式亦相似。《规范》规定：配置抗冲切箍筋或弯起钢筋的板，其受冲切承载力应按下列公式进行计算：

（1）当配置箍筋时

$$F_l \leqslant 0.35f_t \cdot \eta u_m h_0 + 0.8f_{yv}A_{svu} \tag{7-4}$$

（2）当配置弯起钢筋时

$$F_l \leqslant 0.35f_t \cdot \eta u_m h_0 + 0.8f_y A_{sbu}\sin\alpha \tag{7-5}$$

式中 A_{svu}——与呈 45°冲切破坏锥体斜截面相交的全部箍筋截面面积；

A_{sbu}——与呈 45°冲切破坏锥体斜截面相交的全部弯起钢筋截面面积；

α——弯起钢筋与板底面的夹角。

试验表明：在配有抗冲切钢筋混凝土板中，由于斜向开裂使混凝土项的受冲切能力有所降低。《规范》对公式（7-4）及（7-5）中混凝土项的抗冲切承载力取为不配置冲切钢筋板极限承载力的一半，系数为 0.35。同时考虑到配置抗冲切钢筋后，板的厚度就不会很厚，因此，也不再考虑板厚影响系数 β_h 的影响了。

此外，对配置抗冲切钢筋的冲切破坏锥体以外处的截面，尚应按不配置抗冲切钢筋的混凝土板的要求，即需按公式（7-1）进行受冲切承载力验算，此时 u_m 应取配置抗冲切钢筋的冲切破坏锥体以外 $0.5h_0$ 处的不利周长。

注：当有可靠依据时，也可配置其他有效形式的抗冲切钢筋（如工字钢、槽钢、抗冲切锚栓和扁钢 U 型箍等）。

2. 截面限制条件

试验表明，当抗冲切钢筋配置的数量较多时，构件破坏时钢筋不能屈服而混凝土首先被压碎。为了使抗冲切箍筋或弯起钢筋能够充分发挥作用，《规范》规定受冲切截面应符合下列条件：

$$F_l \leqslant 1.05f_t\eta u_m h_0 \tag{7-6}$$

在设计时如果不满足公式（7-6）的要求，需增加板的厚度或提高混凝土的强度等级。

3. 构造要求

《规范》规定：混凝土板中配置抗冲切箍筋或弯起钢筋时，应符合下列构造要求：

（1）板的厚度不应小于 150mm；

（2）按计算所需的箍筋及相应的架立钢筋应配置在与 45°冲切破坏锥体面相交的范围内，且从集中荷载作用面或柱截面边缘向外的分布长度不应小于 $1.5h_0$，图 7-6（a）；箍筋应做成封闭式，直径不应小于 6mm，间距不应大于 $h_0/3$；

（3）按计算所需弯起钢筋的弯起角度可根据板的厚度在 30°～45°之间选取；弯起钢筋的倾斜段应与冲切破坏锥体面相交，图 7-6(b)，其交点应在集中荷载作用面或柱截面边缘

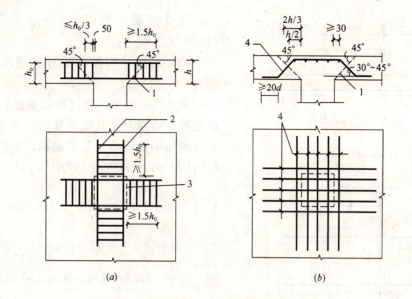

图 7-6 板中抗冲切钢筋布置
(a) 用箍筋作抗冲切钢筋；(b) 用弯起钢筋作抗冲切钢筋
1—冲切破坏面；2—架立钢筋；3—箍筋；4—弯起钢筋

以外 $(1/2\sim 2/3)h$ 的范围内。弯起钢筋直径不宜小于 12mm，且每一方向不宜少于 3 根。

【例 7-3】 已知条件同 [例 7-1]，但柱网尺寸为 6.0×6.0 (m)。
试对该中柱楼板冲切承载力进行设计

【解】 (1) 求 F_l 值：

$N = 7.6 \times 6.0 \times 6.0 = 273.6 \text{kN}$

$F_l = 273.6 - 7.6 \times (0.4 + 2 \times 0.12)^2 = 270.5 \text{kN} > 0.7\beta_h f_t \eta u_m h_0 = 249.9 \text{kN}$

故须配置抗冲切钢筋。

(2) 配筋计算

抗冲切钢筋采用配置箍筋的方案，钢筋用 HRB335 级（$f_{yv} = 300 \text{N/mm}^2$）。由公式 (7-4) 得：

$$A_{svu} = \frac{F_l - 0.35 f_t \eta u_m h_0}{0.8 f_{yv}} = \frac{270.5 \times 10^3}{0.8 \times 300}$$

$$-\frac{0.35 \times 1.43 \times 1.0 \times 2080 \times 120}{0.8 \times 300} = 606.6 \text{mm}^2$$

箍筋选用 2Φ6（$A_{sv} = 2 \times 28.3 = 57 \text{mm}^2$）

$$s = \frac{4 h_0 n A_{sv1}}{A_{svu}} = \frac{4 \times 120 \times 57}{606.6} = 45 \text{mm}$$

《规范》规定，从构造上要求 $s \leq \frac{h_0}{3}$ 及 50mm，故取 $S = 40$mm。

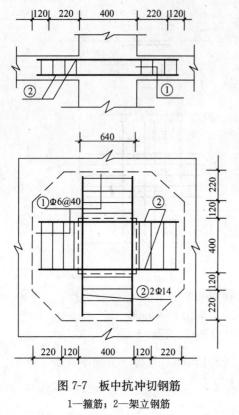

图 7-7 板中抗冲切钢筋
1—箍筋；2—架立钢筋

架立钢筋在截面上、下各取用 2φ10mm（图 7-7）。

(3) 对抗冲切箍筋以外无筋区的抗冲切验算

由图 7-7 可知，在抗冲切箍筋以外的无筋区抗冲切验算时，其临界截面所包围的水平面积（即图中虚线内的水平面积，板的有效高度 $h_0=150-30=120$mm）为：

$$(0.4+2\times 0.22+2\times 0.12)^2 - \frac{1}{2}$$

$$\times (0.22+0.12)^2 \times 4 = 0.935 \text{m}^2$$

则 $F_l = 273.6 - 7.6 \times 0.935 = 266.5$kN

无筋验算区的临界截面周长 u_m 值（即与内虚线距离为 $h_0/2$，并与虚线平行的周长）为：

$$u_m = 4 \times [400 + 1.414 \times (220+120)]$$

$$= 3523 \text{mm}$$

由公式（7-1）：

$$0.7\beta_h f_t \eta u_m h_0 = 0.7 \times 1.0 \times 1.43 \times 1.0 \times 3523 \times 120$$

$$= 423\text{kN} > F_l = 266.5\text{kN}$$

满足要求。

7.1.3 节点存在不平衡弯矩时的受冲切板设计[7-4]

1. 等效集中反力设计值 $F_{l,eq}$ 的概念

板柱结构在竖向和水平荷载作用下，其节点承受冲切剪力 F_l，同时又承受水平荷载传来的不平衡弯矩 M_{unb}，其破坏时的机理较为复杂。设计时《规范》借鉴于美国 ACI318 规范的方法，其节点由原来竖向荷载的集中反力设计值 F_l，再加上由不平衡弯矩 M_{unb} 所产生的剪力设计值，二者之和为总的反力设计值 $F_{l,eq}$，并称为等效集中反力设计值。在计算 $F_{l,eq}$ 时，作下列三个基本假定：

(1) 以节点的临界截面周长 u_m 处板的垂直截面作为计算截面，并忽略截面上水平剪应力的影响；

(2) 由不平衡弯矩产生的，沿弯矩作用平面方向板的垂直截面上剪应力，呈线性分布（图 7-8）；

(3) 以最大的竖向剪应力 τ_{max} 作为确定等效集中反力设计值 $F_{l,eq}$ 的依据。

2. 等效集中反力设计值 $F_{l,eq}$ 的确定

图 7-8（a）所示为中柱受竖向荷载作用所产生的冲切力设计值 F_l 和水平荷载作用所

产生的不平衡弯矩计算值 M_{unb} 的情况。图中的 a_m 值为：$a_m = h + h_{b0}$，其中 h 为柱的截面高度，h_{b0} 为板的有效高度。

（1）由柱所承受的轴向压力设计值的层间差值，减去柱顶冲切破坏锥体范围内板所承受的荷载设计值 F_l；

（2）由节点受剪传递不平衡力矩 M_{unb} 在临界截面上产生的最大剪应力经折算而得的附加集中反力值 $\tau_{max} u_m h_0$ 值。

则得 $F_{l,eq}$ 的表达式为：

$$F_{l,eq} = F_l + \tau_{unb,max} u_m h_0 \tag{7-7}$$

式中 $\tau_{unb,max}$ ——由受剪传递的双向不平衡弯矩在临界截面上产生的最大剪应力设计值。

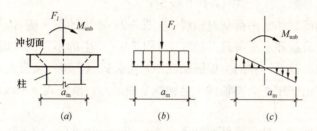

图 7-8 板柱节点剪应力分布（中柱）
(a) 假定破坏面为临界周长处，板的垂直截面受力图；
(b) 由 F_l 产生的垂直截面剪应力分布；(c) 由 M_{unb} 产生的剪应力分布

3. 对 $\tau_{unb,max}$ 的确定

图 7-9 所示为矩形截面柱受冲切承载力计算时的几何参数，在图中仅作出中柱截面及边柱截面（弯矩作用平面垂直于自由边）的情况，由于篇幅所限，对边柱截面（弯矩作用平面平行于自由边）及角柱截面的情况从略。

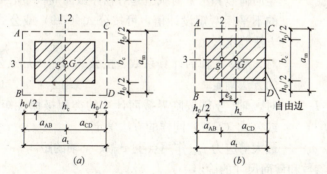

图 7-9 矩形截面柱受冲切承载力计算的几何参数
(a) 中柱截面；(b) 边柱截面（弯矩作用平面垂直于自由边）
1—通过柱截面重心 G 的轴线；2—通过临界截面周长重心 g 的轴线；
3—不平衡弯矩作用平面；4—自由边
注：弯矩作用平面平行于自由边及角柱截面的情况从略

《规范》附录 G 中规定对 $\tau_{unb,max}$ 值可按下列情况确定：

（1）传递单向不平衡弯矩的板柱节点，当不平衡弯矩 $a_0 M_{unb}$ 作用平面与柱矩形截面两

个轴线之一相重合时：

1) 当 $a_0 M_{unb}$ 作用的方向指向图 7-9 中的 AB 边时，其计算公式：

$$\tau_{unb,max} = \frac{a_0 M_{unb} a_{AB}}{I_c} \tag{7-8}$$

$$M_{unb} = M_{unb,c} - F_l e_g \tag{7-9}$$

2) 当 $a_0 M_{unb}$ 的作用方向指向图 7-9 中的 CD 边时，其计算公式为：

$$\tau_{unb,max} = \frac{a_0 M_{unb} a_{CD}}{I_c} \tag{7-10}$$

$$M_{unb} = M_{unb,c} + F_l e_g \tag{7-11}$$

式中 a_0——计算系数，按公式（7-16）确定；

M_{unb}——竖向荷载和水平荷载对轴线 2（图 7-9）产生的不平衡弯矩设计值；

$M_{unb,c}$——竖向荷载和水平荷载对轴线 1（图 7-9）产生的不平衡弯矩设计值；

I_c——按临界截面计算的类似极惯性矩，由公式（7-13）及公式（7-17）计算；

e_g——在弯矩作用平面内轴线 1 至轴线 2 的距离，按公式（7-20）计算；对中柱 e_g =0。

在应用上述公式时，特别要注意到不平衡弯矩设计值 $M_{unb,c}$ 的求法，它是板柱结构在竖向荷载和水平荷载作用，通过内力分析，对轴线 1，在左、右两个板端（或右、左）所求得弯矩的差值，即所称的不平衡弯矩。

（2）传递双向不平衡弯矩的板柱节点，当节点受剪传递的两个方向不平衡弯矩为 $a_{0x} M_{unb,x}$、$a_{0y} M_{unb,y}$ 时，其计算公式为：

$$\tau_{unb,max} = \frac{a_{0x} M_{unb,x} a_x}{I_{cx}} + \frac{a_{0y} M_{unb,y} a_y}{I_{cy}} \tag{7-12}$$

式中 $M_{unb,x}$、$M_{unb,y}$——竖向荷载和水平荷载引起对临界截面周长重心处 x 轴、y 轴方向的不平衡弯矩设计值，可按公式（7-9）或公式（7-11）同样的方法确定；

a_{0x}、a_{0y}——对 x 轴、y 轴的计算系数，按公式（7-16）及公式（7-21）同样的方法确定；

I_{cx}、I_{cy}——对 x 轴、y 轴按临界截面计算的类似极惯性矩，按公式（7-13）或公式（7-17）同样的方法确定；

a_x、a_y——最大剪应力 τ_{max} 作用点至 x 轴、y 轴的距离。

4. 有关几何参数和截面尺寸的确定

《规范》附录 G 规定：板柱节点传递单向不平衡弯矩的受冲承载力计算中，与等效集中反力设计值 $F_{l,eq}$ 有关的参数和几何尺寸，可按下列公式计算：

（1）中柱图 7-9（a）

$$I_c = \frac{h_0 a_t^3}{6} + 2h_0 a_m \left(\frac{a_t}{2}\right)^2 \tag{7-13}$$

$$a_{AB} = a_{CD} = \frac{a_t}{2} \tag{7-14}$$

$$e_g = 0 \tag{7-15}$$

$$a_0 = 1 - \cfrac{1}{1 + \cfrac{2}{3}\sqrt{\cfrac{h_c + h_0}{b_c + h_0}}} \tag{7-16}$$

(2) 边柱图 7-9 (b)（弯矩作用平面垂直于自由边）：

$$I_c = \frac{h_0 a_t^3}{6} + h_0 a_m a_{AB}^2 + 2h_0 a_t \left(\frac{a_t}{2} - a_{AB}\right)^2 \tag{7-17}$$

$$a_{AB} = \frac{a_t^2}{a_m + 2a_t} \tag{7-18}$$

$$a_{CD} = a_t - a_{AB} \tag{7-19}$$

$$e_g = a_{CD} - \frac{h_c}{2} \tag{7-20}$$

$$a_0 = 1 - \cfrac{1}{1 + \cfrac{2}{3}\sqrt{\cfrac{h_c + h_0/2}{b_c + h_0}}} \tag{7-21}$$

(3) 边柱（弯矩作用平面平行于自由边）及角柱的有关参数及几何尺寸，详见《规范》附录 G。

在公式 (7-16) 及公式 (7-21) 中，计算系数 a_0 的意义为：由受剪传递不平衡弯矩的分配系数，其值为美国 ACI 规范规定给出的。试验研究表明，板柱节点不平衡弯矩，应考虑其中的 60% 由临界截面周边的受弯来传递；另外的 40% 由剪力对临界截面重心的偏心来传递。对于矩形截面柱，其由受剪传递的那部分弯矩，假定是随着临界截面宽度增加而减少，这在公式 (7-16)、公式 (7-21) 中可以体现出这一关系。

【例 7-4】 已知条件同 [例 7-1]，但该结构在水平荷载作用下，对中柱节点轴线 1 所产生的不平衡弯矩 $M_{unb,c}=6.4\mathrm{kN\cdot m}$，试验算该板的受冲切承载力。

【解】 (1) 求几何参数及有关截面尺寸

对中柱，可参考图 7-9 (a)，并由公式 (7-13) 至 (7-16) 可得：

$h_0=120\mathrm{mm}$，$a_m=400+120=520\mathrm{mm}$，$a_t=520\mathrm{mm}$，$a_{AB}=\frac{1}{2}\times 520=260\mathrm{mm}$，$e_g=0$

$$a_0 = \cfrac{1}{1 + \cfrac{2}{3}\sqrt{\cfrac{h_c + h_0}{b_c + h_0}}} = 1 - \cfrac{1}{1 + \cfrac{2}{3}\sqrt{\cfrac{400+120}{400+120}}} = 0.4$$

$$I_c = \frac{h_0 a_t^3}{6} + 2h_0 a_m \left(\frac{a_t}{2}\right)^2 = \frac{120\times 520^3}{6} + 2\times 120\times 520\times \left(\frac{520}{2}\right)^2 = 112.5\times 10^8 \mathrm{mm}^4$$

(2) 冲切承载力验算

由公式 (7-8) 及 (7-9)，$M_{unb}=M_{unb,c}$

$$F_l + \frac{a_0 M_{unb} a_{AB}}{I_c} a_m h_0 = 226.8\times 10^3 + \frac{0.4\times 6.4\times 10^6 \times 260}{112.5\times 10^8}\times 520\times 120$$

$$= 230.5\mathrm{kN} < 249.9\mathrm{kN}$$

满足要求。

7.2 柱下独立基础（扩展基础）设计[7-3]

钢筋混凝土柱下独立基础是结构工程中一种常用的基础形式，由于它的结构形式较为简单，一般是在地基土质较好，房屋层数不高的多层框架结构柱和单层厂房结构柱下采用。

柱下独立基础按受力性能不同可分为：轴心受压基础和偏心受压基础两类；其形式可根据施工的要求不同，可做成与柱整浇在一起的整体式及与预制柱连接预先做成杯口式的两种基础（图7-10）。

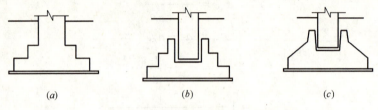

图 7-10　常用柱下独立基础形式
（a）整体式阶梯形基础；（b）杯口式阶梯形基础；（c）杯口式锥体形基础

根据《建筑地基基础设计规范》GB 50007—2002 的规定，对各级建筑物的地基和基础，均应进行地基承载力的计算，对一些重要的建筑物或土质较复杂的地基，尚应进行地基变形或稳定性验算。同时规定，当计算地基的承载力时，应取用荷载效应的标准值；当计算基础的承载力时，应取用荷载效应的设计值。

7.2.1　基础底边尺寸确定

1. 轴心荷载作用的基础

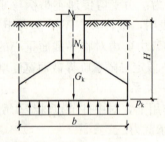

图 7-11　轴心受压荷载下基础底面压应力分布

假定基础底面处的压力为均匀分布（图7-11），设计时应满足

$$p_k = \frac{N_k + G_k}{A} \leqslant f_a \tag{7-22}$$

式中　N_k——相应于荷载效应标准组合时上部结构传至基础顶面的竖向压力值；

　　　G_k——基础自重和基础上土重标准值；

　　　A——基础底面积，$A = l \times b$；

　　　l——基础底面的长度，对偏心基础则为垂直于弯矩作用方向的基础底面边长；

　　　b——基础底面的宽度；

　　　p_k——相应于荷载效应标准组合时基础底面处的平均压力值；

　　　f_a——经过深度及宽度修正后的地基承载力特征值，可由《地基基础规范》（GB 50007—2002）中查得。

若取基础的埋置深度为 H，并取基础及与其上填土的平均自重为 γ_m（一般可近似取 $\gamma_m = 20\text{kN/m}^3$），则 $G_k = \gamma_m HA$，代入公式（7-22）可得：

$$A = \frac{N_k}{f_a - \gamma_m H} \tag{7-23}$$

设计时先对土的承载力特征值作深度修正求得 f_a 值，再按公式（7-23）可算出 A 值及相应的基础底面的边长 b；当求得的 b 值若大于 3m 时，还须根据求得的 b 值作宽度修正重求 f_a 值及相应的 b 值；如此经过几次试算，若求得的基础底面宽度 b 值与其用作宽度修正的 b 值前后一致时，则该 b 值即为最后确定的基础底面宽度。

2. 偏心荷载作用的基础

假定基础底面处的压力按线性非均匀分布（图 7-12），则基础底边下地基的反力可按下式计算：

$$p_{k,min}^{k,max} = \frac{N_k + Q_k}{lb} \pm \frac{M_{bk}}{W} \qquad (7-24)$$

式中 $p_{k,max}$、$p_{k,min}$——相应于荷载效应标准组合时基础底面边缘的最大和最小地基反力；

M_{bk}——相应于荷载效应标准组合时，基础底面的弯矩标准值，$M_{bk} = M_k + V_k h$，其中 M_k、V_k 为基础顶面的弯矩和剪力标准值；

W——基础底面的弹性抵抗矩，$W = lb^2/6$；

l——垂直于弯矩作用方向的基础底边长度。

取 $e_0 = \dfrac{M_{bk}}{N_k + G_k}$，并将 $W = lb^2/6$ 代入公式（7-24），可得

$$p_{k,min}^{k,max} = \frac{N_k + G_k}{lb}\left[1 \pm \frac{6e_0}{b}\right] \qquad (7-25)$$

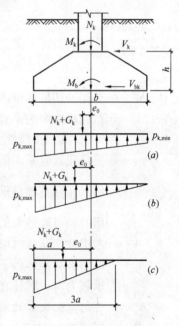

图 7-12 偏心受压荷载下基础底面压应力分布

从上式可知：当 $e_0 < \dfrac{b}{6}$ 时，基础底面全部受压，$p_{k,min} > 0$，地基反力分布图为梯形；当 $e_0 = \dfrac{b}{6}$ 时，其底面亦为全部受压，$p_{k,min} = 0$，地基反力分布图为三角形，如图 7-12（a）、图 7-12（b）。

当 $e_0 > \dfrac{b}{6}$ 时，这时基础底面积的一部分将受拉应力，但实际上基础与土的接触面不可能受拉，此时，其底边需进行内力调整，基础受压底面积不是 lb 而是 $3al$，如图 7-12（c），其地基底面的反力，应按下式计算：

$$p_{k,max} = \frac{2(N_k + G_k)}{3al} \qquad (7-26)$$

此处 a 值为偏心荷载 $(N_k + G_k)$ 作用点至基础底面最大压压应力边缘的距离，等于 $b/2 - e_0$。

偏心受压基础底面的压应力，应符合下式的要求：

$$p_{k,max} \leqslant 1.2 f_a \qquad (7-27)$$

确定偏心荷载下基础底面尺寸，一般亦采用试算法：设计时先按轴心受压公式（7-23）计算，并考虑偏心的影响面积再增加 20%～40%，初步估算出基础底面边长 l 和 b 的

尺寸，然后验算是否满足公式（7-27）的要求。如不满足应调整其基础底面尺寸重作验算，直至满足为止。

7.2.2 基础高度及抗冲切验算

基础高度是指与柱交接处自基础顶面至基础底面的垂直距离。根据《地基规范》规定，柱下独立基础高度应按混凝土的抗冲切承载力公式，由计算确定，对于阶梯形基础，尚应验算变阶处的基础高度。

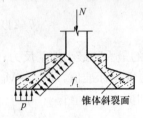

图 7-13 基础冲切破坏

试验表明：基础在承受柱传来的荷载时，如果沿柱周边（或变阶处）的高度不够，将会发生如图 7-13 所示由于抗冲切承载力不足的斜裂面而破坏。冲切破坏形态类似于斜拉破坏，其所形成的斜裂面与水平线大致呈 45°的倾角，是一种脆性破坏。为了保证不发生冲切破坏，必须使冲切面以外的地基反力所产生的冲切力不超过冲切面处混凝土的抗冲切能力（图 7-14），具体可按下列公式计算：

$$F_l \leqslant 0.7\beta_h f_t a_m h_0 \tag{7-28}$$

$$F_l = p_n A \tag{7-29}$$

$$a_m = \frac{a_t + a_b}{2} \tag{7-30}$$

式中 h_0——基础冲切破坏锥体的有效高度，取两个配筋方向的截面有效高度平均值；

β_h——截面高度影响系数，当 $h \leqslant 800$mm 时，$\beta_h = 1.0$；当 $h \geqslant 2000$mm 时，取 $\beta_h = 0.9$；其间按线性内插法取用；

p_n——按荷载效应基本组合计算并考虑结构重要性系数的基础底面地基净反力设计值（扣除基础自重及其上的土重）；当为轴心荷载时，$p_n = \dfrac{N}{bl}$；当为偏心受压时，可取最大的单位净反力设计值 $p_n = p_{n,\max}$；

A——考虑冲切荷载时取用的多边形面积（图 7-14）中的阴影面积 $ABCDEF$；

a_t——冲切破坏锥体最不利一侧斜截面的上边长；当计算柱与基础交接处的抗冲切承载力时，取柱宽；当计算基础变阶处的抗冲切承载力时，取上阶宽；

a_b——柱与基础交接处或基础变阶处的冲切破坏锥体最不利一侧斜截面的下边长，即 $a_b = a_t + 2h_0$；当 $a_t + 2h_0 \geqslant l$ 时，取 $a_b = l$。

设计时，一般是根据构造要求先假定基础高度，然后按公式（7-28）进行验算，如不满足要求，则应增大基础高度再进行验算，直至满足要求为止。当基础底面落在 45°线以内时，可不进行冲切验算。

7.2.3 配筋计算

基础在上部结构传来的荷载和地基净反力的共同作用下，可以将其倒过来看做一呈线性的均布荷载作用支承于柱上的悬臂板（图 7-15）。这样，其底板配筋计算的方法为：

对轴心荷载作用下的基础，沿边长 l 方向截面 I-I 处的弯矩设计值 M_I，等于作用在梯形面积 $ABCD$ 上的地基总净反力与该面积形心到柱边截面的距离相乘之积，见图 7-15 (a)：

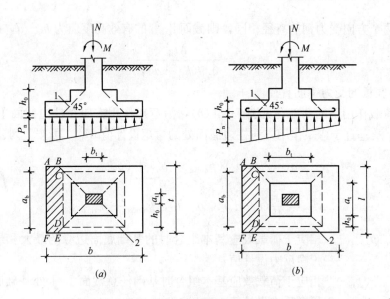

图 7-14 基础底面冲切面积
(a) 柱与基础交接处；(b) 基础变阶处
1—冲切破坏锥体最不利一侧的斜裂面；2—冲切破坏锥体的底面线

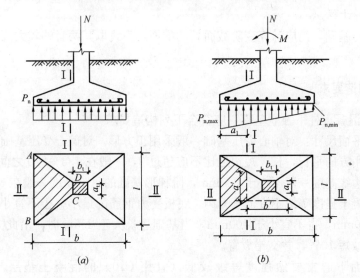

图 7-15 基础底板配筋计算图
(a) 轴心荷载；(b) 偏心荷载

$$M_{\mathrm{I}} = \frac{p_{\mathrm{n}}}{24}(b-b_{\mathrm{t}})^2(2l+a_{\mathrm{t}}) \tag{7-31}$$

则在截面 I-I 处受力钢筋截面面积 $A_{s,\mathrm{I}}$，可按下列近似公式计算：

$$A_{s,\mathrm{I}} = \frac{M_{\mathrm{I}}}{0.9h_0 f_y} \tag{7-32}$$

式中　$0.9h_0$——由经验确定的内力偶臂，h_0 为截面 I-I 处底板的有效高度。

同理，沿短边 b 方向的截面 II-II 处按上述相同的方法可以求出 M_{II} 及相应的 $A_{s,\mathrm{II}}$，

如果在底板两个方向受力钢筋直径相同，则截面Ⅱ-Ⅱ的有效高度应为 h_0-d，故得

$$A_{s,Ⅱ} = \frac{M_Ⅱ}{0.9(h_0-d)f_y} \tag{7-33}$$

式中　d——底板的受力钢筋直径。

对偏心荷载作用下的基础，见图 7-15 (b)，沿弯矩作用方向在柱边截面Ⅰ-Ⅰ处的弯矩设计值 $M_Ⅰ$ 及垂直于弯矩作用方向柱边截面处的弯矩设计值 $M_Ⅱ$，可按下列公式计算：

$$M_Ⅰ = \frac{1}{12}a_1^2[(2l+a')(p_{n,\max}+p_n)+(p_{n,\max}-p_n)l] \tag{7-34}$$

$$M_Ⅱ = \frac{1}{48}(l-a')^2(2b+b')(p_{n,\max}+p_{n,\min}) \tag{7-35}$$

式中　$p_{n,\max}$、$p_{n,\min}$——相应于荷载效应基本组合时的基础底面边缘的最大和最小单位面积净反力设计值；

　　　p_n——相应于荷载效应基本组合时基础任意截面Ⅰ-Ⅰ处基础底面单位面积净反力设计值；

　　　a_1——基础底面最大净反力 $p_{n,\max}$ 作用点至任意截面Ⅰ-Ⅰ的距离。

当求得弯矩 $M_Ⅰ$ 及 $M_Ⅱ$ 设计值以后，其相应的受力钢筋截面面积近似按公式（7-32）及（7-33）进行计算。

对于阶梯形基础，尚应计算变阶截面处的配筋，最终取其两者的较大值作为所需的配筋量。

7.2.4 构造要求

1. 对钢筋混凝土柱下独立基础，应符合下列构造要求

基础底面平面尺寸：对轴心受压基础一般采用正方形。对偏心受压基础宜为矩形，其长边与弯矩作用方向平行，长、短边之比不应超过 3，一般在 1.5~2.0 之间。

锥形基础边缘高度一般不小于 200mm，阶梯形基础的每阶高度一般在 300~500mm。

基础的混凝土强度等级不宜低于 C20。底板受力钢筋的最小直径不宜小于 10mm，间距不宜大于 200mm，也不宜小于 100mm，当基础边长大于 2.5m 时，沿此方向的 50% 钢筋长度，可以减短 10%，并交错放置。

在基础底面下通常要做强度等级较低（宜用 C10）的混凝土垫层，厚度一般为 100mm。当有垫层时，混凝土保护层厚度不宜小于 35mm；当土质较好且又干燥时，可不做垫层，但其保护层厚度不宜小于 70mm。

2. 对于现浇柱的基础，如基础与柱不同时浇灌，其插筋的数目及直径应与柱内纵向受力钢筋相同。插筋的锚固与柱的纵向受力钢筋的搭接，均应符合钢筋搭接长度的要求。

3. 预制钢筋混凝土柱与杯口基础的连接，应符合下列要求（图 7-16）。

预制柱插入基础杯口内应有足够的深度，使柱可靠地嵌固在基础中；其插入深度 h_1 可按表 7-1 选用，并应满足柱纵向钢筋锚固长度的

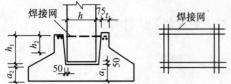

图 7-16　柱与独立基础的连接构造

注：$t=a_1 \geqslant 200mm$；$a_2 \geqslant a_1$

要求，为保证吊装时柱的稳定性，还应使 $h_1 \geq$ 吊装时柱长的 0.05 倍。

基础的杯底厚度和杯壁厚度，可按表 7-2 选用。

杯壁内配筋：当柱为轴心或小偏心受压，且 $t/h_2 \geq 0.65$ 时，或大偏心受压，且 $t/h_2 \geq 0.75$ 时，杯壁内一般不配筋。当柱为轴心或小偏心受压，且 $0.5 \leq t/h_2 < 0.65$ 时，杯壁内可按表 7-3 构造配筋；其他情况下，应按计算配筋（图 7-16）。

柱的插入深度 h_1（mm）　　　　　　　　　　　　　　　　　表 7-1

矩形或工字形柱			
$h<500$	$500 \leq h<800$	$800 \leq h<1000$	$h>1000$
$h \sim 1.2h$	h	$0.9h$ 及 ≥ 800	$0.8h$ 及 ≥ 1000

注：1. h 为柱截面长边尺寸；
　　2. 柱轴心受压或小偏心受压时，h_1 可以适当减小；偏心距大于 $2h$ 时，h_1 应适当加大。

基础的杯底厚度 a_1 和杯壁厚度 t　　　　　　　　　　　　　表 7-2

柱截面长边尺寸 h（mm）	杯底厚度 a_1（mm）	杯壁厚度 t（mm）
$h<500$	≥ 150	$150 \sim 200$
$500 \leq h<800$	≥ 200	≥ 200
$800 \leq h<1000$	≥ 200	≥ 300
$1000 \leq h<1500$	≥ 250	≥ 350
$1500 \leq h<2000$	≥ 300	≥ 400

注：1. 当有基础梁时，基础梁下的杯壁厚度应满足支承宽度的要求。
　　2. 柱子插入杯口部分的表面，应尽量凿毛。柱与杯口之间的空隙，应用细石混凝土（比基础混凝土强度等级高一级）密实填充，其强度达到基础设计等级的 70% 以上时，方能进行上部吊装。

杯壁构造配筋　　　　　　　　　　　　　　　　　　　表 7-3

柱截面长边尺寸 h（mm）	$h<1000$	$1000 \leq h<1500$	$1500 \leq h \leq 2000$
钢筋直径（mm）	$8 \sim 10$	$10 \sim 12$	$12 \sim 16$

7.2.5　计算例题

【例 7-5】　试设计某钢筋混凝土柱下基础，已知条件为：

1. 作用在基础顶面上由柱传来按标准组合时的荷载效应标准值为 $M_k=260$ kN·m、$N_k=460$ kN、$V_k=34$ kN、$G_{wk}=280$ kN；按基本组合时的荷载效应设计值为 $M=360$ kN·m、$N=614$ kN、$V=47.6$ kN、$G_w=336$ kN。其中 G_{wk} 为基础梁及其上的外墙自重传至基础顶面上的荷载标准值，G_w 为其相应的设计值；

2. 外墙厚 370mm（$e_w=370/2$）、柱截面尺寸 $a_t \times b_t=400$mm$\times 600$mm；

3. 混凝土强度等级 C20（$f_t=1.1$N/mm²），钢筋用 HRB335 级（$f_y=300$N/mm²）；

4. 地基为均匀黏性土，地基承载力特征值 $f_{ak}=200$kN/m²。

【解】　1. 初步估算基础底面尺寸：采用矩形截面，按中心受压公式（7-23）进行估算，并考虑偏心受压影响，乘以增大系数 1.3，则得其底面积 $A=lb$ 为：

$$A = 1.3 \frac{N_k + G_{wk}}{f_a - \gamma_m d}$$

上式中，d 为基础埋深，可取 $d=1.5$m；f_a 为修正后地基承载力特征值，按下式计算：

$$f_a = f_{ak} + \eta_a \gamma_m (d - 0.5)$$

由《地基基础规范》(GB 50007—2002) 查得 $\eta_d = 1.0$，取基础底面以上基础与土的平均自重 $\gamma_m = 20 \text{kN/m}^3$，则得

$$f_a = 200 + 1.0 \times 20 \times (1.5 - 0.5) = 220 \text{kN/m}^2$$

$$A = lb = 1.3 \times \frac{460 + 280}{220 - 20 \times 1.5} = 5.063 \text{m}^2$$

取 $l = 2.0\text{m}$，则 $b = 5.063/2 = 2.53\text{m}$，故取 $b = 2.6\text{m}$

2. 地基承载力验算

基础自重和其上的土重

$$G_k = \gamma_m lbd = 20 \times 2.0 \times 2.6 \times 1.5 = 156 \text{kN}$$

基础底面荷载效应标准值，(取基础高度 $h = 0.9\text{m}$)：

$$M_{bot,k} = M_k + V_k h + G_{wk}(e_w + b_t)/2$$

$$= 260 + 34 \times 0.9 - 280 \times \left(\frac{0.37 + 0.60}{2}\right) = 154.8 \text{kN} \cdot \text{m}$$

$$N_{bot,k} = N_k + G_k + G_{wk} = 460 + 156 + 280 = 896 \text{kN}$$

故得

$$\begin{matrix} p_{k,\max} \\ p_{k,\min} \end{matrix} = \frac{N_{bot,k}}{lb} \pm \frac{M_{bot,k}}{W}$$

$$= \frac{896}{2.0 \times 2.6} \pm \frac{154.8}{\frac{1}{6} \times 2.0 \times 2.6^2} = 172.3 \pm 68.7$$

$$= \begin{matrix} 241.0 \text{kN/m}^2 \\ 103.6 \text{kN/m}^2 \end{matrix} < 1.2 \times 220 = 264 \text{kN/m}^2$$

又 $\frac{1}{2}(p_{k,\max} + p_{k,\min}) = \frac{1}{2} \times (241.0 + 103.6) = 172.3 \text{kN/m}^3 < f_a = 220 \text{kN/m}^2$

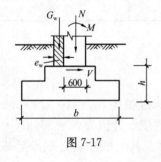

图 7-17

满足要求。

3. 基础抗冲切验算

基础底面净荷载效应 (即不考虑基础自重)

$$M_{bot} = M + Vh - G_w(e_w + b_t/2)$$

$$= 360 + 47.6 \times 0.9 - 336 \times \left(\frac{0.37 + 0.6}{2}\right)$$

$$= 239.9 \text{kN} \cdot \text{m}$$

$$N_{bot} = N + G_w = 614 + 336 = 950 \text{kN}$$

则得

$$\begin{matrix} p_{n,\max} \\ p_{n,\min} \end{matrix} = \frac{N_{bot}}{lb} \pm \frac{M_{bot}}{W}$$

$$= \frac{950}{2.0 \times 2.6} \pm \frac{239.9}{\frac{1}{6} \times 2.0 \times 2.6^2} = 182.7 \pm 106.5 = \begin{matrix} 289.2 \\ 76.2 \end{matrix} \text{kN/m}^2$$

冲切荷载设计值 F_l ($h_0 = 0.90 - 0.045 = 0.855\text{m}$)：

因 $a_b=a_t+2h_0=0.4+2\times0.855=2.11\text{m}>l=2.0\text{m}$,故取 $a_b=l=2.0\text{m}$。
冲切底面积

$$A=\left(\frac{b}{2}-\frac{b_t}{2}-h_0\right)l=\left(\frac{2.6}{2}-\frac{0.6}{2}-0.855\right)\times2.0=0.29\text{m}^2$$

$$F_l=p_{n,\max}A=289.2\times0.29=83.9\text{kN}$$

(1) 冲切承载力验算

$$F_l\leqslant0.7\beta_h f_t a_m h_0$$

上式中按公式 (7-28) 的规定,取 $\beta_h=0.992$;a_m 值:

$$a_m=\frac{a_t+a_b}{2}=\frac{0.4+2.0}{2}=1.2\text{m}$$

$$0.7\beta_h f_t a_m h_0=0.7\times0.992\times1.1\times1.2\times10^3\times0.855$$
$$=783.7\text{kN}>F_l=83.9\text{kN}$$

满足要求。

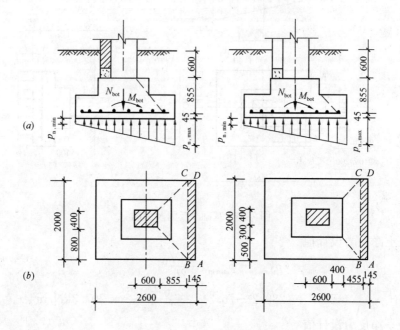

图 7-18 基础冲切验算
(a) 柱根处冲切面;(b) 变阶处冲切面

(2) 变阶处冲切承载力验算 $h_0=0.5-0.045=0.455\text{m}$

$$a_b=0.4+2\times0.3+2\times0.455=1.91\text{m}<l=2.0\text{m}$$

$$A=\left(\frac{b}{2}-\frac{b_t}{2}-h_0\right)l-\left(\frac{l}{2}-\frac{a_b}{2}-h_0\right)^2$$
$$=\left(\frac{2.6}{2}-\frac{1.4}{2}-0.455\right)\times2-\left(\frac{2.0}{2}-\frac{1.0}{2}-0.455\right)^2$$
$$=0.29-0.002=0.288\text{m}^2$$

即 $F_l=p_{n,\max}A=289.2\times0.288=83.3\text{kN}$

又 $a_m = \frac{1}{2}(a_t + a_b) = \frac{1}{2} \times (1.0 + 1.0 + 2 \times 0.455) = 1.455\text{m}$

$0.7\beta_h f_t a_m h_0 = 0.7 \times 1.0 \times 1.1 \times 1.455 \times 10^3 \times 455 = 509.8\text{kN}$
$> F_l = 83.3\text{kN}$

满足要求。

4. 基础配筋计算

(1) 基础长边方向配筋

基础底面边缘处土的最大净反力设计值 $p_{n,max} = 289.2\text{kN/m}^2$（图 7-19）

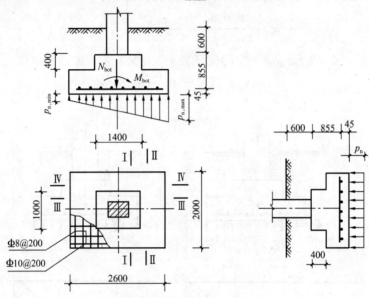

图 7-19 基础净反力及配筋

柱根处土净反力设计值

$$p_{n1} = p_{n,min} + (p_{n,max} - p_{n,min})\frac{b + b_t}{2b}$$

$$= 76.2 + (289.2 - 76.2) \times \frac{2.6 + 0.6}{2 \times 2.6} = 207.3\text{kN/m}^2$$

变阶处土净反力设计值

$$p_{n2} = 76.2 + (289.2 - 76.2) \times \frac{2.6 + 1.6}{2 \times 2.6} = 248.2\text{kN/m}^2$$

则得其 Ⅰ-Ⅰ 和 Ⅱ-Ⅱ 截面相应的弯矩

$$M_\text{I} = \frac{1}{12}\left(\frac{b}{2} - \frac{b_t}{2}\right)^2 [(2l + a')(p_{n,max} + p_{n1}) + (p_{n,max} - p_{n1})l]$$

$$= \frac{1}{12} \times \left(\frac{2.6}{2} - \frac{0.6}{2}\right)^2 [(2 \times 2.0 + 2.0)(289.2 + 207.3) + (289.2 - 207.3) \times 2]$$

$$= 261.9\text{kN·m}（其中 a' = 0.4 + 2 \times 0.885 = 2.11\text{m}，取 a' = 2.0\text{m}）$$

$$M_\text{II} = \frac{1}{12}\left(\frac{2.6}{2} - \frac{1.4}{2}\right)^2 [(2 \times 2.0 + 1.91)(289.2 + 248.2) + (289.2 - 248.2) \times 2]$$

$$=97.8 \text{kN} \cdot \text{m}(\text{其中 } a' = 1.0 + 2 \times 0.455 = 1.91\text{m})$$

相应于Ⅰ-Ⅰ和Ⅱ-Ⅱ截面的配筋为：

$$A_s = \frac{M_{\text{I}}}{0.9 h_{01} f_y} = \frac{261.9 \times 10^6}{0.9 \times 855 \times 300} = 1134.5 \text{mm}^2$$

又

$$A_s = \frac{M_{\text{II}}}{0.9 h_{02} f_y} = \frac{97.8 \times 10^6}{0.9 \times 455 \times 300} = 796.1 \text{mm}^2$$

选用 11 Φ 12@200 ($A_s = 1244 \text{mm}^2$)

(2) 基础短边方向配筋

$$M_{\text{III}} = \frac{1}{48}(l-a')^2(2b+b')(p_{n,\max}+p_{n,\min})$$

$$= \frac{1}{48}(2-2)^2 \times (2 \times 2.6 + 1.51) \times (289.2 + 76.2) = 0$$

(其中 $b' = 0.6 + 2 \times 0.455 = 1.51\text{m}$)

$$M_{\text{IV}} = \frac{1}{48}(2-1.91)^2 \times (2 \times 2.6 + 2.31) \times (289.2 + 76.2)$$

$$= 0.47 \text{kN} \cdot \text{m}(\text{其中 } b' = 1.4 + 2 \times 0.455 = 2.31\text{m})$$

相应于Ⅲ-Ⅲ和Ⅳ-Ⅳ截面均为构造配筋，选用 13 Φ 6@200 ($A_s = 368 \text{mm}^2$，图 7-19)

7.3 疲 劳 验 算[7-4]

钢筋混凝土构件在多次重复荷载作用下，尽管所得构件中的钢筋或混凝土最大应力始终低于一次加载时钢筋的屈服强度或混凝土的强度极限值，但构件中钢筋或混凝土也会产生脆性破坏，这种现象称为"疲劳破坏"。当在规定的重复次数和作用的变化幅度内，材料所能承受的最大动态应力，或构件所能承受的最大动态内力，称为材料的疲劳强度或构件的疲劳承载力。这里所谓的动态应力或动态内力是指重复荷载作用下，材料的应力或构件的内力。

7.3.1 受弯构件正截面疲劳验算

1. 正截面疲劳性能特点

试验研究表明，钢筋混凝土受弯构件正截面的疲劳性能为：

(1) 对于矩形或 T 形截面的正截面疲劳破坏的特点是，在构件较为薄弱的垂直截面处，某一根纵向钢筋首先发生疲劳断裂。因此，正截面的疲劳验算时，应以验算钢筋应力为主，其他的验算则属于校核性的验算。

根据国内外试验研究证明，影响钢筋疲劳强度的主要因素为钢筋的应力幅值 $\Delta \sigma_s^f$（此处 $\Delta \sigma_s^f = \sigma_{s,\max}^f - \sigma_{s,\min}^f$）。按应力幅值验算，既考虑了钢筋的 $\sigma_{s,\max}^f$，又考虑了钢筋的 $\sigma_{s,\min}^f$，这样验算的方法要比仅考虑钢筋的 $\sigma_{s,\max}^f$ 的验算方法要优越得多，且偏于安全。此处 $\sigma_{s,\max}^f$，$\sigma_{s,\min}^f$ 分别为按疲劳验算时由弯矩 $M_{\max}^f$、$M_{\min}^f$ 引起相应截面的受拉区纵向钢筋的最大、最小应力。

(2) 在多次重复荷载作用下，当纵向受拉钢筋的疲劳配筋率 ρ^f 不超过疲劳最大配筋率 $\rho_{\max}^f$ 时，受压区混凝土不会先于纵向钢筋的疲劳破坏。试验表明，$\rho_{\max}^f$ 值可按下式计算：

$$\rho_{max}^f = 0.3 f_c^f / f_y^f \tag{7-36}$$

式中 f_c^f、f_y^f——分别为混凝土的疲劳抗压强度设计值和钢筋的疲劳抗拉强度设计值。

(3) 试验表明，正截面的疲劳应力，对纵向受压钢筋一般不会屈服，可不进行疲劳验算。

(4) 在多次重复荷载作用下，构件受压区混凝土的极限压应变与静载作用下的极限压应变相近。

2. 正截面疲劳计算基本假定：

(1) 截面应变变形后仍保持平面；

(2) 受压区混凝土的法向应力图形为三角形；

(3) 对允许出现裂缝的构件，不考虑受拉区混凝土的抗拉强度，拉力全部由钢筋承受；

(4) 计算时，取钢筋混凝土构件的钢筋弹性模量与混凝土疲劳变形模量的比值为 $\alpha_E^f = E_s / E_c^f$，采用钢筋的换算截面进行构件计算。

3. 正截面疲劳的验算

钢筋混凝土受弯构件正截面的疲劳应力应符合下列要求：

(1) 受压区边缘纤维的混凝土最大压应力为

$$\sigma_{c,max}^f \leqslant f_c^f \tag{7-37}$$

$$\sigma_{c,max}^f = M_{max}^f x_0 / I_0^f \tag{7-38}$$

上式中，$\sigma_{c,max}^f$ 为在相应的荷载组合下，验算截面一次应力循环中产生的最大弯矩 M_{max}^f 引起的截面受压区边缘混凝土正应力，f_c^f 为混凝土的轴心抗压疲劳强度设计值，《规范》规定：$f_c^f = \gamma_\rho f_c$，其中 f_c 为混凝土轴心抗压强度设计值，γ_ρ 称为混凝土疲劳强度修正系数。在确定 γ_ρ 时，首先需确定混凝土疲劳应力比 $\rho_c^f = \sigma_{c,min}^f / \sigma_{c,max}^f$，按《规范》表 4.1.6 中，查得 γ_ρ 值。

(2) 纵向受拉钢筋的应力幅值

$$\Delta \sigma_{si}^f \leqslant \Delta f_y^f \tag{7-39}$$

$$\Delta \sigma_{si}^f = \sigma_{si,max}^f - \sigma_{si,min}^f \tag{7-40}$$

式中 $\Delta \sigma_{si}^f$——疲劳验算时截面受拉区第 i 层纵向钢筋的应力幅；

$\sigma_{si,max}^f$、$\sigma_{si,min}^f$——由 M_{max}^f、M_{min}^f 引起相应截面受拉区第 i 层纵向钢筋的应力；

M_{max}^f、M_{min}^f——疲劳验算时同一截面上在相应荷载组合下产生的最大弯矩、最小弯矩值；在荷载组设计值中，对重复荷载尚应按《荷载规范》规定乘以相应的动力系数。

在上式中，截面受拉区第 i 层纵向钢筋的应力为

$$\sigma_{si,max}^f = \alpha_E^f M_{max}^f (h_{0i} - x_0) / I_0^f \tag{7-41}$$

$$\sigma_{si,min}^f = \alpha_E^f M_{min}^f (h_{0i} - x_0) / I_0^f \tag{7-42}$$

当 M_{min}^f 与 M_{max}^f 的方向相反时，公式 (7-41) 和 (7-42) 中的 h_{0i}、x_0、I_0^f 应以截面相反位置的 h_{0i}'、x_0'、I_0^f 来代替。

公式 (7-39) 中 Δf_y^f 为普通钢筋的疲劳应力幅限值，由钢筋的疲劳应力比 $\rho_s^f = \sigma_{s,min}^f / \sigma_{s,max}^f$，按《规范》表 4.2.5 中查得；公式 (7-41) 及公式 (7-42) 中，$\alpha_E^f = E_s / E_c^f$，E_s 是

钢筋的弹性模量，E_c^f 是混凝疲劳变形模量，按附表 1 确定。

(3) 换算截面受压区高度 x_0，x_0' 和惯性矩 I_0^f、I_0^f 的计算。

对 I 形和翼缘位于受压区的 T 形截面为：

(A) 当 $x_0 > h_f'$ 时（图 7-20）

$$b_f'x_0^2/2 - (b_f'-b)(x_0-h_f')^2/2 + \alpha_E^f A_s'(x_0-a_s') - \alpha_E^f A_s(h_0-x_0) = 0 \quad (7-43)$$

$$I_0^f = b_f'x_0^3/3 - (b_f'-b)(x_0-h_f')^3/3 + \alpha_E^f A_s'(x_0-a_s')^2 + \alpha_E^f A_s(h_0-x_0)^2 \quad (7-44)$$

(B) 当 $x_0 \leqslant h_f'$ 时，按宽度为 b_f' 的矩形截面计算，即在公式 (7-43) 及 (7-44) 中，取 $b=b_f'$，可得 x_0 及 I_0^f 值。

(C) 对 x_0'、I_0^f 的计算，仍采用与计算 x_0、I_0^f 相同的相应公式，但当弯矩 M_{min}^f 与 M_{max}^f 方向相反时，与 I_0^f、x_0 相应的受压区位置亦相反；

当纵向受拉钢筋沿截面高度分多层布置时，公式 (7-43) 及 (7-44) 中的 $\alpha_E^f A_s(h_0-x_0)^2$ 项应用 $\alpha_E^f \sum_{i=1}^{n} A_{si}(h_{0i}-x_0)^2$ 代替，此处 n 为纵向受拉钢筋的总层数，A_{si} 为第 i 层全部纵向钢筋截面面积。

(D) 纵向受压钢筋当 $\alpha_E^f \sigma_c^f > f_y'$ 时，公式 (7-43) 及 (7-44) 的 $\alpha_E^f A_s'$ 值应以 $f_y' A_s' / \sigma_c^f$ 代替，此处 σ_c^f 为纵向受压钢筋合力点处相应的混凝土压应力。此时，应验算纵向受压钢筋的应力幅。

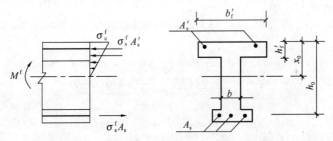

图 7-20 钢筋混凝土受弯构件正截面疲劳应力

7.3.2 受弯构件斜截面疲劳验算

1. 斜截面疲劳性能特点

(1) 试验表明，钢筋混凝土构件在重复荷载作用下，开裂前箍筋的应力很小，不会发生斜截面破坏。在开裂后，随着重复次数的增加，使混凝土承担的剪力 V_c^f 值逐渐降低，加重了箍筋承担的剪力 V_s^f 值，从而使箍筋首先发生疲劳破坏。

(2) 在多次重复荷载作用下，与构件斜裂缝相交的箍筋应力是不均匀的。根据实测箍筋应力值的统计分析，其最大箍筋应力与平均箍筋应力的比值，即箍筋应力不均匀系数可取 1.25。《规范》是采用箍筋应力幅来衡量箍筋是否疲劳破坏的，为此，则近似假定最大箍筋应力幅与平均箍筋应力幅的比值亦取 1.25。

(3) 当构件斜截面疲劳开裂后，研究表明：在保证剪跨范围内纵向钢筋有可靠锚固时，即使当最大斜裂缝宽度大于 0.3mm 时，混凝土仍然能够承担一部分剪力。随着重复荷载次数的增加，混凝土的抗剪作用亦随之而大幅度的衰减，但其值最小一般均不低于 $0.3f_t^f bh$。我国《规范》为安全起见，规定由混凝土承担的剪力 V_c^f 值取为 $0.1f_t^f bh$。

(4) 当斜截面同时配置有弯起钢筋和箍筋时,斜截面疲劳破坏的特点为,弯起钢筋要先于箍筋而被拉断,而使相应的箍筋往往没有充分发挥作用,在设计时需考虑这一特点。

2. 斜截面疲劳验算

《规范》对构件斜截面疲劳验算,采用下述的方法。

(1) 钢筋混凝土受弯构件中和轴处的剪应力,当符合下列条件时

$$\tau^f \leqslant 0.6 f_t^f \tag{7-45}$$

此时该区段没有开裂,其剪力全部由混凝土承受,箍筋按构造配筋。对 τ^f 值按下列公式计算：

$$\tau^f = \frac{V_{max}^f}{b z_0} \tag{7-46}$$

式中 τ^f——截面中和轴处剪应力；

f_t^f——混凝土轴心抗拉疲劳强度设计值,按《规范》4.1.6条确定；

V_{max}^f——疲劳验算时在相应荷载组合下构件验算截面的最大剪力值；

b——矩形截面宽度,T形、工形截面的腹板宽度；

z_0——受压区混凝土合力点至受拉钢筋合力点的距离,$z_0 = h_0 - x_0/3$,此时,受压区高度 x_0 按公式（7-43）确定。

(2) 截面中和轴处的剪应力不符合公式（7-45）时,即当 $\tau^f > 0.6 f_t^f$ 时,其相应区段剪应力由箍筋和混凝土共同承受。此时,在验算截面的剪力标准值中,除由混凝土所能承担的剪力外,箍筋承担的剪力,需进行箍筋应力幅的验算。《规范》规定：箍筋的应力幅应符合下列要求：

$$\Delta \sigma_{sv}^f \leqslant \Delta f_{yv}^f \tag{7-47}$$

$$\Delta \sigma_{sv}^f = \frac{1.25(\Delta V_{max}^f - 0.1 \eta f_t^f b h_0)s}{A_{sv} z_0} \tag{7-48}$$

$$\Delta V_{max}^f = V_{max}^f - V_{min}^f \tag{7-49}$$

式中 $\Delta \sigma_{sv}^f$——箍筋的应力幅,按公式（7-48）确定；

Δf_{yv}^f——箍筋的疲劳应力幅限值,按《规范》表 4.1.5-1 得出；

ΔV_{max}^f——疲劳验算时构件验算截面的最大剪力幅值；

V_{max}^f、V_{min}^f——疲劳验算时在相应荷载组合下构件验算截面的最大及最小剪力值；

η——最大剪力幅相对值,$\eta = \Delta V_{max}^f / V_{max}^f$；

A_{sv}——配置在同一截面内箍筋各肢的全部截面面积；

s——箍筋的间距；

1.25——箍筋应力幅不均匀系数。

上述斜截面抗剪疲劳验算的特点：虽然受弯构件斜面的疲劳破坏,弯起钢筋要先于箍筋被拉断,在疲劳验算时,如果是仅考虑充分发挥弯起钢筋的抗剪作用,而对箍筋采取构造配置时,这样,没有充分发挥箍筋的作用,由于在构件中箍筋的用量远比弯起钢筋大,因而造成箍筋的很大浪费。为此,《规范》不提倡采用弯起钢筋作为抗疲劳钢筋（密排斜向箍筋除外）,所以仅提供配有箍筋应力幅的公式（7-47）至（7-49）的验算方法。

(3) 对公式（7-48）的简要推导过程为：

斜截面上总剪力 V^f 值,考虑由混凝土和箍筋共同承受,即取：

$$V^f = V_c^f + V_{sv}^f \tag{7-50}$$

式中 V_c^f、V_{sv}^f——斜截面疲劳验算时，分别为混凝土及箍筋承担的剪力。

按《规范》规定，可取 $V_c^f = 0.1 f_t^f b h_0$。这样，对公式（7-50）的具体应用为：

当考虑剪力 V^f 达到最大剪力 V_{max}^f 值时：

$$V_{max}^f = 0.1 f_t^f b h_0 + V_{sv,max}^f \tag{7-51}$$

当考虑剪力 V^f 达到最小剪力 V_{min}^f 值时，由于剪力的减小，构件中的剪切变形亦相应地减小，同时混凝土和钢筋的变形是相互协调的，因此，其两者的承载力亦可认为成比例的减小。这样，对混凝土项所能承担的剪力 V_c^f 值没有充分发挥作用，可近似地取 $0.1 \dfrac{V_{min}^f}{V_{max}^f} f_t^f b h_0$，其最小剪力 V_{min}^f 为

$$V_{min}^f = 0.1 \frac{V_{min}^f}{V_{max}^f} f_t^f b h_0 + V_{sv,min}^f \tag{7-52}$$

上式中 $V_{sv,max}^f$、$V_{sv,min}^f$——构件产生 V_{max}^f 及 V_{min}^f 时，相应箍筋承担的剪力值。

将以上公式（7-51）及（7-52）代入公式（7-49）得

$$\Delta V_{max}^f = V_{max}^f - V_{min}^f = 0.1 \left(1 - \frac{V_{min}^f}{V_{max}^f}\right) f_t^f h b_0 + (V_{sv,max}^f - V_{sv,min}^f)$$
$$= 0.1 \eta f_t^f b h_0 + \Delta V_{sv}^f \tag{7-53}$$

式中 ΔV_{sv}^f——疲劳验算时，箍筋承担的剪力幅，取 $\Delta V_{sv}^f = V_{sv,max}^f - V_{sv,min}^f$。

上式中，对 ΔV_{sv}^f 值的计算，可由桁架模型得出。如图 7-21（b）所示，q 为单位长度箍筋承担的拉力幅，$\Delta \sigma_{sv}^f$ 为箍筋的应力幅，A_{sv} 为计算截面上箍筋的截面面积，则得：

$$q = \frac{\Delta \sigma_{sv}^f A_{sv}}{s};$$

又由图 7-21（a）可得：

$$\Delta V_{sv}^f = q z_0 = \frac{\Delta \sigma_{sv}^f A_{sv}}{s} z_0 \tag{7-54}$$

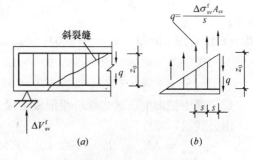

图 7-21 梁斜截面疲劳验算时桁架模型
(a) 梁受剪切；(b) 分离体图

将公式（7-54）代入公式（7-53），再乘以箍筋应力幅不均匀系数 1.25，则得

$$\Delta \sigma_{sv}^f = \frac{1.25 (\Delta V_{max}^f - 0.1 \eta f_t^f b h_0) s}{A_{sv} z_0} \tag{7-48}$$

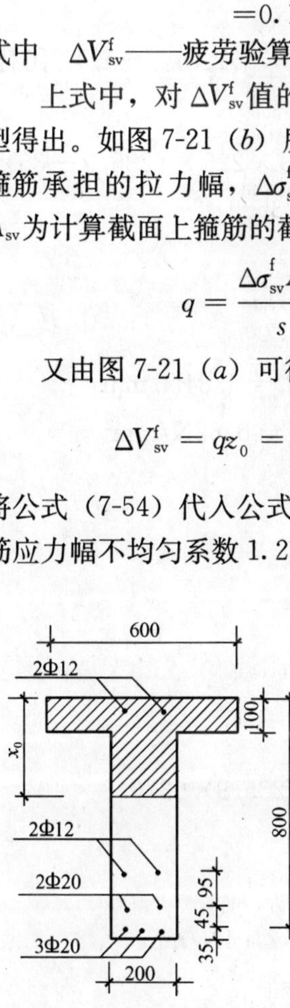

【例 7-6】 已知一 T 形截面等高度吊车梁（图 7-22），计算跨度 $l = 5.8 \text{m}$，净跨度 $l_n = 5.6 \text{m}$，混凝土强度等级为 C30（$f_t = 1.43 \text{N/mm}^2$），纵向受拉钢筋及箍筋均采用 HRB335 级（$f_y = 300 \text{N/mm}^2$），采用一台 10t（跨度 $l_k = 13.5 \text{m}$）吊车，中级工作制，由恒载和吊车产生的内力标准值如表 7-4 所示，梁按静力计算全长已配置受拉纵筋 5Φ20 + 2Φ12（$A_s = 1796 \text{mm}^2$），受压纵筋 2Φ12（$A_s' = 226 \text{mm}^2$），箍筋 2Φ10，间距 $S = 140 \text{mm}$。

图 7-22

试验算正截面疲劳和斜截面疲劳的承载力。

吊车梁内力标准值汇集　　　　　　　表 7-4

截面位置	弯矩 M_k (kN·m)		剪力 V_k (kN)		扭矩 T_k (kN·m)
	恒载 M_{Gk}	$M_{Gk}+M_{Qk}$	恒载 V_{Gk}	$V_{Gk}+V_{Qk}$	
支　座	—	—	16.24	162.40	1.832
跨　中	24.40	190.4	0	57.23	0.916

【解】　1. 正截面疲劳验算

(1) 求 x_0：　　　$\alpha_E^f = E_s/E_c^f = 2\times 10^5/1.3\times 10^4 = 15.38$

由公式 (7-38) 可求得 x_0，但其中的 $\alpha_E^f A_s(h_0-x_0)$ 值以 $\alpha_E^f \sum_{i=1}^{n} A_{si}(h_{0i}-x_0)$ 代替，则得：

$$600x_0^2/2 - (600-200)(x_0-100)^2/2 + 15.38\times 226\times(x_0-35)$$
$$-15.38\times 942\times(765-x_0) - 15.38\times 628\times(720-x_0)$$
$$-15.38\times 226\times(625-x_0) = 0$$

解得 $x_0 = 235.9$mm

(2) 求 I_0^f：

由公式 (7-44) 可求得 I_0^f，但其中的 $\alpha_E^f A_s(h_0-x_0)^2$ 以 $\alpha_E^f \sum_{i=1}^{n} A_{si}(h_{0i}-x_0)^2$ 代替，则得：

$I_0^f = 600\times 235.9^3/3 - (600-200)\times(235.9-100)^3/3 + 15.38\times 226\times(235.9-35)^2$
　　$+ 15.38\times 942\times(765-235.9)^2 + 15.38\times 628\times(720-235.9)^2$
　　$+ 15.38\times 226\times(625-235.9)^2 = 9276.8\times 10^6$mm^4

(3) 跨中截面受压区边缘纤维混凝土最大及最小压应力的验算：

由公式 (7-38)：

$$\sigma_{c,max}^f = M_{max}^f x_0/I_0^f = 190.4\times 10^6\times 235.9/9276.8\times 10^6 = 4.84\text{N/mm}^2$$
$$\sigma_{c,min}^f = M_{min}^f x_0/I_0^f = 24.4\times 10^6\times 235.9/9276.8\times 10^6 = 0.62\text{N/mm}^2$$

混凝土疲劳应力比值 ρ_c^f：

$$\rho_c^f = \sigma_{c,min}^f/\sigma_{c,max}^f = 0.62/4.84 = 0.13$$

查《规范》表 4.1.6 得 $\gamma_\rho = 0.74$，故得

$$f_c^f = \gamma_\rho f_c = 0.74\times 14.3 = 10.6\text{N/mm}^2$$

因，$\sigma_{c,max}^f = 4.84$N/mm^2 < $f_c^f = 10.6$N/mm^2，满足要求。

(4) 跨中截面纵向受拉钢筋应力幅的验算

由公式 (7-41) 及 (7-42)，得

$\sigma_{c,max}^f = \alpha_E^f M_{max}^f(h_0-x_0)/I_0^f = 15.38\times 190.4\times 10^6\times(765-235.9)/9276.8\times 10^6$
　　$= 167.0$N/mm^2

$\sigma_{c,min}^f = \alpha_E^f M_{min}^f(h_0-x_0)/I_0^f$
　　$= 15.38\times 24.4\times 10^6\times(765-235.9)/9276.8\times 10^6 = 21.4$N/mm^2

纵向受拉钢筋的应力幅为

$$\Delta\sigma_s^f = \sigma_{c,max}^f - \sigma_{c,min}^f = 167.0 - 21.4 = 145.6\text{N/mm}^2$$

普通钢筋疲劳应力比值 ρ_s^f：

$$\rho_s^f = \sigma_{c,min}^f / \sigma_{c,max}^f = 21.4/167 = 0.13$$

查《规范》表 4.2.5-1 得 $\Delta f_y^f = 155 \text{N/mm}^2$

因 $\Delta \sigma_s^f = 145.6 \text{N/mm}^2 < \Delta f_y^f = 155 \text{N/mm}^2$，满足要求。

2. 斜截面疲劳验算

(1) 跨中截面

纵向受拉钢筋合力点至截面近边缘的距离 $a_s = 68\text{mm}$，则得截面有效高度 $h_0 = 800 - 68 = 732\text{mm}$。截面受压区合力点至受拉钢筋合力点的距离 z_0 值为

$$z_0 = h_0 - \frac{x_0}{3} = 732 - \frac{1}{3} \times 235.9 = 653.4 \text{mm}$$

截面中和轴处的主拉应力（剪应力）为

$$\tau_v^f = V_{max}^f / bz_0 = 57.23 \times 10^3 / (200 \times 653.4) = 0.44 \text{N/mm}^2$$

截面抗扭塑性抵抗矩 W_t：

腹板 $\quad W_{tw} = \frac{b^2}{6}(3h - b) = \frac{200^2}{6}(3 \times 800 - 200) = 14.67 \times 10^6 \text{mm}^3$

受压翼缘 $\quad W'_{tf} = \frac{h'^2_f}{2}(b'_f - b) = \frac{100^2}{2} \times (600 - 200) = 2 \times 10^6 \text{mm}^3$

$$W_t = W_{tw} + W'_{tf} = (14.67 + 2.0) \times 10^6 = 16.67 \times 10^6 \text{mm}^3$$

T形截面腹板部分分配扭矩 T_w^f 值：

$$T_w^f = \frac{W_{tw}}{W_t} \times T = \frac{14.67 \times 10^6}{16.67 \times 10^6} \times 0.916 = 0.806 \text{kN} \cdot \text{m}$$

由扭矩产生的剪应力为：

$$\tau_t^f = T_w^f / W_{tw} = 0.806 \times 10^6 / (14.67 \times 10^6) = 0.055 \text{N/mm}^2$$

截面中和轴处总的剪应力 τ^f 值为：

$$\tau^f = \tau_v^f + \tau_t^f = 0.44 + 0.055 = 0.495 \text{N/mm}^2$$

又 $\quad \rho^f = \tau_{min}^f / \tau_{max}^f = V_{Gk}/(V_{Gk} + V_{Qk}) = 0/57.23 = 0$

由《规范》表 4.1.6，得 $\gamma_\rho = 0.74$。

故得 $\quad f_t^f = \gamma_\rho f_t = 0.74 \times 1.43 = 1.058 \text{N/mm}^2$

因 $\quad \tau^f = 0.495 \text{N/mm}^2 < 0.6 f_t^f = 0.6 \times 1.058 = 0.635 \text{N/mm}^2$

故跨中截面处箍筋可按构造要求配置。

(2) 支座边缘截面

$$\tau_v^f = 162.4 \times 10^3 / (200 \times 653.4) = 1.25 \text{N/mm}^2$$

$$\tau_t^f = 1.612 \times 10^3 / (14.67 \times 10^3) = 0.110 \text{N/mm}^2$$

$$\tau^f = 1.25 + 0.110 = 1.36 \text{N/mm}^2$$

又 $\rho^f = V_{min}^f / V_{max}^f = 16.24 = 0.1$，查《规范》表 4.1.6 得 $\gamma_\rho = 0.74$，故得

$$f_t^f = \gamma_\rho f_c = 0.74 \times 1.43 = 1.058 \text{N/mm}^2$$

因 $\tau^f = 1.36 \text{N/mm}^2 > 0.6 f_t^f = 0.6 \times 1.058 = 0.635 \text{N/mm}^2$

故支座截面需验算所需的箍筋截面和间距。

取箍筋的截面为 $A_{sv} = 157 \text{mm}^2$（2Φ10），间距为 $s = 140 \text{mm}$（因 $\rho_s^f = 0$，查《规范》

表 4.2.5-1 得 $\Delta f_y^f = 165\text{N/mm}^2$），由公式（7-49）得：

$$\Delta V_{max}^f = V_{max}^f - V_{min}^f = 162.4 - 16.24 = 146.16\text{kN}$$

$$\eta = \frac{\Delta V_{max}^f}{V_{max}^f} = \frac{146.16}{162.4} = 0.9$$

则由公式（7-48）可得

$$\Delta \sigma_{sv}^f = \frac{1.25(\Delta V_{max}^f - 0.1\eta f_t^f b h_0)s}{A_{sv} z_0}$$

$$= \frac{1.25 \times (146.16 \times 10^3 - 0.1 \times 0.9 \times 1.058 \times 200 \times 732) \times 140}{157 \times 653.4}$$

$$= 225.6\text{N/mm}^2 > \Delta f_y = 165\text{N/mm}^2$$

配置箍筋数量不够，需按公式（7-48）重新计算箍筋数量，此时可取 $\Delta \sigma_{sv}^f = \Delta f_y^f = 165\text{N/}$ mm^2，$A_{sv} = 157\text{mm}^2$（2Φ10），则得：

$$s = \frac{\Delta \sigma_{sv}^t A_{sv} z_0}{1.25(\Delta V_{max}^f - 0.1\eta f_t^f b h_0)}$$

$$= \frac{165 \times 157 \times 653.4}{1.25 \times (146.16 \times 10^3 - 0.1 \times 0.9 \times 1.058 \times 200 \times 732)}$$

$$= 102.4\text{mm}$$

故箍筋间距取为 $s = 100\text{mm}$。

参 考 文 献

[7-1] 《混凝土结构设计规范》(GB 50010—2002). 北京：中国建筑工业出版社，2002.

[7-2] 《建筑地基基础设计规范》(GB 50007—2002). 北京：中国建筑工业出版社，2002.

[7-3] 哈尔滨工业大学，华北水利水电学院合编(王振东主编). 混凝土及砌体结构(下册). 北京：中国建筑工业出版社，2003.

[7-4] 中国建筑科学研究主编. 混凝土结构设计. 北京：中国建筑工业出版社，2003.

第8章 正常使用极限状态验算

（裂缝及变形）

8.1 概 述

在钢筋混凝土结构设计中，为了满足使用及耐久性的要求，除需进行承载能力极限状态计算外，尚应进行正常使用极限状态的验算，亦即对构件进行裂缝及变形的验算。

对由于混凝土体积变化而引起的裂缝，主要通过控制混凝土所选择的集料成分，改善水灰比和施工时浇筑质量，改进结构形式，设置温度收缩缝等构造措施来解决。对由于荷载而引起的裂缝，则需通过设计计算加以控制。

对于裂缝控制，一般是对混凝土构件控制其不出现裂缝（即抗裂性），或限制裂缝宽度，使之不超过容许的极限值的验算。在裂缝控制验算时，对荷载或荷载效应均应采用其标准值和相应的标准组合，材料强度指标均取其标准值来确定。

我国《规范》对结构构件的裂缝宽度及变形验算的要求，具体规定如下：

1. 裂缝控制等级的划分和验算要求：

结构构件正截面的裂缝控制等级分为三级，并按以下规定，进行裂缝控制的验算：

一级——严格要求不出现裂缝的构件，按荷载效应标准组合计算时，构件受拉边缘混凝土不应产生拉应力，即要求：

$$\sigma_{ck} - \sigma_{pc} \leqslant 0 \tag{8-1}$$

二级——一般要求不出现裂缝的构件，按荷载效应标准组合计算时，构件受拉边缘混凝土拉应力不应大于混凝土轴心抗拉强度标准值；按荷载效应准永久组合计算时，构件受拉边缘混凝土不宜产生拉应力，当有可靠经验时，可适当放松，即要求：

对标准组合 $$\sigma_{ck} - \sigma_{pc} \leqslant f_{tk} \tag{8-2}$$

对准永久组合 $$\sigma_{cq} - \sigma_{pc} \leqslant 0 \tag{8-3}$$

三级——允许出现裂缝的构件，按荷载效应标准组合并考虑长期作用影响计算时，构件的最大裂缝宽度不应超过表 8-1 规定的最大裂缝宽度限值，即要求：

$$w_{max} \leqslant w_{lim} \tag{8-4}$$

式中 σ_{ck}、σ_{cq}——荷载效应的标准组合、准永久组合下抗裂验算截面边缘的混凝土法向应力；

σ_{pc}——扣除全部预应力损失后在抗裂验算截面边缘混凝土的预压应力，按公式（9-24）或公式（9-38）计算；

f_{tk}——混凝土轴心抗拉强度标准值；

w_{max}——按荷载效应标准组合并考虑长期作用影响计算的最大裂缝宽度；

w_{lim}——最大裂缝宽度限值，按表 8-1 采用。

公式（8-3）的"准永久组合"在原《规范》称之为"长期效应组合"，两者组合内容完全相同；此外，有关预应力混凝土的概念以及其预压应力 σ_{pc} 的计算方法，将在第九章中作具体介绍。

2. 最大裂缝宽度限值 w_{lim} 的规定

结构构件应根据结构类别和表 2-6 规定的环境类别，按表 8-1 的规定选用不同的裂缝控制等级及最大裂缝宽度限值 w_{lim}。

结构构件的裂缝控制等级及最大裂缝宽度限值 表 8-1

环境类别	钢筋混凝土结构		预应力混凝土结构	
	裂缝控制等级	w_{lim}（mm）	裂缝控制等级	w_{lim}（mm）
一	三	0.3（0.4）	三	0.2
二	三	0.2	二	—
三	三	0.2	一	—

注：1. 表中规定适用于《规范》规定的钢筋、钢绞线、钢丝；
  2. 表中括号内的数字，适用于年平均相对湿度小于 60% 地区，一类环境下的受弯构件；
  3. 其他情况详见《规范》表 3.3.4 注。

对结构构件在荷载效应标准组合作用下，如符合裂缝控制等级的一级及二级的规定时，则该构件可不进行最大裂缝宽度的验算。对于钢筋混凝土构件的抗裂性，一般是难以得到保证的，因此，《规范》对其没有提出有关抗裂性验算的要求。

3. 受弯构件最大挠度的限值

钢筋混凝土构件在设计时应考虑在使用中不产生过大的变形，如吊车梁的挠度过大，将使吊车轨道歪斜而影响吊车正常运行；楼盖中的梁、板挠度过大，不仅会影响放置其上用具的不平整性，而且会影响一些精密仪器的使用性能，同时还会使人们在视觉上或感受上产生一种不安全的反映。因此，在设计时应对控制构件变形（挠度）的限值，有个基本的规定。

目前在各国规范中对于控制构件变形的方式，一般分为两类：

第一类：规定出计算跨度 l_0 与截面高度 h 比值的最大限值，即

$$l_0/h \leqslant [l_0/h]$$

此类方法简要，一般为设计经验所采用。

第二类：规定出最大挠度 v 为计算跨度的函数限值。

我国《规范》采用第二类控制方式，并规定：受弯构件的最大挠度应按荷载效应的标准组合并考虑荷载长期作用影响进行计算，其计算值不应超过表 8-2 规定的挠度限值 $[v]$，即

$$v \leqslant [v] \quad (8-5)$$

受弯构件挠度限值 $[v]$ 表 8-2

构件类型		挠度限值
吊车梁	手动吊车	$l_0/500$
	电动吊车	$l_0/600$
屋盖、楼盖及楼梯构件		
当 $l_0<7$m 时		$l_0/200$（$l_0/250$）
当 $7m \leqslant l_0 \leqslant 9m$ 时		$l_0/250$（$l_0/300$）
当 $l_0>9m$ 时		$l_0/300$（$l_0/400$）

注：1. 表中 l_0 为构件的计算跨度；
  2. 表中括号内的数值适用于对挠度有较高要求的构件；
  3. 如果构件制作时预先起拱，且使用上也允许，则在验算挠度时，可将计算挠度值减去起拱值；对预应力混凝土构件，尚可减去预应力所产生的反拱值；
  4. 计算悬臂构件的挠度限值时，其计算跨度 l_0 按实际悬臂长度的 3 倍取用。

8.2 裂缝宽度的验算

钢筋混凝土构件最大裂缝宽度的计算，包括矩形、T形、倒T形和I形截面的钢筋混凝土轴心受拉、受弯和偏心受力（受压和受拉）构件，按荷载效应的标准组合并考虑长期作用影响时的最大裂缝宽度的计算。具体计算方法分述如下。

8.2.1 受弯构件的裂缝宽度计算[8-3]

1. 平均裂缝宽度

在构件开裂后，两相邻裂缝之间未开裂的各个截面混凝土和钢筋所产生的粘结应力是各不相同的，距离裂缝截面愈远，累计的粘结力也愈大，致使混凝土的拉应力愈大，而钢筋的应力则愈小；同时裂缝之间的间距亦不相同。

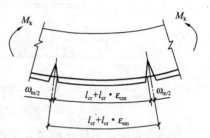

图 8-1 受弯构件开裂后的裂缝宽度

在计算时，混凝土在受拉钢筋重心处的平均裂缝宽度 w_m 可由两相邻裂缝之间钢筋的平均伸长 $\varepsilon_{sm} l_{cr}$ 与同一水平的受拉混凝土的平均伸长 $\varepsilon_{cm} l_{cr}$ 的差值（图 8-1）求得，即：

$$w_m = \varepsilon_{sm} l_{cr} - \varepsilon_{cm} l_{cr} = \varepsilon_{sm} l_{cr} \left(1 - \frac{\varepsilon_{cm}}{\varepsilon_{sm}}\right) \tag{8-6}$$

式中 w_m——平均裂缝宽度；

l_{cr}——平均裂缝间距；

ε_{sm}——纵向受拉钢筋的平均拉应变；

ε_{cm}——与纵向受拉钢筋同一水平处混凝土的平均拉应变。

取 $\varepsilon_{sm} = \psi \dfrac{\sigma_{sk}}{E_s}$；$\alpha_c = 1 - \dfrac{\varepsilon_{cm}}{\varepsilon_{sm}}$，则得

$$w_m = \alpha_c \psi \frac{\sigma_{sk}}{E_s} l_{cr} \tag{8-7}$$

式中 ψ——裂缝间纵向受拉钢筋应变不均匀系数；

σ_{sk}——按荷载效应标准组合计算的钢筋混凝土构件裂缝截面处，纵向钢筋的拉应力；

α_c——裂缝间混凝土受拉应变对裂缝宽度的影响系数。

2. 平均裂缝间距

如图 8-2 所示，a 处为出现第一条裂缝截面，其纵向钢筋的应力为 σ_{s1}，b 处为即将出现裂缝截面，其纵向钢筋应力为 σ_{s2}；则钢筋 ab 两端不平衡力（$\Delta\sigma_s A_s$）将由粘结力来承担，可得：

$$\Delta\sigma_s A_s = \sigma_{s1} A_s - \sigma_{s2} A_s = \tau_m u l_{cr} \tag{8-8}$$

式中 A_s——受拉纵向钢筋截面面积；

u——受拉纵向钢筋截面周长；

τ_m——钢筋与混凝土间平均粘结应力，取 $\tau_m = w'\tau_{max}$；
τ_{max}——钢筋与混凝土间粘结应力最大值；
w'——粘结应力图形丰满系数。

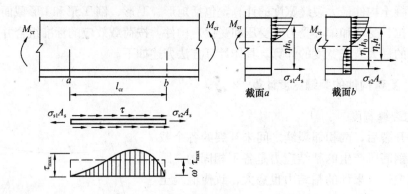

图 8-2 受弯构件开裂时裂缝及其粘结应力图
截面 a——出现裂缝；截面 b——即将出现裂缝

在图 8-2 中，构件在截面 a 及 b 处所承担的均为开裂时弯矩 M_{cr}，在截面 a 处已经开裂，其钢筋的应力为

$$\sigma_{s1} = \frac{M_{cr}}{\eta h_0 A_s} \tag{8-9}$$

在截面 b 处为即将开裂，M_{cr} 可视为由混凝土承担的开裂弯矩 M_c 和由钢筋承担的弯矩 M_s 所组成，即 $M_{cr} = M_c + M_s$，则得：

$$\sigma_{s2} = \frac{M_s}{\eta_1 h_0 A_s} = \frac{M_{cr} - M_c}{\eta_1 h_0 A_s} \tag{8-10}$$

计算时 M_c 值可近似按下式确定（图 8-3）：

$$M_c = [0.5bh + (b_f - b)h_f]\eta_2 h f_{tk}$$
$$= A_{te}\eta_2 h f_{tk} \tag{8-11}$$

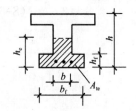

图 8-3 有效受拉混凝土截面面积

上式中 f_{tk} 为混凝土抗拉强度标准值，其中近似取 $\eta \approx \eta_1$，A_{te} 为有效受拉混凝土截面面积，$A_{te} = [0.5bh + (b_f - b)h_f]$，并取 $\rho_{te} = A_s/A_{te}$。这样，将公式（8-9）、（8-10）及公式（8-11）代入公式（8-8），可得

$$l_{cr} = \frac{M_c}{\tau_m u \eta h_0} = \frac{A_{te}\eta_2 h f_{tk}}{\tau_m u \eta h_0}$$
$$= \frac{\nu \eta_2 h}{4\eta h_0} \cdot \frac{f_{tk}}{\tau_m} \cdot \frac{1}{\rho_{te}} \cdot \frac{4A_s}{\nu u} \tag{8-12}$$

式中 ν——纵向受拉钢筋相对粘结特征系数。

试验研究表明：上式中的混凝土抗拉强度标准值 f_{tk} 与混凝土和钢筋的粘结强度 τ_m 大致成正比，即可将 f_{tk}/τ_m 值可取为常数，同时也可近似取 $\nu\eta_2 h/4\eta h_0$ 为常数，并 $\frac{4A_s}{\nu u} = d_{eq}$，于是公式（8-12）可写为：

$$l_{cr} = k_1 \frac{d_{eq}}{\rho_{te}} \tag{8-13}$$

式中 d_{eq}——钢筋的等效直径；

k_1——经验系数（常数）。

由公式（8-13）可知，当 ρ_{te} 很大时，l_{cr} 值趋近于零。但实际的裂缝间距并不等于零，而是有一定的距离。此外，l_{cr} 值还与混凝土保护层净厚度有关，保护层净厚度较厚时，l_{cr} 值亦较大。为此《规范》考虑上述因素的影响，对 l_{cr} 采用如下的计算模式：

$$l_{cr} = k_2 c + k_1 \frac{d_{eq}}{\rho_{te}} \tag{8-14}$$

式中 c——最外层纵向受拉钢筋外边缘至截面受拉区底边的距离（mm）；

k_2——经验系数（常数）。

根据国内资料分析表明，可取 $k_1 = 0.08$，$k_2 = 1.9$，这样，最后可得裂缝间距计算公式为：

$$l_{cr} = 1.9c + 0.08 \frac{d_{eq}}{\rho_{te}} \tag{8-15}$$

3. 钢筋的等效直径

公式（8-13）中的钢筋等效直径 d_{eq}，是考虑不同的钢筋直径和不同的钢筋种类具有不同粘结特性时，按粘结力等效（即保持总的粘结力不变）的原则，推导而得的单一换算直径。这样，便于设计计算。

纵向受拉钢筋相对粘结特性系数 ν，是考虑混凝土与不同钢筋种类之间不同的粘结性能的影响，由试验分析确定的经验系数，具体规定见表8-3。由表8-3可知，如光面钢筋 ν 值偏小。这是由于光面钢筋与混凝土之间的粘结性能比带肋钢筋较差，构件开裂时，其滑移量也较大，因此，取用 $\nu = 0.7$ 是对裂缝宽度起到增大的作用。

钢筋的相对粘结特性系数　　　　　　表 8-3

钢筋类别	非预应力钢筋		先张法预应力钢筋			后张法预应力钢筋		
	光面钢筋	带肋钢筋	带肋钢筋	螺旋肋钢丝	刻痕钢丝、钢绞线	带肋钢筋	钢绞线	光面钢丝
ν_i	0.7	1.0	1.0	0.8	0.6	0.8	0.5	0.4

对钢筋等效直径的确定：

由公式（8-12）中的 $\frac{4A_s}{\nu u}$ 值：

当采用 n 根相同钢种和相同直径的钢筋时，可得

$$\frac{4A_s}{\nu u} = \frac{4 \times n \frac{\pi}{4} d^2}{\nu n \pi d} = \frac{d}{\nu} \tag{8-16}$$

当采用不同钢种和不同直径的多根钢筋时，按粘结力等效原则可得 $\nu u \tau_m = \sum n_i \pi d_i \cdot \tau_{mi} = \sum n_i \pi d_i \cdot \nu_i \tau_m$，即可取 $\nu u = \sum n_i \nu_i \pi d_i$；此处取 $\tau_{mi} = \nu_i \tau_m$，这样可得

$$\frac{4A_s}{\nu u} = \frac{4 \times \sum n_i \times \frac{\pi}{4} d_i^2}{\sum n_i \nu_i \pi d_i} = \frac{\sum n_i d_i^2}{\sum n_i \nu_i d_i} \tag{8-17}$$

对比公式（8-16）和公式（8-17）可知，当采用不同钢种和不同直径的钢筋时，公式

(8-16) 中的 $\dfrac{d}{\nu}$ 值可用钢筋的等效直径 d_{eq} 来代替，即可取 d_{eq} 值为：

$$d_{eq} = \frac{\sum n_i d_i^2}{\sum n_i \nu_i d_i} \tag{8-18}$$

式中 n_i——第 i 种纵向受拉钢筋的根数；

ν_i——第 i 种纵向受拉钢筋的相应粘结特征系数；

d_i——第 i 种纵向受拉钢筋的直径。

4. 系数 ψ 值

由试验分析表明，公式（8-7）中纵向受拉钢筋应变不均匀系数 ψ 可按下列公式计算

$$\psi = 1.1\left(1 - \frac{0.8 M_c}{M_k}\right) \tag{8-19}$$

上式中 M_c 为混凝土截面的开裂弯矩，按公式（8-11）确定；M_k 为按荷载效应标准组合计算时的弯矩，按下列公式计算：

$$M_k = A_s \sigma_{sk} \eta h_0 \tag{8-20}$$

式中 η——相应于弯矩 M_k 作用时截面的内力偶臂系数。

将公式（8-11）及公式（8-20）代入公式（8-19），并近似取 $\eta_2/\eta = 0.67$，$h/h_0 = 1.1$，可得

$$\psi = 1.1 - \frac{0.65 f_{tk}}{\rho_{te} \sigma_{sk}} \tag{8-21}$$

5. 钢筋应力 σ_{sk}

由公式（8-20），近似取 $\eta = 0.87$，可得

$$\sigma_{sk} = \frac{M_k}{0.87 h_0 A_s} \tag{8-22}$$

6. 系数 α_{cr}

在公式（8-7）中系数 α_c，通过试验分析，并考虑裂缝宽度的不均匀性和荷载长期作用的影响，对受弯构件综合可取 $\alpha_{cr} = 2.1$。

通过以上分析，《规范》规定在矩形、T 形、倒 T 形和 I 形截面的钢筋混凝土受弯构件中，按荷载效应的标准组合并考虑长期作用影响的最大裂缝宽度 w_{max}（mm），可按下列公式计算：

$$w_{max} = 2.1 \psi \frac{\sigma_{sk}}{E_s}\left[1.9c + 0.08 \frac{d_{eq}}{\rho_{te}}\right] \tag{8-23}$$

式中 ψ——裂缝间纵向受拉钢筋应变不均匀系数，按公式（8-21）确定；当 $\psi<0.2$ 时，取 $\psi=0.2$；当 $\psi>1.0$ 时，取 $\psi=1.0$；对直接承受重复荷载的构件，取 $\psi=1.0$；

c——最外层纵向受拉钢筋外边缘至受拉区底边的距离（mm）；当 $c<20$ 时，取 $c=20$；当 $c>65$ 时，取 $c=65$。

公式中的 σ_{sk} 及 d_{eq} 分别按公式（8-22）及公式（8-18）计算。

【例 8-1】 已知一矩形截面简支梁，截面尺寸 $b \times h = 200mm \times 500mm$，混凝土强度等级为 C30（$f_{tk} = 2.01 N/mm^2$），纵向受拉钢筋用 HRB335 级（$E_s = 2.0 \times 10^5 N/mm^2$），

共配置 4Φ16；混凝土净保护层厚度 $c=25$mm；梁按荷载效应标准组合计算的跨中弯矩 $M_k=80$kN·m（包括自重），最大裂缝宽度限值 $w_{\lim}=0.3$mm。试验算其最大裂缝宽度是否符合要求。

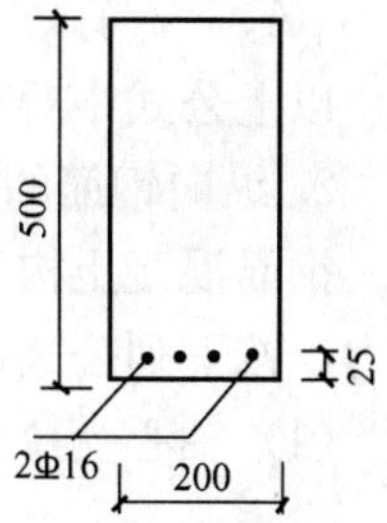

【解】 取 $h_0=h-a_s=500-35=465$mm，$A_s=804$mm²，$d_{eq}=d=16$mm。

$$\rho_{te}=\frac{A_s}{0.5bh}=\frac{804}{0.5\times200\times500}=0.0161$$

$$\sigma_{sk}=\frac{M_k}{0.87h_0A_s}=\frac{80\times10^6}{0.87\times465\times804}=246\text{N/mm}^2$$

$$\psi=1.1-\frac{0.65f_{tk}}{\rho_{te}\sigma_{sk}}=1.1-0.65\times\frac{2.01}{0.0161\times246}=0.77$$

图 8-4 梁配筋

故

$$w_{\max}=2.1\psi\times\frac{\sigma_{sk}}{E_s}\left(1.9c+0.08\frac{d_{eq}}{\rho_{te}}\right)$$

$$=2.1\times0.77\times\frac{246}{2.0\times10^5}\times\left(1.9\times25+0.08\times\frac{16}{0.0161}\right)$$

$$=0.25\text{mm}<0.3\text{mm}，满足要求。$$

8.2.2 最大裂缝宽度的统一计算公式

1. 统一计算公式

《规范》规定在矩形、T形、倒T形和工形截面的钢筋混凝土受拉，受弯和偏心受压构件及预应力混凝土轴心受拉和受弯构件中，按荷载效应的标准组合并考虑长期作用影响的最大裂缝宽度（mm），统一可按下列公式计算：

$$w_{\max}=\alpha_{cr}\psi\frac{\sigma_{sk}}{E_s}\left(1.9c+0.08\frac{d_{eq}}{\rho_{te}}\right) \tag{8-24}$$

$$\psi=1.1-0.65\frac{f_{tk}}{\rho_{te}\sigma_{sk}} \tag{8-21}$$

$$d_{eq}=\frac{\sum n_id_i^2}{\sum n_i\nu_id_i} \tag{8-18}$$

$$\rho_{te}=\frac{A_s+A_p}{A_{te}} \tag{8-25}$$

式中 α_{cr}——构件受力特征系数，按表 8-4 取用；

σ_{sk}——按荷载效应标准组合计算的钢筋混凝土构件纵向受拉钢筋的应力或预应力混凝土构件纵向受拉钢筋的等效应力，见《规范》8.1.3条，或按下面介绍的公式计算；

A_p——受拉区纵向预应力钢筋的截面面积；

ρ_{te}——按有效受拉混凝土截面面积计算的纵向受拉钢筋配筋率；在最大裂缝计算中，当 $\rho_{te}<0.01$ 时，取 $\rho_{te}=0.01$；

A_{te}——有效受拉混凝土截面面积,取 $A_{te}=0.5bh+(b_f-b)h_f$。

以上公式中对有关预应力混凝土问题,将在预应力混凝土构件一章中介绍。

2. 纵向钢筋的应力

钢筋混凝土构件截面受拉区纵向钢筋的应力,按下列公式计算:

构件受力特征系数 α_{cr} 表 8-4

类 型	α_{cr}	
	钢筋混凝土构件	预应力混凝土构件
受弯、偏心受压	2.1	1.7
偏心受拉	2.4	—
轴心受拉	2.7	2.2

(1) 轴心受拉构件

$$\sigma_{sk}=\frac{N_k}{A_s} \quad (8-26)$$

(2) 偏心受拉构件

$$\sigma_{sk}=\frac{N_k e'}{A_s(h_0-a'_s)} \quad (8-27)$$

(3) 受弯构件

$$\sigma_{sk}=\frac{M_k}{0.87h_0 A_s} \quad (8-28)$$

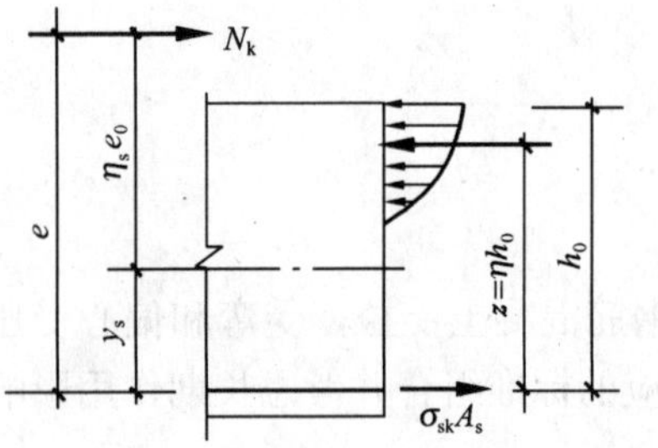

(4) 偏心受压构件(图 8-5)

$$\sigma_{sk}=\frac{N_k(e-z)}{A_s z} \quad (8-29)$$

$$z=\eta h_0=\left[0.87-0.12(1-\gamma'_f)\left(\frac{h_0}{e}\right)^2\right]h_0 \quad (8-30)$$

$$e=\eta_s e_0+y_s \quad (8-31)$$

$$r'_f=\frac{(b'_f-b)h'_f}{bh_0} \quad (8-32)$$

$$\eta_s=1+\frac{1}{4000 e_0/h_0}\left(\frac{l_0}{h}\right)^2 \quad (8-33)$$

图 8-5 偏心受压构件受力图

式中 N_k、M_k——按荷载标准组合计算的轴向压力值,弯矩值;

e'——轴向拉力 N_k 作用点至受压区或受拉较小边纵向钢筋 A'_s 合力点的距离;

e——轴向压力 N_k 作用点至纵向受拉钢筋合力点的距离;

y_s——截面重心至纵向受拉钢筋合力点的距离;

e_0——轴向压力作用点至截面重心的距离;

η_s——使用阶段的轴向压力偏心距增大系数,当 $l_0/h<14$ 时,取 $\eta_s=1.0$;

z——纵向受拉钢筋合力点至截面受压区合力点的距离,且不大于 $0.87h_0$;

b'_f、h'_f——受压区翼缘的宽度及高度,在公式(8-32)中,当 $h'_f>0.2h_0$ 时,取 $h'_f=0.2h_0$。

在公式(8-29)中 $z=\eta h_0$,其中 η 值准确的计算比较复杂,公式(8-30)为其取用较为简化的计算式。

8.2.3 影响荷载裂缝宽度的因素以及对其裂缝控制的分析

由试验和分析可知:构件在开裂以前,其抗裂性主要与混凝土的强度等级有关,强度等级愈高，抗裂性愈好；此外，防止水灰比过大或过小，加强混凝土浇筑完成后的初期养护，以减少混凝土收缩，均可改善构件的抗裂性；但是增加钢筋的配筋率对提高抗裂性并无明显的作用。

当构件出现裂缝以后，影响荷载裂缝宽度的主要因素：

首先是与钢筋的应力直接相关，经分析表明，钢筋的应力与裂缝宽度近似成线性关系。

采用较细直径的钢筋，因表面积增大，从而粘结力增大，可使裂缝间距和裂缝宽度减小（即可将裂缝分散成细而密的形式）。采用带肋钢筋，粘结力增加，因而裂缝宽度大为减小。

在普通钢筋混凝土构件中，钢筋的强度过高，会使钢筋用量大为减少，相应的粘结力减小，因此，不宜采用高强度的钢筋作配筋。

混凝土保护层越厚，虽然裂缝宽度越大，但适当加厚能防止钢筋锈蚀，因此，宜合理采用。

一般认为，混凝土开裂以后，其强度对裂缝宽度并无显著的影响。要使构件不发生荷载裂缝或减小裂缝宽度最有效的方法是采用预应力混凝土结构，这将在以后有关章节中介绍。

【例 8-2】 已知一矩形截面钢筋混凝土偏心受压柱，截面尺寸为 $b \times h = 400\text{mm} \times 600\text{mm}$，受压和受拉钢筋用 HRB335 级对称配置均为 4Φ20（$A'_s = A_s = 1256\text{mm}^2$），混凝土强度等级为 C30（$f_{tk} = 2.01\text{N/mm}^2$），混凝土净保护层厚度为 35mm，承受轴向压力标准值 $N_k = 350\text{kN}$，弯矩标准值 $M_k = 168\text{kN} \cdot \text{m}$。柱的计算长度 $l_0 = 4.2\text{m}$，最大裂缝宽度限值 $w_{\lim} = 0.2\text{mm}$。试验算最大裂缝宽度是否符合要求。

【解】 $l_0/h = 4200/600 = 7.0 < 14$，取 $\eta_s = 1.0$

$$a_s = c + \frac{d}{2} = 35 + \frac{20}{2} = 45\text{mm}$$

$$h_0 = h - a_s = 600 - 45 = 555\text{mm}$$

$$e_0 = \frac{M_k}{N_k} = \frac{168 \times 10^6}{350 \times 10^3} = 480\text{mm}$$

$$e = \eta_s e_0 + \frac{h}{2} - a_s = 1.0 \times 480 + \frac{600}{2} - 45 = 735\text{mm}$$

$$z = \eta h_0 = \left[0.87 - 0.12\left(\frac{h_0}{e}\right)^2\right]h_0 = \left[0.87 - 0.12\left(\frac{555}{735}\right)^2\right] \times 555$$

$$= 0.802 \times 555 = 445\text{mm}$$

$$\sigma_{sk} = \frac{N_k(e-z)}{A_s z} = \frac{350 \times 10^3 \times (735 - 445)}{1256 \times 445} = 182\text{N/mm}^2$$

$$\rho_{te} = \frac{A_s}{0.5bh} = \frac{1256}{0.5 \times 400 \times 600} = 0.0105$$

$$\psi = 1.1 - \frac{0.65 f_{tk}}{\rho_{te} \cdot \sigma_{sk}} = 1.1 - \frac{0.65 \times 2.01}{0.0105 \times 182} = 0.416$$

故得

$$w_{max} = 2.1\psi\frac{\sigma_{sk}}{E_s}\left(1.9c + 0.08\frac{d_{eq}}{\rho_{te}\nu}\right)$$

$$= 2.1 \times 0.416 \times \frac{182}{2.0 \times 10^5}\left(1.9 \times 35 + 0.08 \times \frac{20}{0.0105 \times 1.0}\right)$$

$$= 0.174\text{mm} < w_{lim} = 0.2\text{mm}(满足要求)$$

8.3 受弯构件挠度的验算

8.3.1 挠度验算的方法

钢筋混凝土受弯构件的挠度验算，即构件按荷载效应所求得的挠度 v 不应超过《规范》规定的最大挠度限值 $[v]$。构件挠度 v 值的计算，可用下式表示：

$$v = \beta_f \frac{M_k l_0^2}{B} \tag{8-34}$$

式中 v——构件的挠度；

β_f——挠度系数；与荷载种类和构件的支承条件有关，如承受均布荷载简支梁，其跨中挠度 $v = \frac{5}{384}\frac{ql^4}{B} = \frac{5}{48}\frac{M_k l_0^2}{B}$，其中 $\beta_f = \frac{5}{48}$；

M_k——按荷载效应标准组合计算的弯矩标准值，$M_k = \frac{1}{8}ql_0^2$；

l_0——梁的计算跨度；

B——受弯构件的刚度。

钢筋混凝土受弯构件按公式（8-34）计算挠度时有如下的特点：

(1) 荷载效应：由于构件的挠度验算，是正常使用极限状态情况下的一种校核性的验算，因此，应取荷载效应标准值和相应的标准组合，同时，其材料强度指标应取其强度标准值进行验算。

(2) 构件的刚度：对于弹性材料，公式（8-34）中的刚度应为 $B=EI$；对钢筋混凝土构件，由于混凝土出现的裂缝、随着实配混凝土质量和施工方法的差异，有一定的离散性，致使在即将开裂时构件的实际刚度与其计算值相比，亦比较离散，因此在设计时《规范》没有抗裂性的要求，在使用期间，都是允许带裂缝工作的构件，开裂后其刚度随着弯矩的增大以及荷载的长期作用而降低的。为此，《规范》规定，应按荷载的标准组合求出其开裂后的刚度 B_s（称短期刚度），再求出并考虑荷载长期作用影响的刚度 B（称长期刚度），然后按 B 值进行构件挠度的验算。

8.3.2 裂缝出现后构件短期刚度[8-3]

由材料力学，对于均质弹性体的梁，根据平截面假定，可得出其变形曲线的曲率公式为

$$\frac{1}{r_c} = \frac{M}{EI} \tag{8-35}$$

或

$$EI = \frac{M}{\frac{1}{r_c}} \tag{8-36}$$

式中 r_c——梁的曲率半径；

I——梁的截面惯性矩。

对于开裂后的钢筋混凝土梁，其应力与应变的特点为：

受拉纵筋：在裂缝截面处的应力 σ_{sk} 及应变 ε_s 为最大；而裂缝之间的应力及应变由于有混凝土参加工作，将随着与裂缝截面距离的增大，其混凝土参加工作相应而减小。在两条裂缝之间，钢筋应变平均值可取为 $\varepsilon_{sm} = \psi \varepsilon_s$，见图 8-6。

受压边缘混凝土：在裂缝截面处的应力 σ_c 及应变 ε_c 为最大，而裂缝之间的应力及应变，亦是随着与裂缝截面距离的增大而减小，而两条裂缝之间，受压区边缘混凝土的应变平均值可取为 $\varepsilon_{cm} = \psi_c \varepsilon_c$。但此时受压区混凝土出现一定的塑性变形，其压应力与压应变不成正比关系，图 8-6。

由上述可知，构件纯弯段开裂后的中和轴位置也是随着构件纵轴呈波浪形变化的，尽管如此，但是，大量试验资料表明：在钢筋屈服以前，若取其平均中和轴位置，则沿截面高度量测的平均应变仍符合平截面假定。因此，对于开裂后的钢筋混凝土构件，仍可采用与公式（8-36）相似的公式来计算，即：

$$B_s = \frac{M_k}{\dfrac{1}{\bar{r_c}}} \tag{8-37}$$

式中 B_s——在荷载效应标准组合作用下受弯构件的短期刚度；

M_k——按荷载效应标准组合计算的弯矩标准值；

$\bar{r_c}$——平均中和轴的平均曲率。

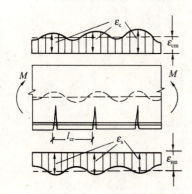

图 8-6 受弯构件裂缝出现后
钢筋及混凝土应变分布图

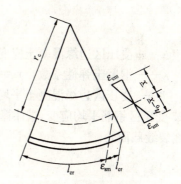

图 8-7 受弯构件截面上
混凝土及钢筋应变分布图

现用 $\bar{x}$ 代表截面混凝土受压区平均高度，根据平截面假定，由图 8-7 可得：

$$\frac{l_{cr}}{\bar{r_c}} = \frac{l_{cr}\varepsilon_{sm}}{h_0 - \bar{x}} = \frac{l_{cr}(\varepsilon_{sm} + \varepsilon_{cm})}{h_0} \tag{8-38}$$

即

$$\frac{1}{\bar{r_c}} = \frac{\varepsilon_{sm} + \varepsilon_{cm}}{h_0} \tag{8-39}$$

故

$$B_s = \frac{\overline{M_k}}{\dfrac{1}{\bar{r_c}}} = \frac{M_k}{\dfrac{\varepsilon_{sm} + \varepsilon_{cm}}{h_0}} \tag{8-40}$$

下面介绍分别确定 ε_{cm} 及 ε_{sm} 值。

1. 受压区边缘混凝土平均压应变 ε_{cm} 的计算

在裂缝截面处，受压区混凝土应力图形为曲线形（边缘应力为 σ_c），可简化成矩形图形（平均应力为 $w\sigma_c$）进行计算（图 8-8），其折算受压区高度为 ξh_0，应力图形丰满系数为 w。对 T 形截面，混凝土的计算受压区面积 $A'_c = (b'_f - b)h'_f + b\xi h_0 = (\gamma'_f + \xi)bh_0$，其中 $\gamma'_f = (b'_f - b)h'_f / bh_0$，则得

$$\sigma_c = \frac{M_k}{w(\gamma'_f + \xi)bh_0 \eta h_0} \tag{8-41}$$

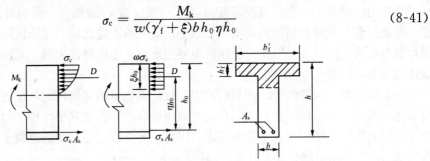

图 8-8 应力变换计算简图

故受压区边缘混凝土平均压应变为：

$$\varepsilon_{cm} = \psi_c \varepsilon_c = \psi_c \frac{\sigma_c}{\gamma_c E_c} = \psi_c \frac{M_k}{w(\gamma'_f + \xi)bh_0 \eta h_0 \gamma_c E_c}$$

取

$$\zeta = \frac{w\gamma_c(\gamma'_f + \xi)\eta}{\psi_c}$$

则

$$\varepsilon_{cm} = \frac{M_k}{\zeta b h_0^2 E_c} \tag{8-42}$$

式中　ψ_c——受压区边缘混凝土应变不均匀系数；

　　　γ_c——混凝土弹性系数，$\gamma_c = \varepsilon_e / \varepsilon_c$；

　　　ζ——受压区边缘混凝土平均应变综合系数。

2. 受压区钢筋平均应变 ε_{sm} 计算

在裂缝截面处

$$\varepsilon_{sm} = \frac{\sigma_{sk}}{E_s}$$

由图 8-7

$$\sigma_{sk} = \frac{M_k}{\eta h_0 A_s}$$

故得

$$\varepsilon_{sm} = \psi \varepsilon_s = \psi \frac{M_k}{E_s \eta h_0 A_s} \tag{8-43}$$

将公式(8-42)及公式(8-43)代入公式(8-40)并简化后可以得：

$$B_s = \frac{E_s A_s h_0^2}{\dfrac{\psi}{\eta} + \dfrac{\alpha_e \rho}{\zeta}} \tag{8-44}$$

式中　ρ——纵向受拉钢筋配筋率，$\rho = A_s / bh_0$；

　　　η——按图 8-7 计算时裂缝截面上内力偶臂系数，可近似取 $\eta = 0.87$；

α_E ——钢筋的弹性模量 E_s 与混凝土弹性模量 E_c 比值,$\alpha_E=E_s/E_c$;根据不同的钢筋级别和不同的混凝土强度等级,按附表1确定。

公式(8-44)中的 ψ 值,为了统一计算模式,可采用计算裂缝宽度时相同的公式(8-19)来计算。此外,根据试验资料统计分析,$\dfrac{\alpha_E\rho}{\zeta}$ 可按下式计算:

$$\frac{\alpha_E\rho}{\zeta}=0.2+\frac{6\alpha_e\rho}{1+3.5\gamma'_f} \tag{8-45}$$

对 γ'_f 的计算与公式(8-41)相同。

这样,可得《规范》中规定的受弯构件在荷载效应标准组合作用下的短期刚度计算公式为:

$$B_s=\frac{E_sA_sh_0^2}{1.15\psi+0.2+\dfrac{6\alpha_E\rho}{1+3.5\gamma'_f}} \tag{8-46}$$

8.3.3 考虑荷载长期作用影响时构件刚度

受弯构件在荷载长期作用下,受压区混凝土将发生徐变,使混凝土压应力松弛,此外,当纵向受压钢筋配置较少时,压区混凝土要产生收缩变形,引起梁的挠度增长。因此,混凝土的徐变和收缩是在长期荷载作用下构件挠度增长的主要原因;这样,凡是影响混凝土徐变和收缩的因素,如:加载龄期,温湿度及养护条件等,都对长期挠度有所影响。

试验表明:受压钢筋对混凝土的徐变和收缩起着一定的抑制作用,当受压钢筋配筋量较多,其抑制作用更大一些。

《规范》规定:按荷载的标准组合并考虑长期作用影响的矩形、T形、倒T形和I形截面受弯构件的刚度B按下式计算:

$$B=\frac{M_k}{M_q(\theta-1)+M_k}\cdot B_s \tag{8-47}$$

式中 M_k ——按荷载效应标准组合计算的弯矩,取计算区段的最大弯矩值;

M_q ——按荷载效应准永久组合计算的弯矩,取计算区段的最大弯矩值;

θ ——考虑荷载长期作用对挠度增大的影响系数。

当 θ 的取值,《规范》规定:钢筋混凝土受弯构件的 θ 值,可按下列规定取用:

当 $\rho'=0$ 时,取 $\theta=2.0$;当 $\rho'=\rho$ 时,取 $\theta=1.6$;当 ρ' 为中间值时,θ 值按线性内插法确定。此处 $\rho'=A'_s/bh_0$;$\rho=A_s/bh_0$。对翼缘位于受拉区的倒T形截面,θ 应增加20%。

试验表明:构件在长期荷载作用下,其挠度随时间增长而减缓,实际应用中,对一般尺寸的构件,可取3年的挠度作为最终值;对于大尺寸的构件,挠度增长可达10年仍未终止。

8.3.4 受弯构件刚度简化计算

1. 最小刚度计算原则

受弯构件沿长度方向的配筋量及弯矩一般均为变值,因此,其开裂后相应截面的刚度也是变化的,在弯矩最大的截面,其受拉钢筋与受压区边缘混凝土的应变都最大,相应的刚度为最小;反之,当弯矩减小时,其裂缝发展亦随之减小,也可能不出现裂缝,因此,相应的刚度反而增加。为了简化计算,《规范》规定:对等截面构件,可假定同号弯矩的每一区段内各截面的刚度是相等的,并按该区段内最大弯矩处的刚度(最小刚度)计算。这就是最小刚度计算原则。

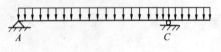

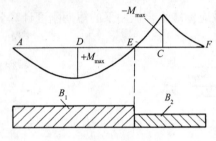

图 8-9 均布荷载作用下单跨外伸梁的弯矩图及刚度取值

例如一承受均布荷载的单跨外伸梁(如图 8-9),AE 段为正弯矩,跨中 D 处的弯矩为最大;EC 段为负弯矩,支座 B 处的负弯矩为最大。则 AE 段按 D 截面的刚度 B_1 取用;EF 段为负弯矩,支座 C 处的负弯矩为最大,则 EF 段按 C 截面的刚度 B_2 取用。

2. 支座截面刚度的简化

《规范》规定,当计算跨度内的支座截面刚度不大于跨中截面刚度的两倍或不小于跨中截面刚度的二分之一时,该跨也可按等刚度构件进行计算,其构件刚度可取跨中最大弯矩截面的刚度。这一规定,简化了支座截面挠度的验算。

【例 8-3】 试验算 [例 8-1] 中梁的挠度,已知梁的计算跨度 $l_0=6{\rm m}$,承受均布荷载,跨中按荷载效应标准组合计算的弯矩 $M_{\rm k}=80{\rm kN\cdot m}$,其中按荷载效应准永久组合计算的弯矩 $M_{\rm q}=44{\rm kN\cdot m}$,梁的挠度限值 $[v]=l_0/250$。

【解】
$$\alpha_{\rm E}=\frac{E_{\rm s}}{E_{\rm c}}=\frac{2.0\times 10^5}{3.0\times 10^4}=6.67$$

$$\rho=\frac{A_{\rm s}}{bh_0}=\frac{804}{200\times 465}=0.00865$$

由 [例 8-1] 得 $\psi=0.77$。则由公式(8-46)得梁在荷载效应标准组合作用下的短期刚度为:

$$B_{\rm s}=\frac{E_{\rm s}A_{\rm s}h_0^2}{1.15\psi+0.2+\dfrac{6\alpha_{\rm E}\rho}{1+3.5\gamma'_{\rm f}}}$$

$$=\frac{2.0\times 10^5\times 804\times 465^2}{1.15\times 0.77+0.2+6\times 6.67\times 0.00865}=2.43\times 10^{13}{\rm N\cdot mm^2}$$

又 $\rho'=0$ 时,$\theta=2$,故由公式(8-47)得梁在荷载效应标准组合作用下,并考虑长期作用影响的刚度为

$$B=\frac{M_{\rm k}}{M_{\rm q}(\theta-1)+M_{\rm k}}\cdot B_{\rm s}$$

$$=\frac{80}{44\times(2-1)+80}\times 2.43\times 10^{13}=1.57\times 10^{13}{\rm N\cdot mm^2}$$

则由公式(8-34)得梁跨中最大挠度为:

$$v=\frac{5}{48}\cdot\frac{M_{\rm k}l_0^2}{B}=\frac{5}{48}\times\frac{80\times 10^6\times 6000^2}{1.57\times 10^{13}}=19.1{\rm mm}$$

因 $\dfrac{v}{l_0} = \dfrac{19.1}{6000} = \dfrac{1}{314} < \dfrac{1}{250}$，故满足要求。

【例 8-4】 已知一 T 形截面简支梁，梁的各部尺寸如图 8-10 所示，作用在梁上的荷载标准值为：均布恒载 $g_k = 8$kN/m，均布活荷载 $q_k = 10$kN/m，集中活荷载标准值 $Q_k = 12$kN，活荷载准永久值系数 $\psi_q = 0.5$；混凝土强度等级 C25（$f_{tk} = 1.78$N/mm²），钢筋为 HRB335 级，配置纵向受拉钢筋 4 Φ 20（$A_s = 1256$mm²），梁的挠度限值 $[v] = \dfrac{l}{200}$，试验算该梁的挠度。

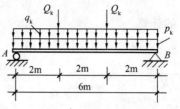
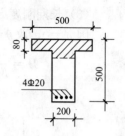

图 8-10

【解】 （1）荷载效应的弯矩计算

恒载　　$M_{gk} = \dfrac{1}{8} g_k l_0^2 = \dfrac{1}{8} \times 8 \times 6^2 = 36$kN·m

均布活载　　$M_{qk} = \dfrac{1}{8} q_k l_0^2 = \dfrac{1}{8} \times 10 \times 6^2 = 45$kN·m

集中活载　　$M_{Qk} = 2 \times Q_k = 2 \times 12 = 24$kN·m

荷载效应标准组合下的弯矩

$$M_k = M_{gk} + M_{qk} + M_{Qk} = 36 + 45 + 24 = 105 \text{kN·m}$$

荷载效应准永久组合下的弯矩

$$M_g = M_{gk} + \psi_q(M_{qk} + M_{Qk}) = 36 + 0.5 \times (45 + 24) = 70.5 \text{kN·m}$$

（2）短期刚度 B_s 计算

$$\sigma_{sk} = \dfrac{M_k}{0.87 h_0 A_s} = \dfrac{105 \times 10^6}{0.87 \times 465 \times 1256} = 206.6 \text{N/mm}^2$$

$$\rho_{te} = \dfrac{A_s}{A_{te}} = \dfrac{A_s}{0.5bh} = \dfrac{1256}{0.5 \times 200 \times 500} = 0.0251$$

$$\psi = 1.1 - 0.65 \dfrac{f_{tk}}{\rho_{te}\sigma_{sk}} = 1.1 - 0.65 \times \dfrac{1.78}{0.0251 \times 206.6} = 0.88$$

$$\alpha_E = \dfrac{E_s}{E_c} = \dfrac{2.0 \times 10^5}{2.8 \times 10^4} = 7.14$$

$$\gamma'_f = \dfrac{(b'_f - b)h'_f}{bh_0} = \dfrac{(500 - 200) \times 80}{200 \times 465} = 0.258$$

$$\rho = \dfrac{A_s}{bh_0} = \dfrac{1256}{200 \times 465} = 0.0135$$

将以上计算结果，代入公式（8-46）

$$B_s = \dfrac{E_s A_s h_0^2}{1.15\psi + 0.2 + \dfrac{6\alpha_E \rho}{1 + 3.5\gamma'_f}}$$

$$= \frac{2 \times 10^5 \times 1256 \times 465^2}{1.15 \times 0.88 + 0.2 + \dfrac{6 \times 7.14 \times 0.0135}{1 + 3.5 \times 0.258}} = 35.8 \times 10^{12} \text{N} \cdot \text{mm}^2$$

(3) 长期刚度 B 的计算

因 $\rho'=0$，取 $\theta=2.0$，由公式（8-47）可得：

$$B = \frac{M_k}{M_q(\theta-1)+M_k} B_s = \frac{105}{70.5 \times (2-1)+105} \times 35.8 \times 10^{12}$$
$$= 21.4 \times 10^{12} \text{N} \cdot \text{mm}^2$$

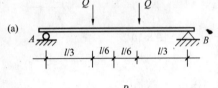

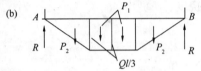

图 8-11 集中荷载下弯矩图

(4) 挠度验算

集中荷载下简支梁跨中挠度，可利用虚梁法求得。即以梁的弯矩图作为荷载，称为梁的虚荷载；再求出梁在虚荷载作用下的跨中弯矩，该弯矩称为虚弯矩，将虚弯矩除以梁相应的刚度，即为梁的中点挠度。

如图 8-11 所示，$ABCD$ 梯形图为梁在集中荷载作用下的弯矩图，若取 P_1 为矩形弯矩图中的二分之一的图形面积，P_2 为两侧三角图面积，R 为梁在虚荷载作用下支座反力：$R=P_1+P_2$，则得：

$$P_1 = \frac{Ql}{3} \times \frac{l}{6} = \frac{Ql^2}{18}$$

$$P_2 = \frac{1}{2} \times \frac{Ql}{3} \times \frac{l}{3} = \frac{Ql^2}{18}$$

故梁在集中荷载下跨中挠度 v_Q 为：

$$v_Q = \frac{1}{B}\left[R \times \frac{l}{2} - P_2 \times \left(\frac{l}{9}+\frac{l}{6}\right) - P_1 \times \frac{1}{2} \times \frac{l}{6}\right]$$
$$= \frac{1}{B}\left(\frac{Ql^2}{9} \times \frac{l}{2} - \frac{Ql^2}{18} \times \frac{5l}{18} - \frac{Ql^2}{18} \times \frac{l}{12}\right) = \frac{23Ql^3}{648B}$$

梁跨中总挠度为：

$$v = \frac{5}{384} \cdot \frac{(g_k+q_k)l^4}{B} + \frac{23}{648} \cdot \frac{Ql^3}{B}$$
$$= \frac{5}{384} \times \frac{(8+10) \times 6^4 \times 10^{12}}{21.4 \times 10^{12}} + \frac{23}{648} \times \frac{12 \times 10^3 \times 6^3 \times 10^9}{21.4 \times 10^{12}}$$
$$= 14.2 + 4.3 = 18.5 \text{mm} < [v] = \frac{l}{200} = \frac{6000}{200} = 30 \text{mm}$$

满足要求。

8.3.5 受弯构件不作挠度验算截面的参考尺寸

在结构设计时，对于一般常用的板、梁构件，根据设计经验，当构件的高度与跨度之比 (h/l) 不小于表 8-5 规定的比值时，可不作挠度的验算。需要指出的，这是根据设计经验所提出的，并非国家设计规范的规定，仅供设计者作参考。

一般不作挠度验算的板、梁截面参考尺寸　　　　表 8-5

构件种类		高跨比 (h/l)	附　注
单向板	简　支	$\dfrac{1}{35}$	最小板厚(h): 屋面板　　　　　$h=60$mm 民用建筑楼板　　$h=60$mm 工业建筑楼板　　$h=70$mm
	两端连续	$\dfrac{1}{40}$	
双向板	四边简支	$\dfrac{1}{45}$	最小板厚(h): $h=80$mm l 为板短向计算跨度
	四边连续	$\dfrac{1}{50}$	
单跨简支梁		$\dfrac{1}{14} \sim \dfrac{1}{8}$	宽高比: $\dfrac{b}{h}=\dfrac{1}{3} \sim \dfrac{1}{2}$，并以 50mm 为模数
多跨连续次梁		$\dfrac{1}{18} \sim \dfrac{1}{12}$	次梁最小高度(h): $h=\dfrac{l}{25}$
多跨连续主梁		$\dfrac{1}{14} \sim \dfrac{1}{8}$	主梁最小高度(h): $h=\dfrac{l}{15}$ l 为梁计算跨度

注：表中最小板厚为《规范》规定尺寸。

参 考 文 献

[8-1]　《混凝土结构设计规范》(GB 50010—2002)．北京：中国建筑工业出版社，2002．

[8-2]　《建筑结构荷载规范》(GB 50009—2001)．北京：中国建筑工业出版社，2001．

[8-3]　哈尔滨工业大学，大连理工大学，北京建筑工程学院，华北水利水电学院合编(王振东主编)．混凝土及砌体结构(上册)．中国建筑工业出版社，2002．

第9章 预应力混凝土构件计算

9.1 概 述

预应力混凝土结构,是在结构构件承受外荷载之前预先对其施加压力,使其在外荷载作用下的受拉区混凝土内产生压应力,以抵消或减小外荷载产生的拉应力,使构件在正常使用情况下不出现裂缝或减小裂缝的宽度。同时也提高了构件的刚度,减小了挠度,因此,这种在构件受荷载以前预先对混凝土受拉区施加压应力的结构,称为"预应力混凝土结构"。

图 9-1 所示为一预应力混凝土简支梁,在外荷载作用前,预先在混凝土梁受拉区施加一对偏心轴向压力 P,使梁的下边缘纤维产生压应力 σ_{pc},见图 9-1 (a);当梁在外荷载作用下,其下边缘产生拉应力 σ_t,见图 9-1 (b);最后当二者同时作用时,其应力应是二者的叠加,经叠加后梁的下边缘可能是压应力(当 $\sigma_{pc} > \sigma_t$ 时),也可能是较小的拉应力(当 $\sigma_{pc} < \sigma_t$ 时),见图 9-1 (c)。

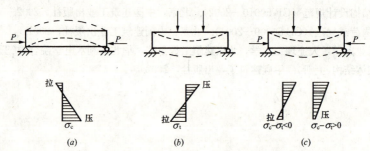

图 9-1 受弯构件在预压力及外荷载作用下的应力分布
(a) 在预压力作用下;(b) 在外荷载作用下;(c) 在预压力及外荷载共同作用下

从图 9-1 可以看出,由于预应力 σ_{pc} 的作用,可部分或全部抵消外荷载引起的拉应力,因而能延缓裂缝的出现(提高抗裂性)。对于在使用荷载下允许出现裂缝的构件,也将起到减小裂缝宽度的作用。

采用预应力混凝土结构具有以下的特点:

1. 易于满足裂缝控制的要求:预应力混凝土结构由于在施加荷载前,在受拉区事先施加预压应力,提高了结构的抗裂性或减小了裂缝宽度,容易达到裂缝宽度不超过允许限值的要求。

2. 可以充分利用高强材料:普通混凝土结构材料强度低结构自重大,开裂时钢筋应力只达到 25~40N/mm² 左右。预应力混凝土结构可以采用高强度混凝土及高强度钢筋,以提高结构承载力,减轻自重,并且由于预压力对裂缝的控制,以达到充分利用高强度钢筋的作用,使构件达到轻质高强的目的,这对跨度大承受重型荷载的构件,采用特别有利。

3. 提高了构件的刚度：构件由于在受拉区施加预压力，使钢筋受拉变形和混凝土受压变形减小，刚度增加；同时，由于预加压力的偏心作用而使构件产生反拱，可以抵消或减小构件在使用荷载下的挠度。

4. 具有良好的经济性：有的资料介绍与普通混凝土结构相比，大约可节省混凝土20%和钢筋的30%以上的用料，但因高强度钢筋价格较高，因此，需与普通钢筋配合，合理设计。

从上述可知：混凝土结构构件施加预应力的目的，是为了提高构件的抗裂性或是减小裂缝的宽度，同时也能增加结构的刚度；而在承载力设计中，当荷载增加至破坏阶段时，受压区混凝土已达到极限压应力，相应的预应力钢筋处于屈服状态，起到与普通混凝土和钢筋同样的作用，此时，预应力的效应已经消失不起作用了，即不能提高构件的承载能力。

预应力混凝土结构，可依据其施加预应力的大小不同，一般可分为：

全预应力混凝土——在最不利荷载效应组合作用下，混凝土中不允许出现拉应力；即在设计时要求在全部使用荷载作用下，混凝土永远处于受压状态。

有限预应力混凝土——在最不利荷载效应组合作用下，混凝土中允许出现低于抗拉强度的拉应力，但在长期荷载效应作用下，不得出现拉应力。

部分预应力混凝土——允许开裂，但应控制裂缝宽度。

实践表明，全预应力混凝土严格要求混凝土中不准出现拉应力，实属过严。部分预应力混凝土由于所需施加的预应力较小，其优点：①张拉钢筋应力值可取得较低，降低了对张拉设备及锚具的要求；②可避免产生过大反拱。

9.2 施加预应力方法及锚具[9-2]

9.2.1 施加预应力方法

使构件混凝土中产生预应力的方法，一般按采用张拉钢筋的方法不同，又可细分为下面两类：

1. 先张法（浇筑混凝土前张拉钢筋，图 9-2）。

先张法的主要工序为：在台座上张拉钢筋至预定长度后，将钢筋固定在台座的传力架上，然后浇筑混凝土。待混凝土达到一定强度后（约为设计强度的70%以上），切断钢筋。由于钢筋的弹性回缩，使得与钢筋粘结在一起的混凝土受到预压应力。因此，先张法是靠钢筋与混凝土间的粘结力来传递预应力的。

先张法适用于直线长线台座（台座长50~200m）成批生产预应力钢筋的构件，如房屋的屋面板及空心楼板等。生产效率高，施工工艺及程序较简单，但还需要一套传力架、千斤顶和锚固及夹持钢筋的设备。

2. 后张法（混凝土结硬后在构件上张拉钢筋，图 9-3）

后张法的主要工序为：先浇筑好混凝土构件，并在构件中预留孔道（直线形或曲线形）。待混凝土达到预期强度（不低于设计强度的70%）后，将预应力钢筋穿入孔道，利用构件本身作为受力台座进行张拉（一端锚固，另一端张拉或两端同时张拉）。在张拉钢筋的同时，混凝土受到压缩，张拉完毕后，将张拉端钢筋工作锚具锚紧（此种锚具将永远留在构件内)。最后,在孔道内进行压力灌浆,以防止钢筋锈蚀,并使钢筋与混凝土较好地结成一个整体。其特点是钢筋内的预应力靠构件两端锚具传递给混凝土。

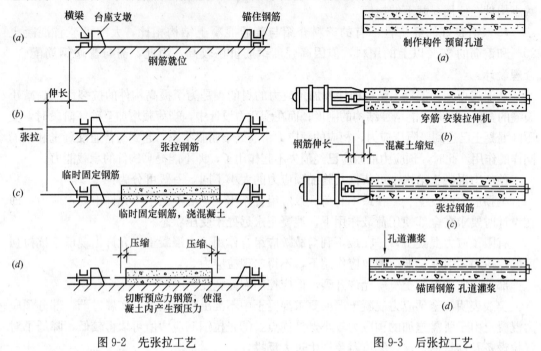

图 9-2 先张拉工艺　　　　图 9-3 后张拉工艺

后张法不需要专门台座,便于在现场制作大型构件或对结构的某一部分施加预应力,预应力钢筋布置灵活(直线或曲线),可以整束张拉,也可以单根张拉。其缺点有:施工工艺较复杂(钢筋中预应力需分别建立,并需增加在混凝土中预留孔道、穿筋及灌浆等工序),每个构件均需附有锚具,耗钢量较大。

除上述情况外,目前广泛应用的尚有无粘结预应力混凝土结构。无粘结预应力是从后张法中派生出来的,其方法是使用工厂专门制作的无粘结钢绞线。这种钢绞线是在普通钢绞线外表涂一层油脂,然后外包一层 0.8mm 厚塑料套管(PE 管),使套管和钢绞线之间可以相对滑动。制作时只需将这种无粘结钢绞线象普通钢筋一样放入模板内,浇灌混凝土并在结硬以后张拉钢绞线,张拉完毕后不必压力灌浆。这种方法施工相当方便,但钢绞线的极限应力比有粘结时略低。

9.2.2 预应力锚具

锚具是在后张法中用来锚固及张拉预应力钢筋时所用的工具。锚具一般留在构件端部与构件连成整体共同受力,其本身应有足够的强度及刚度,使预应力钢筋尽可能不产生滑移。以保证预应力得到可靠传递和减少预应力损失,并尽可能使其构造简单,节省钢材及造价。

锚具可分为锚固粗钢筋的锚具、锚固平行钢筋(丝)束的锚具及锚固钢绞线束的锚具等几种。若按锚固和传递预应力原理来分,可分为:依靠承压力的锚具,依靠摩擦力的锚具及依靠粘结力的锚具等几种。下面介绍几种国内常用的锚具形式:

1. 螺丝端杆锚具(图 9-4)

这是单根预应力粗钢筋常用的锚具,在张拉端采用,由端杆和螺母两部分组成。预应力钢筋张拉端通过对焊与一根螺丝端杆连接。张拉端的螺丝杆连接在张拉设备上。张拉后将螺母拧紧，去掉螺丝杆端锚具，预应力钢筋通过螺帽和钢垫板将预应力传到构件或台座上。这种形式的锚具适用于直径12～40mm经冷拉的 HRB335 级及 HRB400 级钢筋。

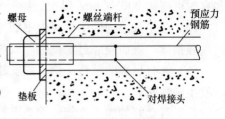

图9-4 螺丝端杆锚具

2. 夹片式锚具

这类锚具是目前在后张法预应力系统中应用最广泛的锚具，它可以根据需要，每套锚具锚固多根钢绞线。钢绞线通常分直径为15.2mm（0.6号）和12.7mm（0.5号）两种。每套锚具由一个锚座、一个锚环和若干个夹片组成，每个锚环上的锥形圆孔数目与钢绞线根数相同，每个孔道通过两片（或三片）有牙齿的钢夹片夹住钢绞线，以阻止其滑动。国内常见的夹片式锚具有 HVM、OVM、XM、QM 等型号。国际著名的 VSL 夹片式锚具产品也已逐渐在我国的预应力工程中应用。图9-5为一套典型的夹片式锚具示意图。

3. 镦头锚具（图 9-6）

用于锚固多根直径为 10～18mm 的平行钢筋束或 18 根以下直径为 5mm 的平行钢丝束。锚具由锚环、外螺帽、内螺帽和垫板组成（均由 45 号钢制成）。锚环应先进行热处理调质后再加工。

操作时，将钢筋（或钢丝）穿过锚环孔眼，用冷镦或热镦的方法将钢筋或钢丝的端头镦粗成圆头，与锚环固定。然后将预应力钢筋（丝）束连同锚环一起穿过构件的预留孔道。待钢筋伸出孔道口后，套上螺帽进行张拉，边拉边旋紧内螺帽。张拉后依靠螺帽把整个预应力钢筋（丝）束锚固在构件上。它具有锚固性能可靠、锚固力大及张拉操作方便等优点，但要求钢筋或钢丝的下料长度有较高的准确性。

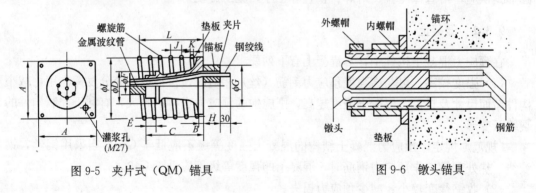

图9-5 夹片式（QM）锚具　　　　图9-6 镦头锚具

9.3　预应力混凝土的材料

9.3.1　钢筋

1. 在预应力混凝土结构中，对预应力钢筋有下列要求：

(1) 强度要高　在构件制作、使用过程中，预应力钢筋中将出现各种应力损失，其总和有时可高达 200N/mm² 以上。如果钢筋强度不高，则达不到预期的预应力效果。

(2) 在先张法构件中预应力钢筋与混凝土之间必须有较高的粘结自锚强度 如采用光面高强钢丝，表面应经过"刻痕"或"压波"等措施处理后方能使用。

(3) 具有足够的塑性 钢材强度越高，其塑性越低，即要求具有一定的伸长率以保证不发生脆性断裂。

(4) 有良好的加工性能 除要求有良好的可焊性外，在钢筋（丝）"墩粗"后，其原有物理力学性能基本不受影响。

2. 预应力钢筋宜采用钢绞线、钢丝、也可采用热处理钢筋，其特点如下：

(1) 钢丝：预应力钢丝系指国家标准《预应力混凝土用钢丝》（GB 5223—2002）中的三面刻痕钢丝、螺旋肋钢丝和光面并经消除应力的高强度圆形钢丝。

高强钢丝大多用于大跨度构件中。在后张法构件中，钢丝常成束布置，并按一定规律平行排列，用铁丝扎在一起，称为钢丝束。如图 9-7 所示。

图 9-7 钢丝束
1—钢丝；2—芯子；
3—绑扎铁丝

图 9-8 钢绞线

(2) 钢绞线：是由多根（例如 7 根）平行的钢丝用绞盘按一个方向绞成（图 9-8）。钢绞线与混凝土粘结较好，柔软，运输及施工方便，先张法与后张法均可使用。

(3) 热处理钢筋：其强度标准值高达 1470N/mm²，具有应力松弛小的特点。它以盘圆形式供应，可省掉冷拉、对焊、整直等工序，施工方便。

9.3.2 混凝土

在预应力混凝土构件中，对混凝土有下列要求：

(1) 强度较高：可与高强度预应力钢筋（丝）相适应，保证钢筋充分发挥作用，减小构件截面尺寸及自重，混凝土强度越高，则施加的预应力也可以越大，有利于控制构件的裂缝及变形。

《规范》规定，预应力混凝土结构的混凝土强度等级不应低于 C30。当采用钢丝，钢绞线、热处理钢筋作预应力钢筋时，混凝土的强度等级不应低于 C40。

(2) 收缩徐变较小：减少预应力损失。

(3) 快硬、早强：能尽快施加预应力，提高施工效率。

9.4 预应力损失计算

满足设计需要的预应力钢筋拉应力，应是张拉控制应力扣除预应力损失后的有效预应力。

9.4.1 预应力钢筋的张拉控制应力

张拉控制应力是指预应力钢筋张拉时最大初始应力值,即用张拉设备(如千斤顶)所控制的总张拉力除以预应力钢筋截面面积所得出的应力值,以 σ_{con} 表示。

张拉控制应力定得越高,混凝土中获得的预应力越大,预应力钢筋被利用得越充分,构件的抗裂性则提高得越多,但 σ_{con} 定得过高,可能使钢筋应力接近或达到实际的屈服强度,引起钢筋拉断,同时对混凝土也可能出现脆裂;此外,在施工阶段会使预拉区混凝土拉应力过大而开裂。

《规范》规定,预应力钢筋的张拉控制应力值 σ_{con} 不宜超过表 9-1 规定的数值。

张拉控制应力限值 σ_{con}　　　　　　　　　　　　　表 9-1

钢筋种类	张拉方法	
	先张法	后张法
预应力钢丝、钢绞线	$0.75f_{ptk}$	$0.75f_{ptk}$
热处理钢筋	$0.70f_{ptk}$	$0.65f_{ptk}$

在下列情况下,表 9-1 中的张拉控制应力允许值可提高 $0.05f_{ptk}$(f_{ptk} 为预应力钢筋强度标准值):

(1) 为了提高构件在施工阶段的抗裂性能而在使用阶段受压区内设置的预应力钢筋;

(2) 为了部分抵消由于钢筋应力松弛、摩擦、钢筋分批张拉以及预应力钢筋与张拉台座之间的温差等因素产生的预应力损失。

预应力钢丝、钢绞线、热处理钢筋的张拉控制应力值 σ_{con} 不应小于 $0.4f_{ptk}$。

9.4.2 预应力损失

自钢筋张拉、锚固至后来经历施工、使用的各个过程,由于张拉工艺和材料特性等种种原因,钢筋中的张拉应力将逐渐降低,称为预应力损失。预应力损失降低预应力混凝土构件的抗裂性能及刚度。因此,在预应力混凝土结构设计、施工中需加以考虑。下面对其进行讨论。

1. 张拉端锚具变形和钢筋内缩引起的预应力损失 σ_{l1}

预应力钢筋张拉完毕后,用锚具加以锚固。由于锚具的变形(如螺帽、垫板缝隙被挤紧)以及钢筋在锚具内有滑移使钢筋松动内缩而引起预应力损失,以 σ_{l1}(N/mm²)表示。

(1) 直线预应力筋的 σ_{l1} 可按下式计算:

$$\sigma_{l1} = \frac{a}{l}E_s \tag{9-1}$$

式中　a——张拉端锚具变形和钢筋内缩值,按表 9-2 取用;

　　　l——张拉端至锚固端之间的距离(mm);

　　　E_s——预应力钢筋的弹性模量(N/mm²)。

锚具损失只考虑张拉端,因为在张拉钢筋时,固定端的锚具已被压紧,不会引起预应力损失。

为了减小 σ_{l1},应尽量少用垫板块数,因为每增加一块垫板,a 值就增大 1mm。

锚具变形和钢筋内缩值 a(mm) 表 9-2

锚具类别		a
支承式锚具(钢丝束镦头锚具等)	螺帽缝隙	1
	每块后加垫板的缝隙	1
锥塞式锚具(钢丝束的钢质锥形锚具等)		5
夹片式锚具	有顶压时	5
	无顶压时	6~8

注:1. 表中的锚具变形和钢筋内缩值也可根据实测数据确定;
  2. 其他类型的锚具变形和钢筋内缩值应根据实测数据确定。

(2) 曲线预应力筋的 σ_{l1}

对于后张法构件预应力曲线钢筋,因为张拉时预应力钢筋与孔道壁间已产生指向锚固端的摩擦力,而当锚具变形、预应力钢筋回缩时,在离张拉端 l_f 范围内,使预应力钢筋与孔道壁之间摩擦力随之逐渐减小,最后转为与原来相反方向的摩擦力,以阻止预应力钢筋的回缩。考虑这种反向摩擦的影响而引起预应力钢筋应力的损失值为 σ_{l1} (N/mm²)。

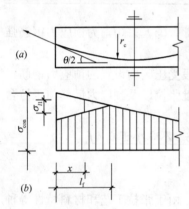

图 9-9 圆弧形曲线预
应力钢筋的预应力损失 σ_{l1} 值
(a) 圆弧形曲线预应力钢筋;
(b) 预应力损失值 σ_{l1} 分布

对该 σ_{l1} 值可根据锚具变形和钢筋内缩与在 l_f 范围内的钢筋变形值相等的条件来确定,l_f 为预应力曲线钢筋与孔道壁之间反向摩擦影响长度。预应力曲线配筋实际有多种形式,《规范》对常用的圆弧形曲线(抛物线形预应力钢筋可近似按圆弧形曲线考虑 $\theta \leqslant 30°$)的预应力钢筋应力损失值给出了计算公式。在推导时假定预应力钢筋与孔道壁的在正向及反向摩擦阻力系数相等,此时,预应力损失 σ_{l1} 按下式计算(见图9-9):

$$\sigma_{l1} = 2\sigma_{con} l_f \left(\frac{\mu}{r_c} + \kappa \right) \left(1 - \frac{x}{l_f} \right) \quad (9\text{-}2)$$

反向摩擦影响长度 l_f(以 m 计,从构件张拉端计算)按下列公式计算:

$$l_f = \sqrt{\frac{aE_s}{1000\sigma_{con}(\mu/r_c + \kappa)}} \quad (9\text{-}3)$$

式中 r_c——圆弧形曲线预应力钢筋的曲率半径(m);
   μ——预应力钢筋与孔道壁之间的摩擦系数,按表9-3取用;
   κ——考虑孔道每米长度局部偏差的摩擦系数,按表9-3取用;
   x——张拉端至计算截面的距离(m),且应符合 $x \leqslant l_f$ 的规定;
   a——锚具变形和钢筋内缩值(mm),按表9-2取用;
   E_s——预应力钢筋弹性模量(N/mm²)。

2. 预应力钢筋与孔道壁之间摩擦引起的预应力损失 σ_{l2}

后张法张拉钢筋时,由于钢筋与混凝土孔道壁之间的摩擦,钢筋的实际预应力从张拉端往里逐渐减小(图9-10)。产生摩擦损失的原因为:①孔道直线长度的影响;从理论上讲,当孔道为直线时,其摩擦阻力为零,但实际上由于在施工时孔道内壁凹凸不平和孔道轴线的局部偏差，以及钢筋因自重下垂等原因，使钢筋某些部位紧贴孔道壁而引起摩擦损失；②孔道曲线布置的影响；预应力钢筋在弯曲孔道部分张拉，产生了对孔道壁垂直压力而引起摩擦损失。σ_{l2}可用下式计算（图 9-10）。

$$\sigma_{l2} = \sigma_{con}\left(1 - \frac{1}{e^{\kappa x + \mu \theta}}\right) \quad (9-4)$$

当$(\kappa x + \mu \theta) \leqslant 0.2$时，$\sigma_{l2}$可按下列近似公式计算：

$$\sigma_{l2} = (\kappa x + \mu \theta)\sigma_{con} \quad (9-5)$$

式中 x——从张拉端至计算截面的孔道长度（m），可近似取该段孔道在纵轴上的投影长度；

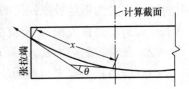
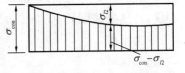

图 9-10 摩擦损失示意图

θ——从张拉端至计算截面曲线孔道部分切线的夹角（以弧度 rad 计）。系数 κ 及 μ 的意义同上，列于表 9-3。

钢丝束、钢绞线摩擦系数　　　　表 9-3

孔道成形方式	κ	μ
预埋金属波纹管	0.0015	0.25
预埋钢管	0.0010	0.30
橡胶管或钢管抽芯成形	0.0014	0.55

注：1. 表中系数值也可根据实测数据确定；
　　2. 当采用钢丝束的钢质锥形锚具及类似形式锚具时，尚应考虑锚环口处的附加摩擦损失，其值可根据实测数据确定。

3. 混凝土加热养护时，张拉钢筋与张拉设备之间的温差引起的预应力损失 σ_{l3}。对于先张法构件，预应力钢筋经张拉并浇灌好混凝土后，为了缩短生产周期，常将构件进行蒸汽养护。在养护升温时，混凝土尚未结硬，与钢筋未粘结成整体。由于钢筋的温度升高较台座为高，二者之间引起温差，钢筋的伸长值大于台座的伸长值。而钢筋已锚固在台座上不能自由伸长，故拉紧程度较张拉时有所变松，即张拉应力有所降低，降温时混凝土已与钢筋粘结成整体，能够一起回缩，相应的应力不再发生变化。

受张拉的钢筋与承受拉力设备之间的温差为 Δt，钢材的线膨胀系数为 $0.00001/℃$，则单位长度钢筋伸长（即放松）为 $0.00001 \times \Delta t$，故应力损失为：

$$\sigma_{l3} = 0.00001 \times \Delta t \times E_s = 0.00001 \times 2 \times 10^5 \Delta t = 2\Delta t \quad (9-6)$$

为了减小温差损失，可采用两次升温养护。先在常温下养护，待混凝土立方强度达到 $7.5 \sim 10 \text{N/mm}^2$ 时再逐渐升温，因为这时钢筋与混凝土已结成整体，能够在一起膨胀而无应力损失。对于在钢模上张拉预应力钢筋的构件，当钢模和构件一起加热养护时，可以不考虑此项损失。

4. 预应力钢筋的应力松弛引起的预应力损失 σ_{l4}

钢筋受张拉力作用下，随着时间的增长将产生塑性变形（徐变）。在预应力混凝土构件中，钢筋长度基本不变，因而其拉应力会逐渐降低，所降低的应力值称为应力松弛的损失。无论是先张法还是后张法都有此项损失。

由试验可知：

(1) 应力松弛损失在开始阶段发展较快，以后发展较慢。根据近年来的试验，当钢丝中的初始应力为钢丝极限强度的 70% 时，第一小时的松弛损失值约为 1000 小时的 22%，第 120 天的松弛损失约为 1000 小时的 114%。

（2）张拉控制应力 σ_{con} 越高，应力松弛损失值越大。

（3）应力松弛损失与钢筋品种有关，试验表明，预应力钢丝、钢绞线的应力松弛损失较大。

《规范》对不同钢种钢筋的应力松弛损失 σ_{l4} 分别按以下规定计算：

（1）热处理钢筋

一次张拉
$$\sigma_{l4} = 0.05\sigma_{con} \tag{9-7}$$

超张拉时
$$\sigma_{l4} = 0.035\sigma_{con} \tag{9-7a}$$

（2）预应力钢丝、钢绞线

试验表明，预应力钢丝、钢绞线的松弛损失值与钢丝初始应力和极限强度有关，并可按下式计算：

普通松弛

$$\sigma_{l4} = 0.4\psi\left(\frac{\sigma_{con}}{f_{ptk}} - 0.5\right)\sigma_{con} \tag{9-8}$$

此处，对系数 ψ 的取值：一次张拉，$\psi=1.0$；超张拉，$\psi=0.9$。

低松弛

当 $\sigma_{con} \leqslant 0.7f_{ptk}$ 时，
$$\sigma_{l4} = 0.125\left(\frac{\sigma_{con}}{f_{ptk}} - 0.5\right)\sigma_{con} \tag{9-9}$$

当 $0.7f_{ptk} < \sigma_{con} \leqslant 0.8f_{ptk}$ 时，
$$\sigma_{l4} = 0.2\left(\frac{\sigma_{con}}{f_{ptk}} - 0.575\right)\sigma_{con} \tag{9-10}$$

采用超张拉可使应力松弛损失减低。对上述超张拉的程序为：从应力为零开始张拉至 $1.03\sigma_{con}$；或从应力为零开始张拉至 $1.05\sigma_{con}$，持续 2min 后，卸载至 σ_{con}。

对钢丝、钢绞线的应力松弛问题，由试验实测表明，当钢筋的应力强度标准值 $f_{ptk} \geqslant 1860N/mm^2$ 时，属于低松弛的情况；否则，当 $f_{ptk} < 1860N/mm^2$ 时，属于普通松弛的情况。

5. 混凝土的收缩和徐变引起的预应力损失 $\sigma_{l5}(\sigma'_{l5})$

（1）在一般湿度条件下，混凝土会发生体积收缩，而在预压力作用下，混凝土中又会产生徐变。收缩及压缩徐变都使构件缩短，预应力钢筋也随之回缩而造成预应力损失。

混凝土的收缩和徐变往往是同时发生而且又是相互影响的。为简化计算，将二者合并考虑。试验研究表明：混凝土收缩和徐变所引起的预应力损失主要与构件配筋率、放张时混凝土的预压应力值、混凝土的强度等级等因素有关。《规范》根据试验资料建立计算受拉区和受压区预应力钢筋合力点处 σ_{l5} 及 σ'_{l5}（N/mm^2）的公式为：

（A）先张法构件

使用荷载下受拉区预应力钢筋合力点处：

$$\sigma_{l5} = \frac{45 + 280\dfrac{\sigma_{pc}}{f'_{cu}}}{1 + 15\rho} \tag{9-11}$$

使用荷载下受压区预应力钢筋处：

$$\sigma'_{l5} = \frac{45 + 280 \frac{\sigma'_{pc}}{f'_{cu}}}{1 + 15\rho'} \tag{9-12}$$

(B) 后张法构件

使用荷载下受拉区预应力钢筋合力点处：

$$\sigma_{l5} = \frac{35 + 280 \frac{\sigma_{pc}}{f'_{cu}}}{1 + 15\rho} \tag{9-13}$$

使用荷载下受压区预应力钢筋处：

$$\sigma'_{l5} = \frac{35 + 280 \frac{\sigma'_{pc}}{f'_{cu}}}{1 + 15\rho'} \tag{9-14}$$

式中 σ_{pc}、σ'_{pc}——受拉压、受压区预应力钢筋在各自合力点处混凝土的法向压应力。对受弯构件取式 (9-19) 或式 (9-24) 计算，此公式中的预应力损失值仅考虑混凝土预压前（第一批）的损失。其非预应力钢筋中的应力 $\sigma_{l5}A_s$、$\sigma'_{l5}A'_s$ 取等于零，σ_{pc}、σ'_{pc} 值不得大于 $0.5f'_{cu}$，当 σ'_{pc} 为拉应力时，则取 σ'_{pc} 等于零计算；

f'_{cu}——施加预应力时混凝土的立方体抗压强度；

ρ、ρ'——受拉区、受压区预应力钢筋和非预应力钢筋的配筋率，对先张法构件，$\rho = \frac{A_p + A_s}{A_0}$，$\rho' = \frac{A'_p + A'_s}{A_0}$；对后张法构件，$\rho = \frac{A_p + A_s}{A_n}$，$\rho' = \frac{A'_p + A'_s}{A_n}$；对于对称配置预应力钢筋和非预应力钢筋的构件，取 $\rho = \rho'$，此时配筋率应按其钢筋截面面积的一半进行计算。

计算 σ_{pc}、σ'_{pc} 时，可根据构件制作情况考虑自重的影响（对梁式构件，一般可取 0.4 跨度处的自重应力）。

在年平均相对湿度低于 40% 的条件下使用的结构，σ_{l5} 及 σ'_{l5} 值应增加 30%。

注：当采用泵送混凝土时，宜根据实际情况考虑混凝土收缩、徐变引起预应力损失增大的影响。

(2) 对重要结构构件，当需要考虑与时间相关的混凝土收缩、徐变以及钢筋应力松弛引起的预应力损失值时，可按《规范》附录 E 计算。

混凝土收缩、徐变引起的预应力损失在总的预应力损失中曲线配筋构件中占 30% 左右，而在直线配筋中则占 60% 左右，所占比重较大。为了减少这项损失，应采取减低混凝土收缩及徐变值的各种措施（如采用高标号水泥、减少水泥用量、降低水灰比、振捣密实及改善养护条件等）。在计算中规定 $\sigma_{pc}(\sigma'_{pc}) \leqslant 0.5f_{cu}$，是因为如果超过此限，混凝土中将产生非线性徐变，徐变损失增加过大。

6. 用螺旋式预应力钢筋作配筋的环形构件，由于混凝土的局部挤压所引起的损失 σ_{l6}。

采用环形配筋的预应力构件，由于预应力钢筋对混凝土的挤压，使构件的直径减小，从而产生预应力钢筋对混凝土局部挤压的应力损失 σ_{l6}。

《规范》规定：当 $d>3\mathrm{m}$ 时，取 σ_{l6} 为零，当 $d\leqslant 3\mathrm{m}$ 时，取 σ_{l6} 为 $30\mathrm{N/mm^2}$。

此外，对于后张法构件，如预应力钢筋系采用分批张拉时，尚应考虑后批张拉对先批张拉的影响。此时，先批张拉钢筋的张拉控制应力值 σ_{con} 应增加（或减小）$\alpha_E\sigma_{pcl}$（σ_{pcl} 为在先批张拉钢筋合力点处由预应力产生的混凝土法向应力，折算比 $\alpha_E=E_s/E_c$）。

根据以上分析，为便于计算，现将预应力构件在各阶段的预应力损失值，按混凝土预压结束前和预压结束后分两批进行组合（表9-4）。

各阶段预应力损失值的组合　　　　　　　表 9-4

预应力损失值组合	先张法构件	后张法构件
混凝土预压前的损失（第一批）	$\sigma_{l1}+\sigma_{l2}+\sigma_{l3}+\sigma_{l4}$	$\sigma_{l1}+\sigma_{l2}$
混凝土预压后的损失（第二批）	σ_{l5}	$\sigma_{l4}+\sigma_{l5}+\sigma_{l6}$

表中先张法构件，当采取分批张拉时，由于钢筋应力松弛引起的损失值 σ_{l4}，在第一批和第二批损失中所占的比例，如需区分，可根据实际情况确定。

考虑到预应力损失的计算值与实际值有时误差可能较大，为了保证预应力构件裂缝控制的性能，《规范》规定，当计算求得的预应力总损失值小于下列数值时，应按下列数值取用：

先张法构件　　　　$100\mathrm{N/mm^2}$
后张法构件　　　　$80\mathrm{N/mm^2}$

对预应力混凝土构件的设计计算方法，为了节省篇幅，下面主要对常用的预应力混凝土受弯构件，作较全面的介绍。

9.5　预应力混凝土受弯构件的应力分析[9-2]

在预应力受弯构件中，预应力钢筋主要布置在下部受拉一边，其所产生的是一个偏心预压力，并在混凝土截面上、下部产生预拉应力及预压应力（或全截面受压），而由荷载产生的作用，在截面混凝土上、下部分别产生为压应力及拉应力，最终，截面混凝土应力呈不均匀分布情况，同时，当在受拉区配置较多预应力钢筋 A_p 时，在偏心压力作用下，在预拉区（一般为上缘）可能发生裂缝。为控制此类裂缝，有时尚需在预拉区（使用阶段受压区）配置预应力钢筋 A'_p。

另外，为了减少张拉工作量或构造原因，还常在梁上、下缘配置非预应力钢筋 A'_s 及 A_s。

预应力混凝土受弯构件的应力变化可分施工和使用两个阶段，但先张法和后张法的受力情况是不相同的，现分述如下。

9.5.1　先张法构件的应力状态

1. 施工阶段

（1）应力阶段1（放松钢筋前）

张拉钢筋并锚固在台座上，然后浇灌混凝土，钢筋在放松以前。此时，由于张拉端锚具变形及钢筋内缩，混凝土养护的温差及钢筋应力松弛等原因，产生了第一批预应力损失

σ_{lI}(σ'_{lI})，其预应力钢筋应力为：

$$\sigma_{p0I} = \sigma_{con} - \sigma_{lI} \tag{9-15}$$
$$\sigma'_{p0I} = \sigma'_{con} - \sigma'_{lI} \tag{9-16}$$

此时，预应力钢筋的合力为：

$$N_{p0I} = \sigma_{p0I} A_p + \sigma'_{p0I} A'_p \tag{9-17}$$

相应为 N_{p0I} 的合力点至换算截面重心轴的偏心距为：

$$e_{p0I} = \frac{\sigma_{p0I} A_p y_p - \sigma'_{p0I} A'_p y'_p}{\sigma_{p0I} A_p + \sigma'_{p0I} A'_p} \tag{9-18}$$

式中 σ_{p0I}、σ'_{p0I}——第一批预应力损失出现后，预应力钢筋合力点处混凝土法向应力为零时的预应力钢筋应力；

σ_{con}、σ'_{con}——预应力钢筋 A_p、A'_p 的张拉控制应力；此时，构件中非预应力钢筋及混凝土的应力为零。

(2) 应力阶段2（放松钢筋后）

混凝土结硬后从台座上放松钢筋（一般要求混凝土强度达到设计值的70%及以上）作用在混凝土上。

由钢筋预加压力 N_{p0I} 产生的混凝土法向应力，见图9-11 (b)：

$$\sigma_{pcI} = \frac{N_{p0I}}{A_0} \pm \frac{N_{p0I} e_{p0I}}{I_0} y_0 \tag{9-19}$$

式中 A_0——换算截面面积（即 $A_0 = A_c + \alpha_E A_p + \alpha_E A_s$）；

I_0——换算截面惯性矩；

y_0——换算截面重心至所计算纤维处的距离。

α_E——钢筋或预应力钢筋弹性模量 E_s(E_p) 与混凝土弹性模量 E_c 的比值，即 $\alpha_E = E_s/E_c$（或 $\alpha_E = E_p/E_c$）。

钢筋放松后，因钢筋和混凝土已粘结成整体，混凝土受弹性压缩，在第一批预应力损失出现后，预应力钢筋的应力有所降低，其有效预应力为：

$$\sigma_{peI} = \sigma_{con} - \sigma_{lI} - \alpha_E \sigma_{pcI} \tag{9-20}$$
$$\sigma'_{peI} = \sigma'_{con} - \sigma'_{lI} - \alpha_E \sigma'_{pcI} \tag{9-21}$$

式中 σ_{pcI}、σ'_{pcI}——分别为预应力钢筋 A_p 及 A'_p 合力点处的混凝土预压应力值，当其为拉应力时，以负值代入。

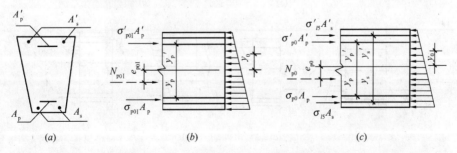

图9-11 施工阶段，先张法构件应力变化

(a) 横截面；(b) 放松钢筋第一批预应力损失出现后；(c) 第二批预应力损失出现后

(3) 应力阶段3（完成第二批损失）

混凝土受压后，随着时间的增长，由于收缩和徐变的预应力损失 σ_{l5}，在预应力钢筋中产生了第二批预应力损失 $\sigma_{l\mathrm{II}}=\sigma_{l5}$。此时，其全部预应力损失值为 $\sigma_l=\sigma_{l\mathrm{I}}+\sigma_{l\mathrm{II}}$。相应的预应力钢筋及非预应力钢筋的合力（非预应力钢筋应力值近似取等于混凝土收缩和徐变在 A_s 及 A'_s 各自合力点处所引起的预应力损失值 σ_{l5} 及 σ'_{l5}）为 N_{p0}、偏心距 e_{p0} 以及由预压力 N_{p0} 产生的混凝土法向应力 σ_{pc}、全部预应力损失出现后预应力钢筋的有效预应力 $\sigma_{pe}(\sigma'_{pe})$ 可分别按下列公式计算，见图 9-11 (c)：

$$N_{p0} = \sigma_{p0}A_p + \sigma'_{p0}A'_p - \sigma_{l5}A_s - \sigma'_{l5}A'_s \tag{9-22}$$

$$e_{p0} = \frac{\sigma_{p0}A_p y_p - \sigma'_{p0}A'_p y'_p - \sigma_{l5}A_s y_s + \sigma'_{l5}A'_s y'_s}{\sigma_{p0}A_p + \sigma'_{p0}A'_p - \sigma_{l5}A_s - \sigma'_{l5}A'_s} \tag{9-23}$$

$$\sigma_{pc} = \frac{N_{p0}}{A_0} \pm \frac{N_{p0}e_{p0}}{I_0}y_0 \tag{9-24}$$

$$\sigma_{pe} = \sigma_{con} - \sigma_l - \alpha_E \sigma_{pc} \tag{9-25}$$

$$\sigma'_{pe} = \sigma'_{con} - \sigma'_l - \alpha_E \sigma'_{pc} \tag{9-26}$$

$$\sigma_{p0} = \sigma_{con} - \sigma_l \tag{9-27}$$

$$\sigma'_{p0} = \sigma'_{con} - \sigma'_l \tag{9-28}$$

式中　σ_{pc}、σ'_{pc}——分别为预应力钢筋 A_p 及 A'_p 合力点处混凝土的预压应力值，当 $\sigma_{pc}(\sigma'_{pc})$ 为拉应力时，以负值代入；

σ_{p0}、σ'_{p0}——全部预应力损失出现后，预应力钢筋合力点处混凝土法向应力为零时的预应力钢筋应力。

在公式（9-19）及公式（9-24）中，以压应力为正，右边第二项与第一项的应力方向相同时，取正号；相反时取负号。

2. 使用阶段

(1) 应力阶段4（加载至 $\sigma_{pc}=0$）

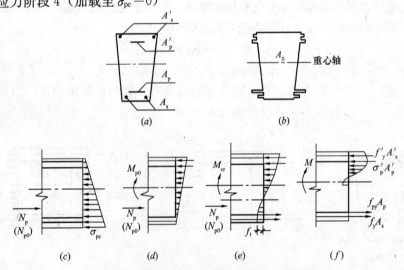

图 9-12　使用阶段不同加载时构件截面应力变化

(a) 截面图；(b) 换算截面图；(c) 截面下边缘受预压应力；
(d) 加载至下边缘混凝土应力为零；(e) 裂缝即将出现；(f) 破坏

加载使混凝土下边缘应力为零：加荷前构件在预应力及非预应力钢筋合力 N_p 作用下，截面下边缘（预压区）预压应力为 σ_{pc}，在此基础上，再加一特定荷载使 N_p 至 N_{p0}，N_{p0} 在截面上产生弯矩为 M_{p0}，该弯矩使截面下边缘产生拉应力 $\dfrac{M_{p0}}{W_0}$（W_0 为换算截面下边缘的弹性抵抗矩），恰能将 σ_{pc} 抵消，使该处混凝土应力为零，见图 9-12 (d)。

$$\sigma_{pc} - \frac{M_{p0}}{W_0} = 0$$

因此
$$M_{p0} = \sigma_{pc} W_0 \tag{9-29}$$

(2) 应力阶段 5（加载至裂缝出现）

加载至受拉区混凝土即将出现裂缝，继续加载，在截面上增加弯矩 $f_t W_0$（约相当于普通钢筋混凝土构件的抗裂弯矩）后，即达到预应力混凝土受弯构件的抗裂弯矩 M_{cr}（受拉区混凝土即将出现裂缝），其值为 [图 9-12 (e)]：

$$M_{cr} = M_{p0} + f_t W_0 = (\sigma_{pc} + f_t) W_0 \tag{9-30}$$

(3) 应力阶段 6（加载至破坏）

加载至构件破坏时（弯矩达到 M_u^c），预应力混凝土受弯构件的应力状态与普通钢筋混凝土受弯构件基本相同。对适筋梁，受拉区预应力钢筋及非预应力钢筋均达到各自的屈服强度，但受压区预应力钢筋的应力与普通钢筋混凝土双筋梁受压钢筋的应力不同，见图 9-12 (f) 可能为较小的压应力或拉应力。

为了使受力概念较为清楚，现将以上各阶段的应力分析，汇总于表 9-5 中，以便设计应用。

先张法预应力混凝土受弯构件各阶段应力分析 表 9-5

	应力阶段	钢筋拉应力 σ_p（截面下边缘）	混凝土应力 σ_{pc}（截面下边缘）	说明
施工阶段	1. 张拉钢筋完成第一批损失	$(\sigma'_{p0\mathrm{I}} = \sigma'_{con} - \sigma'_{l\mathrm{I}})$ $\sigma_{p0\mathrm{I}} = \sigma_{con} - \sigma_{l\mathrm{I}}$	0	钢筋应力减小了 $\sigma_{l\mathrm{I}}$，混凝土应力为零
	2. 放松钢筋	$\sigma_{pe\mathrm{I}} = \sigma_{con} - \sigma_{l\mathrm{I}} - \alpha_E \sigma_{pc\mathrm{I}}$	$\sigma_{pc\mathrm{I}} = \dfrac{N_{p0\mathrm{I}}}{A_0} + \dfrac{N_{p0\mathrm{I}} e_{p\mathrm{I}}}{I_0} \cdot y_0$ $N_{p0\mathrm{I}} = \sigma_{p0\mathrm{I}} A_p + \sigma'_{p0\mathrm{I}} A'_p$	混凝土下边缘受压缩，钢筋拉应力减少了 $\alpha_E \sigma_{pc\mathrm{I}}$，构件产生反拱
	3. 完成第二批损失	$\sigma_{pe} = \sigma_{con} - \sigma_l - \alpha_E \sigma_{pc}$	$\sigma_{pc} = \dfrac{N_{p0}}{A_0} + \dfrac{N_{p0} \cdot e_{p0}}{I_0} \cdot y_0$ $N_{p0} = \sigma_{p0} A_p + \sigma'_{p0} A'_p$ $- \sigma_{l5} A_s - \sigma'_{l5} A'_s$	混凝土下边缘压应力降低到 σ_{pc}，钢筋拉应力继续减小
使用阶段	4. 加载至 $\sigma_{pc} = 0$	$\sigma_{con} - \sigma_l$	0	混凝土上边缘由拉变压，下边缘压应力减小到零，钢筋拉应力增加 $\alpha_E \sigma_{pc}$，构件反拱值减小，并略有挠度
	5. 加载至裂缝即将出现	$\sigma_{con} - \sigma_l + \alpha_E f_t$	f_t	混凝土下边缘拉应力为 f_t，钢筋拉应力增加了 $\alpha_E f_t$
	6. 加载至破坏	f_{py}	0	混凝土上边缘压应力增加到 f_c，钢筋拉应力增加到 f_{py}

9.5.2 后张法构件

后张法构件的特点为在张拉钢筋的同时混凝土受到预压，故预应力钢筋中的有效预应力值与先张法是不相同的，在计算由预加应力产生的混凝土法向应力时，应采用净截面面积（不包括预应力钢筋的换算截面面积）。

1. 施工阶段

(1) 应力阶段1（张拉钢筋）

当浇筑混凝土达到一定强度时（一般要求混凝土强度达到设计值的70%及以上）张拉钢筋，在构件端部的混凝土受到预压力的作用，此时，在张拉过程中，由于钢筋与孔道之间的摩擦产生预应力损失 σ_{l2}，其预应力钢筋中的有效预应力为：

$$\sigma_{peI} = \sigma_{con} - \sigma_{l2} \tag{9-31}$$

$$\sigma'_{peI} = \sigma'_{con} - \sigma'_{l2} \tag{9-32}$$

(2) 应力阶段2（放松钢筋）

当钢筋张拉完毕后放松时，预应力钢筋的有效预应力及其合力 [图9-13 (a)]：

$$\sigma_{peI} = \sigma_{con} - \sigma_{lI} \tag{9-31a}$$

$$N_{pI} = \sigma_{peI} A_p + \sigma'_{peI} A'_p \tag{9-33}$$

N_{pI} 的合力点至净截面重心轴的偏心距为

$$e_{pnI} = \frac{\sigma_{peI} A_p y_{pn} - \sigma'_{peI} A'_p y'_{pn}}{\sigma_{peI} A_p + \sigma'_{peI} A'_p} \tag{9-34}$$

由预加应力产生的混凝土法向应力为

$$\sigma_{pcI} = \frac{N_{pI}}{A_n} \pm \frac{N_{pI} e_{pnI}}{I_n} y_n \tag{9-35}$$

式中 I_n——净截面惯性矩；

y_n——净截面重心至所计算纤维处的距离。

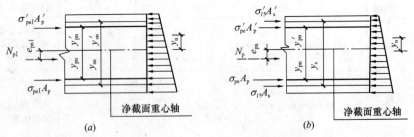

图 9-13 施工阶段后张法构件应力变化
(a) 第一批预应力损失出现后；(b) 第二批预应力损失出现后

(3) 应力阶段3（完成第二批损失）

混凝土受到压缩后，随着时间的增长，由于混凝土的收缩和徐变以及钢筋应力松弛等原因，产生了第二批预应力损失 σ_{lII}，此时，其全部预应力损失值为 $\sigma_l = \sigma_{lI} + \sigma_{lII}$。相应的预应力钢筋及非预应力钢筋的合力 N_p、偏心距 e_{pn}、由预加应力产生的混凝土法向应力 σ_{pc} 及全部预应力损失出现后预应力钢筋的有效预应力 $\sigma_{pe}(\sigma'_{pe})$ 可分别按下列公式计算 [图 9-13 (b)]：

$$N_p = \sigma_{pe}A_p + \sigma'_{pe}A'_p - \sigma_{l5}A_s - \sigma'_{l5}A'_s \tag{9-36}$$

$$e_{pn} = \frac{\sigma_{pe}A_p y_{pn} - \sigma'_{pe}A'_p y'_{pn} - \sigma_{l5}A_s y_{sn} + \sigma'_{l5}A'_s y'_{sn}}{\sigma_{pe}A_p + \sigma'_{pe}A'_p - \sigma_{l5}A_s - \sigma'_{l5}A'_s} \tag{9-37}$$

$$\sigma_{pc} = \frac{N_p}{A_n} \pm \frac{N_p e_{pn}}{I_n} y_n \tag{9-38}$$

$$\sigma_{pe} = \sigma_{con} - \sigma_l \tag{9-39}$$

$$\sigma'_{pe} = \sigma'_{con} - \sigma'_l \tag{9-40}$$

2. 使用阶段

与先张法相同，但钢筋的拉应力增加了 $\alpha_E \sigma_{pc}$，其各阶段应力，见表9-6。

后张法预应力混凝土受弯构件各阶段应力分析　　　　　表9-6

	应力阶段	钢筋拉应力 σ_p （截面下边缘）	混凝土应力 σ_{pc} （截面下边缘）	说　　明
施工阶段	1. 张拉钢筋	$(\sigma'_{peI} = \sigma'_{con} - \sigma'_{l2})$ $\sigma_{peI} = \sigma_{con} - \sigma_{l2}$	$\sigma_{pcI} = \frac{N_{pI}}{A_n} + \frac{N_{pI} e_{pnI}}{I_n} y_n$ $N_{pI} = \sigma_{peI} A_p + \sigma'_{peI} A'_p$	张拉钢筋同时产生摩擦损失，钢筋拉应力比 σ_{con} 减小了 σ_{l2}，混凝土下边缘受压缩，构件产生反拱
	2. 放松钢筋完成第一批损失	$\sigma_{peI} = \sigma_{con} - \sigma_{lI}$	$\sigma_{pcI} = \frac{N_{pI}}{A_n} + \frac{N_{pI} e_{pnI}}{I_n} y_n$ $N_{pI} = \sigma_{peI} A_p + \sigma'_{peI} A'_p$	混凝土下边缘压应力减小到 σ_{pcI}，钢筋拉应力减小了 σ_{lI}
	3. 完成第二批损失	$\sigma_{pe} = \sigma_{con} - \sigma_l$	$\sigma_{pc} = \frac{N_p}{A_n} + \frac{N_p e_{pn}}{I_n} y_n$ $N_p = \sigma_{pe}A_p + \sigma'_{pe}A'_p$	混凝土下边缘压应力减小到 σ_{pc}，钢筋拉应力继续减小
使用阶段	4. 加载至 σ_{pc} =0	$(\sigma_{con} - \sigma_l) + \alpha_E \sigma_{pc}$	0	混凝土上边缘由拉变压，下边缘应力减小到零；钢筋拉应力增加了 $\alpha_E \sigma_{pc}$，构件反拱值减小，略有挠度
	5. 加载至裂缝即将出现	$(\sigma_{con} - \sigma_l) + \alpha_E \sigma_{pc} + \alpha_E f_t$	f_t	混凝土下边缘应力到达 f_{tk}，钢筋拉应力增加了 $\alpha_E f_{tk}$
	6. 加载至破坏	f_{py}	0	混凝土上边缘压应力增加到 f_c，钢筋拉应力增加到 f_{py}

注：表中应力阶段1与阶段2中钢筋应力均为 σ_{peI}，符号相同，但数值不同。

9.6　受弯构件使用阶段承载力计算

9.6.1　受弯构件正截面混凝土法向应力为零时，预应力钢筋及非预应力钢筋的合力

在预应力混凝土受弯构件的设计中（如承载力计算及裂缝宽度验算等），常需得出构件正截面混凝土法向应力为零时预应力钢筋及非预应力钢筋的合力以及合力点的偏心距值。计算时，可假定在预应力及非预应力钢筋上各施加外力，使其产生拉应力 σ_{p0}、σ'_{p0} 及压应力 σ_{l5}、σ'_{l5}。此时，正截面混凝土法向应力即为零（全截面消压），其合力及相应的偏心距，宜按下列公式计算（图 9-14）：

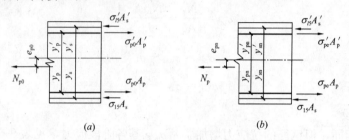

图 9-14 混凝土法向应力为零时钢筋应力及其合力
(a) 先张法构件；(b) 后张法构件

N_{p0} 按下列公式计算：

$$N_{p0} = \sigma_{p0} A_p + \sigma'_{p0} A'_p - \sigma_{l5} A_s - \sigma'_{l5} A'_s \tag{9-41}$$

N_{p0} 的合力点至换算截面重心轴的距离 e_{p0} 为：

$$e_{p0} = \frac{\sigma_{p0} A_p y_p - \sigma'_{p0} A'_p y'_p - \sigma_{l5} A_s y_s + \sigma'_{l5} A'_s y'_s}{\sigma_{p0} A_p + \sigma'_{p0} A'_p - \sigma_{l5} A_s - \sigma'_{l5} A'_s} \tag{9-42}$$

式中 σ_{p0}、σ'_{p0}——受拉区及受压区的预应力钢筋合力点处混凝土法向应力为零时，预应力钢筋的应力。

1. 对先张法构件，如图 9-14 (a) 所示，σ_{p0}、σ'_{p0} 按下式计算：

$$\sigma_{p0} = \sigma_{con} - \sigma_l \tag{9-43}$$

$$\sigma'_{p0} = \sigma'_{con} - \sigma'_l \tag{9-44}$$

2. 对后张法构件如图 9-14 (b) 所示，σ_{p0}、σ'_{p0} 按下式计算：

$$\sigma_{p0} = \sigma_{con} - \sigma_l + \alpha_E \sigma_{pc} \tag{9-45}$$

$$\sigma'_{p0} = \sigma'_{con} - \sigma'_l + \alpha_E \sigma'_{pc} \tag{9-46}$$

式中 σ_{pc}、σ'_{pc}——后张法构件受拉区及受压区的预应力钢筋合力点处混凝土由预加应力产生的法向应力按公式（9-38）计算（即相当应力阶段 3 的情况），当为拉应力时，以负值代入。

要注意到在以上后张法公式中的 N_{p0} 值，大于应力阶段 3 中的 N_p 值。

9.6.2 正截面受弯承载力的计算

试验表明，预应力混凝土与非预应力混凝土受弯构件正截面的破坏特征相同。计算的应力图形，基本假设及公式亦基本相同，破坏时受拉区预应力钢筋及受拉与受压区非预应力钢筋的应力均可达到相应的抗拉强度设计值（在计算中以各自的抗拉强度设计值代入），但在受压区预应力钢筋中，应在考虑到其预拉力的影响后，可用类似于非预应力混凝土受弯构件的方法计算。

1. 相对界限受压区高度

对于预应力混凝土构件的钢筋（热处理钢筋、钢丝和钢绞线），由于无明显屈服点，根据条件屈服点的定义，尚应考虑 0.2% 的残余应变计算相对界限受压区高度 ξ_b，其公式为：

$$\xi_b = \frac{\beta_1}{1 + \dfrac{\dfrac{f_{py}}{E_s} + \dfrac{0.2}{100} - \dfrac{\sigma_{p0}}{E_s}}{\varepsilon_{cu}}} = \frac{\beta_1}{1 + \dfrac{0.002}{\varepsilon_{cu}} + \dfrac{f_{py} - \sigma_{p0}}{E_s \varepsilon_{cu}}} \quad (9\text{-}47)$$

式中　ε_{cu} ——非均匀受压时的混凝土极限压应变，按公式（3-5）计算；当算出的 ε_{cu} 值大于 0.0033 时，应取为 0.0033；

　　　β_1 ——系数，为混凝土受压区高度与中和轴高度的比值，按表（3-4）取用；

　　　E_s ——钢筋的弹性模量；

　　　f_{py} ——预应力钢筋抗拉强度设计值；

　　　σ_{p0} ——预应力钢筋合力点处混凝土法向应力为零时，预应力钢筋的应力，按公式（9-43）或（9-45）计算。

2. 受压区预应力钢筋应力的计算

考虑到受压区预应力钢筋中因存在原有预拉应力 σ_{p0} 的影响，则根据公式（6-31）的关系，其应力应按下式计算：

$$\sigma'_p = E_s \varepsilon_{cu} \left(\frac{\beta_1 a'_p}{x} - 1 \right) + \sigma_{p0} \quad (9\text{-}48)$$

或按公式（6-32），按下列近似公式计算：

$$\sigma'_p = \frac{f_{py} - \sigma_{p0}}{\xi_b - \beta_1} \left(\frac{x}{a'_p} - \beta_1 \right) + \sigma_{p0} \quad (9\text{-}49)$$

且应符合下列条件

$$\sigma'_{p0} - f'_{py} \leqslant \sigma'_p \leqslant f_{py} \quad (9\text{-}50)$$

式中　a'_p ——受压区纵向预应力钢筋 A'_p 合力点至受压区边缘的距离。

当 σ'_p 为拉应力且其值大于 f_{py} 时，取 $\sigma'_p = f_{py}$；当 σ'_p 为压应力且其绝对值大于 $(\sigma'_{p0} - \sigma'_{py})$ 的绝对值时，取 $\sigma'_p = \sigma'_{p0} - f'_{py}$。在预应力混凝土受弯构件正截面承载力计算中，考虑到 σ'_p 对截面承载力影响不大，可近似取 $\sigma'_p = \sigma'_{p0} - f'_{py}$。

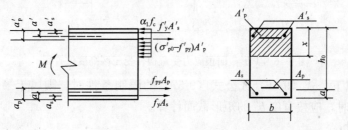

图 9-15　矩形截面预应力受弯构件正截面承载力计算简图

3. 承载力计算公式

(1) 矩形截面或翼缘位于受拉区的倒 T 形截面受弯构件

将预应力钢筋的因素计入后,和普通钢筋混凝土构件一样进行计算,其计算应力图形,如图 9-15 所示,计算公式为:

$$M \leqslant \alpha_1 f_c bx \left(h_0 - \frac{x}{2}\right) + f'_y A'_s (h_0 - a'_s) - (\sigma'_{p0} - f'_{py}) A'_p (h_0 - a'_p) \quad (9-51)$$

此时,受压区高度按下列公式确定

$$\alpha_1 f_c bx = f_y A_s - f'_y A'_s + f_{py} A_p + (\sigma'_{p0} - f'_{py}) A'_p \quad (9-52)$$

和普通钢筋混凝土受弯构件相同,预应力受弯构件正截面承载力计算中受压区高度应符合下列要求:

$$x \leqslant \xi_b h_0 \quad (9-53)$$
$$x \geqslant 2a' \quad (9-54)$$

式中 M——弯矩设计值;
a'_s——受压区纵向非预应力钢筋合力点至受压边缘的距离;
a'——受压区纵向钢筋合力点至受压区边缘的距离,当受压区未配置纵向预应力钢筋或受压区纵向预应力钢筋的应力为拉应力时,公式(9-54)中的 a' 用 a'_s 代替。

在计算中考虑受压钢筋当不符合公式(9-54)的条件,即计算出的受压高度 $x \leqslant 2a'$ 时,则正截面受弯承载力可按下列公式计算

$$M \leqslant f_{py} A_p (h - a_p - a'_s) + f_y A_s (h - a_s - a'_s) + (\sigma'_{p0} - f'_{py}) A'_p (a'_p - a'_s) \quad (9-55)$$

式中 a_s、a_p——受拉区纵向非预应力钢筋及预应力钢筋合力点至受拉边缘的距离。

在实际工作中,也可能遇到截面选择和承载力校核两类问题,计算方法与普通钢筋混凝土梁类似。

(2) 翼缘位于受压区的 T 形截面以及工字形截面

计算方法与普通钢筋混凝土受弯构件相同。

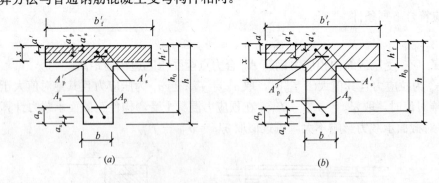

图 9-16 T形截面预应力受弯构件受压区高度位置图

① 若符合以下公式(9-56)或公式(9-57)的限制条件时,则属于第一类 T 形截面(图 9-16a),此时,应按宽度 b'_f 的矩形截面计算。

截面设计时:

$$M \leqslant \alpha_1 f_c b'_f h'_f \left(h_0 - \frac{h'_f}{2}\right) + f'_y A'_s (h_0 - a'_s) - (\sigma'_{p0} - f'_{py}) A'_p (h_0 - a'_p) \quad (9-56)$$

承载力校核时:

$$f_y A_s + f_{py} A_p \leqslant \alpha_1 f_c b'_f h'_f + f'_y A'_s - (\sigma'_{p0} - f'_{py}) A'_p \tag{9-57}$$

②若不符合上述条件时，则为第二类 T 形截面，如图 9-16（b）；此时，其承载力按下列公式计算：

$$M \leqslant \alpha_1 f_c bx \left(h_0 - \frac{x}{2}\right) + \alpha_1 f_c (b'_f - b) \left(h_0 - \frac{h'_f}{2}\right) h'_f$$
$$+ f'_y A'_s (h_0 - a'_s) - (\sigma'_{p0} - f'_{py}) A'_p (h_0 - a'_p) \tag{9-58}$$

此时，受压区高度按下列公式确定：

$$\alpha_1 f_c [bx + (b'_f - b) h'_f] = f_y A_s - f'_y A'_s + f_{py} A_p + (\sigma'_{p0} - f'_y) A'_p \tag{9-59}$$

适用条件与矩形截面一样，计算方法与非预应力 T 形截面受弯构件类似。

9.6.3 斜截面受剪承载力的计算

预应力梁比相应的非预应力梁具有较高的抗剪能力。其原因主要在于预压力的作用阻滞了斜裂缝的出现和发展，增加了混凝土剪压区高度，从而提高了混凝土剪压区所承担的剪力。

试验表明，当换算截面重心处的混凝土预压应力 σ_{c0} 与混凝土轴心抗压强度 f_c 之比超过 0.3～0.4 后，预应力的有利作用就有下降的趋势。因此，在设计中当考虑预压力对梁受剪承载力的有利作用时，即取 $\sigma_{c0}/f_c \leqslant 0.3$。对于预应力混凝土梁的受剪承载力的计算方法，可在非预应力梁计算公式的基础上加上一项施加预应力所提高的受剪承载力 V_p。对 V_p 的取值可采用如下的实用计算公式：

$$V_p = 0.05 N_{p0} \tag{9-60}$$

式中　N_{p0}——计算截面上的混凝土法向预应力为零时，预应力钢筋及非预应力钢筋的合力，按公式（9-41）计算，当 $\sigma_{c0} = \dfrac{N_{p0}}{A_0} > 0.3 f_c$ 时，取 $N_{p0} = 0.3 f_c A_0$。

当混凝土法向预应力等于零时，预应力钢筋及非预应力钢筋合力 N_{p0} 引起截面弯矩与外弯矩方向相同，预应力混凝土连续梁和允许出现裂缝的预应力混凝土简支梁，均取 $V_p = 0$。

《规范》规定，对于矩形、T 形和工字形截面的一般预应力受弯构件，当配有箍筋、非预应力弯起钢筋及预应力弯起钢筋时，在斜截面受剪承载力计算公式中除应加上 V_p 这一项外，尚需计入预应力弯起钢筋的影响，计算公式（图 9-17）为：

$$V \leqslant V_{cs} + V_p + 0.8 f_y A_{sb} \sin\alpha_s + 0.8 f_{py} A_{pb} \sin\alpha_p \tag{9-61}$$

式中　V——计算截面处的剪力设计值；

　　　V_{cs}——构件斜截面上混凝土和箍筋的受剪承载力设计值，按第四章的有关公式计算；

　　　V_p——由预应力所提高的受剪承载力设计值，按公式（9-60）计算，但计算 N_{p0} 时不考虑预应力弯起钢筋的作用；

A_{sb}、A_{pb}——同一弯起平面内非预应力弯起钢筋及预应力弯起钢筋的截面面积；

α_s、α_p——斜截面上非预应力弯起钢筋和预应力弯起钢筋的切线与构件纵向轴线的夹角。

其余符号的意义与第四章相同。

对于预应力钢丝及钢绞线配筋的先张法预应力混凝土构件，如果斜截面受拉区始端在预应力传递长度 l_{tr} 范围内，则预应力钢筋的合力应取 $A_p \sigma_p \dfrac{l_p}{l_{tr}}$。其中 l_{tr} 值按公式（9-62）计算，l_p 为斜裂缝受拉区始端距构件端部的距离（图 9-18）。

$$l_{tr} = \beta \dfrac{\sigma_{pe}}{f'_{tk}} d \tag{9-62}$$

式中　σ_{pe}——放张时预应力钢筋有效预应力；

　　　d——预应力钢丝、钢绞线公称直径，详见附表 10-2；

　　　β——预应力钢筋外形系数，按表 4-1 取用；

　　　f'_{tk}——与放张时混凝土立方体抗压强度 f'_{cu} 相应的轴心抗拉强度标准值，可按附表 1 以线性内插法取用。

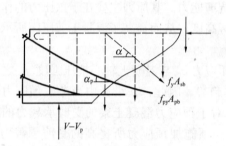

图 9-17　预应力受弯构件当配有箍筋，非预应力及预应力弯起钢筋时分离体图

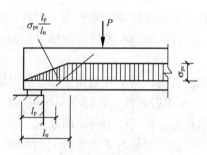

图 9-18　预应力钢筋在预应力传递长度 l_{tr} 范围内有效预应力值变化图

9.6.4　局部受压承载力的验算

在后张法构件中，由于很大的预压力通过锚头（后张自锚法则通过传力架）经垫板传给端部混凝土。因而使该处混凝土受到很大的局部压应力，故应在端部验算局部受压承载力。

1. 配置间接钢筋的钢筋混凝土构件局部受压承载力的计算

配置间接钢筋（方格网或螺旋式）的钢筋混凝土构件，当其核芯截面面积 $A_{cor} > A_l$ 时，其局部受压承载力应按下式计算：

$$F_l \leqslant 0.9(\beta_c \beta_l f_c + 2\alpha \rho_v \beta_{cor} f_y) A_{ln} \tag{9-63}$$

$$\beta_l = \sqrt{\dfrac{A_b}{A_l}} \tag{9-64}$$

式中　F_l——局部受压面积上作用的局部荷载或局部压力设计值；在后张法预应力混凝土构件中的锚头局部受压区，取 1.2 倍张拉控制力；在无粘结预应力混凝土构件中，尚应与 f_{ptk} 值相比较，取其中的较大值；

　　　β_c——混凝土强度影响系数，按公式（4-25）中的规定采用；

　　　β_l——混凝土局部受压强度提高系数；

　　　A_l——混凝土局部受压面积；

　　　A_{ln}——混凝土局部受压净面积，对后张法构件，应在混凝土局部受压面积中扣除孔道、凹槽部分的面积；

β_{cor} ——配置间接钢筋的局部受压承载力提高系数，仍按公式（9-64）计算，但 A_b 以 A_{cor} 代替；

A_b ——局部受压时计算底面积，可由局部受压面积与计算面积按同心、对称的原则确定，一般情况可按图 9-19 取用；

α ——间接钢筋对混凝土约束的折减系数，可按公式（6-9）的规定采用；

A_{cor} ——配置方格网或螺旋式间接钢筋范围以内的混凝土核芯面积，但不应大于 A_b，且其重心应与 A_l 的重心相重合（图 9-20）；

ρ_v ——间接钢筋的体积配筋率（核芯面积 A_{cor} 范围内混凝土单位体积所含间接钢筋体积）。

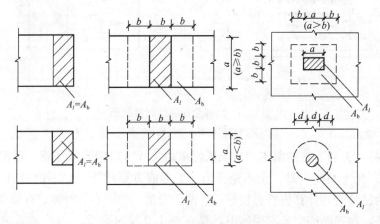

图 9-19 局部受压的计算底面积

当为方格网配筋时，在钢筋网两个方向的单位长度内，其钢筋面积相差不应大于 1.5 倍。此时，ρ_v 按下式计算：

$$\rho_v = \frac{n_1 A_{s1} l_1 + n_2 A_{s2} l_2}{A_{cor} s} \tag{9-65}$$

式中 n_1、A_{s1} ——方格网沿 l_1 方向的钢筋根数，单根钢筋的截面面积；

n_2、A_{s2} ——方格网沿 l_2 方向的钢筋根数，单根钢筋的截面面积；

s ——方格网式间接钢筋间距。

当为螺旋式配筋时，ρ_v 应按下式计算：

$$\rho_v = \frac{4 A_{ss1}}{d_{cor} s} \tag{9-66}$$

式中 A_{ss1} ——单根螺旋式间接钢筋的截面面积；

d_{cor} ——配置螺旋式间接钢筋内表面范围以内的混凝土截面面积；

s ——螺旋式间接钢筋的间距。

间接钢筋应配置在图 9-20 所规定的 h 范围内，配置方格网钢筋应不少于 4 片，配置螺旋式钢筋应不少于 4 圈；间接钢筋间距宜取 30～80mm。

《规范》对局部受压构件的计算底面积 A_b 的取值，采用了"同心、对称、有效面积"的原则。该法要求计算面积与局部受压面积具有相同的重心位置，并呈对称（图 9-19）。

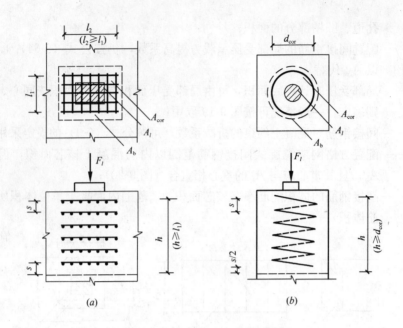

图 9-20 局部受压区的间接钢筋
(a) 方格式配筋；(b) 螺旋式配筋

沿 A_l 各边向外扩大的有效距离不超过承压板窄边尺寸（对圆形承压板，可沿周边扩大一倍圆板直径）。此法的优点是：①不论条形、矩形或方形承压板，不论单向或双向偏心，大多数试件的试验值与计算值符合较好，且偏于安全；②同心、对称、有效面积的取法容易记忆及计算，在三面临空局部受压中，取 $\beta_l = 1.0$ 较为妥当。

2. 局部受压区的截面限制条件

试验表明，如果配置间接钢筋过多，当局部受压区承载力到达一定限度时，则承压板会产生过大的局部下陷。为了避免这种情况，《规范》规定，对配置间接钢筋的构件，其局部受压区尺寸应符合以下要求

$$F_l \leqslant 1.35\beta_c\beta_l f_c A_{ln} \tag{9-67}$$

满足上式后，一般可满足构件的抗裂度要求。

9.7 受弯构件使用阶段裂缝控制及变形验算

9.7.1 裂缝控制的验算

1. 正截面抗裂度验算

《规范》规定，对于在使用阶段不允许出现裂缝的预应力混凝土受弯构件，其正截面抗裂度根据裂缝控制的不同要求，分别按下列公式计算（以应力验算形式表达）：

(1) 一级　严格要求不出现裂缝的构件

在荷载效应的标准组合下应符合下列规定：

$$\sigma_{ck} - \sigma_{pc} \leqslant 0 \tag{9-68}$$

(2) 二级　一般要求不出现裂缝的构件

在荷载效应的标准组合下应符合下列规定：

$$\sigma_{ck} - \sigma_{pc} \leqslant f_{tk} \tag{9-69}$$

在荷载效应的准永久组合下宜符合下列规定：

$$\sigma_{cq} - \sigma_{pc} \leqslant 0 \tag{9-70}$$

式中　σ_{ck}、σ_{cq}——荷载效应的标准组合、准永久组合下抗裂验算边缘混凝土法向应力：

$$\sigma_{ck} = \frac{M_k}{W_0}; \sigma_{cq} = \frac{M_q}{W_0};$$

M_k、M_q——分别为按荷载效应标准组合及准永久组合计算的弯矩标准值；

σ_{pc}——扣除全部预应力损失后在抗裂验算边缘混凝土的预压应力，按公式（9-24）或（9-38）计算。

2. 斜截面抗裂度验算

《规范》规定，预应力混凝土受弯构件应分别按下列规定进行斜截面抗裂验算：

（1）混凝土主拉应力

混凝土主拉应力可按要求程度分为二级：

一级——严格要求不出现裂缝的构件，应符合下列规定：

$$\sigma_{tp} \leqslant 0.85 f_{tk} \tag{9-71}$$

二级——一般要求不出现裂缝的构件，应符合下列规定

$$\sigma_{tp} \leqslant 0.95 f_{tk} \tag{9-72}$$

（2）混凝土主压应力

对严格要求和一般要求不出现裂缝的构件，应符合下列规定

$$\sigma_{cp} \leqslant 0.6 f_{ck} \tag{9-73}$$

式中　σ_{tp}、σ_{cp}——混凝土的主拉应力、主压应力；

f_{tk}、f_{ck}——混凝土轴心抗拉强度、轴心抗压强度标准值。

对预应力受弯构件试验及理论分析表明，在集中荷载作用点附近，除产生竖向压应力 σ_y 外，对水平方向正应力 σ_x 及剪应力 τ 均有局部影响，而对剪应力影响相当显著。在集中荷载附近，τ 实际上是曲线分布。为了简化计算，建议在 $0.6h$ 范围内以直线分布代替。这样，σ_y 及 τ 的分布情况如图 9-21 所示。

（3）混凝土主应力计算

计算混凝土主拉应力和主压应力时，应选择跨度内最不利位置截面，对该换算截面重心处和截面宽度剧烈改变处进行验算。

混凝土的主拉应力和主压应力按下式计算

$$\left.\begin{array}{c}\sigma_{tp}\\ \sigma_{cp}\end{array}\right\} = \frac{\sigma_x + \sigma_y}{2} \pm \sqrt{\left(\frac{\sigma_x - \sigma_y}{2}\right)^2 + \tau^2} \tag{9-74}$$

$$\sigma_x = \sigma_{pc} + \frac{M_k y_0}{I_0}; \sigma_{y,max} = \frac{0.6 F_k}{bh} \tag{9-75}$$

$$\tau = \frac{V_k - \sum \sigma_{pc} A_{pb} \sin\alpha_p S_0}{I_0 b} \tag{9-76}$$

式中　σ_x——由预压力和弯矩 M_k 在计算纤维处产生的混凝土法向应力；

σ_{pc}——扣除全部预应力损失后，在计算纤维处由预应力产生的混凝土法向应力，

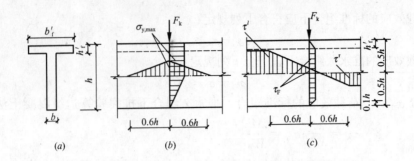

图 9-21 预应力混凝土吊车梁集中荷载作用点附近 σ_y、τ 分布图
(a) 截面；(b) 竖向压应力 σ_y 分布图；(c) 剪应力 τ 分布图
F_k—集中荷载标准值；V_k^l、V_k^r—由 F_k 产生的左端、右端的剪力标准值；
τ^l、τ^r—由 F_k 产生的左端、右端的剪应力

按公式（9-24）及公式（9-38）计算；

y_0——换算截面重心至计算纤维处的距离；

σ_y——由集中力标准值 F_k 作用产生的混凝土竖向压应力。在集中力作用点两侧各 $0.6h$ 的范围内，可按图 9-21 的线性分布取值；

τ——由剪力值和预应力弯起钢筋的预应力在计算纤维处产生的混凝土剪应力；当有集中力标准值 F_k 作用时，在集中力作用点两侧各 $0.6h$ 长度范围内，可按线性分布取值（图 9-21）；当计算截面上作用有扭矩时，尚应考虑扭矩引起的剪应力；

V_k——按荷载标准组合计算的剪力值；

S_0——计算纤维以上部分的换算截面面积对构件换算截面重心的面积矩；

A_{pb}——计算截面上同一弯起平面内预应力弯起钢筋的截面面积；

α_p——计算截面上各预应力弯起钢筋的切线与构件纵向轴线的夹角。

对公式（9-75）、公式（9-76）的 σ_x、σ_y、σ_{pc} 和 $\dfrac{M_k y_0}{I_0}$，当为拉应力时，以正号代入；当为压应力时，以负号代入。

在计算先张法预应力混凝土构件端部正截面和斜截面的抗裂度时，应考虑预应力钢筋在其传递长度 l_{tr} 范围内实际应力值的变化，l_{tr} 的计算见公式（9-62）。

3. 受弯构件裂缝宽度的验算

《规范》规定，当裂缝控制等级为三级时，对裂缝宽度验算具体要求为：

三级：允许出现裂缝的构件。和普通钢筋混凝土受弯构件相同，按荷载效应标准组合并考虑长期作用影响计算时，构件的最大裂缝宽度不应超过表 8-1 规定的最大裂缝宽度的限值。

对预应力混凝土受弯构件，其最大裂缝宽度的求法为：如图 9-22 所示，在预应力钢筋及非预应力钢筋合力 N_p 作用下，截面混凝土中产生预压应力，见图 9-22（a），如果能消除此预压应力，使全截面混凝土中应力为零（全截面消压），则预应力混凝土构件的裂缝宽度计算方法，与普通钢筋混凝土构件的计算方法相同。

对上述消除预压应力的方法为：可假定在预应力钢筋及非预应力钢筋上各施加外力，使其分别产生拉应力 $\sigma_{p0}(\sigma'_{p0})$ 及压应力 $\sigma_{l5}(\sigma'_{l5})$，其合力即为偏心距为 e_{p0} 的偏心拉力 N_{p0}，

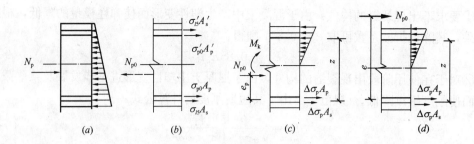

图 9-22　预应力混凝土受弯构件裂缝宽度计算内力情况

(a) 施加预压力 N_p；(b) 假定施加偏心预拉力 N_{p0}；
(c) 在 N_{p0} 及外载 M_k 作用下内力情况；(d) 将 M_k 转移为 N_{p0} 时内力情况

如图 9-22 (b)。e_{p0} 及 N_{p0} 可分别按公式 (9-42) 及 (9-41) 计算。这样，就标志着使全截面混凝土处于应力为零的状态。此时，预应力混凝土构件的裂缝宽度计算，可视为在 M_k 及 N_{p0} 作用下钢筋应力为 $\Delta\sigma_p$ 时的非预应力混凝土构件的裂缝宽度计算问题，见图 9-22 (c)。按非预应力混凝土偏心受压构件的裂缝宽度公式计算。

受拉钢筋的应力 $\Delta\sigma_p$ 在《规范》中写作 σ_{sk}，亦即本书公式 (8-24) 中的 σ_{sk} 值，计算预应力混凝土受弯构件裂缝宽度时，$\Delta\sigma_p$ 值可按图 9-22 (c) 或图 9-22 (d) 得出：

$$\Delta\sigma_p = \frac{M_k \pm M_2 - N_{p0}(z-e_p)}{(A_p+A_s)z} \tag{9-77}$$

或

$$e = e_p \pm \frac{M_k \pm M_2}{N_{p0}} \tag{9-78}$$

式中　z——为受拉区纵向预应力钢筋和非预应力钢筋合力至受压区合力点的距离；

$z = [0.87 - 0.12(1-\gamma'_f)(h_0/e)^2]h_0$，

$\gamma'_f = \dfrac{(b'_f-b)h'_f}{bh_0}$；

e——等效偏心压力 N_{p0} 合力点至受拉区全部纵向钢筋截面重心的距离；

e_p——N_{p0} 的作用点至受拉区全部纵向钢筋截面重心的距离；

M_2——后张法预应力混凝土超静定结构构件中的次弯矩，按公式 (9-96) 计算。

在公式 (8-24) 中的 α_{cr} 值，由于在预应力损失中已考虑了混凝土收缩和徐变的影响，故其取值可以较普通混凝土受弯构件的 α_{cr} 为低；通过分析，对预应力构件可取 $\alpha_{cr}=1.7$。

《规范》规定，在矩形、T 形、倒 T 形及工字形截面的预应力混凝土受弯构件中，考虑裂缝宽度分布的不均匀性和荷载效应长期作用的影响，其最大裂缝宽度（mm）按下列公式计算：

$$\omega_{max} = 1.7\psi \frac{\sigma_{sk}}{E_s}\left(1.9c+0.08\frac{d_{eq}}{\rho_{te}}\right) \tag{9-79}$$

上式中，ψ、c、d_{eq} 及 ρ_{te} 的意义及确定方法与第 8 章公式 (8-24) 相同。

9.7.2　构件变形的验算

1. 刚度计算

(1) 在荷载效应标准组合作用下受弯构件短期刚度 B_s 的计算。

① 要求不出现裂缝的构件：由于混凝土中产生塑性变形而使弹性模量的降低，根据试验结果，其降低折减系数可取 $\beta = 0.85$，则得：

$$B_s = 0.85 E_c I_0 \quad (9\text{-}80)$$

② 对于在使用阶段出现裂缝的构件，由于混凝土中塑性变形进一步发展及某些截面的开裂而使刚度继续降低。《规范》给出了其短期刚度的计算公式：

$$B_s = \frac{0.85 E_c I_0}{\kappa_{cr} + (1 + \kappa_{cr})\omega} \quad (9\text{-}81)$$

$$\kappa_{cr} = \frac{M_{cr}}{M_k} \quad (9\text{-}82)$$

$$\omega = \left(1.0 + \frac{0.21}{\alpha_E \rho}\right)(1 + 0.45\gamma_f) - 0.7 \quad (9\text{-}83)$$

$$M_{cr} = (\sigma_{pc} + \gamma f_{tk}) W_0 \quad (9\text{-}84)$$

$$\gamma_f = \frac{(b_f - b) h_f}{b h_0} \quad (9\text{-}85)$$

式中　α_E——钢筋弹性模量与混凝土弹性模量的比值；

　　　ρ——预应力混凝土受弯构件纵向受拉钢筋配筋率，取 $\rho = (A_p + A_s)/b h_0$；

　　　I_0——换算截面惯性矩；

　　　W_0——换算截面受拉边缘的弹性抵抗矩；

　　　b_f, h_f——受拉区翼缘的宽度、高度；

　　　κ_{cr}——预应力混凝土受弯构件正截面的开裂弯矩 M_{cr} 与荷载标准组合弯矩 M_k 的比值；当 $\kappa_{cr} > 1.0$ 时，取 $\kappa_{cr} = 1.0$；

　　　σ_{pc}——扣除全部预应力损失后在抗裂验算边缘的混凝土预压应力。

混凝土构件的截面抵抗矩塑性影响系数 γ 可按下列公式计算：

$$\gamma = \left(0.7 + \frac{120}{h}\right)\gamma_m \quad (9\text{-}86)$$

式中　γ_m——混凝土构件的截面抵抗矩塑性影响系数基本值，可按正截面应变保持平面的假定，并取受拉混凝土应力图形为梯形，受拉边缘混凝土极限拉应变为 $2 f_{tk}/E_c$ 确定；对常用的截面形状，γ_m 值可近似按表 9-7 取用；

　　　h——截面高度（按 mm 计）：当 h 小于 400 时，取 h 等于 400；当 h 大于 1600 时，取 h 等于 1600；对圆形、环形截面，h 应以 $2r$ 代替，此处 r 为圆形截面半径和环形截面的外环半径。

截面抵抗矩塑性影响系数 γ_m　　　　　　　表 9-7

项次	1	2	3		4		5
截面形状	矩形截面	翼缘位于受压区的 T 形截面	对称 I 形截面或箱形截面		翼缘位于受拉区的倒 T 形截面		圆形和环形截面
			$b_f/b \leqslant 2$ h_f/h 为任意值	$b_f/b > 2$ $h_f/h < 0.2$	$b_f/b \leqslant 2$ h_f/h 为任意值	$b_f/b > 2$ $h_f/h < 0.2$	
γ_m	1.55	1.50	1.45	1.35	1.50	1.40	$(1.6 \sim 0.24 r_1/r)$

注：1. r 为圆形、环形截面的外环半径，r_1 为环形截面的内环半径，对圆形截面取 $r_1 = 0$；

2. 对 $b_f' > b_f$ 的 I 字形截面，可按项次 2 与项次 3 之间的数值采用，对 $b_f' \leqslant b_f$ 的 I 字形截面，可按项次 3 与项次 4 之间的数值采用；

3. 对于箱形截面，表中 b 值系指各肋宽度的总和。

(2) 荷载按标准组合并考虑荷载长期作用影响的刚度 B 的计算

不论在使用阶段开裂或不开裂的构件，考虑部分荷载长期作用的影响时的截面刚度 B 仍可用式（8-47）计算，即

$$B = \frac{M_k}{M_q(\theta-1)+M_k} B_s \qquad (9\text{-}87)$$

此处，取 $\theta=2.0$。

2. 外荷载作用下变形的计算

由上述方法求得刚度后，即可求出在正常使用极限状态时外荷载作用下的变形 v_l，计算方法与公式和普通钢筋混凝土构件相同。

3. 使用阶段反拱值的计算

预应力混凝土受弯构件在使用阶段的预加应力反拱值 v_p，可近似按构件两端作用弯矩 $N_{p0}e_{p0}$ 的简支梁挠度公式计算，即：

$$v_p = 2 \frac{N_{p0}e_{p0}l^2}{8E_cI_0} \qquad (9\text{-}88)$$

式中　N_{p0}——扣除全部预应力损失后的预应力钢筋及非预应力钢筋的合力，按公式（9-41）确定；

　　　e_{p0}——自 N_{p0} 作用点到换算截面重心的距离，按公式（9-42）确定；

　　　l——构件的跨度；

　　　2——为考虑预应力长期作用影响的反拱度增大系数。

对恒载较小的构件，应考虑反拱过大对使用或施工时的不利影响，一般需要在截面的预拉区适当的增加预应力钢筋。

4. 总的变形验算

预应力混凝土受弯构件实际挠度为 $v=v_l-v_p$，当：

$$v \leqslant [v] \text{ 时,满足要求}$$

对 $[v]$ 值，可查表 8-2 确定。

5. 对允许出现裂缝构件刚度的确定方法

对公式（9-81）、（9-82）、（9-83）确定的方法：预应力混凝土受弯构件的短期刚度，可写成 $B_s=\beta_s E_c I_0$，β_s 值反映由于混凝土产生塑性变形而使其弹性模量降低的程度。根据试验分析，在配筋率一定的情况下，β_s 值随 M_{cr}/M_k 值的减小而减小，此处，M_{cr} 为预应力混凝土受弯构件开裂弯矩，M_k 为荷载效应标准组合的弯矩值。

当 $M_{cr}/M_k=1.0$ 时，表示构件即将出现裂缝（即处在未裂状态），可取 $\beta_s=0.85$；当 $M_{cr}/M_k=0.4$ 时，混凝土塑性变形进一步发展以及某些截面已经开裂，β_s 值可按下列公式确定：

$$\beta_{0.4} = \frac{1}{\left(0.8+\dfrac{0.15}{\alpha_E\rho}\right)(1+0.45\gamma_f)} \qquad (9\text{-}89)$$

上式中 $\beta_{0.4}$ 的下标表示与 $M_{cr}/M_k=0.4$ 的相

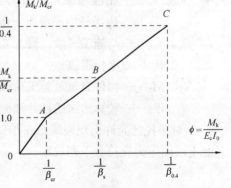

图 9-23　预应力混凝土受弯构件弯矩与曲率关系曲线

应值，其余符号与公式（9-83）相同。

如图 9-23 所示，若以 M_k 及 ϕ 表示构件的荷载效应标准组合的弯矩及相应的曲率，因 $\phi = \dfrac{M_k}{EI_0} = \dfrac{M_k}{\beta_s E_c I_0}$，则 $\dfrac{1}{\beta_s} = \phi / \dfrac{M_k}{E_c I_0}$。假定二者的关系是由两条直线所组成，构件开裂后在 $1.0 \leqslant M_k/M_{cr} \leqslant \dfrac{1}{0.4}$ 范围内变化，当 β 为任意值 β_s 时，则可按图中的几何关系，得出：

$$\beta_s = \cfrac{1}{\cfrac{1}{\beta_{0.4}} + \cfrac{\dfrac{M_{cr}}{M_k} - 0.4}{0.6}\left(\cfrac{1}{\beta_{cr}} - \cfrac{1}{\beta_{0.4}}\right)} \tag{9-90}$$

将 $\beta_{cr}=0.85$ 及公式（9-89）的 $\beta_{0.4}$ 值代入公式（9-90），并经适当调整及简化，即可得出公式（9-81）、（9-82）、（9-83）的表达式。

9.8 预应力构件施工阶段的应力校核

在预应力构件施工阶段（指构件制作、运输和安装阶段），截面上受到偏心压力，梁下缘受压，上缘受拉。在运输安装时，自重使吊点截面上也产生负弯矩。因此，对于预应力混凝土构件，应进行施工阶段的应力校核。

1. 对预拉区不允许出现裂缝的构件或预压时全截面受压的构件，在预加力、自重及施工荷载（必要时应考虑动力系数）作用下，其截面边缘的混凝土法向应力尚应符合下列规定（图 9-24）：

$$\sigma_{ct} \leqslant 1.0 f'_{tk} \tag{9-91}$$
$$\sigma_{cc} \leqslant 0.8 f'_{ck} \tag{9-92}$$

截面边缘的混凝土法向应力可按下列公式计算：

$$\sigma_{cc} \text{ 或 } \sigma_{ct} = \sigma_{pc} + \dfrac{N_k}{A_0} \pm \dfrac{M_k}{W_0} \tag{9-93}$$

式中 σ_{cc}、σ_{ct}——相应施工阶段计算截面边缘纤维的混凝土压应力、拉应力；

f'_{tk}、f'_{ck}——与施工阶段混凝土立方体抗压强度 f'_{cu} 相应的抗拉强度标准值、抗压强度标准值；

N_k、M_k——构件自重及施工荷载的标准组合在计算截面产生的轴向力值、弯矩值；

W_0——验算边缘的换算截面弹性抵抗矩。

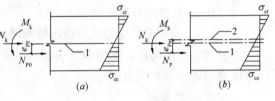

图 9-24 预应力混凝土构件施工阶段设计计算图
(a) 先张法构件；(b) 后张法构件
1—换算截面重心轴；2—净截面重心轴

注：1. 预拉区系指施加预应力时形成的截面拉应力区；
2. 公式（9-93）中，当 σ_{pc} 为压应力时，取正值；当 σ_{pc} 为拉应力时，取负值。当 N_k 为轴向压力时取正值；当 N_k 为轴向拉力时，取负值。当 M_k 产生的边缘纤维应力为压应力时式中的符号取正号，拉应力时取负号。

2. 对预拉区允许出现裂缝而在预拉区不配置纵向预应力钢筋的构件，其截面边缘的混凝土法向应力应符合下列规定：

$$\sigma_{ct} \leqslant 2.0 f'_{tk} \tag{9-94}$$
$$\sigma_{cc} \leqslant 0.8 f'_{ck} \tag{9-95}$$

此处，σ_{ct}、σ_{cc} 仍按公式（9-93）的规定计算。

3. 预应力混凝土结构构件预拉区纵向钢筋的配筋，应符合下列要求：

(1) 施工阶段预拉区不允许出现裂缝的构件，预拉区纵向钢筋的配筋率 $(A'_s+A'_p)/A$ 不应小于 0.2%，对后张法构件不应计入 A'_p，其中 A 为构件截面面积；

(2) 施工阶段预拉区允许出现裂缝而在预拉区不配置纵向预应力钢筋的构件，当 $\sigma_{ct}=2f'_{tk}$ 时，预拉区纵向钢筋的配筋率 A'_s/A 不应小于 0.4%；当 $f'_{tk}<\sigma_{ct}<2f'_{tk}$ 时，则在 0.2% 和 0.4% 之间按线性内插法确定；

(3) 预拉区的纵向非预应力钢筋的直径不宜大于 14mm，并应沿构件预拉区的外边缘均匀配置。

9.9 预应力混凝土超静定板梁结构设计

9.9.1 一般介绍

与预应力混凝土静定结构相比，预应力混凝土超静定结构具有内力分布较为均匀，结构整体刚度较大，从而可以增大结构跨度或采用较小的截面尺寸；此外，在后张法中对连续板梁等预应力筋可连续布置，从而可以节省钢筋用量，减少锚具等优点，因而在框架结构、大跨和连续板梁结构以及桥梁结构中得到广泛的应用，但计算比较复杂。下面对其作简要的介绍。

1. 预应力主弯矩、次弯矩、综合弯矩的概念

在后张法预应力混凝土结构（包括静定和超静定）中，通常由于预应力钢筋布置在截面上的偏心，使其所施加的预压力 N_p 与构件净截面重心存在 e_{pn} 的偏心距而引起 $M_1=N_p e_{pn}$，我们对 M_1 称之为主弯矩。

在后张法预应力混凝土超静定结构（如连续板梁等）中，在主弯矩 M_1 作用下，其所引起结构的变形将受到多余约束的限制，从而产生附加的内力（支座反力），该反力我们称之为次反力，由该次反力引起的弯矩，称为次弯矩，以 M_2 表示之。

由上述可知，预加应力在静定结构中只产生主弯矩，而在超静定结构中，除产生主弯矩外，还产生次反力、次弯矩以及由次弯矩引起的次剪力。这样，预加应力在超静定结构内产生总的弯矩为主弯矩与次弯矩之和。我们称之为综合弯矩，以 M_r 表示之。

对主弯矩、次弯矩和综合弯矩三者的关系，《规范》规定，对次弯矩宜按下列公式计算（图 9-26）：

$$M_2 = M_r - M_1 \tag{9-96}$$

$$M_1 = N_p \cdot e_{pn} \tag{9-97}$$

式中　N_p——后张法构件预应力钢筋及非预应力钢筋的合力，按公式 (9-36) 计算；

　　　e_{pn}——后张法构件净截面重心至预应力钢筋及非预应力钢筋合力点的距离，按公式 (9-37) 计算；

　　　M_2——由预加力 N_p 在后张法预应力混凝土超静定结构中产生的次弯矩；

　　　M_1——预加力 N_p 对构件净截面重心偏心引起的弯矩，称之为主弯矩；

　　　M_r——由预加力 N_p 的等效荷载在结构件截面上产生的弯矩，称之为综合弯矩。

对次剪力宜根据构件各截面次弯矩的分布，按结构力学方法计算。当进行斜截面受剪

承载力计算及抗裂验算时，剪力设计值中次剪力应参加组合。

下面举一个直线配筋的预应力混凝土双跨连续梁为例，说明由于施加预应力所产生的主弯矩、次弯矩及综合弯矩的求法。

如图 9-25（b）所示 ABC 简支梁在主弯矩 $M_1=N_p e_{pn}$ 作用下，梁的中点挠度为：

$$v' = \frac{1}{2E_c I_n} N_p e_{pn} l^2 \tag{9-97a}$$

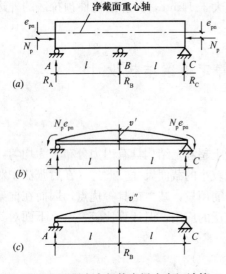
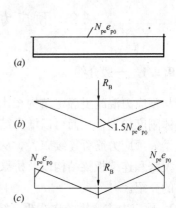

图 9-25　预应力超静定梁次弯矩计算
（a）超静定梁沿重心轴施加偏心预压力 N_p 图；（b）梁按单跨静定梁计算时，由弯矩 $N_p e_{p0}$ 所产生的挠度曲线图；（c）单跨静定梁在中间支座反力 R_B 作用下的挠度曲线图

图 9-26　M_1、M_2、M_r 图
（a）主弯矩 M_1；（b）次弯矩 M_2；
（c）综合弯矩 M_r

又如图 9-25（c）所示，AC 简支梁在支座反力 R_B（假定方向向上）作用下，梁的中点挠度为：

$$v'' = \frac{1}{6E_c I_n} R_B l^3 \tag{9-97b}$$

因 ABC 超静定梁 B 点的挠度为零，即 $v'+v''=0$，由（A）、（B）两式相加等于零，故得

$$R_B = \frac{3N_p e_{pn}}{l}(\downarrow)（实际 R_B 方向向下） \tag{9-97c}$$

当求得次反力后，就可求得主弯矩 M_1、次弯矩 M_2、综合弯矩 M_r，并可根据次弯矩图，求出相应的次剪力。

2. 荷载效应组合

后张法预应力混凝土超静定结构，在进行正截面受弯构件承载力计算及抗裂验算时，在弯矩设计值中次弯矩应参加组合。为此，《规范》规定：后张法构件由预加力产生的混凝土法向应力为：

$$\sigma_{pc} = \frac{N_p}{A_n} \pm \frac{N_p e_{pn}}{I_n} y_n \pm \frac{M_2}{I_n} y_n \tag{9-98}$$

对承载能力极限状态的计算，当预应力作为荷载效应考虑时，其预应力值对结构有利时，预应力分项系数应取 1.0，不利时应取 1.2。对正常使用极限状态预应力分项系数应

取1.0。上述的不利时,如后张法预应力混凝土构件锚头局压的张拉控制应力的情况。

9.9.2 等效荷载法

预应力钢筋对结构构件的作用,可用一组等效荷载来代替,这样,就将预应力的作用看成外载参与荷载组合,进行承载能力和正常使用极限状态计算的方法,称为等效荷载法。等效荷载法适用于预应力混凝土静定结构及超静定结构的设计计算。

1. 等效荷载的组成:预应力对结构的作用形成的等效荷载,一般由两部分组成。

(1) 在构件端部锚具处预应力作用的集中力和弯矩;

(2) 曲线布置预应力筋时,预应力筋的曲率引起对构件在垂直方向产生的横向分布力;或折线布置预应力筋时,由预应力筋的转折引起对构件的集中力。该横向分布力和集中力可以抵抗作用在结构上的外荷载,因此,也可以称之为反向荷载。

2. 等效荷载的形式

根据预应力钢筋布置方法的不同,等效荷载的形式,主要有以下几种:

(1) 直线预应力筋的等效荷载

如图9-27(a)所示为配置直线形预应力钢筋的构件,偏心距e为预应力钢筋作用点至截面重心的距离。图9-27(b)为等效荷载图,与图9-27(a)不同的是将N_p的偏心用弯矩N_pe来代替,N_p的作用点通过截面的形心。此时,图9-27(a)的偏心所产生的内力,与图9-27(b)在N_p和N_pe共同作用下所产生的内力等效,亦即可将N_p和N_pe看成外荷载以计算构件的内力,故称N_p及N_pe为等效荷载。

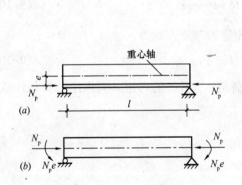

图9-27 直线预应力筋的等效荷载
(a)梁立面图;(b)等效荷载图

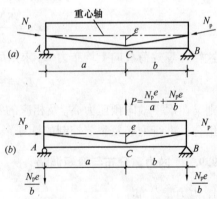

图9-28 折线预应力筋的等效荷载
(a)梁立面图;(b)等效荷载图

(2) 折线预应力筋的等效荷载

如图9-28(a)所示为配置折线形预应力钢筋的简支梁,预应力钢筋两端通过混凝土截面的重心,偏心距e为预应力钢筋的弯折点至截面重心的距离。则预应力钢筋对混凝土在C点产生向上的作用力$P=N_p(\sin\theta_1+\sin\theta_2)$,见图9-28(b)。因预应力钢筋的倾斜度不大,可取$\sin\theta_1\approx\text{tg}\theta_1$,$\sin\theta_2\approx\text{tg}\theta_2$,所以折线预应力钢筋在$C$点的等效荷载为:

$$P = N_p(\text{tg}\theta_1 + \text{tg}\theta_2) = N_pe\left(\frac{1}{a}+\frac{1}{b}\right) \tag{9-99}$$

在两端锚固处对混凝土端部产生向下的竖向分力分别为:

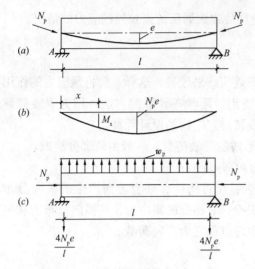

图 9-29 配置抛物线筋的简支梁
(a) 梁立面图；(b) 主弯矩图；(c) 等效荷载图

$N_p\sin\theta_1 = N_p e/a$，$N_p\sin\theta_2 = N_p e/b$；
水平分力为：$N_p\cos\theta_1 = N_p\cos\theta_2 \approx N_p$。

(3) 曲线预应力筋的等效荷载

曲线预应力筋在连续板梁中应用较为普遍，其线形一般采用二次抛物线形，二次抛物线的特点是全长的曲率固定不变。图 9-29 (a) 所示为配置抛物线筋的简支梁，跨中的偏心距为 e，梁两端的偏心距为零。图 9-29 (b) 所示为由预应力 N_p 引起的弯矩图，也是抛物线形的，其跨中弯矩为 $N_p e$，离端部 A 点为 x 处的弯矩为 M_x。

梁的等效荷载，图 9-29 (c)，端部预应力筋 N_p 的水平分力，由于曲线筋的斜率较小，可近似取 $N_p\cos\theta = N_p$。曲线预应力筋对混凝土的作用，同时由于梁全长曲率相等，因此产生向上的均匀分布力，其求法为：

假定单位长度水平分布力为 w_p，梁端反力为 R，则 $R = \frac{1}{2}w_p l$。梁左端的弯矩方程为 $M_x = \frac{w_p l}{2}x - \frac{1}{2}w_p x^2$，当 $x = \frac{l}{2}$ 时，$M_p = \frac{w_p l}{2}\frac{l}{2} - \frac{l}{2}w_p\frac{l^2}{4} = \frac{w_p l^2}{8} = N_p e$，由此可得

$$w_p = \frac{8N_p e}{l^2}; \quad R = \frac{4N_p e}{l} \tag{9-100}$$

这样，等效荷载向上均布力 w_p 求出后，相应的弯矩方程为：

$$M_x = \frac{4N_p e}{l^2}(l-x)x \tag{9-101}$$

则梁在水平轴向预压力 N_p 及相应的等效荷载 w_p 引起的弯矩共同作用，参与外载的荷载组合，进行配筋及裂缝控制的计算。

9.9.3 内力重分布与弯矩调幅

1. 内力重分布

在普通钢筋混凝土和预应力混凝土连续板梁结构中，在外荷载作用下，通常其内支座处的弹性负弯矩要比相邻两跨跨中正弯矩为大（如图 9-30 所示），所需的配筋较多。当梁的截面具有一定的延性时，在设计中可以采用适当减少支座负弯矩进行配筋，支座受拉纵筋发生塑性屈服，支座截面裂缝增加，但纵筋应力并未进入强化阶段，不会脆性断裂；此时梁的内力向跨中转移，使跨中弯矩略有增加。这种减小支座负弯矩，纵筋发生塑性屈服而构件内力向跨中转移的现象，称为连续梁的内力重分布。

2. 弯矩调幅

如图 9-30 所示，M_B 为按弹性分析算得的荷

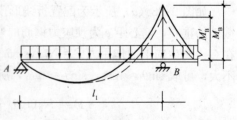

图 9-30 连续梁弯矩重分布

载效应设计值，（对预应力混凝土连续梁，M_B 应包括荷载的组合值和预应力的主弯矩值），M'_B 为配筋设计时取用减少后的弯矩设计值，其可减少的幅度采用 $\beta = \dfrac{M_B - M'_B}{M} = 1 - M'_B/M_B$ 来表示，β 称为弯矩调幅系数，这一方法称为弯矩调幅。

预应力混凝土连续板梁结构的调幅方法：

(1) 调幅原则：《规范》规定，对后张法预应力混凝土框架梁及连续梁，在满足纵向钢筋最小配筋率的条件下，当截面相对受压区高度 $\xi \leqslant 0.3$ 时，可考虑其内力重分布，支座截面弯矩可调幅 10%（即可取 $\beta = 0.1$）；当 $\xi > 0.3$ 时，不应进行调幅；此处 $\xi = \dfrac{x}{h_0}$。ξ 值较大时说明截面所需配置的受拉纵筋配筋量较多，纵筋不易屈服，延性差，因而不宜进行调幅。

(2) 调幅方法：当考虑梁的内力重分布时，在试验分析基础上，《规范》在条文说明中提出，连续梁的调幅，可用下式来描述：

$$(1-\beta)M + \alpha M_2 \leqslant M_u \tag{9-102}$$

式中 β——直接弯矩调幅系数，$\beta = 1 - M_a/M$；

M_a——调幅后的弯矩值；

M——按弹性分析算得的荷载效应弯矩设计值（包括预应力的主弯矩值）；

α——次弯矩消失系数；

M_2——连续梁的次弯矩。

在上式中，对 β 取值的有关规定为：$0 \leqslant \beta \leqslant \beta_{max}$，此处，$\beta_{max}$ 为最大调幅系数；一般取 β 为正值，表示支座处的直接弯矩向跨中调幅，亦即适当减小支座负弯矩的方法。

对上述的消失系数 α 值，是考虑次弯矩 M_2 随着支座受拉纵筋的屈服，使其截面刚度的减弱和构件在支座处发生塑性的转动而逐渐消失，对 α 值变化幅度可取为 $0 \leqslant \alpha \leqslant 1.0$；当 $\beta = 0$ 时，取 $\alpha = 1.0$；当 $\beta = \beta_{max}$ 时，取 α 值接近为零。

9.10 有粘结预应力混凝土简支梁设计例题

1. 设计资料

已知某后张有粘结预应力混凝土简支梁，梁长为 12.4m，梁计算跨度 12m，梁的间距为 3.5m，活荷载 3.5kN/m²。试按二级抗裂度要求设计该梁。

(1) 材料

混凝土：选用 C40（$f_c = 19.1\text{N/mm}^2$，$f_t = 1.71\text{N/mm}^2$，$f_{tk} = 2.39\text{N/mm}^2$，$E_c = 3.25 \times 10^4 \text{N/mm}^2$）。

预应力筋：选用低松弛钢绞线（$f_{ptk} = 1860\text{N/mm}^2$，$f_{py} = 1320\text{N/mm}^2$，$E_p = 1.95 \times 10^5 \text{N/mm}^2$）。

非预应力筋：采用 HRB335 级钢筋（$f_y = 300\text{N/mm}^2$，$E_s = 2.0 \times 10^5 \text{N/mm}^2$）。

(2) 梁的截面尺寸

梁采用 T 形截面，各部尺寸为：梁高 $h = \dfrac{l}{15} = \dfrac{12000}{15} = 800\text{mm}$，梁宽 $b = \dfrac{h}{3} = \dfrac{800}{3} \approx$

250mm，上翼缘厚度 $h'_f = \frac{l_1}{35} = \frac{3500}{35} = 100$mm，上翼缘宽度 $b'_f = b + 12h'_f = 250 + 12 \times 100 = 1450$mm。

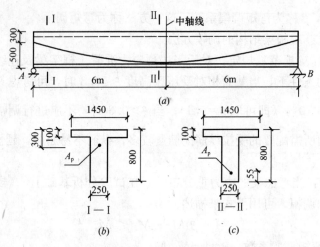

图 9-31 预应力混凝土简支梁
(a) 构件外形图；(b) 端部截面；(c) 跨中截面

2. 梁内力计算

(1) 荷载设计值

梁上线荷载：恒载　　$g_k = 17.26$kN/m（按构件自重加梁上板重估算）

活载　　$p_k = 3.5 \times 3.5 = 12.25$kN/m

恒载分项系数为 1.2，活载分项系数为 1.3。

$$q = 1.2g_k + 1.3p_k = 1.2 \times 17.26 + 1.3 \times 12.25 = 36.64 \text{kN/m}$$

(2) 跨中弯矩设计值

$$M = \frac{1}{8}ql^2 = \frac{1}{8} \times 36.64 \times 12^2 = 659.52 \text{kN·m}$$

$$M_G = \frac{1}{8}g_k l^2 = \frac{1}{8} \times 17.26 \times 12^2 = 310.68 \text{kN·m}$$

(3) 支座边缘处最大剪力设计值

$$V_{max} = \frac{1}{2}ql = \frac{1}{2} \times 36.64 \times 12 = 219.84 \text{kN}$$

(4) 荷载效应标准组合时跨中截面弯矩值

$$M_k = \frac{1}{8}(g_k + p_k)l^2 = \frac{1}{8} \times (17.26 + 12.25) \times 12^2 = 531.18 \text{kN·m}$$

(5) 荷载效应准永久组合时跨中截面弯矩值（准永久值系数取 0.5）

$$M_q = \frac{1}{8}(g_k + 0.5p_k)l^2 = \frac{1}{8} \times (17.26 + 0.5 \times 12.25) \times 12^2 = 420.93 \text{kN·m}$$

3. 正截面承载力计算

(1) 跨中中和轴位置

取预应力索与截面受拉边缘的距离 $a_p = 55$mm（预估配置一排）

截面有效高度 $h_0 = h - a_p = 800 - 55 = 745$mm

因 $f_c b'_f h'_f (h_0 - h'_f/2) = 19.1 \times 1450 \times 100 \times (745 - 100/2) = 1924.80 \text{kN·m} > M = 659.52 \text{kN·m}$，故为第一类 T 形截面，中和轴在翼缘内；则其中和轴位置：

$$x = \left(1 - \sqrt{1 - \frac{2M}{f_c b'_f h_0^2}}\right) h_0 = \left(1 - \sqrt{1 - \frac{2 \times 659.52 \times 10^6}{19.1 \times 1450 \times 745^2}}\right) \times 745 = 32.68 \text{mm}$$

(2) 预应力估算

① 截面特征

截面面积 $A = 1450 \times 100 + 250 \times 700 = 32 \times 10^4 \text{mm}^2$；截面形心至截面下边缘的距离

$$y_t = \frac{1450 \times 100 \times 750 + 700 \times 250 \times 350}{32 \times 10^4} = 531.25 \text{mm}$$

跨中截面惯性矩

$$I = \frac{1}{3} \times 1450 \times (800 - 531.25)^3 + \frac{1}{3} \times 250 \times 531.25^3$$
$$- \frac{1}{3} \times (1450 - 250) \times (800 - 531.25 - 100)^3 = 19.954 \times 10^9 \text{mm}$$

跨中截面抗弯弹性抵抗矩

$$W_{\text{下}} = \frac{I}{y_t} = \frac{19.954 \times 10^9}{531.25} = 3.756 \times 10^7 \text{mm}^3$$

② 张拉控制应力和有效预应力

张拉控制应力 $\sigma_{con} = 0.75 f_{ptk} = 0.75 \times 1860 = 1395 \text{N/mm}^2$

有效预应力（估算）$\sigma_{pe} = 0.75 \sigma_{con} = 0.75 \times 1395 = 1046 \text{N/mm}^2$

③ 预应力筋用量估算

按裂缝控制等级为二级计算，则由公式（9-69）及（9-70）得：

对标准组合 $\sigma_{ck} - f_{tk} \leqslant \sigma_{pc}$，$(\sigma_{ck} = M_k / W_{\text{下}})$ ①

对准永久组合 $\sigma_{cq} \leqslant \sigma_{pc}$，$(\sigma_{cq} = M_q / W_{\text{下}})$ ②

又由公式（9-38）估算，并暂取 $e_p = 410 \text{mm}$，得

$$\sigma_{pc} = A_p \sigma_{pe} \left(\frac{1}{A} + \frac{e_p}{W_{\text{下}}}\right) \quad ③$$

式中 $W_{\text{下}}$——截面下边缘的抗弯弹性抵抗矩。

利用公式①或②与公式③相等，则得

$$A_{pk} = \frac{M_k / W_{\text{下}} - f_{tk}}{\left(\frac{1}{A} + \frac{e_p}{W_{\text{下}}}\right) \sigma_{pe}} = \frac{531.8 \times 10^6 / 3.756 \times 10^7 - 2.39}{\left(\frac{1}{32 \times 10^4} + \frac{410}{3.756 \times 10^7}\right) \times 1046} = 800 \text{mm}^2$$

$$A_{pq} = \frac{M_q / W_{\text{下}}}{\left(\frac{1}{A} + \frac{e_p}{W_{\text{下}}}\right) \sigma_{pe}} = \frac{420.93 \times 10^6 / 3.756 \times 10^7}{\left(\frac{1}{32 \times 10^4} + \frac{410}{3.756 \times 10^7}\right) \times 1046} = 763 \text{mm}^2$$

选用 $7\Phi^s 15.2$ 低松弛钢绞线，$A_p = 973 \text{mm}^2$。

按构件承载力计算，因

$$A_s = (b'_f x f_c - A_p f_{py}) / f_y$$
$$= (1450 \times 32.68 \times 19.1 - 973 \times 1320) / 300 = -1264 \text{mm}^2 < 0$$

故受拉区和受压区非预应力钢筋按构造配置，按纵筋最小配筋率计算：

$$A_s = A_s' = 0.002bh = 0.002 \times 250 \times 800 = 400 \text{mm}^2$$

及
$$A_s = A_s' = 0.45 f_t hb/f_y = \frac{0.45 \times 1.71 \times 250 \times 800}{300} = 513 \text{mm}^2$$

非预应力纵筋取 HRB335 纵钢筋,跨中受拉区配置 4Φ14 (A_s=615mm²),受压区配置 8Φ12 (A_s'=904mm²)。

(3) 预应力筋的布置

预应力钢筋布置为一孔(1×7 标准型钢绞线),二次抛物线形布筋,其曲线方程取 $y = ax^2$ (以跨中为原点)。预应力筋在跨中截面处距下边缘为 55mm,在两端截面上弯至 600mm,故曲线点矢高 $e = 600 - 55 = 545$mm,长度 $l/2 = 12.4/2 = 6.2$m。

故中点截面,可求得 $a = y/x^2 = 0.545/6.2^2 = 0.01418$,则得

$$y = 0.01418 x^2; y' = 2 \times 0.01418 x; y'' = 2 \times 0.01418 = 0.02836$$

所以 $\theta_1 = y' = 2 \times 0.01418 \times 6.2 = 0.176$ rad(弧度);曲率半径 $r_c = 1/y'' = 1/0.02836 = 35.3$m

(4) 截面几何特征

对预应力钢筋 $\alpha_p = E_p/E_c = 6.0$;

对普通钢筋 $\alpha_e = E_s/E_c = 6.15$

跨中截面的几何特征值,列表计算如下:

跨中截面的几何特征值　　表 9-8

名称	单元面积 A_i (mm²)	y_i (mm)	$A_i \times y_i \times 10^6$ (mm³)	$A_i \times y_i^2 \times 10^8$ (mm⁴)	I_i (mm⁴)
腹板	$250 \times 800 = 20 \times 10^4$	400	80	320	$\frac{1}{12} \times 250 \times 800^3 = 107 \times 10^8$
上翼缘	$100 \times 1200 = 12 \times 10^4$	750	90	675	$\frac{1}{12} \times 1200 \times 100^3 = 1.0 \times 10^8$
孔洞	$-\pi \times \left(\frac{50}{2}\right)^2 = -0.197 \times 10^4$	55	−0.108	−0.060	$-\frac{\pi}{64} \times 50^4 = -0.003 \times 10^8$
A_s	$(\alpha_e - 1)A_s = (6.15-1) \times 615 = 0.317 \times 10^4$	35	0.111	0.039	
A_s'	$(\alpha_e - 1)A_s' = (6.15-1) \times 904 = 0.466 \times 10^4$	765	3.565	27.271	
A_p	$\alpha_p A_p = 6 \times 973 = 0.584 \times 10^4$	55	0.321	0.177	
Σ	$A_n = 32.586 \times 10^4$		173.568	1022.25	108×10^8
Σ	$A_0 = A_n + \alpha_p A_p = 33.17 \times 10^4$		173.89	1022.43	

① 净截面几何特征值

$A_n = 32.586 \times 10^4 \text{mm}^2$

$y_n = \Sigma A_i y_i / A_n = 173.568 \times 10^6 / 32.586 \times 10^4 = 532.6$mm

$I_n = \Sigma(I_i + A_i y_i^2) - A_n y_n^2 = (108.00 + 1022.25) \times 10^8 - 32.586 \times 10^4 \times 532.6^2$
　　$= 205.91 \times 10^8 \text{mm}^4$

② 换算截面几何特征值

$A_0 = 33.17 \times 10^4 \text{mm}^2$

$y_0 = \Sigma A_i y_i / A_0 = 173.89 \times 10^6 / 33.17 \times 10^4 = 524.2 \text{mm}$

$I_0 = \Sigma(I_i + A_i y_i^2) - A_0 y_0^2$

$\quad = (108.00 + 1022.43) \times 10^8 - 33.17 \times 10^4 \times 524.2^2 = 218.97 \times 10^8 \text{mm}^4$

4. 预应力损失计算

(1) 锚具变形和钢筋内缩损失 σ_{l1}：

选用夹片式锚具，由表 9-2 查得锚具变形和钢筋内缩值为 $a=5\text{mm}$，由表 9-3 查得钢绞线摩擦系数 $\kappa=0.0015$，$\mu=0.25$，并由公式（9-3）可求得反向摩擦影响长度为：

$$l_f = \sqrt{\frac{aE_p}{1000\sigma_{con}(\kappa + \mu/r_c)}} = \sqrt{\frac{5 \times 1.95 \times 10^5}{1000 \times 1395 \times (0.0015 + 0.25/35.3)}} = 9.02\text{m}$$

曲线预应力筋的锚具变形和钢筋内缩引起的损失 σ_{l1} 值，由公式（9-2）得

$\sigma_{l1} = 2\sigma_{con} l_f (\kappa + \mu/r_c)(1 - x/l_f)$

$\quad = 2 \times 1395 \times 9.02 \times (0.0015 + 0.25/35.3)(1 - x/9.02) = 216.0 \times (1 - x/9.02)$

上式中，x 为张拉端至计算截面的距离（m），且应符合 $x \leq l_f$ 的规定。各计算截面处的 σ_{l1} 值，见表 9-9。

各计算截面曲线筋第一批预应力损失（N/mm²）　　表 9-9

计算截面	σ_{l1}	σ_{l2}	$\sigma_{l\mathrm{I}}$
$x=0, \theta=0$	216.0	0	216.0
$x=6.2, \theta=0.176$	67.5	74.4	141.9

(2) 预应力钢筋张拉时与孔道间的摩擦产生的预应力损失 σ_{l2}：

由公式（9-5）得：$(\kappa=0.0015, \mu=0.25)$

$$\sigma_{l2} = \sigma_{con}(\kappa x + \mu\theta) = 1395 \times (0.0015x + 0.25\theta)$$

各计算截面处的 σ_{l2} 值，见表 9-9。

第一批预应力损失为

$$\sigma_{l\mathrm{I}} = \sigma_{l1} + \sigma_{l2}$$

(3) 预应力钢筋松弛损失 σ_{l4}

预应力钢筋的应力松弛损失，由公式（9-10），可得：

$\sigma_{l4} = 0.2(\sigma_{con}/f_{ptk} - 0.575)\sigma_{con}$

$\quad = 0.2 \times (1395/1860 - 0.575) \times 1395 = 48.8 \text{N/mm}^2$

(4) 混凝土收缩徐变应力损失 σ_{l5}

后张拉构件混凝土收缩、徐变引起的预应力损失，由公式（9-13）及公式（9-14）可得（根据构件制作情况，可考虑自重影响）。

$$\sigma_{l5} = \frac{35 + 280\dfrac{\sigma_{pc}}{f'_{cu}}}{1 + 15\rho}; \quad \sigma'_{l5} = \frac{35 + 280\dfrac{\sigma'_{pc}}{f'_{cu}}}{1 + 15\rho'}$$

在上式中，对跨中 $A'_p = 0$：

$$\rho = (A_p + A_s)/A_n = (973 + 615)/32.586 \times 10^4 = 0.49\%$$

$$\rho' = (A_p' + A_s')/A_n = 904/32.586 \times 10^4 = 0.28\%$$

跨中截面：在第一批预应力损失 $\sigma_{l\mathrm{I}}$ 完成后，预应力钢筋截面重心处混凝土的法向应力值为

$$\sigma_{pc} = \frac{N_{p\mathrm{I}}}{A_n} + \frac{N_{p\mathrm{I}} y_{pn} - M_G}{I_n} y_{pn}$$

$$N_{p\mathrm{I}} = A_p(\sigma_{con} - \sigma_{l\mathrm{I}}) = 973 \times (1395 - 141.9) = 1219.3 \text{kN}$$

$$y_{pn} = y_n - a_p = 532.6 - 55 = 477.6 \text{mm}$$

则得

$$\sigma_{pc} = \frac{1219.3 \times 10^3}{32.586 \times 10^4} + \frac{1219.3 \times 10^3 \times 477.6 - 310.68 \times 10^6}{205.91 \times 10^8} \times 477.6$$

$$= 3.74 + 6.30 = 10.04 \text{N/mm}^2$$

收缩徐变损失值为

$$\sigma_{l5} = \frac{35 + 280 \times 10.04/40}{1 + 15 \times 0.0049} = 98.1 \text{N/mm}^2$$

$$\sigma_{l5}' = \frac{35}{1 + 15 \times 0.0028} = 33.6 \text{N/mm}^2$$

跨中截面的预应力总损失为

$$\sigma_l = \sigma_{l\mathrm{I}} + \sigma_{l4} + \sigma_{l5} = 141.9 + 48.8 + 98.1 = 288.8 \text{N/mm}^2$$

端部截面：取 $M_G = 0$

$$y_{pn} = 600 - y_n = 600 - 532.6 = 67.4 \text{mm}$$

$$N_{p\mathrm{I}} = A_p(\sigma_{con} - \sigma_{l\mathrm{I}}) = 973 \times (1395 - 216) = 1147.2 \text{kN}$$

按以上同样方法，可求得 $\sigma_{pc\mathrm{I}} = 3.77 \text{N/mm}^2$，$\sigma_{l5} = 56.5 \text{N/mm}^2$，$\sigma_{l5}' = 32.0 \text{N/mm}^2$ 端部截面的预应力总损失为

$$\sigma_l = \sigma_{l\mathrm{I}} + \sigma_{l4} + \sigma_{l5} = 216 + 48.8 + 56.5 = 321.3 \text{N/mm}^2$$

5. 正截面抗裂验算

跨中截面有效预应力合力由公式（9-36）得

$$N_p = A_p(\sigma_{con} - \sigma_l) - \sigma_{l5} A_s - \sigma_{l5}' A_s'$$

$$= 973 \times (1395 - 288.8) - 98.1 \times 615 - 33.6 \times 904$$

$$= 985.63 \text{kN}$$

混凝土的有效预压应力，由公式（9-37）及公式（9-38）得

$$e_{pn} = \frac{\sigma_{pe} A_p y_{pn} - \sigma_{l5} A_s y_{sn} + \sigma_{l5}' A_s' y_{sn}'}{\sigma_{pe} A_p - \sigma_{l5} A_s - \sigma_{l5}' A_s'}$$

$$= \frac{(1395 - 288.8) \times 973 \times 477.6 - 98.1 \times 615 \times (532.6 - 35) + 33.6 \times 904 \times (800 - 532.6 - 35)}{(1395 - 288.8) \times 973 - 98.1 \times 615 - 33.6 \times 904}$$

$$= 498.3 \text{mm}$$

$$\sigma_{pe} = \frac{N_p}{A_n} + \frac{N_p e_{pn}}{I_n} y_n = \frac{985.63 \times 10^3}{32.586 \times 10^4} + \frac{985.63 \times 10^3 \times 498.3}{205.91 \times 10^8} \times 532.6$$

$$= 3.02 + 12.70 = 15.72 \text{N/mm}^2$$

由外荷载作用下的截面拉应力

$$\sigma_{ck} = \frac{M_k}{I_0} y_0 = \frac{531.18 \times 10^6}{218.97 \times 10^8} \times 524.2 = 12.72 \text{N/mm}^2$$

因 $\sigma_{ck} - \sigma_{pc} = 12.72 - 15.72 = -3.00 \text{N/mm}^2 < f_{tk} = 2.39 \text{N/mm}^2$，故抗裂性满足要求。

6. 斜截面承载力计算

(1) 端部截面：因预应力筋在端部作用点超过净截面的重心高度，故在施加预应力时截面上部受压。

① 截面限制条件

因 $h_w/b = 700/250 = 2.8 < 4.0$，由公式（4-25）可知：

$$0.25 f_c b h_0 = 0.25 \times 19.1 \times 250 \times 745 = 889.34 \text{kN} > V_{max} = 219.84 \text{kN}$$

故满足要求。

② 端部 σ_{pc} 的计算：由公式（9-36）得

$$\sigma_{pc} = \frac{N_p}{A_n} + \frac{N_p e_{pn}}{I_n} y_n$$

$$N_p = 973 \times (1395 - 321.3) - 56.5 \times 615 - 32.0 \times 904 = 981 \text{kN}$$

$$e_{pn} = \frac{(1395 - 321.3) \times 973 \times 67.4 + 56.5 \times 615 \times (532.6 - 35) - 32 \times 904 \times (800 - 532.6 - 35)}{(1395 - 321.3) \times 973 - 56.5 \times 615 - 32 \times 904}$$

$$= 82.5 \text{mm}$$

$$\sigma_{pc} = \frac{981 \times 10^3}{32.586 \times 10^4} + \frac{981 \times 10^3 \times 82.5}{205.91 \times 10^8} \times (800 - 532.6) = 40.06 \text{N/mm}^2$$

③ 端部 N_{p0} 的计算：由公式（9-46）及公式（9-44）可得

$$\sigma_{p0} = \sigma_{con} - \sigma_l + \alpha_E \sigma_{pc} = 1395 - 321.3 + 6.0 \times 4.06$$

$$= 1098.1 \text{N/mm}^2$$

$$N_{p0} = \sigma_{p0} A_p - \sigma_{l5} A_s - \sigma'_{l5} A'_s = 1098.1 \times 973 - 56.5 \times 615 - 32 \times 904$$

$$= 1004.7 \text{kN} < 0.3 f_c A_0 = 0.3 \times 19.1 \times 33.170 \times 10^4 = 1900.6 \text{kN}$$

故取 $N_{p0} = 1004.7 \text{kN}$

④ 受剪箍筋的计算

因 $$V = V_{cs} + 0.8 f_y A_{sb} \sin\alpha_s + 0.8 f_{py} A_{pb} \sin\alpha_p + V_p$$

$$V_{cs} = 0.7 f_t b h_0 + 1.25 f_{yv} \frac{A_{sv}}{S} h_0 ; \quad V_p = 0.05 N_{p0} = 0.05 \times 1004.7 = 50.2 \text{kN}$$

$$1.25 f_{yv} \frac{A_{sv}}{S} h_0 = V - 0.7 f_t b h_0 - 0.8 f_{py} A_{pb} \sin\alpha_p - V_p$$

$$= 219.84 \times 10^3 - 0.7 \times 1.71 \times 250 \times 745 - 0.8 \times 1320 \times 973 \times 0.176$$

$$- 50.2 \times 10^3 = -234.1 \text{kN} < 0$$

故只需按构造配置箍筋。

(2) 离端部 2.0m 处 1—1 截面

对 1—1 截面曲线切线倾角 $\theta = y' = \frac{2 \times 0.545}{6.2^2} \times (6.2 - 2.0) = 0.119$，近似取 $\sin\alpha_p = 0.119$，又 1—1 截面处的剪力 V 值为

$$V = V_{max} - qx = 219.84 - 36.64 \times 2.0 = 146.56 \text{kN}$$

按同样的公式计算结果，所需箍筋仍为构造配筋。

7. 变形验算

一般情况，预应力梁在外荷载作用下，当满足正截面抗裂要求时，梁的变形是能够满足设计要求的，故计算从略。

8. 施工阶段验算

在施工时，按混凝土强度等级达到 100% 时进行张拉，故取 $f'_{ck}=f_{ck}$，$f'_{tk}=f_{tk}$。

（1）截面上边缘应力验算：

按公式（9-91）要求：$\sigma_{ct} \leqslant 1.0 f'_{tk}$。因 $e_{pn1}=532.6-55=477.6\text{mm}$

$$\sigma_{ct} = \frac{N_{pI}}{A_n} + \frac{N_{pI} e_{pn1} - M_G}{I_n} y_n$$

$$= -\frac{1219.3 \times 10^3}{32.586 \times 10^4} + \frac{1219.3 \times 10^3 \times 477.6 - 310.68 \times 10^6}{205.91 \times 10^8} \times (800 - 532.6)$$

$$= -3.74 + 3.53 = -0.21 \text{N/mm}^2 (受压) < f_{tk}$$

满足要求。

（2）截面下边缘应力验算

按公式（9-92）要求：$\sigma_{cc} \leqslant 0.8 f'_{ck}$

$$\sigma_{cc} = 3.74 + \frac{1219.3 \times 10^3 \times 477.6 - 310.68 \times 10^6}{205.91 \times 10^8} \times 532.6$$

$$= 3.74 + 7.03 = 10.77 \text{N/mm}^2 (受压) < 0.8 f'_{ck} = 0.8 \times 26.8 = 21.4 \text{N/mm}^2$$

满足要求。

9. 局部受压验算

大梁端部锚固区细部尺寸如图 9-32 所示，曲线张拉束为一束（7 Φ^s 15.2），在梁端距截面顶部 200mm 处锚固，其端部局部受压验算及构造为：钢垫板厚度取 20mm，垫板平面尺寸 200×250mm，垫板穿束孔径应根据不同锚具种类的要求而异，一般内径在 97～135mm 之间，本题取 100mm，则得：

$$A_{ln} = 200 \times 250 - \frac{\pi}{4} \times 100^2 = 42146 \text{mm}^2$$

$$A_b = 200 \times 2 \times 250 = 100000 \text{mm}^2$$

$$\beta_l = \sqrt{A_b/A_{ln}} = \sqrt{100000/42146} = 1.54$$

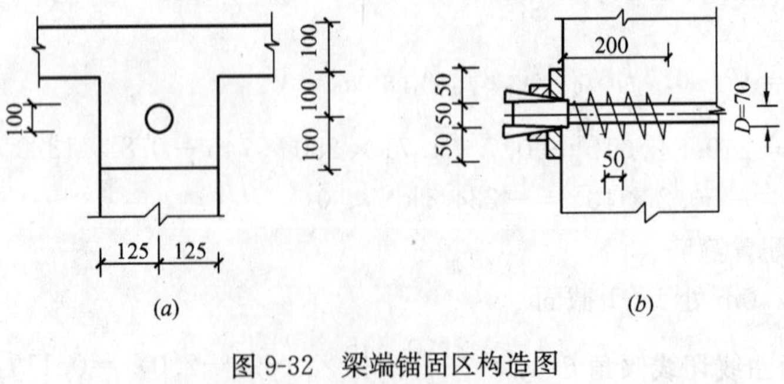

图 9-32 梁端锚固区构造图
(a) 横截面；(b) 纵剖面

端部锚固区的作用力 F_l：

$$F_l = 1.2 \sigma_{con} A_p = 1.2 \times 1395 \times 973 = 1628.8 \text{kN}$$

端部局部受压验算

(1) 截面限制条件验算：由公式（9-67）

$1.35\beta_l f_c A_{ln} = 1.35 \times 1.54 \times 19.1 \times 42146 = 1673.6 \text{kN} > F_l = 1628.8 \text{kN}$

满足要求。

(2) 间接钢筋的配置

间接钢筋采用 HPB235 级 Φ10（$A_{ss1} = A_s = 78.5 \text{mm}^2$），间接钢筋为螺旋式配筋，螺旋筋范围以内的混凝土核芯直径取 $d_{cor} = 150\text{mm}$，面积 $A_{cor} = \pi d_{cor}^2/4 = 17671.5 \text{mm}^2$，螺旋筋间距取 $s = 50\text{mm}$，则由公式（9-66）及公式（9-64）得。

$$\beta_v = \frac{4A_{ss1}}{d_{cor}s} = \frac{4 \times 78.5}{150 \times 50} = 0.0419$$

$$\beta_{cor} = \sqrt{A_b/A_{cor}} = \sqrt{100000/17671.5} = 2.38$$

$$f_{cu,k} = 40\text{N/mm}^2 < f_{cu,k} = 50\text{N/mm}^2, 取系数 a = 1.0$$

因 $0.9(\beta_l f_c + 2a\rho_v \beta_{cor} f_y)A_{ln}$
$= 0.9 \times (1.54 \times 19.1 + 2 \times 1.0 \times 0.0419 \times 2.38 \times 210) \times 42146$
$= 2704.4 \text{kN} > F_l = 1628.8 \text{kN}$

满足要求。

9.11 无粘结预应力混凝土板梁结构设计

9.11.1 概述

无粘结预应力混凝土结构的概念与特点

在后张拉预应力混凝土结构中，可分为有粘结和无粘结两种；当配置无粘结预应力筋（表面经防锈油脂涂抹并用聚乙烯材料包裹制成的专用筋）的混凝土结构，称为无粘结预应力混凝土结构。施工时无粘结预应力筋和非预应力筋一样，按设计要求铺设在模板内然后浇筑混凝土，待混凝土达到设计强度后，再张拉锚固。此时，预应力筋由于与混凝土不直接接触而成为无粘结状态。

无粘结预应力混凝土受弯构件，当预应力筋配筋率较低时，其破坏形态类似于普通钢筋混凝土少筋梁的破坏形态，破坏时在最大弯矩附近只出现一条或少数几条裂缝，开裂后荷载增加不多即发生脆性破坏。为改善这种情况的发生，一般亦需配置适量的普通钢筋。

采用无粘结预应力混凝土结构主要的优点，施工时无需预埋孔道、穿筋、灌浆等复杂工序，简化了施工工艺，加快了施工进度；同时预应力筋的防腐性能好。但是，在施工时需要有可靠的锚固，同时，与有粘结预应力混凝土结构相比，其张拉两端对混凝土的局部受压力较大，对跨度较大的结构，还是应采用有粘结预应力混凝土结构较为安全可靠。

9.11.2 无粘结预应力的材料和锚具

1. 混凝土

无粘结预应力混凝土材料的基本要求与一般预应力混凝土相同，其混凝土强度等级，对于板类结构不应低于C30，对于梁及其他特殊构件，不宜低于C40。

2. 无粘结预应力筋

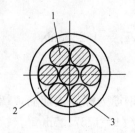

图 9-33 无粘结预应力筋
1. 钢绞线或钢丝；2. 防腐涂料；3. 套管

采用专用涂有防腐涂料层和外包层的预应力筋（图 9-33），它由单根或多根的高强钢丝、钢绞线或高强粗钢筋组成，对钢材基本性能的要求，与一般预应力筋相同，每根预应力筋应是通长的，不得有死弯或接头。

3. 防腐涂料层

防腐涂料层是对预应力筋防锈，润滑的作用，该材料应具有良好的稳定性和抗腐蚀性、润滑性能好、不透水、在规定范围内高温不流淌、低温不变脆、不得含有氯化物及硫化物等有害杂质。该材料目前常用的为建筑油脂，也可采用沥青、蜡、环氧树脂等材料。

4. 套管

套管是对无粘结预应力筋涂层起保护作用套置在涂层外面的护套材料。对套管材料的要求：除应同样具有对防腐涂料层的各种要求外，套管应该是全长连续封闭的，并应具有足够的韧性、耐磨及抗冲击性能，施工时能够抵抗可能遇到的磨损。套管材料应采用高密度聚乙烯或聚丙烯而不得采用聚氯乙烯做成。

5. 无粘结预应力锚具

无粘结预应力筋使用的锚具形式与有粘结预应力筋锚具的形式相同，它是预应力构件锚固体系的关键部件，是保证结构施加预应力后维持预应力作用有良好的永久性。

对无粘结预应力筋锚具要求的特点：必须采用Ⅰ类锚具。即按静载试验测定的锚具效率系数 $\eta_a \geqslant 0.95$，同时预应力筋达到极限拉力时的总应变 $\varepsilon_{apu,tot} \geqslant 2.0\%$。所谓锚具效率系数 η_a 值为锚具能够承受的实测极限拉力与锚具中各预应力筋总的极限拉力值的比值。亦即使用时应采用质量优良的锚具。此外，在张拉完成后，锚具宜用混凝土封闭或涂以环氧树脂水泥浆，以防止潮气入侵或涂层损伤。

9.11.3 无粘结预应力混凝土受弯构件的设计[9-3]

1. 概述

无粘结预应力混凝土板、梁的设计理论和步骤，与有粘结后张法预应力混凝土板、梁的设计基本上是相同的。但是由于无粘结预应力筋在张拉后能够对周围混凝土发生纵向相对滑动，故在受力性能上，包括预应力损失、无粘结筋的极限应力以及允许出现裂缝时，构件的裂缝宽度和刚度的验算，有其自己的特殊性，下面作简要的介绍，供设计参考。

2. 无粘结预应力筋的摩擦损失

在无粘结预应力筋中，其预应力损失值，与后张法有粘结筋的预应力损失值相同，包括混凝土的弹性压缩、锚具变形和钢筋内缩损失 σ_{l1}、预应力筋与孔道的摩擦损失 σ_{l2} 的第一批损失 σ_{lI}，以及钢筋应力松弛损失 σ_{l4}、混凝土的收缩和徐变损失 σ_{l5} 的第二批损失 σ_{lII} 二种，其总的损失仍为 $\sigma_l = \sigma_{lI} + \sigma_{lII}$。

试验分析表明，无粘结预应力筋中各种预应力损失值均可按后张法有粘结筋的各种预应力损失值相同的方法确定。其中的摩擦损失值，仍按有粘结公式（9-4）及（9-5）确定，但对无粘结预应力筋，由于表面涂以涂料，其摩擦系数相对减少，减少的程度随所用涂料、护套材料和制作工艺不同，以及截面形式的差异而不同，对其计算系数 κ、μ 的取值有所不同。

中国建筑科学研究院试验表明：采用建筑油脂为涂料，以聚乙烯套管挤压成型工艺制作的钢绞线无粘结筋的摩擦损失，计算时可取 $\kappa=0.0040$，$\mu=0.12$。同时还表明，张拉吨位在高强钢材极限强度值的 70% 以上变化时，相应的摩擦系数变化很小，因此，一般可以不考虑张拉吨位对摩擦系数的影响。此外，张拉后的持续时间较长，相应的摩擦损失仅略有降低的作用，因此，在设计时亦可不加以考虑。

3. 无粘结筋的极限应力

在预应力混凝土受弯构件中，若配置有粘结筋时，由于混凝土和钢筋粘结在一起，同一截面内预应力筋的拉应变与该处混凝土的压应变是相等的，而沿构件长度不同截面内，预应力筋的应变是不相等的，在弯矩最大截面处，有粘结筋抗拉应力为最大。

当构件配置无粘结筋时，由于无粘结筋能发生纵向相对滑动，在任意截面内其应变都是相等的，且等于沿无粘结筋全长范围内周围混凝土应变变化的平均值；在构件破坏截面的无粘结筋处，当受压混凝土在最不利截面达到极限应变值时，而无粘结筋的最大拉应变仍保持其平均值的水平，与混凝土压应变不同步，且比有粘结筋的应变小。试验表明：在破坏截面处，一般要比有粘结筋的拉应变低 10%～30%。

中国建筑科学研究院等单位，试验研究表明：[9-3]

（1）在预应力混凝土梁中，采取同时配置无粘结筋和非预应力筋的配筋方式（即称为部分预应力混凝土），当配置的非预应力筋在极限状态下的拉力，不低于预应力筋和非预应力筋在极限状态下的拉力之和的 25%，即 $A_s f_y/(A_p \sigma_p + A_s f_y) \geqslant 0.25$ 时，构件开裂后的性能和有粘结预应力梁类同，破坏时非预应力筋首先屈服，裂缝向上延伸，压区混凝土被压碎呈延性弯曲破坏。而对仅配置无粘结筋的梁，具有裂缝集中和呈脆性破坏的特点，其受力性能似带拉杆的拱而不象梁。

（2）无粘结筋的极限应力增量是与梁中和轴位置及转动能力密切相关的，采用综合配筋指标 β_0 可以近似地表达这一性能的特征，其无粘结筋的极限应力值，大体上是随着 β_0 的增加而线性的降低。

（3）无粘结筋的应力设计值

无粘结筋的应力设计值 σ_{py} 通过试验及可靠度分析，建议可按下列公式计算，计算时取梁和板的界限跨高比值为 35：

① 跨高比 $l/h \leqslant 35$ 时，认为是梁式结构，取：

$$\sigma_{py} = \frac{1}{1.2}[\sigma_{pe} + (500 - 770\beta_0)] \qquad (9\text{-}103)$$

② 跨高比 $l/h > 35$ 时，认为是板式结构，取：

$$\sigma_{py} = \frac{1}{1.2}[\sigma_{pe} + (250 - 380\beta_0)] \qquad (9\text{-}104)$$

$$\beta_0 = \frac{A_p \sigma_{pe}}{bh_0 f_c} + \frac{A_s f_y}{bh_0 f_c} \qquad (9\text{-}105)$$

式中　β_0——综合配筋指标，由公式（9-105）确定，且 $\beta_0 \leqslant 0.45$；

σ_{pe}——扣除全部预应力损失后，无粘结预应力筋的有效预应力；

1.2——材料调整系数（其意义类似于材料分项系数）。

4. 无粘结部分预应力混凝土梁的裂缝宽度和变形计算[9-3]

(1) 裂缝宽度计算

对于有粘结梁由于混凝土和钢筋粘结在一起，混凝土的压应变和裂缝是随各个截面内力的不同是分散发生的；而无粘结梁其无粘结筋可以与周围混凝土发生纵向滑动，其混凝土的压应变和相应的裂缝，较集中发生在某个或少数几个薄弱的部分，因而无粘结梁在各种情况相同条件下，其发展形成的裂缝宽度，一般要比有粘结梁的裂缝宽度大。

对无粘结部分预应力混凝土梁允许出现裂缝时，其裂缝宽度的计算，由于问题的复杂性，至今尚无较为一致的计算方法，设计时可参考有关文献[9-3]，根据自己的设计经验，合理确定。

文献[9-3]提出了无粘结部分预应力混凝土梁裂缝宽度计算方法：即可按公式（8-24）进行计算，但其中可取 $\psi=1.0$，σ_{sk} 可按下式确定（计算方法供参考）。

$$\sigma_{sk} = \frac{M_k - 1.14 M_{p0}}{0.87(A_s h_0 + 0.4 A_p h_p)} \tag{9-106}$$

式中　M_{p0}——普通钢筋重心处消压弯矩（即对构件施加预压力，在普通钢筋重心处使混凝土压力 σ_{pc} 为零时弯矩）；

M_k——荷载效应标准组合时的弯矩值；

h_p——无粘结筋的有效高度（$h_p = h - a_p$）。

当无粘结部分预应力混凝土梁按最小配筋率配置非预应力筋时，构件应按不出现裂缝要求进行计算，故不需计算裂缝宽度。

(2) 刚度计算

无粘结部分预应力混凝土梁中的无粘结筋因与混凝土缺少粘结作用，使得其刚度有所降低。对无粘结梁的刚度计算方法，目前亦处在研究中，中国建筑科学研究院，通过初步的试验研究，提出了如下的无粘结部分预应力混凝土梁短期刚度 B_s 的计算公式，其中的 κ_{cr} 值见公式（9-82），仅供设计者参考。

$$B_s = \frac{0.85 \beta' E_c I_0}{\beta' + 0.85(1 - \kappa_{cr})} \tag{9-107}$$

$$\frac{1}{\beta'} = 1.0 + \frac{0.56}{\beta_0} \tag{9-108}$$

上式中 β_0 值按公式（9-105）确定。

5. 构造要求

对无粘结预应力混凝土板、梁的构造要求，除与有粘结板、梁的构造相同外，其主要特点：

(1) 一般宜采用混合配筋的方案，即宜配置一定数量的非预应力钢筋，有利于裂缝分散的发生，且能改善梁的变形性能和提高梁的承载力。

(2) 非预应力筋应布置在构件截面受拉区外侧，以增大预应力筋保护层厚度，一旦开展，可由非预应力筋控制裂缝宽度的开展。

(3) 非预应力筋的配置为，取 $\lambda = A_p f_{ptk}/(A_p f_{ptk} + A_s f_{yk})$：

当 $\lambda > 0.7$ 时，按最小配筋率 0.2% 配筋，钢筋宜采用直径较小，间距较密的配筋方案。

当 0.4≤λ≤0.7 时,非预应力筋按混合配筋满足承载力的要求确定,钢筋直径可适当增大。

当 λ<0.4 时,由于构件受力性能已接近普通钢筋混凝土,故可按一般的普通钢筋混凝土构造规定配置钢筋。

(4) 正截面受弯时承载力最小值应符合下列要求:

$$M_u = M_{cr} \tag{9-109}$$

式中　M_u——预应力混凝土受弯构件正截面承载力,可按公式(9-51)及(9-58)进行计算;

　　　M_{cr}——预应力混凝土受弯构件正截面开裂弯矩,按公式(9-84)计算。

(5) 最大配筋率,为保证高强钢筋和混凝土的强度都能充分有效利用时的配筋率,当为混合配筋时,应符合下列条件:

$$\rho = \left(A_s + \frac{A_p \sigma_{py}}{f_y}\right)/bh_0 \leqslant 2.5\% \tag{9-110}$$

式中　σ_{py} 按公式(9-103)确定。

9.12　无粘结预应力混凝土连续梁设计例题[9-4]

1. 设计资料

已知某二跨无粘结预应力混凝土连续梁,梁计算跨度为 12m、梁的间距 3.5m,活荷载标准值为 $3.5kN/m^2$,试按二级抗裂度要求设计该梁。

(1) 材料

混凝土用 C40,预应力筋选用低松弛钢绞线($f_{ptk}=1860N/mm^2$),非预应力筋采用 HRB335 级,各种强度指标见 9-10 例题。

(2) 截面采用 T 形截面,各部尺寸为:$h=800mm$,$b=250mm$,$h'_f=100mm$,$b'_f=1450mm$;梁的截面几何特征为 $A=32\times10^4mm^2$,$y_0=531.25mm$,$I=19.954\times10^9mm^4$,如图 9-34。

2. 梁的内力计算

(1) 梁上线荷载:恒载　$g_k=17.26kN/m$

　　　　　　　　　活载　$p_k=12.25kN/m$

恒载分项系数取为 1.2,活载分项系数取为 1.3。

(2) 跨中弯矩

弯矩系数查附表 13-1 可得

基本组合　$M_1 = (0.07\times1.2g_k+0.096\times1.3p_k)l^2$
　　　　　　　$= (0.07\times1.2\times17.26+0.096\times1.3\times12.25)\times12^2 = 428.92kN\cdot m$

自重　　　$M_G = 0.07g_kl^2 = 0.07\times17.26\times12^2 = 173.98kN\cdot m$

标准组合　$M_{1k} = (0.07g_k+0.096p_k)l^2$
　　　　　　　$= (0.07\times17.26+0.096\times12.25)\times12^2 = 343.32kN\cdot m$

准永久组合(准永久值系数取为 0.5)

　　　　　$M_{1q} = (0.07g_k+0.5\times0.096p_k)l^2$
　　　　　　　$= (0.07\times17.26+0.5\times0.096\times12.25)\times12^2 = 258.65kN\cdot m$

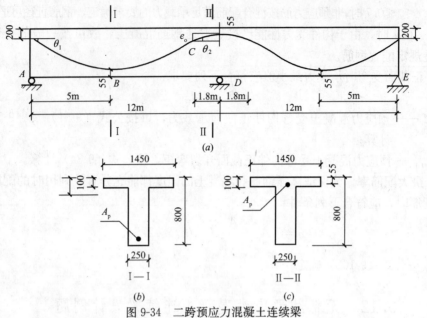

图 9-34 二跨预应力混凝土连续梁
(a) 构件外形图；(b) 跨中截面；(c) A 支座截面

(3) 支座负弯矩及最大剪力

基本组合 $M_D = -0.125 \times (1.2 \times 17.26 + 1.3 \times 12.25) \times 12^2 = -659.47 \text{kN} \cdot \text{m}$

标准组合 $M_{DK} = -0.125 \times (17.26 + 12.25) \times 12^2 = -531.18 \text{kN} \cdot \text{m}$

准永久组合 $M_{Dq} = -0.125 \times (17.26 + 0.5 \times 12.25) \times 12^2 = -420.93 \text{kN} \cdot \text{m}$

支座最大剪力设计值

$$V_{Dmax} = \pm 0.625 \times (1.2 \times 17.26 + 1.3 \times 12.25) \times 12 = 274.78 \text{kN}$$

3. 预应力筋估算

按裂缝控制等级为二级计算，估算公式与 9-10 有粘结例题相同，其有效预应力暂取 $\sigma_{pe} = 0.75\sigma_{con} = 0.75 \times 0.75 f_{ptk} = 0.75 \times 0.75 \times 1860 = 1046 \text{N/mm}^2$。

(1) 跨中截面

考虑次弯矩影响，暂取弯矩增大系数 1.2，则得：

$$M_{1k} = 1.2 \times 343.32 = 411.98 \text{kN} \cdot \text{m}$$

$$M_{1g} = 1.2 \times 258.65 = 310.38 \text{kN} \cdot \text{m}$$

$$W = I/y_0 = 19.954 \times 10^9 / 531.25 = 3.756 \times 10^7 \text{mm}^3$$

$$e_p = 531.25 - 55 = 476.25 \text{mm}$$

则得

$$A_{pk} = \frac{411.98 \times 10^6 / 3.756 \times 10^7 - 2.39}{\left(\dfrac{1}{32 \times 10^4} + \dfrac{476.25}{3.756 \times 10^7}\right) \times 1046} = 518.91 \text{mm}^2$$

$$A_{pq} = \frac{310.38 \times 10^6 / 3.756 \times 10^7}{\left(\dfrac{1}{32 \times 10^4} + \dfrac{476.25}{3.756 \times 10^7}\right) \times 1046} = 499.85 \text{mm}^2$$

(2) B 支座截面

考虑次弯矩影响，暂取

$$M_k = 1.0 \times 531.18 = 531.18 \text{kN} \cdot \text{m}$$
$$M_q = 1.0 \times 420.93 = 420.93 \text{kN} \cdot \text{m}$$
$$W = I/y_0 = 19.95 \times 10^9 / (800 - 531.25) = 7.424 \times 10^7 \text{mm}^3$$
$$e_p = 800 - 55 - 531.25 = 213.75 \text{mm}$$
$$A_{pk} = \frac{531.18 \times 10^6 / 7.424 \times 10^7 - 2.39}{\left(\dfrac{1}{32 \times 10^4} + \dfrac{213.75}{7.424 \times 10^7}\right) \times 1046} = 758.75 \text{mm}^2$$
$$A_{pg} = \frac{420.93 \times 10^6 / 7.424 \times 10^7}{\left(\dfrac{1}{32 \times 10^4} + \dfrac{213.75}{7.424 \times 10^7}\right) \times 1046} = 902.84 \text{mm}^2$$

综合以上抗裂控制要求的计算，梁的预应力筋配置 $7\,\Phi^s 15.2$，$A_p = 973 \text{mm}^2$。

（3）预应力筋的布置

如图 9-34 所示，梁的预应力筋在两边张拉端采用直线束，并与抛物线预应力筋束相切。抛物线筋的原点近似取 B 点，$l_1 = 5.0\text{m}$，在跨中和支座二抛物线的拐点为 C 点，$al = 0.15 \times 12 = 1.8\text{m}$，（其中近似取 $a=0.15$），则 $\lambda l = 12 - 5 - 1.8 = 5.2\text{m}$；$\lambda = 0.433$。在端部，预应力筋中心距截面顶部为 200mm。

抛物线 AB 的方程，$e = 800 - 200 - 55 = 545 \text{mm}$

$$y = \frac{0.545}{5.0^2} x^2 = 0.0218 x^2,\ y' = \frac{2 \times 0.545}{5.0^2} x = 0.0436 x$$
$$\theta_1 = y' = 0.0436 \times 5.0 = 0.218 \text{rad}(A \text{ 及 } B \text{ 点处})$$

抛物线 BC 的方程。

$$e_0 = \frac{al}{\lambda l} \times e_2 = \frac{0.15}{0.433} \times (800 - 2 \times 55) = 240 \text{mm}$$
$$e = 800 - 2 \times 55 - 240 = 450 \text{mm}$$
$$y = \frac{0.450}{5.2^2} x^2 = 0.0167 x^2,\ y' = \frac{2 \times 0.450}{5.2^2} x = 0.0333 x$$
$$\theta_2 = 0.0333 \times 5.2 = 0.173 \text{rad}(\text{拐点处})$$

4. 预应力损失计算

钢绞线 $\Phi^s 15.2$ 的张拉控制应力为 $\sigma_{con} = 0.75 f_{ptk} = 0.75 \times 1860 = 1395 \text{N/mm}^2$

（1）摩擦损失 σ_{l2}：

后张法预应力钢筋与孔道壁之间的摩擦损失 σ_{l2}，仍按公式（9-4）及（9-5）计算，即：

$$\sigma_{l2} = \sigma_{con}\left(1 - \frac{1}{e^{\kappa x + \mu \theta}}\right), \text{当}(\kappa x + \mu \theta) \leqslant 0.2 \text{时，则取} \sigma_{l2} = (\kappa x + \mu \theta)\sigma_{con}$$

对无粘结预应力混凝土与钢筋的摩擦系数可取 $\mu = 0.12$，局部偏差系数可取 $\kappa = 0.004 \text{mm}^{-1}$，采用夹片式 OVM 锚具，其锚具变形和钢筋内缩值，取 $a = 5\text{mm}$，并采用两端张拉，其计算过程见表 9-10。

σ_{l2} 的计算汇总　　　　　表 9-10

线段	x_i (m)	θ_i (rad)	$\kappa x_i + \mu \theta_i$	终点应力(N/mm²)	σ_{l2}(N/mm²)
AB	5.0	0.218	0.0462	1330.55	64.45
BC	5.2	0.173	0.0416	1272.52	122.48
CD	1.8	0.173	0.0280	1233.46	161.54

(2) 锚具变形和钢筋内缩损失 σ_{l1}

预应力筋内缩值 $a=5$mm，锚固损失 σ_{l1} 消失于曲线段 BC 内，各段的摩擦损失 σ_{l2} 的斜率为 $i_i=\sigma_{l2}/l_i$：

$i_1 = 64.45/5000 = 12.89\times10^{-3}$

$i_2 = 58.03/5200 = 11.16\times10^{-3}$，（此处 $122.48-64.45=58.03$）

$i_3 = 39.06/1800 = 21.70\times10^{-3}$，（此处 $161.54-122.48=39.06$）

由附表 15 可得

$$l_f = \sqrt{\frac{aE_p}{1000i_2} - \frac{i_1(l_1^2-l_0^2)}{i_2} + l_1^2}$$

$$\sigma_{l1} = 2i_1(l_1-x) + 2i_2(l_f-l_1)$$

对支座 A 截面（$x=0$）锚固损失为

$$l_f = \sqrt{\frac{5\times1.95\times10^5}{1000\times11.16\times10^{-3}} - \frac{12.89\times10^{-3}\times5000^2}{11.16\times10^{-3}} + 5000^2} = 9137\text{mm}$$

$\sigma_{l1,A} = 2\times12.89\times10^{-3}\times5000 + 2\times11.16\times10^{-3}\times(9137-5000) = 221.2\text{N/mm}^2$

对跨中 B 截面（$x=5000$mm）锚固损失为

$\sigma_{l1,B} = 2\times11.16\times10^{-3}\times(9137-5000) = 92.4\text{N/mm}^2$

对支座 D 截面，因近似取锚固损失在 BC 区段内消失，故 $\sigma_{l1,D}=0$。第一批预应力损失为（具体见表 9-11）：

$$\sigma_{l\text{I}} = \sigma_{l1} + \sigma_{l2}$$

第一批预应力损失值（N/mm²） 表 9-11

截面	σ_{l1}	σ_{l2}	$\sigma_{l\text{I}}$
截面 A $x=0$	221.2	0	221.2
截面 B $x=5$m	92.4	64.45	156.85
截面 D $x=12$m	0	161.54	161.54

(3) 应力松弛损失 σ_{l4}

预应力筋的应力松弛损失 σ_{l4}：对低松弛钢绞线，且 $0.7f_{ptk}<\sigma_{con}$，故得

$$\sigma_{l4} = 0.2\left(\frac{\sigma_{con}}{f_{ptk}} - 0.575\right)\sigma_{con} = 0.2\times\left(\frac{1395}{1860} - 0.575\right)\times1395 = 48.8\text{N/mm}^2$$

(4) 收缩徐变损失 σ_{l5}

混凝土收缩徐变引起的预应力损失 σ_{l5}，可按下式计算

$$\sigma_{l5} = \frac{35 + 280\dfrac{\sigma_{pc}}{f'_{cu}}}{1+15\rho}$$

计算无粘结预应力筋合力点处混凝土法向应力 σ_{pc} 时，仅考虑混凝土预压前的第一批损失，且应考虑自重的影响。为了简化计算，构件在支座上由自重引起的负弯矩近似取跨中自重弯矩的 25%，即

$$M_{GA} = 0.25\times173.98 = 43.5\text{kN}\cdot\text{m}$$

对支座 A 处：$\sigma_{l\text{I}} = \sigma_{l\text{I},A} = 221.2\text{N/mm}^2$

$$N_{pI} = (\sigma_{cun} - \sigma_{lI})A_p = (1395 - 221.2) \times 973 = 1142.11 \text{kN}$$

$$e_p = 800 - 531.25 - 200 = 68.75 \text{mm}$$

$$\sigma_{pc} = \frac{N_{pI}}{A} + \frac{N_{pI}e_p - M_{GA}}{I}e_p$$

$$= \frac{1142.1 \times 10^3}{32 \times 10^4} + \frac{1142.1 \times 10^3 \times 68.75 - 43.5 \times 10^6}{19.954 \times 10^9} \times 68.75 = 3.69 \text{N/mm}^2$$

在支座截面预应力筋合力点处，预估非预应力筋的截面面积：取预应力筋的有效预应力极限强度值为：

$$\sigma_{pu} = 0.9 f_{ptk} = 0.9 \times 1320 = 1188 \text{N/mm}^2$$

暂取非预应力筋的承载力为预应力的 20%。则得

$$A_s = \frac{0.2 A_p \sigma_{pu}}{f_y} = \frac{0.2 \times 973 \times 1188}{300} = 771 \text{mm}^2$$

则得

$$\rho = \frac{A_p + A_s}{A} = \frac{973 + 771}{32 \times 10^4} = 0.545\%$$

$$\sigma_{l5} = \frac{35 + 280 \dfrac{\sigma_{pc}}{f'_{cu}}}{1 + 15\rho} = \frac{35 + 280 \times \dfrac{3.69}{40}}{1 + 15 \times 0.00545} = 56.2 \text{N/mm}^2$$

梁的其他截面处 σ_{l5} 值的计算结果，见表 9-12。

σ_{l5} 的 计 算 值 表 9-12

截　面	端支座	跨　中	中间支座
N_{pI} (kN)	1142.1	1204.8	1200.2
e_p (mm)	68.75	476.25	213.75
σ_{pc} (N/mm)	3.69	13.31	6.03
σ_{l5} (N/mm^2)	56.2	118.5	71.4

在表 9-13 中可列出控制截面的总预应力损失值 σ_l 和有效预压力值 N_{pe}，即

$$\sigma_l = \sum_{i=1}^{5}\sigma_{li}; \quad N_{pe} = (\sigma_{con} - \sigma_l)A_p$$

控制截面 σ_l 和 N_{pe} 值 表 9-13

截　面	端支座	跨　中	中间支座
σ_l (N/mm^2)	326.2	324.2	281.7
N_{pe} (kN)	1039.9	1042.0	1083.2

由表 9-13 可知，$\sigma_{l,\max}$ 出现在端支座，$\sigma_{l,\max}/\sigma_{con} = 326.2/1395 = 23.4\%$

5. 次内力计算

（1）等效荷载

由于预应力沿预应力筋的方向受力是不均匀的，为了简化计算，可按预应力值沿跨间受力方向取其平均值来考虑，这样，其有效预应力值为：

$$N_p = \frac{1}{4} \times (1039.9 + 2 \times 1042.0 + 1083.2) = 1051.8 \text{kN}$$

由预应力引起的等效荷载为：

因 $N_p e = \frac{1}{8}ql^2$；故 $q = 8N_p e/l^2$ (9-111)

$q_1 = \frac{8 \times 1051.8 \times 0.545}{(2 \times 5)^2} = 45.86 \text{kN/m}$；$(e = 800 - 200 - 55 = 545 \text{mm})$

$q_2 = \frac{8 \times 1051.8 \times 0.450}{(2 \times 5.2)^2} = 35.01 \text{kN/m}$；$(e = 800 - 240 - 2 \times 55 = 450 \text{mm})$

$q_3 = \frac{8 \times 1051.8 \times 0.240}{(2 \times 1.8)^2} = 155.82 \text{kN/m}$；$(e = e_0 = 240 \text{mm})$

由于预应力采用两端张拉，等效荷载在梁的左、右二跨中亦成对称分布，梁的中间支座可以看成不动的固定端，其等效荷载计算简图，如图 9-35 所示。

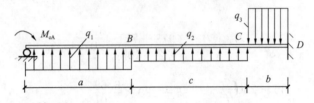

图 9-35 梁的等效荷载计算简图

(2) 综合弯矩计算

由端部预应力筋偏心引起的弯矩（$\theta_1 = 0.218 \text{rad}$ 相当于 $\theta_1 = 12.5°$）

$$M_{eA} = N_p \cos\theta_1 \cdot e_p = 1051.8 \times 0.976 \times 68.75 \times 10^{-3} = 70.58 \text{kN} \cdot \text{m}$$

由 M_{eA} 引起的中间支座弯矩：

$$M_{eD} = 0.5 \times 70.58 = 35.29 \text{kN} \cdot \text{m}$$

由等效荷载产生的弯矩：如图 9-35 所示，在等效荷载作用下，梁端支座弯矩 $\overline{M}_A = 0$；中间支座 D 的固端弯矩 $\overline{M}_D$，可由建筑结构（静力计算）设计手册查得：[9-5]

$$\overline{M}_D = \frac{q_1 a^2}{8}(2 - \alpha^2) - \frac{q_2 c}{8l^3}[12(b + 0.5c)^2 l - 4(b + 0.5c)^3 + (a + 0.5c)c^2]l$$

$$+ q_2 c(b + 0.5c) - \frac{q_3 b^2}{8}(2 - \beta)^2$$

上式中，$a = 5.0 \text{m}$，$c = 5.2 \text{m}$，$b = 1.8 \text{m}$，$l = 12 \text{m}$，$\alpha = a/l = 0.417$，$\beta = b/l = 0.15$，将上面数值代入 $\overline{M}_D$ 方程式，则得

$$\overline{M}_D = 5.707 q_1 + 10.906 q_2 - 1.386 q_3$$
$$= 5.707 \times 45.86 + 10.906 \times 35.01 - 1.386 \times 155.82 = 427.58 \text{kN} \cdot \text{m}$$

端部支座的综合弯矩：

$$M_{Ar} = 70.58 \text{kN} \cdot \text{m} (\downarrow)$$

中间支座的综合弯矩：

$$M_{Dr} = 0.5 \times 70.58 + 427.58 = 462.87 \text{kN} \cdot \text{m} (\leftarrow)$$

跨中的综合弯矩 M_{Br} 值，由平衡条件可得 $R_A = 188.67 \text{kN}$（↓），则得

$$M_{Br} = -188.67 \times 5 + 0.5 \times 45.86 \times 5^2 + 70.58 = -299.52 \text{kN} \cdot \text{m}(\uparrow)$$

（3）次内力计算

次弯矩为：$M_2 = M_r - M_1$；$M_1 = N_p e_p$。次弯矩具体计算见表 9-14。

次弯矩计算表（kN·m） 表 9-14

截面	综合弯矩 M_r	主弯矩 M_1	次弯矩 M_2
A 支座	70.58	1051.8×0.976×0.06875=70.58	0
跨中	−299.52	−1051.8×0.47625=−500.92	201.40
D 支座	462.87	1051.8×0.21375=224.82	238.05

由次弯矩在梁中间支座产生的次剪力为

$$V_2 = 238.05/12 = 19.84 \text{kN}(\downarrow)$$

6. 承载力计算

（1）正截面承载力

① 跨中截面

$$M = M_1 + M_2 = 428.92 + 201.40 = 630.32 \text{kN} \cdot \text{m}$$

无粘结筋的拉应力设计值 σ_{py}，因跨高比 $=12000/800=15<35$，按公式（9-104）可取

$$\sigma_{py} = \frac{1}{1.2}[\sigma_{pe} + (500 - 770\beta_0)]$$

$$\sigma_{pe} = \sigma_{con} - \sigma_l = 1395 - 324.2 = 1071 \text{N/mm}^2$$

β_0 称综合配筋指标按公式（9-105）：

$$\beta_0 = \frac{A_p \sigma_{pe}}{b_f' h_p f_c} + \frac{A_s f_y}{b_f' h_p f_c} = \frac{973 \times 1071}{1450 \times 745 \times 19.1} + \frac{771 \times 300}{1450 \times 745 \times 19.1} = 0.062 < 0.45$$

则

$$\sigma_{py} = \frac{1}{1.2} \times [1071 + (500 - 770 \times 0.062)] = 1269.4 \text{N/mm}^2$$

钢绞线的抗拉强度设计值 $f_{py}=1320\text{N/mm}^2$，故取 $\sigma_{py}=1269.4\text{N/mm}^2$ 作为无粘结筋的抗拉强度设计值。

构件截面受压区高度 x 值：取预应力和非预应力筋合力点至截面下边缘的距离为 50mm，则得

$$x = 750 - \sqrt{750^2 - \frac{2 \times 630.32 \times 10^6}{1450 \times 19.1}} = 31.00\text{mm} < h_f' = 100\text{mm}$$

故为第一类 T 形截面梁，其非预应力受拉钢筋截面面积 A_s 值为：

$$A_s = \frac{b_f' x f_c - A_p \sigma_{py}}{f_y} = \frac{1450 \times 31.00 \times 19.1 - 973 \times 1269.4}{300} < 0$$

故截面下部 A_s 按构造要求配置：$A_s = 0.002bh = 0.002 \times 250 \times 800 = 400\text{mm}^2$，及 $A_s = 0.45 f_t bh/f_y = 0.45 \times 1.71 \times 250 \times 800/300 = 513\text{mm}^2$，最后取 $4\Phi 14$，（$A_s = 615\text{mm}^2$）

② 中间支座截面

$$M = M_D + M_2 = -659.47 + 238.05 = -421.42 \text{kN} \cdot \text{m}$$

$$\sigma_{pe} = 1395 - 281.7 = 1113.3 \text{N/mm}^2$$

$$\beta_0 = \frac{973 \times 1113.3}{250 \times 745 \times 19.1} + \frac{771 \times 300}{250 \times 745 \times 19.1} = 0.370 < 0.45$$

$$\sigma_{py} = \frac{1}{1.2} \times [1113.3 + (500 - 770 \times 0.370)] = 1107 \text{N/mm}^2$$

由于 $f_{py} = 1320 \text{N/mm}^2$，取 $\sigma_{py} = 1107 \text{N/mm}^2$

同样，可算得 $x = 128.9$mm，$A_s < 0$，截面上部 A_s 按构造要求配置取 8 Φ 12 ($A_s = 904 \text{mm}^2$)。

(2) 斜截面承载力

考虑次剪的影响，梁内最大剪力设计值为

$$V = V_{p,\max} - V_2 = 274.78 - 19.84 = 254.94 \text{kN}$$

$$0.25 f_c b h_0 = 0.25 \times 19.1 \times 250 \times 745 = 889.3 \text{kN} > V$$

截面尺寸满足要求。

又 $0.7 f_t b h_0 = 0.7 \times 1.71 \times 250 \times 745 = 222.94 \text{kN} < V$，故应按计算配置箍筋，取箍筋直径为Φ 6 ($f_{yv} = 300 \text{N/mm}^2$)，其所需箍筋面积及间距为

$$\frac{A_{sv}}{s} = \frac{V - 0.7 f_t b h_0}{1.25 h_0 f_{yv}} = \frac{(254.94 - 222.94) \times 10^3}{1.25 \times 745 \times 300} = 0.115$$

故 $s = \dfrac{A_{sv}}{0.115} = \dfrac{57}{0.115} = 495.7$mm，取用 $s = 200$mm

7. 使用阶段验算

(1) 抗裂性验算

按《规范》规定，正截面抗裂验算的条件为

对标准组合 $\sigma_{ck} - \sigma_{pc} \leq f_{ck}$，对准永久组合 $\sigma_{cq} - \sigma_{pc} \leq 0$；其中 $\sigma_{ck} = M_k y_0 / I_0$，$\sigma_{cq} = M_q y_0 / I_0$。

对无粘结预应力混凝土构件

$$\sigma_{pc} = \frac{N_p}{A_n} + \frac{N_p e_{pn}}{I_n} y_n \pm \frac{M_2}{I_n} y_n$$

上式中 N_p 及 e_{pn} 为后张法构件应力阶段 3 的混凝土预压力（即预应力与非预应力钢筋的合力）及相应的偏心距，当考虑有非预应力筋时，可按下式计算：

① 受压钢筋的收缩徐变损失值为：

跨中截面（截面上部），$A_s' = 904 \text{mm}^2$，$\rho' = \dfrac{A_s'}{A_n} = 0.0028$，$\sigma_{l5}' = 33.6 \text{N/mm}^2$

中间 D 支座：$A_s' = 615 \text{mm}^2$，$\rho' = 0.0019$，$\sigma_{l5}' = 34.0 \text{N/mm}^2$

② 跨中截面抗裂性验算：

$$N_p = (\sigma_{con} - \sigma_l) A_p - \sigma_{l5} A_s - \sigma_{l5}' A_s'$$
$$= (1395 - 324.2) \times 973 - 118.5 \times 615 - 33.6 \times 904 = 938.6 \text{kN}$$

由预应力产生的混凝土法向应力 σ_{pc} 计算时截面的几何特征值 A_n、y_n、I_n 及 A_0、y_0、I_0 见表 9-7，此时：

$$y_{pn} = y_n - a_p = 532.6 - 55 = 477.6 \text{mm}$$

$$y_{sn} = y_n - a_s = 532.6 - 35 = 497.6 \text{mm}$$

$$y_{sn}' = 800 - 532.6 - 35 = 232.4 \text{mm}$$

$$e_{pn} = \frac{\sigma_{pe}A_p y_{pn} - \sigma_{l5}A_s y_{sn} + \sigma'_{l5}A'_s y'_{sn}}{\sigma_{pe}A_p - \sigma_{l5}A_s - \sigma'_{l5}A'_s}$$

$$= \frac{(1395 - 324.2) \times 973 \times 477.6 - 118.5 \times 615 \times 497.6 + 33.6 \times 904 \times 232.4}{(1395 - 324.2) \times 973 - 118.5 \times 615 - 33.6 \times 904}$$

$$= 499 \text{mm}$$

$$\sigma_{pc} = \frac{N_p}{A_n} + \frac{N_p e_{pn} - M_2}{I_n} y_n$$

$$= \frac{938.6 \times 10^3}{32.586 \times 10^4} + \frac{938.6 \times 10^3 \times 499 - 201.40 \times 10^6}{205.91 \times 10^8} \times 532.6 = 9.79 \text{N/mm}^2 (受压)$$

标准组合验算

$$\sigma_{ck} = \frac{M_k}{I_0} y_0 = \frac{343.32 \times 10^6}{218.93 \times 10^8} \times 524.2 = 8.22 \text{N/mm}^2$$

因 $\sigma_{ck} - \sigma_{pc} = 8.22 - 9.79 = -1.57 \text{N/mm}^2 (受压) < f_{tk} = 2.39 \text{N/mm}^2$
抗裂性满足要求。

准永久组合验算

$$\sigma_{cq} = \frac{M_q}{I_0} y_0 = \frac{258.65 \times 10^6}{218.93 \times 10^8} \times 524.2 = 6.19 \text{N/mm}^2$$

上式中计算截面几何特征 y_0、I_0 为考虑钢筋及预应力钢筋截面面积后的数值，其值可从表9-7下面找到。

因 $\sigma_{cq} - \sigma_{pc} = 6.19 - 9.79 = -3.60 \text{N/mm}^2 (受压) < 0$
抗裂性亦满足要求。

③ 中间D支座截面抗裂性验算

在D支座处，截面上部为受预压区，其截面几何特征值，应按表9-8同样的方法，对上边缘重新求出，计算结果为：

$A_n = 32.586 \times 10^4 \text{mm}^2$，$y_n = 271.53 \text{mm}$，$I_n = 208.97 \times 10^8 \text{mm}^4$

$A_0 = 33.170 \times 10^4 \text{mm}^2$，$y_0 = 267.72 \text{mm}$，$I_0 = 211.66 \times 10^8 \text{mm}^4$

按照以上计算值，可求出D支座的 $\sigma_{pc} = 8.87 \text{N/mm}^2$（计算时取 M_2 为正号），$\sigma_{ck} = 6.72 \text{N/mm}^2$，$\sigma_{eq} = 5.43 \text{N/mm}^2$。

标准组合 $\sigma_{ck} - \sigma_{pc} = 6.72 - 8.87 = -2.12 \text{N/mm}^2 < f_{tk} = 2.39 \text{N/mm}^2$

准永久组合 $\sigma_{cq} - \sigma_{pc} = 5.43 - 8.87 = -3.44 \text{N/mm}^2 < 0$

二者抗裂性均满足要求。

(2) 挠度验算

① 截面刚度

短期刚度：（开裂前）

$$B_s = 0.85 E_c I = 0.85 \times 3.25 \times 10^4 \times 19.954 \times 10^9 = 5.512 \times 10^{14} \text{N} \cdot \text{mm}^2$$

长期刚度：（对预应力结构 $\theta = 2.0$）

$$B = \frac{M_k}{M_q(\theta - 1) + M_k} B_s = \frac{343.32}{258.65 \times (2-1) + 343.32} \times 5.512 \times 10^{14}$$

$$= 3.144 \times 10^8 \text{kN} \cdot \text{m}^2$$

② 荷载效应标准组合下的跨中挠度

在计算时对梁的中间支座弯矩 M_{Dk} 值，其中荷载所产生的弯矩应取当跨中弯矩最大时相应的弯矩值，并不是中间支座负弯矩最大时的弯矩值，因为这样取值对跨中挠度最不利。对 M_{Dk} 值具体计算为

$$M_{Dk}=(0.125g_k+0.063p_k)l^2$$
$$=-(0.125\times17.26+0.063\times12.25)\times12^2=-421.81\text{kN}\cdot\text{m}$$

上式中系数 0.063 按附表 B-1 查得，这样，梁在跨中任意截面处的挠度查静力计算手册应为（取简支梁在 q_k 作用下的跨中挠度减去简支梁支座在 M_{Dk} 作用下相同截面的跨中挠度）：

$$v_x=\frac{q_kl^2x}{24B}(1-2\xi^2+\xi^3)-\frac{M_{Dk}lx}{6B}(2-3\xi+\xi^2)$$

上式中，因 $M_x=\frac{q_klx}{2}(1-\xi)$，故 $q_k=\frac{2M_x}{lx(1-\xi)}$，$\xi=\frac{x}{l}$；对梁的跨中最大挠度，近似取 B 点处，则 $M_x=M_{Bk,x}=5.0\text{m}$，$\xi=\frac{5.0}{12}=0.417$，$(1-2\xi^2+\xi^3=0.725$；$2-3\xi+\xi^2=0.923)$，则得：

$$q_k=\frac{2M_{Bk}}{l\times5\times(1-0.417)}=0.686M_{Bk}/l，故得$$

$$v_{Bk}=0.104\frac{M_{Bk}l}{B}-0.77\frac{M_{Dk}l}{B}$$
$$=(0.104\times343.32\times10^6-0.77\times421.81\times10^6)\times\frac{12\times10^3}{3.144\times10^{14}}=-值$$

③ 荷载效应准永久组合下的跨中挠度

此时，$M_{Bq}=258.65\text{kN}\cdot\text{m}$，$M_{Dq}=-(0.125\times17.26+0.5\times0.063\times12.25)\times12^2=-366.25\text{kN}\cdot\text{m}$

$$v_{Bq}=(0.104\times258.65\times10^6-0.77\times366.25\times10^6)\times\frac{12\times10^3}{3.144\times10^{14}}=-值$$

挠度均满足要求。

8. 施工阶段验算

对预应力混凝土连续梁进行施工阶段应力的验算，与 9.10 节有粘结梁的验算方法基本相同，验算时需考虑自重对施加预应力的影响外，由于是连续梁，还需考虑次弯矩 M_2 的影响，即取其综合弯矩 M_r（$M_r=M_1+M_2$）加以验算。

(1) 自重荷载弯矩 M_s' 值

自重线荷载　　$g'=[0.25\times0.8+(3.5-0.25)\times0.1]\times25=13.13\text{kN/m}$

跨中截面　　$M'_{1g}=0.07gl^2=0.07\times13.13\times12^2=132.35\text{kN}\cdot\text{m}$

D 支座截面　　$M'_{Dg}=-0.125g'l^2=-0.125\times13.13\times12^2=-236.34\text{kN}\cdot\text{m}$

(2) 综合弯矩 M_r 值

张拉时有效预应力值由 $N'_{pI}=(\sigma_{con}-\sigma_{lI})A_p$ 决定，其平均值由表 9-12 查得 σ_{lI} 后可得

$$N'_p=\frac{1}{4}\times(1142.1+2\times1204.8+1200.2)=1188.0\text{kN}$$

由预应力引起的等效荷载为（其计算方法与以上次内力计算时相同）

$$q' = 8N'_p e/l^2$$

$$q'_1 = \frac{8 \times 1188.0 \times 0.545}{(2 \times 5)^2} = 51.8 \text{kN/m}$$

$$q'_2 = \frac{8 \times 1188.0 \times 0.450}{(2 \times 5.2)^2} = 39.54 \text{kN/m}$$

$$q'_3 = \frac{8 \times 1188.0 \times 0.240}{(2 \times 1.8)^2} = 176.00 \text{kN/m}$$

等效荷载的计算简图与图 9-35 相同。综合弯矩的计算：亦与以上次内力计算时方法相同。

在端部由预应力偏心所引起的弯矩（e_p 值查表 9-12）：

$$M'_{eA} = N'_p \cos\theta e_p = 1188.0 \times 0.976 \times 68.75 \times 10^{-3} = 79.72 \text{kN} \cdot \text{m}(\downarrow)$$

$$M'_{eD} = -0.5 \times 79.72 = -39.86 \text{kN} \cdot \text{m}(\nwarrow)$$

由等效荷载引起的弯矩（弯矩方程和以上图 9-25 下的综合弯矩计算相同）

$$\overline{M}'_A = 0$$

$$\overline{M}'_D = 5.707 q'_1 + 11.224 q'_2 - 0.749 q'_3$$
$$= 5.707 \times 51.8 + 11.22A \times 39.54 - 0.749 \times 176.00 = 607.6 \text{kN} \cdot \text{m}$$

故得端部及支座 D 综合弯矩：

$$M'_{Ar} = M'_{eA} = 79.72 \text{kN} \cdot \text{m}(\leftarrow)$$

$$M'_{Dr} = -39.86 + 607.6 = 567.74 \text{N} \cdot \text{m}(\leftarrow)$$

跨中 B 点综合弯矩：M'_{Br} 值，由平衡条件可得 $R'_A = -216 \text{kN}$（↓）

$$M'_{Br} = -216 \times 5 + 0.5 \times 51.8 \times 5^2 + 79.72 = -352.79 \text{kN} \cdot \text{m}$$

(3) 施工阶段验算

① 跨中截面 B 上边缘验算

按公式（9-91）要求：$\sigma_{ct} \leqslant 1.0 f'_{tk}$

$$\sigma_{ct} = -\frac{N_{pI}}{A_n} + \frac{M_r - M_G}{I_n} y_n$$

$$= -\frac{1204.8 \times 10^3}{32.586 \times 10^4} + \frac{352.79 \times 10^6 - 132.35 \times 10^6}{205.91 \times 10^8} \times (800 - 532.6)$$

$$= -3.70 + 2.99 = -0.71 \text{N/mm}^2 (\text{受压}) < f_{tk}$$

满足要求。

跨中截面 B 下边缘验算

按公式（9-92）要求：$\sigma_{cc} \leqslant 0.8 f'_{ck}$

$$\sigma_{cc} = -3.70 - \frac{352.79 \times 10^6 - 132.35 \times 10^6}{205.91 \times 10^8} \times 532.6$$

$$= -3.70 - 5.70 = -9.40 \text{N/mm}^2 (\text{受压}) < 0.8 f_{ck} = -0.8 \times 26.8 = -21.4 \text{N/mm}^2$$

满足要求。

② 中间支座截面 D 检算：按以上同样的方法计算，上边缘受预压 $\sigma_{cc} = -6.87 \text{N/mm}^2$

$<0.8f'_{ck}$ 满足要求,下边缘受拉 $\sigma_{ct}=4.64\text{N/mm}^2>f'_{ct}$,抗裂性不满足要求,建议将混凝土强度等级提高到 C45,并将 D 支座曲线预应力筋位置降低至离上边缘 250mm 处,曲线筋 A、B 二点位置不变。经重新验算使用阶段抗裂性及施工阶段控制截面的应力,各方面均符合要求。

参 考 文 献

[9-1] 混凝土结构设计规范(GB 50010—2002). 北京:中国建筑工业出版社,2002
[9-2] 哈尔滨工业大学,华北水利水电学院合编(王振东主编). 混凝土及砌体结构(下册). 北京:中国建筑工业出版社,2003
[9-3] 陶学康编著. 无粘结预应力混凝土设计与施工. 地震出版社,1993
[9-4] 薛伟辰编著. 现代预应力结构设计. 北京:中国建筑工业出版社,2003
[9-5] 建筑结构静力计算编写组. 建筑结构静力计算手册. 北京:中国建筑工业出版社,1985

第10章 结 构 分 析

10.1 概 述

结构分析是指：在混凝土结构设计过程中，对结构在各种荷载作用下的力学效应和构造设计的分析或对其受力性能验算的分析研究。这对于保证结构的安全使用、经济合理有重要作用。

目前，我国对混凝土结构的应用范围和规模不断扩大，在结构设计中常常会出现一些新的情况，例如不规则的建筑结构体形在增多、受力状况更为复杂、结构分析的难度亦在增大等等。因此，合理地提出和选择结构分析的方法，检验计算结果的可靠性和准确度等，成为提高设计质量的重要环节。为此，《规范》增加了这一部分内容。

10.2 结构分析的基本要求[10-2]

结构分析的基本要求是：依据选定的设计方案和结构的布置、确定合理的分析方法，采用可能出现的最不利荷载（作用）状况，通过分析运算，提交出可靠的结构作用效应（如轴力、弯矩、剪力、刚度等），以保证结构设计的安全性和经济性。其基本要求为：

1. 应遵守国家标准有关规定，如《荷载规范》规定的荷载组合等，进行结构的分析；当结构在施工和使用阶段有多种受力状况时，应分别进行结构分析。

2. 结构分析的各种指标，如几何尺寸，计算简图、材料计算指标、边界条件等，应符合结构实际工作状况，所采用的简化计算，应有理论或试验依据。

3. 结构分析方法应符合下列要求：

(1) 满足力的平衡条件——无论是分析结构的整体或其中的一部分，都必须得到满足，否则任何结构都会导至失稳或结构构件的彻底破坏。

(2) 在不同程度上应符合变形协调条件——结构的变形条件，包括边界条件、支座和支点的约束条件、截面变形条件等。如果难以严格的满足，在不降低工程实用条件下，也应做到近似的满足。

(3) 应采用合理的材料或构件单元的本构关系——所谓本构关系，亦即为应力-应变关系，包括材料的及构件的。一般是通过试验分析，选取接近于钢筋混凝土性能的计算模型，从而建立起其相应的应力-应变关系曲线，为结构分析奠定可靠的分析基础。

10.3 结构分析的方法

在混凝土结构中，现用的结构分析方法为：按照力学原理和材料的性能，根据不同的受力阶段和受力特点，可分为以下几类，下面作简要的说明。

1. 线弹性分析法

此法是假设混凝土结构构件的材料为匀质线弹性体，分析时可取其应力和应变成正比，亦即其内力（应力）和变形（应变）均随荷载值按比例而增减；而截面的刚度 EI 或弹性模量 E，均取为常数，不随荷载或材料应力值而变化，结构分析只有惟一解。

线弹性分析法是结构分析法中最基本最成熟的分析方法，它可用于一切形式的一维（单向）、二维（双向）、三维（三向）受力结构和杆系结构；有时对一些体形和受力复杂的特殊结构也常被采用，同时也是其他分析方法的基础。

线弹性分析法是以结构的弹性阶段受力状态而建立的，对钢筋混凝土结构，亦用于超过弹性阶段进行各阶段受力状况的分析；此时，钢筋发生塑性屈服，混凝土受拉开裂和受压塑性变形，构件（截面）刚度降低，引起结构的内力重分布，其实际受力和变形状况与按线弹性分析的结果，会有一定的差别，但其误差是在工程允许范围之内，因此，在混凝土结构正常使用极限状态验算时，可采用此法进行结构的分析。

在混凝土结构承载能力极限状态配筋计算时，同样存在的问题是荷载效应（弯矩、剪力等）是按线弹性分析法确定的，而抗力是考虑塑性的极限状态计算的，从理论上讲，计算方法不协调。但由试验证实，在构件破坏时截面的内力（弯矩）值，仍与线弹性分析结果相接近，故可采用此法进行结构的分析。

在杆系结构中对线弹性分析法的应用：当构件的长度大于3倍的截面高度（$l/h>3$）时，就可作为单向受力的杆件。工程结构中常用的连续梁（板）、框架，属于典型的杆系结构，其所采用的线弹性分析法，具体有：①力矩分配法；②竖向荷载作用下，框架分析的分层法、迭代法；③水平荷载作用下，框架分析的反弯点法、改进反弯点法（即D值法）等。

按线弹性分析法计算截面刚度（EI）时，其弹性模量取相应混凝土强度等级的弹性模量 E_c；截面惯性矩可按均质全截面面积计算，不计钢筋的换算面积，也不扣除预留的预应力筋孔道或其他较细管道（如电线管、水管）的面积。

对T形截面惯性矩，我国在计算时，取用截面中矩形部分的面积的惯性矩（I_r）为基础，然后再加以修正。其修正值如表10-1所示。在实际设计时，考虑到混凝土开裂和塑性变形的影响，对梁、柱截面的刚度，可分别予以折减，经折减后各杆件仍采用定值的刚度，按线弹性方法进行结构的内力分析。

T形截面梁的计算惯性矩　　　　表10-1

框架类型	边框架	中间框架
现浇整体式	$1.5I_r$	$2.0I_r$
装配整体式	$1.2I_r$	$1.5I_r$

注：I_r 为梁截面矩形部分惯性矩；对装配式框架梁按实际截面计算。

对混凝土矩形薄板，当其长边和短边比值小于2时，应按双向板进行设计。计算时按双向板周边的支承条件不同（嵌固、简支、自由端），在各种荷载作用下，可采用线弹性法进行内力分析，对规则的矩形板，已制成计算系数表，供设计应用。

对板柱结构，在竖向荷载作用下，可用等代框架法进行近似分析。即将板柱沿柱纵横二个方向的柱列，划分成等代框架，分别确定"等代"梁和柱的截面尺寸和刚度，然后按线弹性法进行内力分析，再将等代框架所得的总弯矩，沿支座横向按其支承条件的不同，划分为柱上板带和跨中板带，进行弯矩分配和配筋。

2. 考虑塑性内力重分布的分析法

超静定结构在达到承载能力极限状态之前，构件截面的钢筋和混凝土将进入塑性阶段，其内力不同程度的要发生重分布，设计时主动地利用这一特点，确定其内力设计值，具有节约钢材、调整布筋、方便施工等优点。

考虑塑性内力重分布的结构分析法有多种，比较常用的是弯矩调幅法：首先用线弹性法分析各种荷载作用下的结构内力，求得各控制截面的最不利弯矩，由于连续结构的支座弯矩一般要大于跨中弯矩，故对构件采取减少支座弯矩，并求得相应的跨中弯矩，进行这样调幅处理后，按减少后的支座弯矩进行配筋设计，其支座截面的受拉钢筋塑性屈服，产生内力重分布并向跨中转移，是使配筋更加合理的一种方法。此法较具体的概念为：

如图 10-1 所示，连续板、梁第一跨在荷载作用下按线弹性分析法求得的支座 B 最大弯矩为 M_B 值，若经调幅后支座 B 的弯矩为 M'_B 值，则可得。

$$M'_B = (1-\beta)M_B \qquad (10\text{-}1)$$

式中 β 称为弯矩调幅系数，亦即经调幅后弯矩减少系数。对 β 值确定的原则为，经调幅后在跨中弯矩不明显增加的前提下，相应的支座弯矩有所减少。这样，使配筋更加合理，同时节约钢材，便利施工。对 β 值的具体取值，将在下一章中进一步说明。

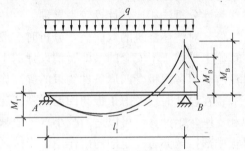

图 10-1　连续板、梁第一跨调幅的弯矩图

采用考虑内力重分布的方法进行结构分析时，构件各调幅截面必须具有足够的塑性转动能力，亦即使受拉纵筋能够首先塑性屈服实行内力重分布；而不是截面混凝土首先被压碎使构件出现突然的脆性破坏。为此，考虑内力重分布的分析基础，对结构必须是进行延性设计，确保截面的塑性转动能力。延性设计的有效措施是：

（1）控制截面（即调幅截面）的相对受压区高度，一般要求满足 $\xi=x/h\leqslant 0.35$ 的限制条件。在构件配筋设计时，限制了截面混凝土受压区高度，由截面内力的压力和拉力相平衡的条件可知，就等于限制了受拉纵筋用量，保证了纵筋首先塑性屈服。

（2）有时截面受拉纵筋配置较多同时又不能减小，为防止混凝土首先破坏，则可增加受压钢筋按双筋截面计算，此时，其相对受压区高度仍要求限制在上述范围以达到延性设计的要求。

（3）应采用塑性性能好的材料：即应选用具有屈服强度的钢筋和中等强度等级的混凝土。

按上述的分析方法进行结构设计时，在一般情况下，对弯矩的调幅值当符合《规范》要求的限制条件时，就可满足结构正常使用极限状态的性能，必要时才进行专门的验算。

有些构件不允许出现裂缝，或直接承受动力作用，或处于严重侵蚀环境等情况下，为保证其安全性，不宜采用此类分析的方法。

3. 塑性极限分析法

分析时假设结构构件为刚塑性或弹塑性体，即认为构件本身变形极其微小可以忽略不计，而在荷载作用下到达极限状态时，全部变形集中发生在构件最不利控制截面，并达到塑性屈服，形成塑性铰接（对梁）或塑性铰线（对板）的连接，结构按此塑性极限平衡条件分析内力的一种方法。

塑性极限分析法与考虑内力重分布分析法都属于塑性理论分析计算的范畴；但后者仅考虑某个或几个被调幅截面出现塑性铰的工作状态，例如图10-1中仅在支座 B 截面达到塑性屈服；而在塑性极限分析时，则认为全部控制截面均达到塑性屈服状态。例如图10-1中，跨中最大弯矩处和支座 B 截面处，均已进入塑性屈服的极限平衡状态。二者是有区别的。

塑性极限分析法，在混凝土结构双向板的设计应用较为普遍，其特点：

(1) 由于板是低配筋构件，其控制截面出现的塑性铰线有很好的转动能力，使其实际的破坏图形与按塑性极限分析的计算简图符合程度较好，计算结果钢筋用量较为节省，但与线弹性分析法相比，计算较为繁琐。

(2) 对整体浇筑的双向板，分析时一般仅考虑竖向荷载的受弯作用。按塑性极限分析在理论上是偏于不安全的（即所谓设计的上限）。但实际上是安全可靠的，原因是在分析时没全面考虑板受四周条件约束的提高作用。

板在设计时仅考虑了板与四周梁整体连接时，梁使板起到内拱的约束作用，对板的跨中和支座弯矩计算值可以适当减小（一般减小20%）。实际上在板底平面内，其四周压区对板中部拉区亦有一定的约束作用，当拉区发生变形时，四周压区混凝土好似箍一样能够减少拉区的变形，一般称之为薄膜作用。

研究表明：双向板在竖向荷载作用下，实际破坏时的荷载要比板按钢筋屈服时的荷载计算值可提高30%以上，这对板破坏时承载力是很有利的。

英国学者奥卡雷森（A. T. Ocklesten）[10-3]在监督旧医院拆除工作时发现，很难用竖向加载的方法去破坏一块周边与其他板相连接的四边支承板[10-3]，说明板底确实存在水平薄膜的作用（图10-2），并提出，薄膜作用对简支板将产生荷载重分布的影响，可以用如图10-3所示粗略的估算。从该图可以看出，其跨中弯矩减小了，相应的承载能力能够提高。

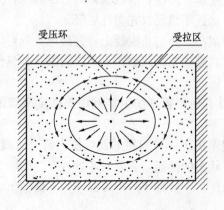

图10-2 双向板底面开裂前平面内受力示意图

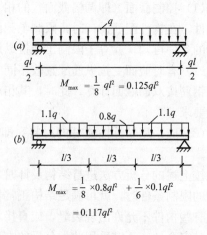

图10-3 双向简支板薄膜作用的估算
(a)均布荷载；(b)薄膜作用荷载重分布的估算

从上述可知，双向板四周的约束条件从机理分析应包括：

(1) 内拱作用——虽然它对支座和跨中控制截面的压区增加了压力，但由于板是低配筋构件，在塑性铰线出现后仍是受拉钢筋首先屈服，对压区影响不大；相反在受拉区由于内拱作用使构件变形减小，承载能力增加了。

(2) 板底平面内的薄膜作用——仅仅是在受拉区变形（挠度）很大时才有效果。

由于板受以上二种约束作用后，各截面内力变化较为复杂，很难计算这种有利因素，但说明采用塑性极限分析法设计，确实是可靠的；还需注意到，按此法设计时，还需满足结构使用阶段性能（如裂缝）的要求。

4. 非线性分析法

(1) 非线性分析的概念

结构内力分析时的线性与非线性的概念，简单的说，例如结构在荷载作用下，当荷载较小，其截面上的应力与应变成比例变化，则称为是线性的；否则，当荷载增加超过比例极限以后，构件发生塑性变形，截面上的应变增长要比应力增长为快，其应力与应变不成比例变化，则称为是非线性的问题。

结构非线性分析的内容是多方面的，例如固体力学的线性问题中，常做如下假定：①材料的本构（即应力-应变）关系是线性的；②应变与位移的几何关系是线性的；③应变很小；④外部荷载的大小与方向不随结构变形的变化而变化。

从上述四个假定中，可以知道，结构的非线性问题，可以分成以下三类：

1) 仅当其中第一个假设不满足，属材料非线性问题；它还可以按本构关系分成与时间无关的短期本构关系（如试验所得的应力、应变关系）和与时间有关的长期本构关系（如收缩、徐变）。

2) 若第一个假定满足，后三个假定中任何一个不满足，则属几何非线性问题。

3) 若第一个假定和后三个假定中的任何一个假定不满足，则属材料和几何耦合非线性问题。

(2) 混凝土结构的非线性分析

混凝土结构受力性能的特点：①由钢筋和混凝土所组成的两种材料，两者的强度（特别是抗拉强度）差异较大，在正常使用阶段，结构构件就处在非线性情况下工作；②混凝土的拉、压应力、应变关系具有明显的非线性特征；③构件在荷载（特别是反复荷载）作用下，钢筋与混凝土间的粘结关系非常复杂，将会产生相对的塑性滑移；④混凝土的变形与时间有关（收缩、徐变）。以上性能用弹性分析法不能反映其真实情况。

混凝土结构破坏时的分析准则，包括：

材料强度破坏：分析时在考虑材料非线性（如确定材料的各种计算指标，构件开裂后的刚度等）基础上，可以通过对结构可忽略不计的初始未变形的状态，建立平衡条件来解决。

失稳破坏：分析时考虑几何非线性，通常按结构变形后的状态来建立平衡方程式。

因此，对混凝土的结构分析，既要考虑材料非线性对结构的强度及刚度的影响，又要考虑位移对混凝土内力的影响，属于材料与几何耦合的非线性分析。

混凝土结构的非线性分析，是以钢筋混凝土材料、构件截面或各种计算单元的实际受力性能为依据，得出相应的非线性本构关系，建立变形协调条件和力的平衡条件后，可准确地分析结构从开始受力，直至承载力极限状态，甚至其后的承载力下降段的各种作用效应（内力、变形、裂缝等）变化的全过程，以获得对结构进行验算条件的方法。

目前，混凝土结构非线性分析主要用于：①分析结构全过程的各阶段受力性能，如材料非线性、混凝土开裂后导致截面的应力应变分布、钢筋粘结滑移，混凝土收缩徐变后的内力重分布等力学性能分析，为结构设计提供可靠依据；②重要结构、有些体形复杂及受力特殊结构的承载力和力学性能的分析，验证结构的适用性和安全性；③模拟结构的破坏过程，分析材料强度、钢筋种类、布筋方式、养护条件、加载条件等参数变化对结构力学性能的影响，以减小试验数量，降低试验费用，提高效率。

混凝土结构非线性分析与结构的线弹性分析的区别是，在结构效应计算中，线弹性分析是按结构构件刚度不变的条件进行分析的，忽略了非线性的影响；实际上构件或单元刚度变化是随着荷载的增加贯穿于结构的弹性、开裂、非线性和极限范围。非线性分析是把由于构件或单元刚度变化所引起的内力重分布考虑进去，使计算结果更加符合实际，并将会提高结构的可靠性，降低结构造价。

但是，非线性分析法比较复杂，计算工作量较大，因此，在分析时需采用有限元法，充分利用计算机技术，进行准确、快速的计算，已成为目前先进分析方法的方向。

5. 试验分析法

对于各种体型和受力比较复杂的结构或其一部分，可通过其模型试验，测定各部分的应力分布、变形和裂缝发展情况，进行结构极限状态的验算。

10.4 杆系结构的非线性分析法[10-2]

为了对非线性分析法增加初步的概念，现以杆系结构中的单筋受弯构件为例，简要说明其分析全过程。

1. 弯矩-曲率曲线

混凝土构件从开始受力直至极限状态，经历了一个复杂的非线性过程，可用其截面的弯矩-曲率（M-ϕ）变化曲线完整地表述。由力学可知，受弯构件的弯矩 M，曲率 ϕ 和弯曲刚度 B 之间的关系可表达为 $\phi = \dfrac{1}{r} = \dfrac{M}{B}$，$r$ 为曲率半径。如图10-4所示。

在开裂前($M \leqslant M_{cr}$)——构件处于弹性工作阶段，弯矩和曲率成比例增长，此处，M_{cr} 为构件开裂时所能承担的弯矩；

在开裂后($M > M_{cr}$)——钢筋拉应力骤增，曲率有一突变而不断增加，随着弯矩的增大，裂缝逐渐向上延伸，压应力逐渐增大，截面出现塑性变形而进入非线性阶段工作；

钢筋屈服后($M \geqslant M_y$)——应力虽不增加，而应变迅速增加，中和轴上移，混凝土应力迅速增大，此时由于内力臂增加，使受弯承载力略有增加，M-ϕ 曲线平缓；

当达到极限弯矩后($M = M_u$)——压区混凝土被压碎，构件迅速破坏。

对弯矩-曲率关系曲线，可通过下述的方法得出：

（1）进行试件试验实测，可得在不同荷载的弯矩作用下相应截面的拉区钢筋应变 ε_s 和压区边缘混凝土的压应变 ε_c，则得曲率 $\phi = (\varepsilon_s + \varepsilon_c)/h_0$，从而可作出 M-ϕ 曲线。

(2) 根据构件截面的 M 值，利用非线性分析基本计算公式，得出相应的曲率（具体见下面基本公式计算）。当控制截面的 M_{cr}、M_y、M_u 值及相应的 ϕ_{cr}、ϕ_y、ϕ_u 值确定后，其任意截面处与弯矩 M 相对应的曲率 ϕ，就可按如图 10-5 所示简化的三段折线计算模型的 $M\text{-}\phi$ 曲线来确定，使计算大为简化。

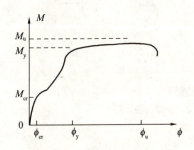

图 10-4　截面弯矩-曲率曲线

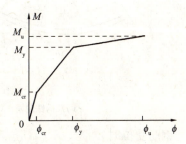

图 10-5　简化的弯矩-曲率模型

2. 构件截面刚度

在超静定结构中，只有较准确的得出其与该结构构件实际受力相应的刚度值时，才能求出与实际情况相符合的荷载效应值。在计算时，当构件受载后未开裂，处于弹性工作阶段时，截面刚度可取为一定值，称为线弹性刚度以 $B=EI$ 表示。

当构件开裂以后进入非线性工作阶段，截面刚度开始分为割线刚度 $B_S(B_S = M/\phi)$ 和切线刚度 $B_T(B_T = \mathrm{d}M/\mathrm{d}\phi)$；随着弯矩或曲率的增大，$B_S$ 和 B_T 值逐渐随之而减小，设计时，根据分析方法和设计要求的不同，可采用 B_S 和 B_T 值进行各自的分析。

当构件的截面刚度值及其变化规律确定后，可推导出全杆或一段杆件的刚度，用杆系结构有限元法进行分析，以获得结构的荷载效应（内力和变形）值，最后可按承载力极限状态和正常使用极限状态的要求，进行结构的验算。

3. 非线性分析的基本公式

计算时首先应确定其截面参数（截面尺寸、配筋量、边界条件等），材料性能（强度等级、弹性模量等）以及材料的应力-应变曲线，则可得：

(1) 平截面假定截面的变形协调条件：截面的平均应变符合线性分析。如图 10-6 所示，若以 $\bar{\varepsilon}_0$ 表示截面顶部混凝土平均压应变；$\bar{\varepsilon}_s$ 表示受拉钢筋的平均拉应变，则得截面的曲率为：

$$\phi = \frac{\bar{\varepsilon}_0 + \bar{\varepsilon}_s}{h_0} \tag{10-1}$$

距压区顶面 z 处的平均应变

$$\bar{\varepsilon}_z = \bar{\varepsilon}_0 - \phi z \tag{10-2}$$

受拉钢筋的平均应变

$$\bar{\varepsilon}_s = \phi h_0 - \bar{\varepsilon}_0 \tag{10-3}$$

上式中的 $\bar{\varepsilon}_z$、$\bar{\varepsilon}_s$ 的表达式均为 ϕ 及 $\bar{\varepsilon}_0$ 的函数。

(2) 材料的应力-应变关系（本构关系）

$$\left.\begin{array}{ll}\text{混凝土受压时}\ (\varepsilon_z > 0) & \sigma_c = f(\varepsilon_z) \\ \text{混凝土受拉时}\ (\varepsilon_z < 0) & \sigma_t = f(\varepsilon_z)\end{array}\right\} \tag{10-4}$$

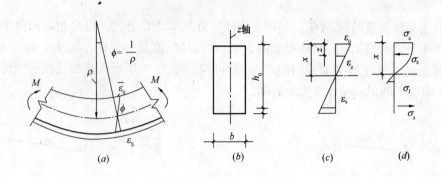

图 10-6 构件曲率和截面应变
(a) 构件曲率；(b) 横截面；(c) 应变图；(d) 开裂后应力图

钢筋受拉时 $\sigma_s = f(\varepsilon_s)$ (10-5)

式中：σ_c、σ_t——裂缝截面混凝土受压、受拉应力；

σ_s、ε_s——裂缝截面受拉钢筋应力及应变；

$\bar{\varepsilon}_0$——裂缝截面顶部混凝土平均压应变。

在上式中，计算时可取 $\bar{\varepsilon}_0 = \varepsilon_0$，$\bar{\varepsilon}_s = \psi\varepsilon_s$。

ψ——裂缝截面受拉钢筋应变不均匀系数，可按公式（8-21）确定。

对于上述的材料应力-应变关系，可以采用以下比较符合试验和实际情况的计算模型来表达，这对顺利进行运算和获得准确计算结果，将会起到重要的作用。

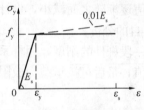

图 10-7 钢筋应力—应变计算模型（有屈服点）

对混凝土的应力-应变关系曲线，即公式（10-4），可采用公式（10-12）、（10-13）及公式（10-16）、（10-17）来确定。

对钢筋的应力、应变关系，当有明显屈服点时，可取为理想的弹塑性模型（图10-7），即

$$\left.\begin{array}{l}当 \varepsilon_s < \varepsilon_y, 取 \sigma_s = E_s\varepsilon_s \\ \varepsilon_y \leqslant \varepsilon_s < \varepsilon_u, 取 \sigma_s = f_y\end{array}\right\}$$ (10-6)

当 $\varepsilon_s > \varepsilon_y$ 时，也可近似取为平缓的斜线，即以 $\sigma_y = f_y + 0.01E_s\varepsilon_s$ 来表达。

对无屈服点钢筋，其应力、应变的曲线关系，计算时可参考有关文献或由试验确定。

(3) 平衡条件（裂缝截面），由图 10-6 得：

$$\sum N = 0 \quad 0 = \int_0^x \sigma_c b dz - \int_0^x \sigma_t b dz - \sigma_s A_s \tag{10-7}$$

$$\sum M = 0 \quad M = \int_0^x \sigma_c b dz \left(\frac{h}{2} - z\right) - \int_0^x \sigma_t b dz \left(\frac{h}{2} - z\right) - \sigma_s A_s \left(\frac{h}{2} - a_s\right) \tag{10-8}$$

上式中 x——裂缝截面的受压区高度。

在以上平衡方程式中，若已知计算截面的弯矩 M，因 σ_c、σ_t、σ_s 等应力值，均为截面曲率 ϕ 和顶面混凝土压应变 ε_0 的函数，则取 ϕ 和 ε_0 值为基本未知数，由公式（10-7）及（10-8）理论上可解出 ϕ 和 ε_0 值，再计算截面的应变和应力分布，则可作出与该截面对应的 M-ϕ 曲线。这样，就可得出结构非线性阶段不同荷载效应的全过程，并进行极限状态的验算。

在上述计算过程中，由于材料（混凝土、钢筋）的应力、应变非线性的关系，以及中和轴随着荷载增加而上升，引起截面拉、压应力图形的变化等原因，使计算过程非常复

杂，很难通过简单运算求解。一般都将构件的截面沿高度方向离散为若干条形面积，利用计算机进行数值运算得出。

（4）材料指标及荷载取值

结构非线性分析时，若采用材料的标准值或设计值作为计算指标，由于它已考虑一定的安全储备，其计算结果不能反映结构的实际情况，因此，应采用其强度平均值作为计算指标，但最好是通过试验实测得出材料的强度指标，较为合理。

在分析时，由于材料的强度平均值或试验值均未考虑结构的安全储备，因此，在按承载能力极限状态验算时，应将其荷载效应（弯矩）基本组合值乘以大于 1.0 的修正系数，以保证结构的安全性；此修正系数的具体确定，不宜小于以下的数值：

当以受拉钢筋控制破坏时（如轴拉、受弯、偏拉、大偏压等）取为 1.4；当以受压混凝土或斜截面控制破坏时（如轴压、小偏压、受剪、受扭等）取为 1.9。在正常使用极限状态验算时，可取荷载效应的标准组合值，一般可不作修正。

10.5 混凝土的多轴强度

混凝土的强度是结构设计的主要依据，对结构的安全性和经济合理性具有重要影响。我国以往规范规定的都是按一定标准试验方法确定的混凝土单轴受力强度指标，除螺旋箍筋等个别情况外，没有解决任何多轴应力状态的强度问题。而实际工程的混凝土结构构件，大量存在多轴受力的情况，即使是一般的梁、柱构件，截面在轴力、弯矩和剪力作用下，亦产生正应力和剪应力。

试验研究表明：混凝土的多轴受压强度远大于单轴受压强度，而多轴压-拉应力状态下的强度又必定低于其单轴受压强度，因此，如若均按单轴强度来验算构件的承载力，是不完全符合其实际受力性能的。

混凝土的多轴强度一般采用立方体试件，沿二个或三个方向施加压力或拉力，直至破坏时所得的各个方向强度值 $f_i(i=1,2,3)$。计算时符号取拉为正，压为负，且为 $f_1 \geqslant f_2 \geqslant f_3$。

此次《规范》的修订，给出了以相对值（f_i/f_c、f_i/f_t）表示的混凝土多轴强度表达式，其中 f_c、f_t 为单轴强度，计算时根据其分析方法或极限状态验算的需要，可分别取其相应的标准值（f_{ck}、f_{tk}）、设计值（f_c、f_t）或平均值（f_{cm}、f_{tm}）。

1. 二轴强度

混凝土多轴强度（包括二轴和三轴）验算应符合下列要求：

$$|\sigma_i| \leqslant |f_i| \quad (i=1,2,3) \quad (10\text{-}9)$$

式中 σ_i——混凝土应力值；

f_i——混凝土多轴强度，按图 10-8 确定。

混凝土二轴强度包络图如图 10-8 所示。所谓混凝土二轴强度包络图，是对不同强度等级的混凝土试件，采用不同加载形式（压-压、

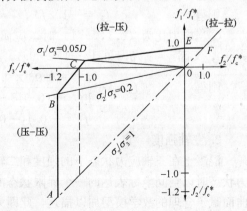

图 10-8 《规范》（GB 50010）规定的混凝土二轴强度简化包络图

压-拉、拉-拉）试验所得二轴受力强度值（f_1、f_2 或 f_3），在平面坐标中，构成一条界限状态的破坏曲线，其所包围的应力图，称为混凝土二轴强度包络图。在图 10-8 中的 AB-CDEF 折线图，为其曲线图形用折线图形代替的二轴强度简化包络图。当构件内的应力处于包络图以内时，则表示其应力未超过混凝土的强度，因此，其受力状态是安全的；相反，当其应力处于包络图线以外时，则表示混凝土已经破坏。

为了计算方便，根据《规范》规定的图 10-8 所示的包络图，可按各种应力状态各区段的应力比例关系，建立起混凝土二轴强度的计算式，如表 10-2 所示[注]，其中 f_c^*、f_t^* 为混凝土单轴强度，根据极限状态的需要可分别取为标准值（f_{ck}、f_{tk}），设计值（f_c、f_t）或平均值（f_{cm}、f_{tm}）。

混凝土二轴强度计算式 表 10-2

区 段	应力状态	应力比	二轴强度计算式
AB	压-压 $\sigma_1 = 0$	$\gamma = \sigma_2/\sigma_3$ $0.2 \leqslant \gamma \leqslant 1.0$	$f_3 = -1.2 f_c^*, f_2 = -1.2\gamma f_c^*$
BC	压-压 $\sigma_1 = 0$	$\gamma = \sigma_2/\sigma_3$ $0 \leqslant \gamma \leqslant 0.2$	$f_3 = \dfrac{-1.2}{1.2-\gamma} f_c^*, f_2 = \gamma f_c$
CD	拉-拉 $\sigma_2 = 0$	$\gamma = \sigma_1/\sigma_3$ $-0.05 \leqslant \gamma \leqslant 0$	$f_3 = \dfrac{-1.2}{1.2-\gamma} f_c^*, f_1 = \gamma f_c$
DE	拉-压 $\sigma_2 = 0$	$\gamma = \sigma_1/\sigma_3$ $\gamma \leqslant -0.05$	$f_3 = \dfrac{0.96 f_t^* f_c^*}{f_t^* - (0.048 + 0.96\gamma) f_c^*}$ $f_1 = \gamma f_3$
EF	拉-拉 $\sigma_3 = 0$	$\gamma = \sigma_2/\sigma_1$ $0 \leqslant \gamma \leqslant 1.0$	$f_1 = f_t^*, f_2 = \gamma f_1$

注 此表为清华大学过镇海教授提出。

【例 10-1】 已知混凝土的单轴抗压强度为 f_c^*、单轴抗拉强度 $f_t^* = 0.1 f_c^*$，若二轴方向的应力比为：①（-0.3，-1），②（0.1，-1），试计算其二轴强度值。

【解】 ①当应力比为（-0.3，-1）时，应属于图 10-8 中的压-压区，此时由表 10-2 可知 $\sigma_1 = 0$。又因 $\gamma = \sigma_2/\sigma_3 = -0.3/-1 = 0.3$，故其包络线在 AB 区段，查表 10-2

则得 $\qquad f_3 = -1.2 f_c^*, f_2 = -1.2\gamma f_c^* = -0.36 f_c^*$

②当应力比为（0.1，-1）时，应属于图 10-8 中的拉-压区，此时由表 10-2 可知 $\sigma_2 = 0$，又因 $\gamma = \sigma_1/\sigma_3 = 0.1/-1 = -0.1$，故其包络线在 DE 区段，查表 10-2：

则得 $\qquad f_3 = \dfrac{-0.96 \times 0.1 f_c^* \cdot f_c^*}{0.1 f_c^* - (0.048 - 0.96 \times 0.1) f_c^*} = -0.65 f_c^*$

$$f_1 = -0.1(-0.65 f_c^*) = 0.065 f_c^*$$

2. 三轴强度

混凝土在三轴应力状态下的强度和二轴强度一样，通过试验可以求出混凝土在三轴应力状态时以空间坐标表达的一个界限状态的空间曲面——破坏包络曲面，计算时对该包络曲面赋予合理的数学模型加以描述，此即为混凝土的破坏准则。《规范》C4.1 条中对破坏准则，作了具体的规定，用以对混凝土多轴强度的验算，但计算比较复杂。

通常对不是特别重要的结构，《规范》给出了下列简化计算法。

(1) 三轴受拉强度

试验表明，混凝土在三轴受拉应力状态下，其各向强度均有所降低。《规范》取用如下表达式

$$f_i = 0.9 f_t^* \quad (i = 1、2、3) \tag{10-10}$$

(2) 三轴拉压强度

三轴拉压应力状态包括（拉-拉-压）及（拉-压-压）二种。此时，《规范》规定混凝土的多轴强度可以不计 σ_2 的影响，按二轴拉-压强度取值（即按图 10-8 拉-压区取值，或按表 10-2 中 CD、DE 区段的相应公式计算）。

(3) 三轴受压强度

研究表明，混凝土在三轴受压应力状态下的抗压强度（f_3）值，随应力比（σ_1/σ_3）的加大而成倍地增长。国内外对其计算方法不一；为了方便，《规范》条文说明 C.3.3 中，根据图 C.3.3 的简化规定，提出确定三轴抗压强度的如下计算公式：

$$\frac{-f_3}{f_c^*} = 1.2 + 33\left(\frac{\sigma_1}{\sigma_3}\right)^{1.8} \leqslant 5 \tag{10-11}$$

公式（10-11）计算时有二个特点：

1) f_3/f_c^* 的最大值规定为不大于 5，以保证安全。而实际其试验值，可能比此规定限值要大得多；

2) 为了简化计算，不考虑 σ_2 对（σ_1/σ_3）的影响。

【例 10-2】 已知混凝土单轴抗压强度为 f_c^*，若三轴方向的应力比为（0.1、−0.5、−1.0），试确定其三轴拉-压强度。

【解】 当应力比为（0.1、−0.5、−1.0）时，属于三轴拉-压强度状态，按《规范》规定，可以忽视 σ_2 的作用，由表 10-2 的二轴强度公式计算。

因 $\gamma = \sigma_1/\sigma_3 = 0.1/-1.0 = -0.1$，则由表 10-2 中 DE 区段公式算得：

$$f_3 = -0.65 f_c^* \qquad f_1 = -0.1 f_3 = 0.065 f_c^*$$

$$f_2 = \frac{\sigma_2}{\sigma_3} f_3 = 0.5 \times (-0.65 f_c^*) = -0.325 f_c^*$$

【例 10-3】 已知混凝土单轴抗压强度为 f_c^*，若三轴方向的应力比为（−0.15、−0.25、−1.0），试确定其三轴抗压强度。

【解】 当应力比为（−0.15、−0.25、−1.0）时，属于三轴受压强度状态，按《规范》规定，可忽视 σ_2 的作用，则按公式（10-11）可得：

$$\frac{-f_3}{f_c^*} = 1.2 + 33\left(\frac{\sigma_1}{\sigma_3}\right)^{1.8} = 1.2 + 33\left(\frac{-0.15}{-1.0}\right)^{1.8} = 2.285$$

故得 $f_3 = -2.285 f_c^*$，$f_1 = \frac{\sigma_1}{\sigma_3} f_3 = 0.15 \times (-2.285 f_c^*) = -0.343 f_c^*$

$$f_2 = \frac{\sigma_2}{\sigma_3} f_3 = \frac{-0.25}{-1.0} \times (-2.285 f_c^*) = -0.571 f_c^*$$

从上例可以看出，混凝土在三轴受压强度条件下，其第三轴抗压强度（f_3）比单轴抗压强度 f_c^* 提高（2.285）倍，可见利用三轴受压强度进行混凝土结构设计，是可以获得较好经济效益的。

10.6 混凝土的本构关系

在力学中的本构关系，可以认为是力和变形之间的关系。在结构分析中，例如对二维、三维结构某一点的应力应变状态的分析，需要该点材料的应力-应变本构关系进行求解；对钢筋混凝土受弯构件截面的应力、应变状态的分析，需要该截面的弯矩-曲率本构关系，进行求解等等。因此，它是结构分析中必须具备的一种物理关系。其中，最基本的是材料的单轴和多轴应力-应变本构关系。

1. 单轴受压应力-应变关系

试验研究表明，混凝土单轴受压应力-应变关系为一偏态单峰曲线，随着混凝土强度等级的不同，其曲线形状亦略有差别。低强度等级的混凝土，其曲线比较平缓；强度等级越高，其轴心抗压强度随之而提高，上升段曲线斜率随之增大，下降段很快降落破坏，表明材质更脆，延性亦愈差（图 1-18）。

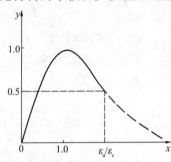

图 10-9 混凝土单轴受压应力-应变曲线

为了便于结构的非线性分析，《规范》附录 C.2 规定：
混凝土单轴受压的应力-应变曲线方程可按下列公式确定（图 10-9）：

当 $x \leqslant 1$ 时
$$y = \alpha_a x + (3 - 2\alpha_a)x^2 + (\alpha_a - 2)x^3 \tag{10-12}$$

当 $x > 1$ 时
$$y = \frac{x}{\alpha_d(x-1)^3 + x} \tag{10-13}$$

$$x = \varepsilon/\varepsilon_c \tag{10-14}$$

$$y = \sigma/f_c^* \tag{10-15}$$

式中 α_a、α_d——混凝土单轴受压应力-应变曲线上升段、下降段的参数，按表 10-3 采用；

f_c^*——混凝土的单轴抗压强度（f_{ck}、f_c 或 f_{cm}）；

ε_c——与 f_c^* 相应的混凝土峰值压应变，按表 10-3 采用。

混凝土单轴受压应力-应变曲线上升段、下降段的参数值　　　　表 10-3

f_c^* (N/mm^2)	15	20	25	30	35	40	45	50	55	60
ε_c ($\times 10^{-6}$)	1370	1470	1560	1640	1720	1790	1850	1920	1980	2030
α_a	2.21	2.15	2.09	2.03	1.96	1.90	1.84	1.78	1.71	1.65
α_d	0.41	0.74	1.06	1.36	1.65	1.94	2.21	2.48	2.74	3.0
$\varepsilon_0/\varepsilon_c$	4.2	3.0	2.6	2.3	2.1	2.0	1.9	1.9	1.8	1.8

注：表中曲线参数值按《规范》条文说明附录 C 第 C.2 条规定采用。

【例 10-4】 试确定 C30 混凝土的单轴受压应力-应变曲线。

【解】 C30 混凝土的轴心抗压强度标准值，按《规范》查得，$f_{ck} = 20.1 \text{N/mm}^2$。

在确定应力-应变曲线时，若取混凝土的强度平均值 f_{cm} 作为 f_c^* 的计算指标，并从表 2-9 查得 $\delta_c = 0.14$（δ_c 为混凝土的变异系数），则得

$$f_c^* = f_{cm} = \frac{f_{ck}}{1 - 1.645\delta_c} = \frac{20.1}{1 - 1.645 \times 0.14} = 26.1 \text{N/mm}^2$$

根据 f_c^* 值查表10-3，按插入法可得：

$$\varepsilon_c = 1578 \times 10^{-6}, \alpha_a = 2.078, \alpha_d = 1.126, \varepsilon_u/\varepsilon_c = 2.53$$

将以上参数代入公式（10-12）至（10-15）即可得出其应力-应变曲线（σ-ε）方程式。

2. 单轴受拉应力、应变关系

《规范》规定：混凝土单轴受拉的应力-应变曲线方程可按下列公式确定（图10-10）：

当 $x \leqslant 1.0$ 时

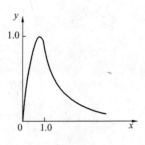

图10-10 单轴受拉应力-应变曲线

$$y = 1.2x - 0.2x^6 \tag{10-16}$$

当 $x > 1.0$ 时

$$y = \frac{x}{\alpha_t(x-1)^{1.7} + x} \tag{10-17}$$

$$x = \varepsilon/\varepsilon_t \tag{10-18}$$

$$y = \sigma/f_t^* \tag{10-19}$$

式中 α_t——单轴受拉应力-应变曲线下降段的参数值，按表10-4取用；

f_t^*——混凝土的单轴抗拉强度（f_{tk}、f_t 或 f_{tm}）；

ε_t——与 f_t^* 相应的混凝土峰值拉应变，按表10-4取用。

混凝土单轴受拉应力-应变曲线的参数值　　　　表10-4

f_t^* (N/mm²)	1.0	1.5	2.0	2.5	3.0	3.5	4.0
ε_t (×10⁻⁶)	65	81	95	107	118	128	137
α_t	0.31	0.70	1.25	1.95	2.81	3.82	5.00

【例10-5】　试确定C30混凝土的单轴受拉应力-应变曲线

【解】　C30混凝土轴心抗拉强度标准值，按《规范》查得 $f_{tk} = 2.01 \text{N/mm}^2$。

在确定应力-应变曲线时，若取混凝土的强度平均值 f_{tm} 作为 f_t^* 的计算指标，则得

$$f_t^* = f_{tm} = \frac{f_{tk}}{1 - 1.645\delta_c} = \frac{2.01}{1 - 1.645 \times 0.14} = 2.61 \text{N/mm}^2$$

根据 f_t^* 值查表10-4，按插入法可得：

$$\varepsilon_t = 109 \times 10^{-6}, \alpha_t = 2.14$$

将以上参数代入公式（10-16）至（10-19），即可得出其单轴受拉应力-应变曲线（σ_c-ε_c）方程式。

参 考 文 献

[10-1]　混凝土结构设计规范(GB 50010—2002). 北京：中国建筑工业出版社，2002

[10-2]　中国建筑科学研究院主编. 混凝土结构设计. 北京：中国建筑工业出版社，2003

[10-3]　[英]斯图亚特S·J莫易著. 陈维纯、马宝华译. 钢结构与混凝土结构塑性设计法. 北京：中国建筑工业出版社，1986

第 11 章 混凝土板、梁结构设计

11.1 概 述

混凝土板、梁结构是指结构由板和梁组成，荷载直接作用在板上，板再将其传递给梁，由板梁共同承载的一种结构体系。它在工业与民用房屋的楼盖、屋盖以及桥梁的桥面结构、水池的顶盖及底板、挡土墙等结构中，得到广泛的应用；其中的楼盖是板、梁结构典型的结构形式。

1. 楼盖的结构形式，主要有：

(1) 肋梁楼盖：由板和相交的梁组成，它又可分为单向板肋梁楼盖（图 11-1）和双向板肋梁楼盖。

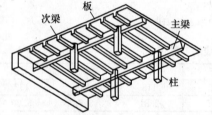

图 11-1 单向板肋梁楼盖

(2) 无梁楼盖：楼盖中不设梁，而将板直接支承在柱子上，其优点是板的底面平整，但因板的跨度较大，需用材料较多，通常在冷库、仓库及商店等工程中采用。

混凝土楼盖按施工方法不同可以分为：

(1) 整体式楼盖——混凝土为现场浇筑。结构整体性好，但施工工期较长，并受季节性的影响，一般在多层工业房屋的楼面特别是某些有特殊荷载作用的楼面以及楼面有较复杂孔洞时采用；在中小型公共及民用建筑的门厅和不规则的局部楼面亦常采用；此外，在多高层建筑中的应用亦日益增多。

(2) 装配式楼盖——由预制的板梁构件在现场装配而成。施工速度快、省工省料，但结构的整体性较差，通常当楼盖无特殊要求时，得到广泛应用。

(3) 装配整体式楼盖——其中的一部分构件（或结构的一部分）为预制，另一部分采用现浇。例如采用梁柱为现浇，楼板为预制；或将梁板部分预制，作为现浇部分的模板，从而能够大量节省模板，同时增强结构的整体性。

2. 单向板与双向板

在平面楼盖中，板被梁划分成许多区格，板与梁整体连接，形成四边支承板。试验分析表明：作用板上的荷载通过受弯，主要是就近向板端传递的，因此，当每块板的长边与短边尺寸比例不同，则板在两个方向的受力性能亦各不相同。如图 11-2 所示四边简支板其受力情况为：

取板的长边与短边的跨度分别为 l_2 及 l_1，并在板的中部取出

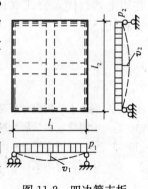

图 11-2 四边简支板计算简图

两个相互垂直单位宽度的板带,若作用在板上的均布荷载为 p,两个板带 l_2 及 l_1 方向所分担的均布荷载分别为 p_2 及 p_1,根据跨中挠度 $v_2=v_1$ 的条件,则当 $l_2/l_1>2$ 时,沿长边方向传递的荷载占全部荷载不到6%,说明板主要是短边方向受力,长边方向受力很小。故在设计中,若近似的仅按板在短跨方向受弯计算,而在长距方向只作构造配筋处理时,这种板称为"单向板"。反之,若在设计中,同时考虑双向受弯的计算时,这种板称为"双向板"。

为了设计方便,《规范》规定:

当 $l_2/l_1 \geqslant 3$ 时,可按单向板设计;

当 $3>l_2/l_1>2$ 时,宜按双向板设计,若按单向板设计,应沿长边方向布置足够的构造钢筋;

当 $l_2/l_1 \leqslant 2$ 时,按双向板设计。

若楼盖的梁格布置,通常使每个区格板的长边与短边之比 $l_2/l_1>2$ 时,称为单向板肋梁楼盖;反之,当 $l_2/l_1 \leqslant 2$ 时,则称为双向板肋梁楼盖。

11.2 单向板肋梁楼盖

11.2.1 结构平面布置

整体式单向板肋梁楼盖是由板、次梁和主梁(有时无主梁)所组成,三者整体相连。次梁的间距即为板的跨度,主梁的间距即为次梁的跨度。设计时,应综合考虑建筑和使用功能、造价和施工条件因素,合理地确定板、梁的平面布置。根据工程经验,单向板及梁的常用跨度为:

单向板:1.8~2.4m,一般不超过3.0m;次梁:4~6m;主梁:5~8m。

在布置时,主梁可沿房屋横向布置,主梁与柱构成较强的框架体系,将增强房屋的横向刚度;但因次梁平行侧窗,而使顶棚上形成次梁的阴影(图11-3a、c)。

主梁也可沿房屋纵向布置,它便于通风管道等通过;并且因次梁垂直侧窗而使顶棚明亮。但房屋的横向刚度较差(图11-3b)。布置时两种方案可灵活选用。

此外,在主梁跨度内宜布置二根及以上的次梁,使其弯矩图变化较为平缓,有利于主梁的配筋及施工。

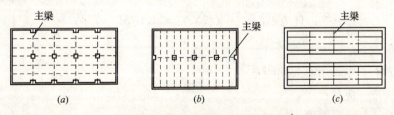

图11-3 单向板肋梁楼盖结构布置

11.2.2 计算简图

在设计时对实际结构的受力状态,忽略一些次要因素,抽象成为某一便于计算而又不丧失其真实性的图形。称为计算简图。

单向板肋梁楼盖的板、次梁、主梁和柱均整浇在一起,形成一个复杂体系,但由于板的刚度很小,次梁又比主梁的刚度小很多,因此可以将板看作被简单支承在次梁上、次梁看作被简单支承在主梁上的结构部分;则整个楼盖体系即可以分解为多跨连续板、多跨连续次梁及主梁几类构件,分别单独计算。这样,使计算过程得到大大的简化。

连续板、梁的计算简图,需确定以下几个问题:

1. 支座条件

当板或梁支承在砖墙(或砖柱)上时,由于其嵌固作用较小,可假定为铰支座,当主梁与柱连接时,其计算简图应根据梁柱抗弯刚度比而定,如果梁与柱的线刚度比不低于3~4时,可视主梁与柱为铰接,主梁可按多跨连续梁进行计算,否则应按框架梁进行设计。

2. 计算跨数

对连续板、梁的某一跨来说,与其相隔两跨以上的其余各跨上的荷载,对该跨内力的影响已很小,所以对于等刚度、等跨度的连续板、梁,当实际跨数超过五跨时,如图11-4(a)可简化为五跨计算,如图11-4(b),即所有中间跨的内力和配筋均按与第三跨相同的方法处理,如

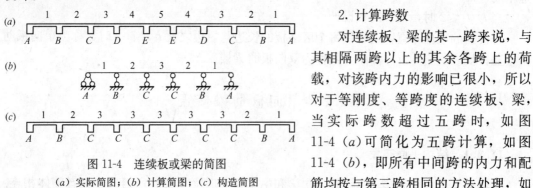

图 11-4 连续板或梁的简图
(a)实际简图;(b)计算简图;(c)构造简图

图 11-4(c)。当板、梁的跨数少于五跨时,按实际跨数计算。

3. 计算跨度

板、梁的计算跨度是指在计算弯矩时所取用的跨间长度。在设计中一般按下列规定取用:

当按弹性方法计算时,计算跨度取两支座之间的距离:

边跨 $l_0 = l_n + \dfrac{a}{2} + \dfrac{b}{2}$;且 $l_0 \leqslant l_n + \dfrac{h}{2} + \dfrac{b}{2}$(板),$l_0 \leqslant 1.02 l_n + \dfrac{b}{2}$(梁);

中间跨 $l_0 = l_n + b = l_c$

当按塑性方法计算时,计算跨度在考虑构件的塑性及支座的连接刚度后,两支座之间的距离:

边跨 $l_0 = l_n + \dfrac{a}{2}$;且 $l_0 \leqslant l_n + \dfrac{h}{2}$(板),$l_0 \leqslant 1.025 l_n$(梁);

中间跨 $l_0 = l_n$

式中 l_c——支座中心线间距;

h——板厚;

l_0——计算跨度;

a——端支座支承长度;

l_n——板、梁的净跨;

b——中间支座宽度。

单向板肋梁楼盖的计算单元及计算简图,如图11-5所示。

在设计时,需确定荷载作用的计算范围,即所谓计算单元。

对于板，通常取宽为1m的板带作为计算单元，此时板上单位面积荷载值也就是计算板带上的线荷载值。次梁承受左右两边板上传来的均布荷载和次梁自重，取宽度为次梁的间距，长度为次梁全长范围内作为次梁计算线荷载的计算单元。主梁承受次梁传来的集中荷载和主梁自重。由于主梁自重较次梁传来的荷载小很多，为简化计算，通常将其自重折算成集中荷载与次梁传来集中力一并计算，因此，在次梁的间距和主梁的间距所形成的矩形面积，即为计算主梁集中荷载的计算单元。在计算时不考虑板传给次梁和次梁传给主梁荷载传递时结构的连续性。

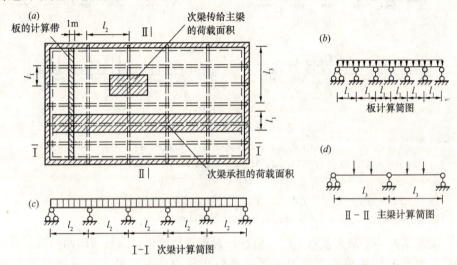

图 11-5 单向板肋梁楼盖平面及计算简图

11.2.3 按弹性方法的内力计算

混凝土连续板、梁的内力按弹性方法计算时，是假定结构为理想的弹性体，内力可按结构力学的方法进行计算。

1. 内力系数表

为了减轻计算工作量，对于等跨连续板、梁在各种不同布置的荷载作用下，其内力系数已制成计算表格，详见附表13，设计时可直接查用；其各截面的内力计算式为：

在均布荷载作用下：

$$M = 表中系数 \times ql^2 \qquad (11-1)$$
$$V = 表中系数 \times ql \qquad (11-2)$$

在集中荷载作用下：

$$M = 表中系数 \times Ql \qquad (11-3)$$
$$V = 表中系数 \times Q \qquad (11-4)$$

式中 q——均布荷载（kN/m）；

Q——集中荷载（kN）。

若连续板、梁的各跨跨度不等但相差不超过10%时，仍可近似按等跨内力系数表进行计算。

2. 荷载最不利组合

连续板、梁所受荷载包括恒载和活荷载两部分，在内力计算时，要考虑活荷载位置变化对截面内力最不利的影响。亦即要求必须找出构件在各种可能出现的荷载作用下使截面产生最不利的内力值，以保证设计可靠使用，这就是活荷载如何布置使各截面的内力为最大（包括正负两个方向）的荷载最不利组合的问题。

通过如图11-6对五跨连续梁活荷载不利布置和荷载组合的内力分析，可以得出确定连续梁活荷载最不利布置的规律为：

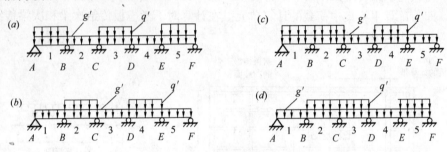

图11-6 五跨连续梁最不利荷载组合
（其中支座 D、E 最不利组合布置从略）

(a) 恒＋活1＋活3＋活5（产生 M_{1max}、M_{3max}、M_{5max}、M_{2min}、M_{4min}、$V_{A右max}$、$V_{F左max}$）；
(b) 恒＋活2＋活4（产生 M_{2max}、M_{4max}、M_{1min}、M_{3min}、M_{5min}）；
(c) 恒＋活1＋活2＋活4（产生 M_{Bmax}、$V_{B左max}$、$V_{B右max}$）；
(d) 恒＋活2＋活3＋活5（产生 M_{Cmax}、$V_{C左max}$、$V_{C右max}$）

（1）欲求某跨跨中最大正弯矩时，应在该跨布置活荷载；然后向两侧隔跨布置；

（2）欲求某跨跨中最小弯矩时，其活荷载布置与求跨中最大正弯矩时的布置完全相反；

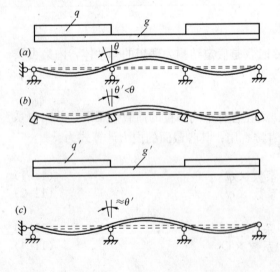

图11-7 支座弹性约束时变形
与折算荷载时的变形
(a) 理想支座时的变形；
(b) 支座弹性约束时的变形；
(c) 采用折算荷载时的变形

（3）欲求某支座截面最大负弯矩和最大剪力时，应在该支座相邻两跨布置活荷载，然后向两侧隔跨布置。

根据以上原则可确定活荷载最不利布置的各种情况，它们分别与恒载（布满各跨）组合在一起，就得到荷载的最不利组合。

3. 荷载调整

在计算简图中，将板与梁连结的支承简化为铰支座，实际上是整体连结的。当板承受隔跨布置的活荷载作用而转动时，次梁由于其两端与主梁固结在一起，将产生扭转抵抗，减小板在支座为铰接时的自由转动（图11-7中支座实际转角 θ'＜铰支座转角 θ）。为了减小这一误差，使理论计算时的变形与实际情况较为一致，实用上近似地采取减小活荷载，加大恒载的方法，即以折算荷载代替计算荷载。又由于次梁对板的约束作用较主梁对次梁的约束作用大，故对板和次梁采用不同的调整幅度。调整后的折算荷载取为：

对板
$$\left.\begin{array}{r}g' = g + \dfrac{q}{2} \\ q' = \dfrac{q}{2}\end{array}\right\} \quad (11\text{-}5)$$

对次梁
$$\left.\begin{array}{r}g' = g + \dfrac{q}{4} \\ q' = \dfrac{q}{4}\end{array}\right\} \quad (11\text{-}6)$$

式中　g、q——实际作用的恒载和活荷载；
　　　g'、q'——折算恒载和折算活荷载。

在连续主梁和支座均为砖墙（或砖柱）的连续板、梁中，上述影响较小，故主梁不需要对荷载进行调整。

4. 内力包络图

根据各种最不利荷载组合，按一般结构力学方法或利用前述表格进行计算，即可求出各种荷载组合作用下的内力图（弯矩图和剪力图），把它们叠画在同一坐标图上，其外包线所形成的图形称为内力包络图；它表示连续梁在各种荷载最不利布置下各截面可能产生的最大内力值。图 11-8 为五跨连续梁均布荷载下的弯矩包络图和剪力包络图；它是确定梁纵筋、弯起钢筋、箍筋的布置和绘制配筋图的依据。

5. 支座截面内力的计算

连续梁按弹性方法计算时，由于计算跨度取至支座中心，故所得的都是支座中心截面的弯矩 M 和剪力 V；但由于板、梁、柱在支座处是整体连结的，其截面高度较大，所以危险截面应在支座的边缘，内力设计值（弯矩 M_b、剪力 V_b）近似可取为（图 11-9）：

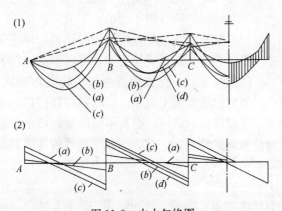

图 11-8　内力包络图
(1) 弯矩包络图；(2) 剪力包络图
图中的 (a)、(b)、(c)、(d) 荷载最不利布置见图 11-6。

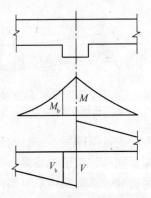

图11-9　支座处弯矩、剪力图

$$M_b = M - V_0 \frac{b}{2} \quad (11\text{-}7)$$

$$V_b = V - (g+q)b/2 \quad (11\text{-}8)$$

式中　M、V——支座中心线处截面的弯矩和剪力设计值；
　　　V_0——按简支梁计算的支座剪力设计值（取绝对值）；
　　　g、q——均布恒载和活荷载设计值；
　　　b——支座宽度。

11.2.4　按塑性内力重分布方法的内力计算

混凝土连续板、梁结构按弹性方法设计，是建立在材料为理想均质弹性体的基础上。而混凝土是一种弹塑性材料，钢筋屈服后也具有塑性的特点，因此，在混凝土连续板、梁设计中，利用材料弹塑性性能的特点，采用适当减少各截面中较大截面的内力进行配筋设计，使其受拉纵筋屈服，内力向其他截面转移，即产生塑性内力重分布。这样各截面间的内力经过适当的调整以后，使配筋更为合理，达到节省材料、便利施工的目的。

这里需要注意到内力重分布与前面所述的应力重分布的区别。所谓应力重分布是指构件同一截面上钢筋和混凝土之间应力相互的调整；而内力重分布是指结构各截面之间内力相互的调整，而且只有在超静定混凝土板、梁结构中才具有可能发生内力重分布的现象。

1. 混凝土受弯构件的塑性铰

混凝土受弯构件在荷载作用下的应力状态，自加载至混凝土开裂时，截面正应力分布开始进入非弹性工作阶段后，当荷载再增加时，受拉钢筋屈服塑性应变增大而应力维持不变，截面受压区高度缩小，混凝土压应力图形成曲线变化而渐趋丰满，显示出塑性性能的特点。

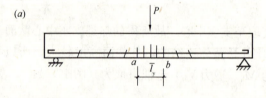

图 11-10　简支梁的塑性铰
（a）加载至钢筋屈服图；（b）出现塑性铰简图

试验表明，上述梁内的钢筋和混凝土塑性变形，实际上是较明显的在梁跨内力较大的一定长度内集中发展，使构件挠度和转角增大，该区段犹如一个可转动的铰，一般称之为"塑性铰"，集中区段的长度称之为"塑性铰长度"（图 11-10）。

钢筋混凝土受弯构件的塑性铰，在适筋梁内主要是由于受拉钢筋首先屈服发生较大的塑性变形，使截面发生塑性转动而形成，最后由于混凝土被压碎而导致构件破坏。对于超筋梁，破坏时钢筋不能屈服，而是混凝土首先被压碎发生突然的脆性破坏，没有塑性破坏的特点，因此，不属于塑性铰性质的破坏；同样，对于少筋梁，其破坏性质是混凝土突然开裂的脆性破坏，也不属于塑性铰性质的破坏，不能采用具有塑性铰的设计方法。

受弯构件塑性铰的形成，始于截面应力状态第Ⅱa阶段，转动终止于第Ⅲa阶段，破坏前其特点首先是受拉钢筋屈服，压区混凝土出现塑性变形，但还能承担一定的弯矩。当其截面应力到达第Ⅲa阶段时，构件已经破坏，同时也失去了塑性铰的作用了。

对于高强混凝土受弯构件，混凝土的塑性性能差，破坏时，有明显脆性的特点，特别是对适筋梁的低配筋情况，破坏时均是突然的脆性破坏，并有很大的爆破响声，没有塑性铰破坏的特征。因此，也不应该采用具有塑性铰性质的设计方法了。

塑性铰与力学中理想铰的区别是：

（1）理想铰不能承受任何弯矩，塑性铰则能承受一定的弯矩；

（2）理想铰在任何方向可以自由转动，塑性铰却是单向铰，能沿截面弯矩作用方向作有限的转动；

（3）理想铰集中于一点，塑性铰则是在一小段局部变形很大的区域内形成。

塑性铰对结构整体承载力的影响：在静定结构中任何截面出现塑性铰以后，其截面的内力向其他截面转移时，由于没有任何约束很快使构件形成几何可变体系而导致破坏，因此，不能考虑其继续承载的作用。但是对于超静定结构由于存在多余的联系，构件在某一截面出现塑性铰，并不立即使其成为可变体系，构件仍能继续承受一定的增加荷载，直到其他截面出现塑性铰的数量超过多余联系的数量，或当多余联系布置不合理，使结构成为可变体系时结构才丧失承载力。

2. 超静定结构的塑性内力重分布

在混凝土超静定结构中，由于构件在最大内力区出现裂缝后，引起刚度变化以及塑性铰的出现，构件各截面间的内力进行相互调整，产生内力重分布。

为了阐明内力重分布的概念，以两跨连续梁为例说明如下：

图 11-11 所示为混凝土矩形截面两跨连续梁，图 11-11（a）为按结构力学计算的弹性工作弯矩图；图 11-11（b）为考虑中间支座出现塑性铰，其支座负弯矩取弹性负弯矩减少 10%（即 $0.188Pl \times 0.9 = 0.169Pl$）和相应的跨中弯矩（等于 $0.165Pl$）图；图 11-11（c）可分二种情况：

其一在梁的左右两跨跨中分别作用荷载 $1.19P$，并考虑中间支座出现塑性铰后，其支座负弯矩达到与图 11-12（a）中间支座相同的负弯矩（即 $-0.188Pl$），从而可以按力学计算出该梁左、右二跨相应的跨中最大弯矩均为 $0.203Pl$ 时的弯矩图。

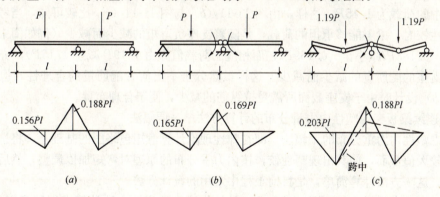

图 11-11 两跨连续梁弯矩图
(a) 弹性弯矩图；(b) B 支座出现塑性铰；(c) 跨中和 B 支座出现塑性铰

其二仅在梁的左边跨跨中作用荷载 P，按力学的弹性工作阶段计算出梁的左边一跨跨中最大弯矩为 $0.203Pl$，相应的中间支座负弯矩为 $-0.094Pl$ 时，如图 11-11（c）中虚线所示的弯矩图。需要说明的，在情况一中所作用的荷载 $1.19P$ 是根据跨中最大弯矩 $0.203Pl$ 时反算出来的，因此，二者跨中弯矩均相同。

这样，就可按各自的截面弯矩值，确定所需的截面面积。

从上述例子可以得出具有普遍意义的结论：

(1) 从图 11-11 (a) 可知，当仅考虑在梁的左、右二跨跨中分别作用荷载 P，按弹性方法计算弯矩时，连续梁一般的支座弯矩要大于跨中弯矩，使支座所需的纵筋配筋量过大，在设计上容易形成钢筋布置的复杂性，用料较费，也不便施工。

(2) 从图 11-11 (b) 可知，当考虑在梁的左、右二跨跨中分别作用荷载 P，并使中间支座出现塑性铰，按塑性内力重分布方法设计时，使支座负弯矩和跨中弯矩得到调整，二者接近相等，便于配筋和施工，使设计更为合理。这样计算结果与图 11-11 (a) 比较可知，当按塑性内力重分布方法设计时。中间支座配筋量大致减少 10% （因弯矩减少 10%)，而跨中配筋量只增加约 6% （因 $0.156Pl \times 1.06 = 0.165Pl$)，可见使用钢量更为经济。

(3) 由图 11-11 (c) 情况一可知，在设计计算时，对梁的支座和跨中弯矩，总是需要考虑情况一和情况二两种不同荷载组合时的最不利情形，即对中间支座应取最大负弯矩 $-0.188Pl$，对跨中应取最大弯矩 $0.203Pl$ 进行配筋设计。此时二者均进入了出现塑性铰的受力状态，则构件所能承受的荷载为 $1.19P$。与图 11-11 (a) 相比，设计荷载提高了 16% ($0.19/1.19 = 0.16 = 16\%$)，亦即梁的承载力可以提高大约亦为 16%。

(4) 从图 11-11 (a)，当考虑与图 11-11 (c) 情况二的最不荷载组合时，由于二者均是按弹性方法分析的，因此，图 11-11 (a) 即使是按支座负弯矩 $-0.188Pl$，跨中弯矩 $0.203Pl$ 配筋设计时，相应的作用荷载仍然是 P，可见按弹性设计法，虽然与图 11-11 (c) 在支座和跨中均出现塑性铰的全塑性状态设计法相比，二者的配筋量相同，但结构的承载能力没有被充分利用。

(5) 从图 11-11 (b)，当考虑与图 11-11 (c) 情况二的最不利荷载组合时，同样可按梁的支座出现塑性铰后的负弯矩为 $-0.169Pl$，跨中最大弯矩取 $0.203Pl$，反算出梁左、右二跨中的荷载为 $1.15P$。这样，由图 11-11 (b) 与图 11-11 (c) 比较可知，当考虑支座出现塑性铰时，梁上能够承担的荷载，是随着支座负弯矩的减少而减少（例如图中支座负弯矩由 $-0.188Pl$ 减小至 $-0.169Pl$，而相应的荷载值亦由 $1.19P$ 减至 $1.15P$），亦即其荷载值随支座的配筋量的减少而减少。这样虽然分辨不出何者配筋量的合理性，但利用图 11-11 (b) 设计时由于支座截面所需受拉纵筋的减少，便于合理布置。

3. 连续梁板考虑塑性内力重分布的计算方法——调幅法

考虑塑性内力重分布的调幅法，即在弹性理论计算弯矩包络图的基础上，将选定的某些弯矩较大值截面，使其出现塑性铰，按内力重分布的原理对弯矩加以调整，然后进行配筋计算。这一方法计算简单，是目前工程中常用的设计方法。

仍以两跨连续梁为例，图 11-12 (c) 的外包线为按弹性方法计算求得的弯矩包络图，支座控制截面最大负弯矩为 M_B（当为整浇支座时，支座边为控制截面），如人为地减少所需的配筋，将此弯矩调整降低至 M'_B，即调幅为 $(M_B - M'_B)$，则在荷载的最不利组合（恒＋活$_1$＋活$_2$）作用下，调幅后的支座截面出现塑性铰，此时支座截面能够承担的弯矩不再增加，而跨中截面弯矩增大，相当在恒＋活$_1$＋活$_2$ 弯矩图（支座为 $-M_B$）上叠加一个直线正弯矩图，如图 11-12 (b)；叠加后得出的弯矩图，即图 11-12 (c) 中粗线所示，即为考虑塑性内力重分布后的弯矩包络图。如果对调整后的 M'_B 取值的降低适当，使其在相应荷载作用下的跨中弯矩仍不超过或接近原弯矩包络图所示的跨中最大弯矩，这表明在不增加跨中截面配筋的情况下，减少了支座截面配筋，从而节省了材料，而且改善了支座配筋拥挤现象，在图 11-12（c）中的阴影部分为所节省材料的相应弯矩图面积。

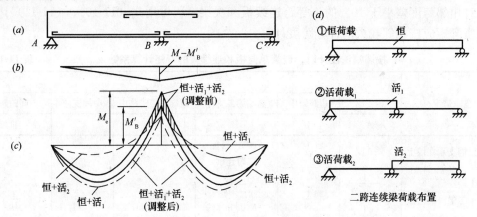

图 11-12　二跨连续梁弯距调幅

由分析研究表明、连续板、梁按塑性内力重分布方法计算时，应符合下列要求：

（1）为了保证塑性铰具有足够的转动能力，并且避免受压区混凝土"过早"被压坏，必须控制受力钢筋用量，即应满足 $\xi \leqslant 0.35$ 的限制条件要求，且不宜 $\xi < 0.1$。同时宜采用 HPB235 级、HRB335 级、HRB400 级热轧钢筋；混凝土强度等级宜为 C20~C45。

（2）为了避免塑性铰出现过早，转动幅度过大，致使梁的裂缝过宽及变形过大，一般宜控制支座截面的调幅系数为 $\beta = \dfrac{M_B - M'_B}{M_B} \leqslant 0.2$，也即 $M'_B \geqslant 0.8 M_B$。

（3）为了尽可能地节省钢材，应使调整后的跨中截面弯矩尽量接近或不超过原包络图的弯矩值，则板、梁的跨中截面弯矩值应取弯矩包络图和按下式计算二者中的较大值（图11-13），在跨中最大弯矩处，M_0 和 M 可能是二个点。

$$M = M_0 - \frac{1}{2}(M^l + M^r) \quad (11-9)$$

式中　M_0——按简支梁计算的跨中弯矩设计值；

　　　M^l、M^r——连续板梁的左、右支座截面弯矩调幅后的弯矩设计值。

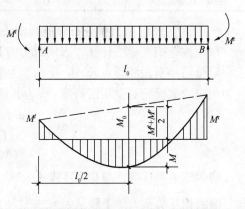

图 11-13　连续梁跨间弯矩计算简图

（4）调幅后，支座及跨中控制截面的弯矩值均应不小于 M_0 的 1/3。

4. 等跨连续板、梁在相等均布荷载作用下的内力计算

为了计算方便，对工程中常用的承受相等均布荷载的等跨连续板和次梁采用调幅法设计时，可推导出其内力计算系数，供设计时直接查用。其内力计算公式为：

弯矩：　　　　　　　　　　$M = \alpha_m (g+q) l_0^2$ 　　　　　　　　　　（11-10）
剪力：　　　　　　　　　　$V = \alpha_v (g+q) l_n$ 　　　　　　　　　　（11-11）

式中　α_m、α_v——考虑塑性内力重分布的弯矩和剪力计算系数，按表 11-1、表 11-2 取用；

　　　g、q——均布恒载和活荷载设计值；

l_0——计算跨度,按 11.2.2 节取用;

l_n——净跨。

对相邻跨度差小于 10% 的不等跨连续板和次梁,仍可用式 (11-10)、(11-11) 计算,但支座弯矩应按相邻较大的计算跨度计算。

按调幅法设计时,连续单向板和连续梁的弯矩计算系数 α_m　　　　表 11-1

支承情况		截面位置					
		端支座	边跨跨中	离端第二支座	离端第二跨跨中	中间支座	中间跨跨中
		A	I	B	II	C	III
板、梁搁支承在墙上		0	$\frac{1}{11}$	二跨连续 $-\frac{1}{10}$ 二跨以上连续 $-\frac{1}{11}$	$\frac{1}{16}$	$-\frac{1}{14}$	$\frac{1}{16}$
板	与梁整浇连接	$-\frac{1}{16}$	$\frac{1}{14}$				
梁		$-\frac{1}{24}$					
梁与柱整浇连接		$-\frac{1}{16}$	$\frac{1}{14}$				

按调幅法设计时,连续梁的剪力计算系数 α_v　　　　表 11-2

支承情况	截面位置				
	端支座右侧 α_{VA}^r	离端第二支座		中间支座	
		左侧 α_{VB}^l	右侧 α_{VB}^r	左侧 α_{VC}^l	右侧 α_{VC}^r
搁支在墙上	0.45	0.60	0.55	0.55	0.55
与梁或柱整浇连接	0.50	0.55			

5. 对考虑塑性内力重分布弯矩调幅法的应用说明

(1) 按弯矩调幅法计算,当同时考虑其控制的 ξ 值和 β 值时,二者的相互关系为:

对单筋矩形截面梁,若 M_B 及 M_B' 为梁支座 B 在调幅前及调幅后的负弯矩,ξ 值及 ξ' 值为相应的截面相对受压区高度,β 为其调幅系数,则由平衡方程式可得:

$$M_B' = \alpha_1 f_c b h_0^2 \xi'(1 - 0.5\xi') \tag{11-12}$$

$$M_B = \alpha_1 f_c b h_0^2 \xi(1 - 0.5\xi) \tag{11-13}$$

$$\beta = (M_B - M_B')/M_B \tag{11-14}$$

将公式 (11-12)、(11-13) 代入公式 (11-14) 经简化后在设计上限附近,可得 ξ、ξ' 与 β 值的相互关系大体上服从 $\xi = \frac{1.08}{1-\beta}\xi'$ 的规律性。为此,在设计应用时应注意以下问题:

1) 按调幅法设计控制条件中 ξ 值应理解为调幅后的截面相对受压高度 ε' 较为妥当。

2) 对设计上限,《规范》规定 $\xi \leqslant 0.35$,是保证梁在出现塑性铰后,有较好的转动能力,设计时是必须遵守的;规定 $\beta \leqslant 0.2$,是使调幅后梁的跨中弯矩包络图不致因大于荷载设计弯矩图而造成不经济的后果。通过验算表明,在一般情况下,$\beta \leqslant 0.3$ 时,对梁配筋设计的经济性,还是能够保证的,《规范》规定的 $\xi \leqslant 0.2$,只是一种更严格的要求。

设计时先以调幅后的 M' 值,按公式 (11-13) 求出相应的受检钢筋 A_s 值,再由 A_s 通过单筋梁计算公式 $\xi' = \frac{A_s}{bh_0} \cdot \frac{f_y}{\alpha_1 f_c}$ 求得 ξ' 值,若 $\xi \leqslant 0.35$,则满设计要求,A_s 为最后所需

的钢筋截面面积。又计算时，取 $\xi'=0.35$，$\beta=0.2$，按上述相关近似式，可求出 $\xi=0.473$ ≈ 0.5，亦可按以上求得的 A_s 值及调幅前的 M 值，由公式（11-12）同样能求得 ξ 值，当 $\xi \leqslant 0.5$ 时，亦满足设计要求。以上的 0.35 及 0.5 值是当 $\beta=0.2$ 时应用不同的计算公式时相应的设计上限。

在计算中当不满足设计上限要求时，应对其作适当调整，其方法为：适当增大 β 的取值，增大截面尺寸，或提高混凝土强度等级，差别较大时，可增设受压钢筋 A'_s，直至满足要求为止。

对于设计下限，计算时只要能够满足 $\xi' \geqslant 0.1$ 的限制条件，一般不必再进行上述的验算，即能满足设计的要求。

3）当弯矩系数按表 11-1 确定时，按调幅法设计时的控制条件一般均能满足，因此，可以不考虑上述对 ξ 的限制条件。

4）对双筋截面连续梁，当按调幅法设计时，亦应注意满足与单筋面设计上限的同样要求，否则应增加受压钢筋的用量，直至满足要求为止。

（2）连续板、梁按考虑塑性内力重分布方法计算时，使构件不可避免地在使用阶段产生裂缝及变形增大的后果，因此，在下列情况下，应按弹性方法进行设计：

1）直接承受动力荷载作用的结构；

2）要求不出现裂缝或处于严重侵蚀环境下的结构；

3）处于重要部位而又要求有较大承载力储备的构件（如肋梁楼盖中的主梁）。

11.2.5 连续板、梁截面计算和构造要求

当求得连续板、梁的内力以后，即可进行截面承载力计算。一般情况下如果满足了构造要求，可不进行变形和裂缝验算。下面介绍整体式连续板、梁截面计算及构造要点。

1. 板的计算要点

（1）单向板在求得内力后，可进行正截面抗弯承载力计算，但在一般情况下，由于板内剪应力较小，故不进行受剪承载力计算。

（2）对四周与梁整体连接单向板的中间跨，应考虑板实际轴线形成的内拱作用（图 11-14）对承载力的提高，因此，《规范》规定，单向板中间跨的跨中截面及中间支座截面，计算弯矩可减少

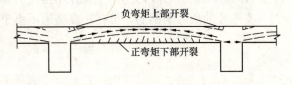

图 11-14 连续板的内拱作用

20%。但对于边区板带以及中间区边跨的跨中截面及离端第二支座截面，由于边梁侧向刚度不大（或无边梁），约束作用难以保证，故其计算弯矩不予降低。

2. 板的构造要求

（1）板厚 因板在楼盖中是大面积的构件，混凝土用量占的比重较大，从经济方面考虑应尽可能将板设计得薄一些，但其厚度必须满足表 9-1 的规定。

（2）配筋方式

弯起式：见图 11-15（a），这种配筋锚固好，并可节省钢筋，但施工稍为复杂。

分离式：见图 11-15（b），这种配筋施工方便，但钢筋用量较大且锚固较差，故不宜用于承受动力荷载的板中。

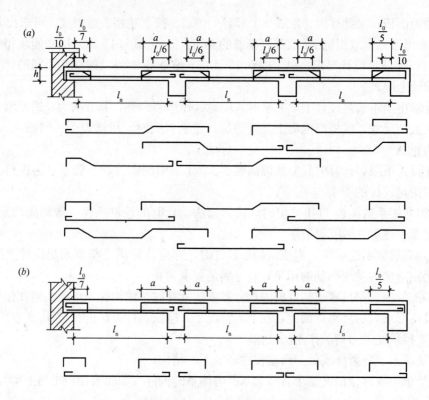

图 11-15 单向板的配筋方式
(a) 弯起式配筋；(b) 分离式配筋

(3) 多跨等跨连续板，可以不画弯矩包络图而直接按图 11-15 的构造确定钢筋的布置。若各跨跨度相差超过 20%，或各跨荷载相差悬殊时，则应按包络图配筋。

(4) 跨中正弯矩钢筋可在距支座边 $l_n/4$ 处切断（分离式配筋）或在 $l_n/6$ 处弯起 1/2~2/3（弯起式配筋），以承受支座上的负弯矩，如数量不足可另加直钢筋。但至少要保证有 1/3 的跨中受力钢筋截面面积伸入支座，且间距不得大于 400mm，以保证其受力的可靠性。

支座处的负弯矩钢筋，可在距支座边不小于 a 的距离处切断，其取值如下：

$$当 \frac{q}{g} \leqslant 3 时 \quad a = \frac{1}{4}l_0$$

$$当 \frac{q}{g} > 3 时 \quad a = \frac{1}{3}l_0$$

式中　g、q——恒载及活荷载；
　　　l_0——板的计算跨度。

(5) 现浇板与主梁连接处的上部构造钢筋，由于板和主梁整体连接，板端将产生一定大小与主梁方向垂直的负弯矩，为承受这一弯矩的作用，应在跨越主梁的板上部配置与主梁垂直的构造钢筋（图 11-16），其数量不宜少于板中受力钢筋的 1/3，且不少于每米 5ϕ8，伸出主梁边缘的长度不应小于 $l_0/4$。

(6) 嵌固墙内的板端负弯矩筋：《规范》规定，对嵌固在承重砖墙内的现浇板，在受力方向，钢筋的截面面积不宜小于跨中受力钢筋的 1/3（包括弯起钢筋在内），其伸出墙边的长度不应小于 $l_0/7$，l_0 为短跨计算跨度，见图 11-16。

对两边均嵌固在墙内的板角部分，应在板的上部双向配置构造钢筋，数量仍不少于每米 5Φ6，其伸出墙边的长度不应小于板短边计算跨度 l_0 的 1/4，见图 11-16。

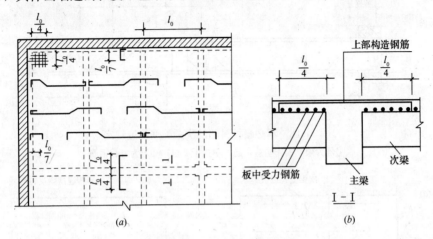

图 11-16　单向板中配筋
(a) 板中配筋平面布置；(b) 板中垂直于主梁的构造钢筋

3. 梁的计算要点

(1) 次梁内力可按塑性内力重分布方法计算；而主梁内力则应按弹性理论方法计算，其承载力计算时应取支座边缘截面的内力作为支座截面配筋的依据。

(2) 在进行主梁支座截面承载力计算时，要注意到板、次梁和主梁受力钢筋位置的相对关系（图 11-17）主梁钢筋一般均在次梁钢筋下面，故主梁支座截面 h_0 取值为：

当为单排筋时　　$h_0 = h - (50 \sim 60)$ mm
当为双排筋时　　$h_0 = h - (70 \sim 80)$ mm

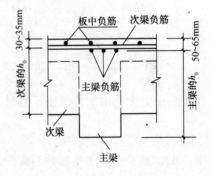

图 11-17　板、次梁、主梁负筋相对位置

4. 梁的构造要求

(1) 纵向钢筋的弯起和切断

对于次梁当各跨度相差不超过 20%，活荷载与恒载的比值 $\dfrac{q}{g} \leqslant 3$ 时，可不必画材料图，而按图 11-18 的构造确定钢筋的弯起和切断位置。

对于主梁及其他不等跨次梁，应根据弯矩包络图和材料图，来确定纵向钢筋的弯起和切断位置，并按构造要求确定纵筋的实际切断点的长度。

(2) 附加横向钢筋

在次梁与主梁相交处，次梁顶部在负弯矩作用下将产生裂缝（图 11-19），因此，次梁传来的集中荷载将通过其受压区的剪切面传至主梁截面高度的中、下部，使其下部混凝土可能产生斜裂缝而发生局部破坏，为此，应设附加横向钢筋（吊筋或箍筋），使次梁传来的集中力传至主梁上部的受压区，减轻其拉区的承载力，以保证其相交节点的安全。

附加横向钢筋所需截面面积按下式计算：

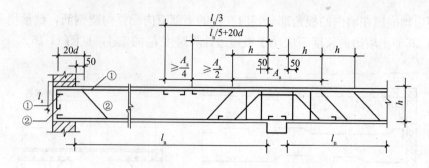

图 11-18 不必画材料图的次梁配筋构造规定
①号为架立筋作构造负筋,不少于2根;②号为弯起钢筋

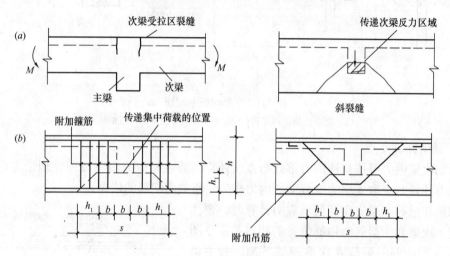

图 11-19 承受集中荷载处附加横向钢筋的布置
(a) 附加横向钢筋的布置;(b) 附加吊筋的布置

当集中力全部由附加吊筋承受时,则

$$A_s \geq \frac{P}{2f_y \sin\alpha} \tag{11-15}$$

式中 A_s、f_y——附加吊筋截面面积及其抗拉强度设计值;
  P——次梁传给主梁的集中荷载;
  α——附加横向钢筋与梁轴线间的夹角。

当集中荷载全部由附加箍筋承受时,则

$$A_{sv1} \geq \frac{P}{mnf_{yv}} \tag{11-16}$$

式中 A_{sv1}、f_{yv}——附加箍筋单肢截面面积及其抗拉强度设计值;
  m、n——附加箍筋的排数及肢数。

计算所得的附加横向钢筋应布置在图 11-19(b) 所示的 $S(S = 2h_1 + 3b)$ 范围内。

5. 梁柱节点构造要求

在框架及内框架结构设计中,梁柱节点的可靠连接,保证结构的整体刚度和稳定性,使结构得以安全使用,是一个重要问题。为此,《规范》在新制订的有关条文中,加强了这方面的构造措施,具体规定简要介绍如下。

(1) 框架中间层端节点

对框架中间层端节点梁上部纵向钢筋锚固的要求,如图 11-20 所示。当纵筋直径较粗或柱截面尺寸较小时,可采用图 11-20(b)的形式。

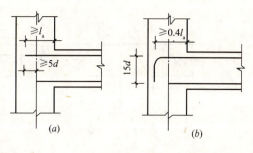

图 11-20 框架中间层端节点梁上部钢筋锚固
(a) 直线式;(b) 弯折式

试验表明,钢筋锚固其水平段与混凝土的粘结力是起主要作用,而竖直段只有在水平段即将发生粘结滑移时,才起一定的作用。因此,上部钢筋宜尽可能采用图 11-20(a)的锚固形式。对梁下部纵筋的锚固,与下述的中间节点的锚固要求相同。

(2) 框架梁或连续梁中间节点

1) 梁上部纵向钢筋应贯穿中间节点或中间支座范围,并伸向跨中按弯矩包络图和锚固的要求,在实际切断点切断。

2) 梁下部纵向钢筋,计算中应满足下列锚固要求:

①当不利用该钢筋的强度时,其伸入节点或支座的锚固长度,对带肋钢筋为 $12d$,光面钢筋为 $15d$;

②当充分利用钢筋的抗拉强度时,下部纵向钢筋锚固可采用图 11-21(a)或(b)的形式;

③当充分利用钢筋的抗压强度时,下部纵向钢筋伸入节点或支座内锚固长度不应小于 $0.7l_a$,或如图 11-21(c)所示,将纵向钢筋伸过节点或支座范围,在梁中弯矩较小处设置搭接接头。

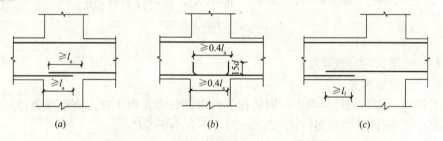

图 11-21 中间节点或中间支座范围内梁下部纵向钢筋的锚固与搭接
(a) 直线锚固;(b) 弯折锚固;(c) 节点或支座外搭接

(3) 框架节点柱的纵向钢筋

1) 柱的纵向钢筋应贯穿中间层的中间节点和端节点,钢筋接头应设在节点区以外。

2) 顶层中间节点(包括顶层端节点内侧)柱纵向钢筋构造如图 1-22(a)所示,且柱纵向钢筋必须伸至柱顶。

3) 当顶层节点处梁截面高度不足时,可以将钢筋弯折后锚固,如图 11-22(b)、图 11-22(c)所示。对图 11-22(c),仅用于当框架顶层有现浇板且厚度不小于 80mm,混凝土强度等级不低于 C20 时的情况。

(4) 框架顶层端节点

顶层端节点梁上部与柱外侧纵筋搭接如图 11-23 所示。

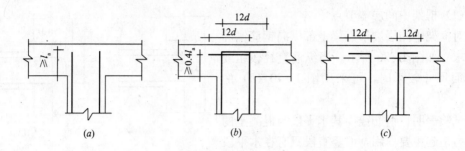

图 11-22 顶层中间节点柱的纵向钢筋构造
(a) 直线形；(b) 向内弯折；(c) 向外弯折

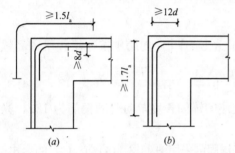

图 11-23 顶层端节点梁上部
纵筋与柱外侧纵筋搭接
(a) 顶部外侧梁、柱纵筋弯折搭接；
(b) 顶部外侧的直线搭接

在图 11-23 (a) 中，A_s 为柱外侧全部纵向钢筋截面面积，同时要求：柱顶第一层纵向钢筋，宜在柱内边向下弯折不小于 8d，对顶层第二层纵筋可不向下弯折。当有现浇板且板厚不小于 80mm，混凝土≥C20 时，梁宽范围以外的外侧柱纵筋可伸入现浇板内，其伸入长度与图 11-23 (a) 相同。

在图 11-23 (a)、图 11-23 (b) 中，梁上部纵向钢筋的配筋率大于 1.2% 时，伸入梁内的柱纵向钢筋，除满足图中规定外，可分二批截断，截断点之间的距离不宜小于 20d，d 为纵筋直径。

框架顶层端节点处梁上部纵向钢筋的截面面积 A_s，应符合下列规定：

$$A_s \leqslant \frac{0.35\beta_c f_c b_b h_0}{f_y} \tag{11-17}$$

式中 h_0——梁截面有效高度；
b_b——梁腹板宽度。

梁上部纵向钢筋与柱外侧纵向钢筋在节点角部的弯弧内半径，当钢筋直径 $d \leqslant 25$mm 时，不宜小于 6d；当钢筋直径 $d > 25$mm 时，不宜小于 8d。

以上规定的内容，说明顶层端点构造配筋的特殊性和重要性，主要有以下二点：

1) 顶层端点角部外侧受拉，内侧混凝土受压，如果外侧的受拉纵向钢筋配置过多，容易造成节点纵向受拉钢筋为超配筋情况，破坏时首先内侧混凝土被压碎；为此，公式 (11-17) 就是为了防止这一情况的发生而规定的。

2) 在顶层端节点柱顶外侧及梁端上部的角部纵向钢筋，除有搭接锚固的要求外，而且钢筋还有承担较大负弯矩的要求。因此，柱筋和梁筋搭接时，抵抗滑移所需的粘结力也大，其锚固长度应比一般的要长一些，才能安全，以往设计往往忽视了这一点。

11.2.6 整体式单向板肋梁楼盖设计例题[11-3]

1. 设计资料

已知某公共房屋楼盖，采用整体式钢筋混凝土结构，设计基准期为 50 年，处于一类环境，楼盖梁格布置如图 11-24 所示。

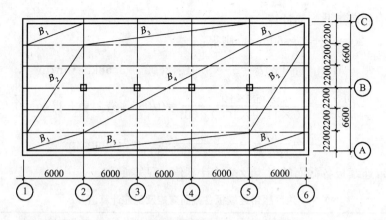

图 11-24 梁板平面布置

(1) 楼面构造层做法：25mm 厚水泥砂浆面层，20mm 厚混合砂浆顶棚抹灰；

(2) 楼面活荷载标准值 $5kN/m^2$；

(3) 恒载分项系数为 1.2，活荷载分项系数为 1.3（因活荷载标准值大于 $4kN/m^2$）；

(4) 材料：混凝土用 C25（$f_c=11.9N/mm^2$，$f_t=1.27N/mm^2$）；纵筋用 HRB335 级钢筋（$f_y=300N/mm^2$）；箍筋用 HPB235 级钢筋（$f_{yv}=210N/mm^2$）。

2. 板的计算（采用考虑塑性内力重分布法设计）

(1) 截面尺寸估算

板厚取 $h=80mm>\frac{1}{40}\times 2200=55mm$；次梁高度取 $h=450mm>\frac{l}{15}=\frac{1}{15}\times 6000=400mm$，次梁宽度取 $b=200mm$，板的构造尺寸如图 11-25 所示。

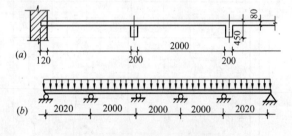

图 11-25 板的构造和计算简图
(a) 构造图；(b) 计算简图

(2) 荷载

恒载标准值

  25mm 水泥砂浆面层 $0.025\times 20=0.5$
  80mm 混凝土板厚 $0.08\times 25=2.0$
  20mm 混合砂浆棚顶抹灰 $0.02\times 17=0.34$
          $g_k=2.84kN/m^2$

恒载设计值 $g=1.2\times 2.84=3.41kN/m^2$

活荷载设计值 $q=1.3\times 5.0=6.50$

合计 $g+q=9.91kN/m^2$（即每米线荷载）

(3) 内力及配筋计算

计算跨度

  边 跨 $l_0=1980+\frac{80}{2}=2020mm$

  中间跨 $l_0=2000mm$

跨度差 $(2.02-2.0)/2.0=1\%<10\%$，可按等跨连续板计算，见图 11-25(b)。

边跨跨中的弯矩及配筋计算

取 $h_0=h-20=80-20=60\text{mm}$,则得:

$$M=\alpha_m(g+q)l_0^2=\frac{1}{11}\times 9.91\times 2.02^2=3.68\text{kN}\cdot\text{m/m}$$

$$\alpha_s=\frac{M}{\alpha_1 f_c b h_0^2}=\frac{3.68\times 10^6}{1.0\times 11.9\times 1000\times 60^2}=0.086,\text{查附表 8 得 }\gamma_s=0.954$$

故得

$$A_s=\frac{M}{\gamma_s h_0 f_y}=\frac{3.68\times 10^6}{0.954\times 60\times 300}=215\text{mm}^2/\text{m}$$

边区板带连续板各截面的弯矩及配筋计算值,见表 11-3。

边区板带连续板各截面弯矩及配筋计算值 表 11-3

截面	边跨跨中	离端第二支座	中间跨跨中	中间支座
α_m	$\frac{1}{11}$	$\frac{1}{11}$	$\frac{1}{16}$	$\frac{1}{14}$
M(kN·m/m)	3.68	3.68	2.48	2.83
A_s(mm²)	215	215	142	163
选配钢筋	Φ6/Φ8@180	Φ6/Φ8@180	Φ6@180	Φ6@180
实配钢筋面积 A_s(mm²)	218	218	157	157

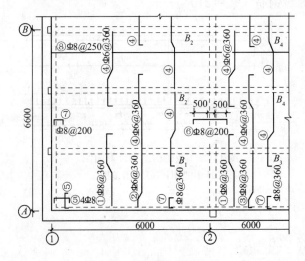

图 11-26 板的配筋图

表 11-3 中计算值系指边区板带(①~②、⑤~⑥)。对中间区板带(②~⑤)计算方法与以上相同,但应考虑板的内拱作用,其计算弯矩可降低 20%(计算从略)。

边区板的配筋图见图 11-26 及表 11-3。

3. 次梁计算

次梁按考虑塑性内力重分布方法计算。

(1) 截面尺寸:取主梁的梁高 $h=650\text{mm}>\frac{l}{12}\approx\frac{6600}{12}=550$,梁宽 $b=250\text{mm}$,梁的其他各部的构造尺寸见图 11-27。

(2) 荷载

恒载设计值:由板传来　　　　　　　　　　　　$3.41\times 2.2=7.50\text{kN/m}$

　　　　　　次梁自重　$1.2\times 0.2\times (0.45-0.08)\times 25=2.22$

　　　　　　梁侧抹灰　$1.2\times 0.02\times (0.45-0.08)\times 17\times 2=0.30$

　　　　　　　　　　　　　　　　　　　　　　　$g=10.02\text{kN/m}$

活荷载设计值:由板传来　　　　　　　　　　　$q=6.5\times 2.2=14.30$

　　　　　　　　　　　　　　　　　　　　　　　$g+q=24.32\text{kN/m}$

(3) 内力计算

计算跨度

边　跨　　　　　　　$l_0 = 6.0 - \frac{0.25}{2} = 5.875\text{m}$

$l_n = 5.875 - 0.12 = 5.755\text{m}$

中间跨　　　　　　　$l_0 = l_n = 6.0 - 0.25 = 5.75\text{m}$

跨度差 $(5.875 - 5.75)/5.75 = 2.2\% < 10\%$，故可按等跨连续梁计算。

边跨跨中弯矩

$$M = \frac{1}{11}(g+q)l_0^2 = \frac{1}{11} \times 24.32 \times 5.875^2 = 76.31\text{kN} \cdot \text{m}$$

边跨支座剪力

端支座　　　$V = \alpha_v(g+q)l_n = 0.45 \times 24.32 \times 5.755 = 62.98\text{kN}$

第二支座　　$V = -0.6 \times 24.32 \times 5.755 = 83.98\text{kN}$

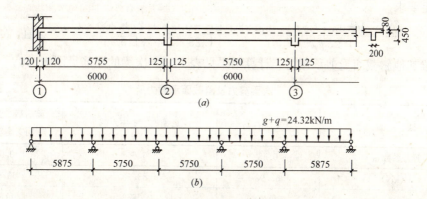

图 11-27　次梁的构造和计算简图

(a)构造图；(b)计算简图

(4) 正截面承载力计算

次梁跨中按 T 形截面计算，其翼缘计算宽度为：

边跨 $b'_f = \frac{1}{3}l_0 = \frac{1}{3} \times 5.875 = 1960\text{mm} < b + s_0 = 200 + 2000 = 2200\text{mm}$。中间跨 $b'_f = \frac{1}{3} \times 5.75 = 1920\text{mm}$。翼缘厚 $h'_f = 80\text{mm}$，次梁有效高度 $h_0 = 450 - 35 = 415\text{mm}$。

判别 T 形截面类型：

$$\alpha_1 f_c b'_f h'_f \left(h_0 - \frac{h'_f}{2}\right) = 1.0 \times 11.9 \times 1920 \times 80 \times \left(415 - \frac{80}{2}\right)$$

$$= 685.44\text{kN} \cdot \text{m} > 76.31\text{kN} \cdot \text{m}$$

故各跨跨中截面均属于第一类 T 形截面。对边跨的配筋计算：

$$\alpha_s = \frac{M}{\alpha_1 f_c b'_f h_0^2} = \frac{76.31 \times 10^6}{1.0 \times 11.9 \times 1960 \times 415^2} = 0.019;\text{查附表 8} \gamma_s = 0.990$$

故

$$A_s = \frac{M}{\gamma_s h_0 f_y} = \frac{76.31 \times 10^6}{0.990 \times 415 \times 300} = 620\text{mm}^2$$

次梁支座按矩形截面计算。次梁其他各跨计算结果见表 11-4。

次梁弯矩及正截面承载力　　　　　　表 11-4

截　　面	边跨跨中	离端第二支座	中间跨跨中	中间支座
α_m	$\frac{1}{11}$	$\frac{1}{11}$	$\frac{1}{16}$	$\frac{1}{14}$
$M(kN \cdot m)$	76.31	76.31	50.26	57.44
$A_s(mm^2)$	620	684	407	499
选配钢筋	2⌀14+2⌀16	2⌀14+2⌀16	2⌀10+2⌀16	2⌀10+2⌀16
实配钢筋面积 $A_s(mm^2)$	710	710	559	559

(5) 斜截面受剪承载力计算

端支座截面限制条件的验算

$$0.25\beta_c f_c b h_0 = 0.25 \times 1.0 \times 11.9 \times 200 \times 415 = 246.9 kN > V = 62.98 kN$$

满足要求

又　　$\dfrac{A_{sv}}{s} = \dfrac{V - 0.7 f_t b h_0}{1.25 f_{yv} h_0} = \dfrac{62.98 \times 10^3 - 0.7 \times 1.27 \times 200 \times 415}{1.25 \times 210 \times 415} = $ —值

次梁其他斜截面受剪承载力，计算结果见表 11-5。次梁的配筋见图 11-30。

次梁剪力及斜截面承载力　　　　　　表 11-5

截　　面	端支座右侧	离端第二支座左侧	离端第二支座右侧中间支座左、右侧
剪力系数 α_v	0.45	0.6	0.55
$V(kN)$	62.98	−83.98	69.92
A_{sv}/s	负值	0.066	负值
选用箍筋 $A_{sv}(mm^2)$	2ϕ8(101)	2ϕ8(101)	2ϕ8(101)
计算箍筋间距 $s(mm)$	—	964	—
实配箍筋间距 $s(mm)$	200	200	200

4. 主梁计算

主梁按弹性方法计算。柱高度 $H=4.0m$，计算时取柱的截面尺寸为 300mm×300mm。

(1) 荷载

恒载设计值

由次梁传来　　　　　　　　　　　　　$10.02 \times 6.0 = 60.12 kN$

主梁自重（折算为集中荷载）

$1.2 \times 0.25 \times (0.65 - 0.08) \times 25 \times 2.2 = 9.41$

梁侧抹灰（折算为集中荷载）

$1.2 \times 0.02 \times (0.65 - 0.08) \times 17 \times 2.2 \times 2 = 1.02$

恒载设计值　　　　　　　　　　　　　　$G = 70.6 kN$

活荷载设计值　　　　　　　　　　　　　$Q = 14.30 \times 6.0 = 85.8 kN$

合计　　　　　　　　　　　　　　　　　$G + Q = 157 kN$

(2) 内力计算

计算跨度 $l_n = 6.60 - 0.12 - \dfrac{0.3}{2} = 6.33\text{m}$

$l_0 = 1.025 l_n + \dfrac{b}{2} = 1.025 \times 6.33 + \dfrac{0.3}{2} = 6.64\text{m}$

由于主梁线刚度$(i = EI/l)$比柱线刚度$(i_c = EI_c/H)$大得多$(i/i_c = 5.1 > 4)$,故主梁可视为铰支柱顶上的连续梁,计算简图如图11-28(b)所示。

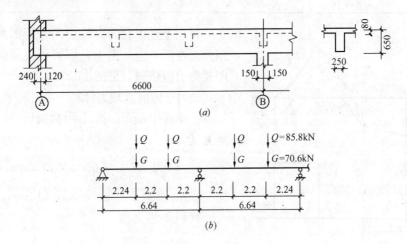

图11-28 主梁的构造及计算简图
(a)构造;(b)计算简图

内力计算可采用公式(11-3)、(11-4)进行计算,即:$M = kGl + kQl$;$V = kG + kQ$。
例如对跨中截面恒载弯矩设计值(系数k值查附表13-1)

$M = kGl = 0.222 \times 70.6 \times 6.64 = 104.07\text{kN·m}$

端支座截面恒载剪力设计值

$V_A = kG = 0.667 \times 70.6 = 47.1\text{kN}$

主梁其他各截面的弯矩及剪力设计值,计算结果见表11-6。

主梁弯矩(kN·m)及剪力(kN)计算 表11-6

序号	荷载图	跨中 $\dfrac{k}{M}$	中间支座 $\dfrac{k}{M_B}$	端支座 $\dfrac{k}{V_A}$	中间支座 $\dfrac{k}{V_n^l}$	中间支座 $\dfrac{k}{V_n^r}$
①		$\dfrac{0.222}{104.07}$	$\dfrac{-0.333}{-156.11}$	$\dfrac{0.667}{47.1}$	$\dfrac{-1.333}{-94.1}$	$\dfrac{1.333}{94.1}$
②		$\dfrac{0.222}{126.48}$	$\dfrac{-0.333}{-189.71}$	$\dfrac{0.667}{57.2}$	$\dfrac{-1.333}{-114.4}$	$\dfrac{1.333}{114.4}$
③		$\dfrac{0.278}{158.38}$	$\dfrac{-0.167}{-95.14}$	$\dfrac{0.833}{71.5}$	$\dfrac{-1.167}{-100.1}$	$\dfrac{0.167}{14.3}$
④		$\dfrac{-0.056}{-31.90}$	$\dfrac{-0.167}{-95.14}$	$\dfrac{0.167}{14.3}$	$\dfrac{0.167}{14.3}$	$\dfrac{-1.167}{-100.1}$

续表 11-6

序号	荷载图	跨中 $\dfrac{k}{M}$	中间支座 $\dfrac{k}{M_B}$	端支座 $\dfrac{k}{V_A}$	中间支座 $\dfrac{k}{V_n^l}$	$\dfrac{k}{V_n^r}$
最不利内力组合	①+③	262.45	−251.25	118.6	−194.2	108.4
	①+②	230.55	−345.82	104.3	−208.5	123.5
	①+④	72.17	−251.25	—	—	

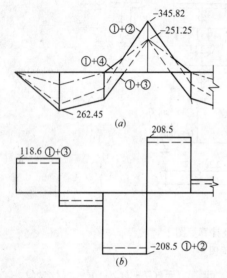

图 11-29 主梁的弯矩包络图及剪力包络图

将以上最不利内力组合的弯矩图及剪力图分别叠画在同一坐标图上，即可得主梁的弯矩包络图及剪力包络图，见图 11-29。

(3) 正截面承载力计算

主梁跨中截面：按 T 形截面计算，其翼缘计算宽度为：

$$b'_f = \frac{1}{3}l_0 = \frac{1}{3} \times 6600 = 2200\text{mm} < b + s_0 = 6000\text{mm}$$

并取 $h_0 = 650 - 35 = 615\text{mm}$。

判别 T 形类型

$$\alpha_1 f_c b'_f h'_f \left(h_0 - \frac{h'_f}{2}\right)$$
$$= 1.0 \times 11.9 \times 2200 \times 80 \times \left(615 - \frac{80}{2}\right)$$
$$= 1204.3 \text{kN} \cdot \text{m} > M = 262.45 \text{kN} \cdot \text{m}$$

故属于第一类 T 形截面，其正截面承载力计算为

$$\alpha_s = \frac{M}{\alpha_1 f_c b'_f h_0^2} = \frac{262.45 \times 10^6}{1.0 \times 11.9 \times 2200 \cdot 615^2} = 0.026 \quad 查附表 8 得 \gamma_s = 0.987$$

故

$$A_s = \frac{M}{\gamma_s h_0 f_y} = \frac{262.45 \times 10^6}{0.987 \times 615 \times 300} = 1442 \text{mm}^2$$

选配钢筋 4Φ22（$A_s = 1520\text{mm}^2$）

主梁中间支座截面：按矩形截面计算，$b \times h = 250\text{mm} \times 650\text{mm}$，$h_0 = 650 - 80 = 570\text{mm}$，取 B 支座边缘负弯矩进行配筋，即取 $M_B = M - V_0 \cdot \dfrac{b}{2} = 345.82 - 157 \times \dfrac{0.3}{2} = 322.27 \text{kN} \cdot \text{m}$。这样，按以上同样方法可求得 B 支座纵向钢筋 $A_s = 2389 \text{mm}^2$

选配钢筋 4Φ22+2Φ25（$A_s = 2502 \text{mm}^2$）

(4) 斜截面承载力计算

1) 端支座（A 支座）：$V = 118.6\text{kN}$

截面限制条件的验算

$$0.25\beta_c f_c b h_0 = 0.25 \times 1.0 \times 11.9 \times 250 \times 615 = 457.4 \text{kN} > V$$

截面尺寸满足要求

又

$$\frac{A_{sv}}{s} = \frac{V - 0.7 f_t b h_0}{1.25 f_{yv} h_0} = \frac{118.6 \times 10^3 - 0.7 \times 1.27 \times 250 \times 615}{1.25 \times 210 \times 615} < 0$$

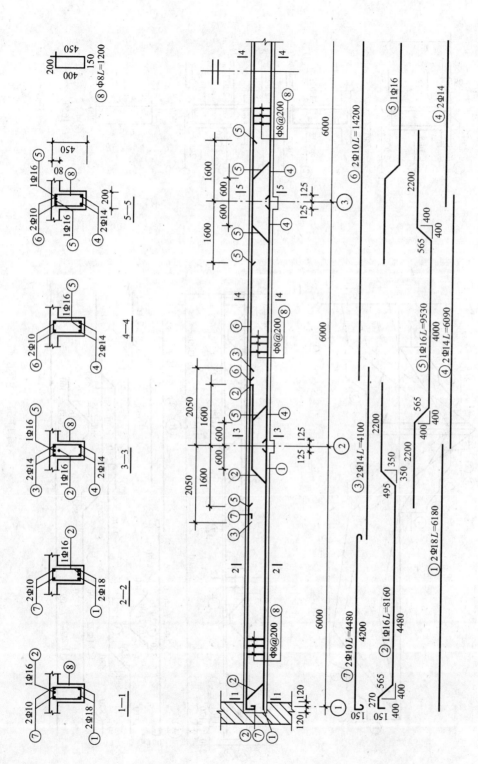

图 11-30 次梁配筋

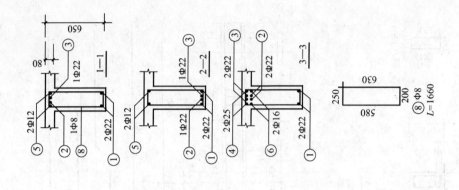
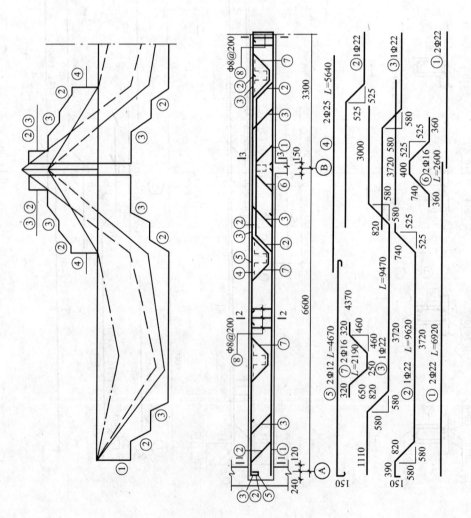

图 11-31 主梁配筋

箍筋按构造要求配置

2) 中间支座(B 支座)：$V=208.5$kN

截面限制条件的验算

$$0.25\beta_c f_c bh_0 = 0.25 \times 11.9 \times 250 \times 570 = 423.94\text{kN} > V$$

截面尺寸满足要求

箍筋选配 $\phi 8$ 间距 200mm，则得

$$V_{cs} = 0.7 f_t bh_0 + 1.25 f_{yv} \frac{A_{sv}}{s} h_0$$
$$= 0.7 \times 1.27 \times 250 \times 570 + 1.25 \times 210 \times \frac{57}{200} \times 570 = 202.2\text{kN}$$

弯起钢筋所需面积为

$$A_{sb} = \frac{V - V_{cs}}{0.8 f_y \sin\alpha} = \frac{(208.5 - 202.2) \times 1000}{0.8 \times 300 \times 0.707} = 37.7\text{mm}^2$$

实际选配弯起钢筋 1 Φ 22（$A_{sb}=380.1$mm^2）

(5) 主梁吊筋计算

由次梁传至主梁的每个节点上的全部集中力：$G+Q=157.0$kN，则得：

$$A_s = \frac{G+Q}{2 f_y \sin\alpha} = \frac{157 \times 1000}{2 \times 300 \times 0.707} = 370\text{mm}^2$$

吊筋选配 2 Φ 16（$A_s=402$mm^2）

主梁的配筋图见图 11-31。

11.3 双向板肋梁楼盖

在肋梁楼盖中，若其梁格布置不同，将使板的受力情况不同，前面已经述及，当各区格板的长边与短边之比 $l_2/l_1 \leqslant 2$ 时，应按双向板设计；当 $3 > l_2/l_1 > 2$ 时，宜按双向板设计，双向板由于两个方向横截面上均承受弯矩和剪力，另外因有扭矩存在的四角有翘起的趋势，受到墙体的约束后，使板的跨中弯矩减少，刚度较大，因此，其受力性能较好，其最大跨度可达 5m 左右（单向板跨一般不超过 3.0m）。

11.3.1 双向板的受力特征

试验研究表明，钢筋混凝土双向板破坏特征为：

图 11-32 所示为承受均布荷载四边简支矩形板，第一批裂缝出现在板底中央且平行长边方向；当荷载继续增加时裂缝逐渐延伸，并沿 45°方向向四角扩展，然后板顶四角亦出现圆弧形裂缝，最后导致板的破坏。

当板在荷载作用下，其四角都有翘起的趋势；板传给四边支承梁的压力，沿边长并非均匀分布，而是中部较大，两端较小。

板中钢筋一般都布置成与板的四边平行，以便于施工。在同样配筋率

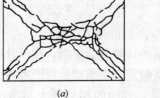 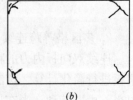

图 11-32 钢筋混凝土双向板的破坏裂缝
(a) 板底；(b) 板顶

时，采用较细钢筋较为有利；在同样数量的钢筋时，将板中间部分排列较密些，要比均匀放置适宜。

11.3.2 双向板按弹性方法的计算[11-4]

1. 单区格双向板的内力计算

双向板按弹性方法内力分析时，为了简化计算，通常是直接应用根据弹性方法编制的计算用表(见附表14)进行内力计算。在该附表中，按边界条件选列了六种计算简图(图11-33)，分别给出了在均布荷载作用下的跨内弯矩系数(泊松比 $\nu_c = 0$ 时)、支座弯矩系数和挠度系数，则可算出有关弯矩和挠度。

$$M = 表中系数 \times (g+q)l^2 \tag{11-18}$$

$$v = 表中系数 \times \frac{(g+q)l^4}{B_c} \tag{11-19}$$

式中　M——跨内或支座弯矩；
　　　B_c——板的抗弯刚度；
　　　v——挠度；
　　　l——取用 l_x 和 l_y 中之较小者；
　　g、q——均布恒载、活载；
　　l_x、l_y——x 和 y 方向的计算跨度。

在计算时，对于跨内弯矩尚需考虑横向变形的影响，应按下式计算：

$$M_x^{(\nu_c)} = M_x + \nu_c M_y \tag{11-20}$$

$$M_y^{(\nu_c)} = M_y + \nu_c M_x \tag{11-21}$$

式中　$M_x^{(\nu_c)}$、$M_y^{(\nu_c)}$——考虑 ν_c 的影响 l_x 及 l_y 方向的跨内弯矩；
　　　M_x、M_y——$\nu_c = 0$ 时，l_x 及 l_y 方向的跨内弯矩；
　　　ν_c——泊松比，对于钢筋混凝土 $\nu_c = 0.2$。

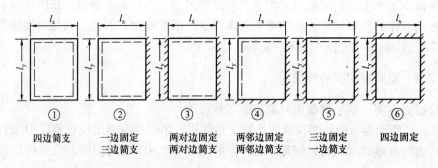

① 四边简支　② 一边固定三边简支　③ 两对边固定两对边简支　④ 两邻边固定两邻边简支　⑤ 三边固定一边简支　⑥ 四边固定

图 11-33　单区格双向板的计算简图

2. 多区格等跨连续双向板的内力计算

连续双向板内力的精确计算较为复杂，在设计中一般采用将多区格连续板转化为单区格板进行简化计算。该法假定其支承梁抗弯刚度很大，梁的竖向变形忽略不计，抗扭刚度很小，可以转动；当在同一方向的相邻最大与最小跨度之差小于 20% 时可按下述方法计算。

(1) 各区格板跨中最大弯矩的计算

计算时亦需考虑活荷载的最不利布置。即当求某区格板跨中最大弯矩时，应在该区格布置活荷载，然后在其左右前后分别隔跨布置活荷载，通常称为棋盘式布置，如图 11-34 (a)，此时在活荷载作用的区格内，将产生跨中最大弯矩。

在图 11-34 (b) 所示的荷载作用下，任一区格板的边界条件既非完全固定又非理想简支，为了能利用单区格双向板的内力计算系数表计算连续双向板，可以近似把棋盘式布置的荷载分解为各跨满布的对称荷载和各跨向上向下相间作用的反对称荷载，如图 11-34 (c)、图 11-34 (d)。

$$对称荷载 \quad g' = g + \frac{q}{2}; \quad 反对称荷载 \quad q' = \pm \frac{q}{2} \quad (11-22)$$

在对称荷载 $g' = g + \frac{q}{2}$ 作用下，所有中间支座两侧荷载相同，故可近似地将所有中间支座视为固定支座，从而所有中间区格板均可视为四边固定双向板，如图 11-33 之⑥；边区格板的外边界条件按实际情况确定，如楼盖周边视为简支，则其边区格可视为三边固定一边简支双向板，如图 11-33 之⑤；角区格板可视为两相邻固定两相邻简支的双向板，如图 11-33 之④。这样，根据各区格板的四边支承情况，即可分别求出在 $g' = g + \frac{q}{2}$ 作用下的跨中弯距。

在反对称荷载 $q' = \pm \frac{q}{2}$ 作用下，在支

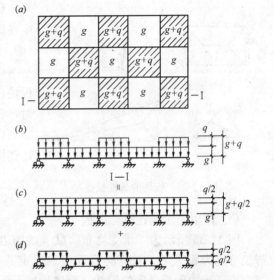

图 11-34 双向板活荷载的最不利布置

座处相邻区格板的转角方向一致，大小基本相同，即相互没有约束影响，若忽略梁的扭转作用，则可近似认为支座截面弯矩为零，其中间支座均可视为简支支座，如楼盖周边视为简支，则所有各区格板均可视为四边简支板，如图 11-33 之①，于是可以求出在 $q' = \pm \frac{q}{2}$ 作用下的跨中弯矩。

最后将各区格板在上述两种荷载作用下跨中弯矩相叠加，即得到各区格板的跨中最大弯矩。

(2) 支座最大弯矩的计算

在求支座最大弯矩时，活荷载的最不利布置，可近似认为恒载和活荷载皆满布在板所有区格时，支座产生弯矩为最大。此时，可将各中间支座均视为固定端，整块板的各周边支座视为简支，则可利用附表 14 求得各区格板中各固定边的支座弯矩。但对某些中间支座，由相邻两个区格板求出的支座弯矩常常并不相等，则可近似地取其平均值作为该支座弯矩值。

11.3.3 双向板按塑性极限分析法的计算[11-3]

钢筋混凝土双向板按塑性极限分析法的概念，已在第 10 章中作了介绍，其特点是：

塑性极限分析法与考虑内力重分布分析法，都属于塑性理论分析计算的范畴，二者都是在超静定结构体系中考虑了钢筋混凝土弹塑体的特性，并在荷载作用下到达极限状态时，其最不利控制截面，已达到塑性极限，形成塑性铰（梁）或塑性铰线（板）的连接，按平衡条件计算内力的方法；但后者仅考虑某个或几个被调幅截面出现塑性铰的工作状态，而按塑性极限分析时，则认为全部控制截面均达到塑性极限状态，二者是有所区别的。

双向板按塑性极限分析方法计算内力与实际受力情况符合较好，并能节省材料（可节省钢筋约 20%～30%），其具体计算方法有多种，下面仅介绍板块极限平衡计算法。

1. 基本假定

（1）板在即将破坏时，在最大弯矩处，有时可能在承受极限荷载为最小的危险截面，出现"塑性铰线"，将板分割成若干板块，形成机动可变体系；

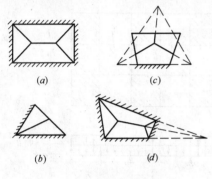

（2）塑性铰线为直线，通常负的塑性铰线发生在固定边界处，正的则通过板块转动轴的交点（图 11-35）。

（3）板块的弹性变形很小，故可视为刚性的板块，整个板的变形都集中在塑性铰线上，破坏时，各板块皆绕塑性铰线转动。

（4）在塑性铰线上，钢筋达到屈服，混凝土达到抗压强度，此时已进入塑性极限内力的工作状态。

图 11-35 板块的塑性铰线

2. 四边支承矩形双向板基本计算公式

（1）四边固定或连续双向板

图 11-36 所示为一承受均布荷载 p 的四边固定（或连续）的矩形双向板，短边及长边跨长分别为 l_x 及 l_y。计算时可近似地假定其破坏图形如图所示"倒锥形"的破坏机构，即四周支承边形成负塑性铰线，跨中形成正塑性铰线，呈对称型并沿 $\theta=45°$ 方向向四角发展。这样简化计算结果，与理论分析误差很小（一般在 5% 内）。此时，塑性铰线将整块板划分为四个板块，而每个板块将各自按平衡条件进行内外力分析，计算时仅考虑塑性铰线上的弯矩，而忽略其扭矩和剪力。

计算时取：沿跨中塑性铰线 l_y 及 l_x 方向单位长度上的极限正弯矩分别为 m_x、m_y，相应总的正极限弯矩分别为 M_x、M_y，则得 $M_x=l_y m_x$，$M_y=l_x m_y$；

沿支座塑性铰线 l_y 及 l_x 方向单位长度上的极限负弯矩分别为 m'_x、m''_x、m'_y、m''_y，相应总的负极限弯矩分别为 $M'_x=l_y m'_x$、$M''_x=l_y m''_x$、$M'_y=l_x m'_y$、$M''_y=l_x m''_y$。

现取梯形 $ABFE$ 板块为脱离体，见图 11-36（b），对支座塑性铰线 AB 取矩，由平衡条件得

$$M_x+M'_x=l_y m_x+l_y m'_x=p(l_y-l_x)\frac{l_x}{2}\times\frac{l_x}{4}+p\times 2\times\frac{1}{2}\left(\frac{l_x}{2}\right)^2\times\frac{1}{3}\times\frac{l_x}{2}$$

$$=pl_x^2\left(\frac{l_y}{8}-\frac{l_x}{12}\right) \tag{11-23}$$

同理，对于 CDEF 板块，可得

$$M_x+M''_x=l_y m_x+l_y m''_x=pl_x^2\left(\frac{l_y}{8}-\frac{l_x}{12}\right) \tag{11-24}$$

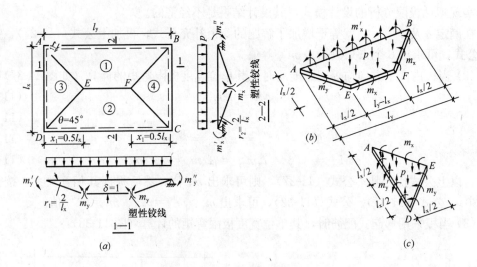

图 11-36 双向板塑性铰线
正塑性铰线——；负塑性铰线-----

又取三角形 ADE 板块为脱离体，见图 11-36（c），由平衡条件得：

$$M_y + M'_y = l_x m_y + l_x m'_y = p \times \frac{1}{2} \times \frac{l_x}{2} l_x \times \frac{1}{3} \times \frac{l_x}{2} = p \frac{l_x^3}{24} \quad (11-25)$$

同理，对于三角形 BCF 板块，可得

$$M_y + M''_y = l_x m_y + l_x m'_y = p \frac{l_x^3}{24} \quad (11-26)$$

将以上四式相加即得设计时的计算基本公式：

$$2M_x + 2M_y + M'_x + M''_x + M'_y + M''_y = \frac{pl_x^2}{12}(3l_y - l_x) \quad (11-27)$$

(2) 四边简支双向板

四边简支双向板的支座弯矩为零，则式（11-27）中 $M'_x = M''_x = M'_y = M''_y = 0$，可得以总弯矩来表达的四边简支双向板的基本公式为

$$M_x + M_y = \frac{pl_x^2}{24}(3l_y - l_x) \quad (11-28)$$

3. 四边支承双向板极限弯矩的计算

(1) 单位板宽极限弯矩的选定：

在公式（11-27）中的极限弯矩自 $M_x \cdots M''_y$ 及自 $m_x \cdots m''_y$，共有 6 个未知数，计算时可取各弯矩的比值为：$\frac{m_y}{m_x} = \alpha$；$\frac{m'_x}{m_x} = \frac{m''_x}{m_x} = \frac{m'_y}{m_y} = \frac{m''_y}{m_y} = \beta$。

从经济观点和构造要求考虑，做如下的选定：

1) 通常取 $\alpha = \frac{m_y}{m_x} = \left(\frac{l_x}{l_y}\right)^2$，其目的是使其值与板按弹性方法计算跨中两个方向弯矩计算值的比值相近，亦即在使用阶段跨中两个方向截面应力较为接近。

2) 对 β 值可取 $\beta = 1.5 \sim 2.5$ 之间，当 β 取值过小，则将导致板的支座截面过早出现裂缝；反之，β 取值过大，则将使板在跨中过早出现裂缝，亦即对 β 值的取值过小或过大，

都难实现塑性极限分析的设计模式,其设计结果是不经济的。

在确定 α 及 β 值后,就等于增加了解题的 5 个补充公式,再加上公式(11-27),共有 6 个公式,可求出 6 个未知数 $m_x \cdots m''_y$ 等值。

(2) 当板内两个方向均等间距配筋时,其单位宽度极限弯矩的计算(如图 11-37):

$$M_x = l_y m_x \tag{11-29}$$

$$M_y = l_x m_y = \alpha l_x m_x \tag{11-30}$$

$$M'_x = M'_x = l_y m'_x = \beta l_y m_x \tag{11-31}$$

$$M'_y = M'_y = l_x m'_y = \beta l_x m_y = \alpha \beta l_x m_x \tag{11-32}$$

将以上公式代入基本公式(11-27),则可求出 m_x 值,然后根据其相互关系,按公式 (11-30)、公式(11-31)、公式(11-32),可求出 m_y、$m'_x = m''_x$、$m'_y = m''_y$ 值。

(3) 当板采用弯起式配筋时,其单位宽度极限弯矩的计算(图 11-38):

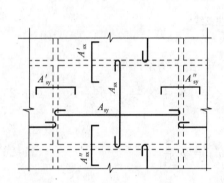

图 11-37 双向板分离式配筋布置

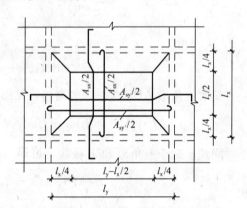

图 11-38 双向板弯起式配筋布置

为了充分利用钢筋,可将板内跨中正弯矩钢筋在距支座 $l_x/4$ 处弯起一半,作为支座负弯矩筋。这样,在板的两侧 $l_x/4$ 区内,将有一半钢筋配置在板的顶部,而不承受正弯矩,则公式(11-29)、(11-30)可写成:

$$M_x = \left(l_y - \frac{l_x}{2}\right)m_x + 2 \times \frac{l_x}{4} \times \frac{m_x}{2} = \left(l_y - \frac{l_x}{4}\right)m_x \tag{11-33}$$

$$M_y = \frac{l_x}{2}m_y + 2 \times \frac{l_x}{4} \times \frac{m_y}{2} = \frac{3}{4}l_x m_y = \frac{3}{4}\alpha l_x m_x \tag{11-34}$$

此时,将公式(11-33)、(11-34)代替公式(11-29)及(11-30),按前述同样方法,可求得 m_x 值,然后求出其他相应 m 值。

4. 多区格连续双向板极限弯矩计算

在计算连续双向板时,内区格板可按四边固定的单区格板进行计算,边区格或角区格板可按外边界的实际支承情况的单区格板进行计算。计算时,首先从中间区格板开始,将中间区格板计算得出的各支座弯矩值,作为计算相邻区格板支座的已知弯矩值。这样,依次由内向外直至外区格板可——解出。

11.3.4 双向板的截面设计与构造要求

1. 截面设计

(1) 截面有效高度

由于短跨方向弯矩比长跨方向弯矩大，因此短跨方向的受力筋应放在长跨方向受力筋的外侧，其截面有效高度可取：

短向　$h_0 = h - 20\text{mm}$

长向　$h_0 = h - 30\text{mm}$

(2) 弯矩折减

双向板在荷载作用下由于支座的约束，整块板存在着穹窿的作用，从而使板的跨中弯矩减小，因此，对周边与梁整体连结的板，其计算弯矩可根据下列情况宜适当减少。

1) 中间区格跨中截面及中间支座上减少 20%。

2) 边区格的跨中截面及从楼板边缘算起的第二支座上：

当 $l_b/l < 1.5$ 时　　　宜减少 20%

当 $1.5 \leqslant l_b/l < 2.0$ 时　　宜减少 10%

式中　l——垂直于板边缘方向的计算跨度；

l_b——沿板边缘方向的计算跨度，如图 11-39。

3) 角区格不应减少。

(3) 配筋计算

当求出板的极限弯矩设计值 m 后，则可求出相应的纵向钢筋截面面积 A_s 值，计算时可取 $\gamma_s = 0.9$。例如已知极限弯矩设计值为 m_x，则可得：

$$A_{sx} = \frac{m_x}{\gamma_s h_0 f_y} = \frac{m_x}{0.9 h_0 f_y} \quad (11-35)$$

同理可求得 $A_{sy} \cdots A''_{sy}$ 值。

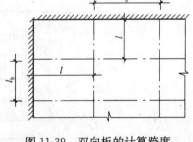

图 11-39　双向板的计算跨度

2. 构造要求

(1) 配筋形式

与单向板相同，有弯起式和分离式两种。

(2) 配筋板带划分

按弹性理论计算时，板底钢筋根据跨中最大弯矩确定，而跨中弯矩沿板宽向两边逐渐减小，故配筋亦应向两边逐渐减少。考虑到施工方便，可将板在两个方向各划分成三个板带（图 11-40）。在中间板带内按最大弯矩配筋，而边缘板带配筋减少一半，但每米宽度内不得少于 3 根。连续板支座负弯矩所需纵向钢筋，则按各支座的最大负弯矩确定，沿全支座均匀布置而不在边缘板带内减少。

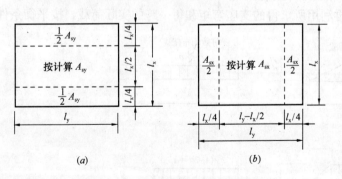

图 11-40　双向板配筋时板带的划分

(a) 平行于 l_y 方向的钢筋；(b) 平行于 l_x 方向的钢筋

按塑性理论计算时，通常跨中及支座钢筋皆均匀布置；但弯起式配筋，其跨中则应与计算方法同步配筋。

(3) 钢筋的弯起

在简支双向板中,可将每个方向的 1/3 跨中钢筋弯起伸入支座上部,以承受可能产生的负弯矩。在多区格连续板及四边固定的双向板中,可将跨中的 1/2～2/3 钢筋弯起以承受支座负弯矩,不足部分可另加直钢筋,钢筋弯起的长度和构造要求,可参考单向连续板的有关规定。

(4) 钢筋的切断

对一般的配筋形式,支座负弯矩钢筋,自支座中心线伸长至切断点,不应小于 $l_x/4$,否则,当活荷载较大时,其切断点通过验算确定。

11.3.5 双向板支承梁的计算特点

对双向板支承梁的内力通常采用下述近似方法求得:如图 11-41 所示,对区格板从四角作 45°线与平行长边的中线相交,将整块板分成四个板块,每个板块的荷载传至相邻的支承梁上,则长跨支承梁上的荷载呈梯形分布,短跨梁上的荷载呈三角形分布。

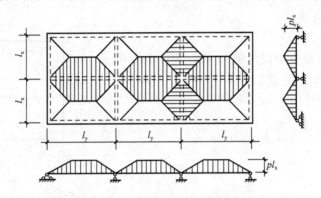

图 11-41 双向板支承梁的荷载分配

支承梁的内力具体计算:

按弹性方法计算时,可先将梁上的梯形或三角形荷载,根据支座转角相等的条件换算成为等效均布荷载(图 11-42),然后按结构力学方法计算。对等跨连续梁可查得在等效均布荷载作用下的支座弯矩,再利用所求得的支座弯矩和每一跨的实际荷载,按平衡条件

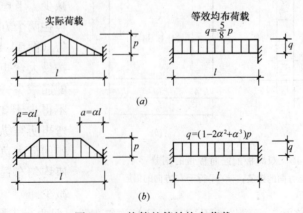

图 11-42 换算的等效均布荷载

求得梁的各控制截面的弯矩。

当按塑性方法计算时，可在弹性方法计算所得支座弯矩的基础上，应用调幅法选定支座弯矩，再按实际的梯形或三角形荷载求出跨中弯矩。

双向板支承梁的截面配筋设计及构造要求与单向板支承梁相同。

11.3.6 整体式双向板肋梁楼盖设计例题

1. 设计资料

某厂房双向板肋梁楼盖平面尺寸如图 11-43 所示，板厚选用 95mm，20mm 厚水泥砂浆面层，15mm 厚混合砂浆顶棚抹灰，楼面活荷载标准值 $q_k=5.0$kN/m²，混凝土为 C20（$f_c=9.6$N/mm²），钢筋用 HRB335 级（$f_y=300$N/mm²），试设计该板。

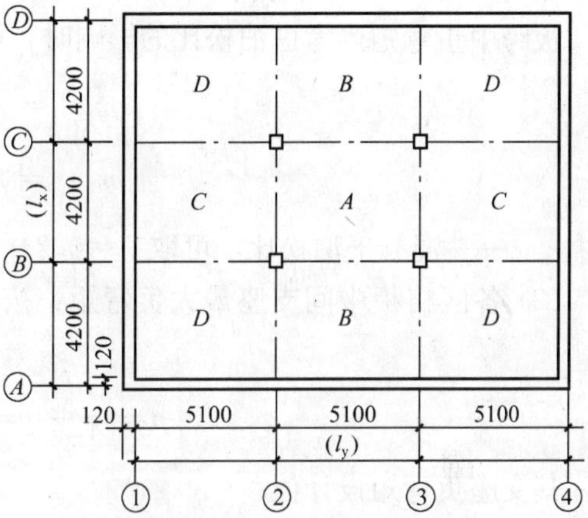

2. 荷载计算

恒载标准值

  20mm 水泥砂浆面层 $0.02\times20=0.40$kN/m²

  板自重 $0.095\times25=2.38$

  15mm 混合砂浆顶棚抹灰 $\underline{0.015\times17=0.26}$

$$g_k=3.04\text{kN/m}^2$$

图 11-43 双向板平面尺寸

恒载设计值

$$g=1.2\times3.04=3.7\text{kN/m}^2$$

活荷载设计值

$$q=1.3\times5.0=6.5\text{kN/m}^2$$

合计

$$p=g+q=10.2\text{kN/m}^2$$

3. 板按弹性方法计算

(1) 各区格板跨内的正弯矩：按恒载满布及活荷载棋盘式布置计算，其调整后的荷载为：

对称荷载

$$g'=g+\frac{q}{2}=3.7+\frac{6.5}{2}=6.95\text{kN/m}^2$$

反对称荷载

$$q'=\frac{q}{2}=\frac{6.5}{2}=3.25\text{kN/m}^2$$

则得跨中正弯矩设计值（图 11-43）：

$$m_x = (k_{1x}g' + k_{2x}q')l_x^2 \tag{11-36}$$

$$m_y = (k_{1y}g' + k_{2y}q')l_y^2 \tag{11-37}$$

式中　k_{1x}、k_{1y}——对称荷载作用下 m_x 及 m_y 的弯矩系数；

　　　k_{2x}、k_{2y}——反对称荷载作用下 m_x 及 m_y 的弯矩系数。

板跨中正弯矩当考虑泊松比的影响时，可写为：

$$m_x^{(\nu_c)} = m_x + \nu_c m_y \tag{11-38}$$

$$m_y^{(\nu_c)} = m_y + \nu_c m_x \tag{11-39}$$

式中　ν_c——混凝土泊松比，可取 $\nu_c = 0.2$。

(2) 各区格板中间支座最大负弯矩：按恒载及活荷载满布各区格板时计算，取荷载为

$$p = g + q = 10.2 \text{kN/m}^2$$

其支座负弯矩设计值：

$$m'_x = k'_x(g+q)l_x^2 \tag{11-40}$$

$$m'_y = k'_y(g+q)l_y^2 \tag{11-41}$$

式中　k'_x、k'_y——恒载与活荷载为满布时支座负弯矩 m'_x 及 m'_y 的弯矩系数。

以上公式 (11-36)、公式 (11-37) 及公式 (11-40)、公式 (11-41) 中的弯矩系数，可按不同的 l_x/l_y 比值以及不同的边界条件，由附表 14 查得。其中的计算跨度 l_x、l_y 按 11.2.2 节弹性分析法计算时的规定确定。这样可得：对中间跨 $l_x = 4.2$m，$l_y = 5.1$m；对边跨 $l_x = 4.2 - \dfrac{0.12}{2} = 4.14$m，$l_y = 5.1 - \dfrac{0.12}{2} = 5.04$m。

现将各区格的计算简图以及按附表 14 进行内力计算，其计算结果见表 11-7。

从表 11-7 可知，区格板间的支座弯矩是不平衡的，计算时可近似取相邻两区格板支座弯矩的平均值，即取：

A—B 支座　$m'_x = \dfrac{1}{2}(-11.68 - 12.27) = -11.98$ kN·m/m

A—C 支座　$m'_y = \dfrac{1}{2}(-10.00 - 10.22) = -10.11$ kN·m/m

B—D 支座　$m'_y = \dfrac{1}{2}(-13.29 - 12.97) = -13.13$ kN·m/m

C—D 支座　$m'_x = \dfrac{1}{2}(-12.69 - 15.05) = -13.87$ kN·m/m

当求得板的各跨跨中及支座弯矩后（对 A 区格，由于板四周为整体连接，其弯矩可乘以折减系数 0.8），则可近似按 $A_s = \dfrac{m}{0.9h_0 f_y}$ 算出相应的钢筋截面面积。计算时，取跨中及支座截面的有效高度为 $h_0 = 75$mm，$h_0 = 65$mm，具体计算从略。

弯矩计算（kN·m）　　　　表 11-7

区　格			A	B
l_x/l_y			4.2/5.1=0.82	4.14/5.1=0.81
跨内	计算简图		g' + q'	g' + q'
	$\nu_c=0$	m_x	$(0.0261\times6.95+0.0539\times3.25)\times4.2^2=6.29$	$(0.0226\times6.95+0.0550\times3.25)\times4.14^2=5.76$
		m_y	$(0.0149\times6.95+0.0340\times3.25)\times4.2^2=3.78$	$(0.0303\times6.95+0.0337\times3.25)\times4.14^2=5.49$
	$\nu_c=0.2$	$m_x^{(\nu_c)}$	$6.29+0.2\times3.78=7.05$	$5.76+0.2\times5.49=6.86$
		$m_y^{(\nu_c)}$	$3.78+0.2\times6.29=5.04$	$5.49+0.2\times5.76=6.64$
支座	计算简图		$g+q$	$g+q$
	m'_x		$0.0649\times10.2\times4.2^2=11.68$	$0.0702\times10.2\times4.14^2=12.27$
	m'_y		$0.0556\times10.2\times4.2^2=10.00$	$0.0760\times10.2\times4.14^2=13.29$
区　格			C	D
l_x/l_y			4.2/5.04=0.83	4.14/5.04=0.82
跨内	计算简图		g' + q'	g' + q'
	$\nu_c=0$	m_x	$(0.0301\times6.95+0.0528\times3.25)\times4.2^2=6.72$	$(0.0348\times6.95+0.0539\times3.25)\times4.14^2=7.15$
		m_y	$(0.0152\times6.95+0.0343\times3.25)\times4.2^2=3.83$	$(0.0223\times6.95+0.0339\times3.25)\times4.14^2=4.55$
	$\nu_c=0.2$	$m_x^{(\nu_c)}$	$6.72+0.2\times3.83=7.49$	$7.15+0.2\times4.55=8.06$
		$m_y^{(\nu_c)}$	$3.83+0.2\times6.72=5.17$	$4.55+0.2\times7.15=5.98$
支座	计算简图		$g+q$	$g+q$
	m'_x		$0.0705\times10.2\times4.2^2=12.69$	$0.0861\times10.2\times4.14^2=15.05$
	m'_y		$0.0568\times10.2\times5.2^2=10.22$	$0.0742\times10.2\times4.14^2=12.97$

4. 板按塑性极限分析方法的计算

（1）弯矩计算

1）中间区格板 A

计算跨度（取支承梁截面宽度为 200mm）

$$l_x = 4.2 - 0.2 = 4.0\text{m}$$
$$l_y = 5.1 - 0.2 = 4.9\text{m}$$
$$\alpha = \left(\frac{l_x}{l_y}\right)^2 = (4.0/4.9)^2 = 0.67 \quad \beta = 2.0$$

采用弯起式配筋，跨中钢筋在距支座 $l_x/4$ 处弯起一半，则得跨中及支座塑性铰线上的总弯矩为：

$$M_x = \left(l_y - \frac{l_x}{4}\right)m_x = \left(4.9 - \frac{4.0}{4}\right)m_x = 3.9m_x$$

$$M_y = \frac{3}{4}\alpha l_x m_x = \frac{3}{4} 0.67 \times 4.0 m_x = 2.01 m_x$$

$$M'_x = M''_x = \beta l_y m_x = 2.0 \times 4.9 m_x = 9.8 m_x$$

$$M'_y = M''_y = \alpha\beta l_x m_x = 0.67 \times 2.0 \times 4 m_x = 5.36 m_x$$

将以上计算结果代入基本公式（11-27），由于区格 A 板四周与梁整体连结，故可乘弯矩折减系数0.8。

$$2M_x + 2M_y + M'_x + M''_x + M'_y + M''_y = \frac{pl_x^2}{12}(3l_y - l_x)$$

$$2 \times 3.9 m_x + 2 \times 2.01 m_x + 2 \times 9.8 m_x + 2 \times 5.36 m_x$$

$$= \frac{1}{12} \times 0.8 \times 10.2 \times 4.0^2 \times (3 \times 4.9 - 4.0)$$

解之得
$$m_x = 2.76 \text{kN·m/m}$$
$$m_y = \alpha m_x = 0.67 \times 2.76 = 1.85 \text{kN·m/m}$$
$$m'_x = m''_x = \beta m_x = 2 \times 2.76 = 5.52 \text{kN·m/m}$$
$$m'_y = m''_y = \beta m_y = 2 \times 1.85 = 3.70 \text{kN·m/m}$$

2) 边区格板 B

因无边梁，其截面内力不作折减。

计算跨度
$$l_x = 4.2 - \frac{0.2}{2} - 0.12 + \frac{0.095}{2} = 4.03 \text{m}$$
$$l_y = 4.9 \text{m}$$

对区格 B 板为三边连续一边简支，其跨中弯矩不作折减，由于其长边支座弯矩为已知 $m'_x = 5.52 \text{kN·m/m}$，则得

$$M_x = \left(4.9 - \frac{4.03}{4}\right)m_x = 3.89 m_x$$

$$M_y = \frac{3}{4} \times 0.67 \times 3.89 m_x = 1.96 m_x$$

$$M'_x = 4.9 \times 5.52 = 27.05 \text{kN·m}; \quad M''_x = 0$$

$$M'_y = M''_y = 2 \times 0.67 \times 3.89 m_x = 5.21 m_x$$

代入公式（11-27）得：
$$2 \times 3.89 m_x + 2 \times 1.96 m_x + 27.05 + 0 + 2 \times 5.21 m_x$$
$$= \frac{1}{12} \times 10.2 \times 4.03^2 \times (3 \times 4.9 - 4.03)$$

故得
$$m_x = 5.44 \text{kN·m/m}$$
$$m_y = 0.67 \times 5.44 = 3.64 \text{kN·m/m}$$
$$m'_x = 5.52 \text{kN·m/m}, \quad m''_x = 0$$
$$m'_y = m''_y = \beta m_y = 2 \times 3.64 = 7.28 \text{kN·m/m}$$

3) 边区格板 C（计算过程从略）
$$m_x = 4.19 \text{kN·m/m}$$
$$m_y = 0.67 \times 4.19 = 2.81 \text{kN·m/m}$$

$$m'_y = 0, \quad m''_y = 3.70 \text{kN} \cdot \text{m/m}$$
$$m'_x = m''_x = 2 \times 4.19 = 8.38 \text{kN} \cdot \text{m/m}$$

4) 边区格板 D（计算过程从略）
$$m_x = 6.61 \text{kN} \cdot \text{m/m}$$
$$m_y = 0.67 \times 6.61 = 4.43 \text{kN} \cdot \text{m/m}$$
$$m'_x = 0, \quad m''_x = 8.38 \text{kN} \cdot \text{m/m}$$
$$m'_y = 0, \quad m''_y = 7.28 \text{kN} \cdot \text{m/m}$$

(2) 配筋计算

当求得各区格的跨中及支座弯矩 m 值后，则可近似按公式 $A_s = \dfrac{m}{0.9 h_0 f_y}$ 计算钢筋截面面积，计算结果见表 11-8，配筋图见图 11-44。

双向板配筋计算结果　　　　　　　　　表 11-8

	截　面		m (kN·m)	h_0 (mm)	A_s (mm²)	选配钢筋	实配面积 (mm²)
跨中	A 区格	l_x 方向	2.76	75	136	Φ8@200	251
		l_y 方向	1.85	65	105	Φ8@200	251
	B 区格	l_x 方向	5.44	75	269	Φ8@200	251
		l_y 方向	3.64	65	207	Φ8@200	251
	C 区格	l_x 方向	4.19	75	207	Φ8@200	251
		l_y 方向	2.81	65	160	Φ8@200	251
	D 区格	l_x 方向	6.61	75	326	Φ8/10@200	322
		l_y 方向	4.43	65	252	Φ8/10@200	322
支座	A—B		5.52	75	272	Φ8@200 Φ8@400	377
	A—C		3.70	75	183	Φ8@200 Φ8@400	377
	B—D		7.28	75	360	Φ8@200 Φ8@400	377
	C—D		8.38	75	4.14	Φ8/10@200 Φ8@400	448

5. 双向板支承梁的计算

现取短跨方向支承梁为例（长跨方向支承梁计算从略）

(1) 等效荷载的计算（图 11-45）

计算跨度
$$l_x = 4.2 - 0.12 + \frac{0.095}{2} = 4.13 \text{m}$$

实际板分配的三角形荷载
$$p = \frac{l_x}{2} \times (g + q) = \frac{4.13}{2} \times 10.2 = 21.06 \text{kN/m}$$

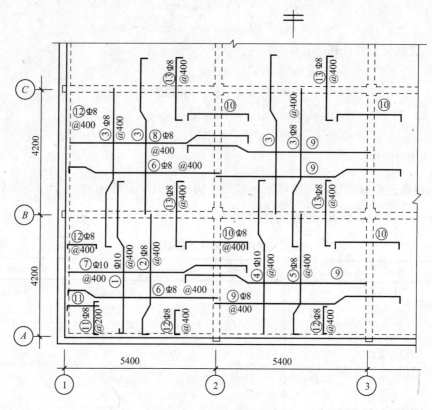

图 11-44 双向板配筋图

将梁上板的三角形荷载换算成等效均布荷载

$$q_1 = \frac{5}{8}p = \frac{5}{8} \times 21.06 = 13.17 \text{kN/m}$$

梁的自重：取梁截面为 $b \times h = 200\text{mm} \times 400\text{mm}$

自重　　　　　　　　　$0.2 \times 0.4 \times 25 \times 1.2 = 2.40 \text{kN/m}$
抹灰　　　　$0.015 \times (2 \times 0.305 + 0.2) \times 17 \times 1.2 = 0.25 \text{kN/m}$
　　　　　　　　　　　　　　　　　　　　　　　$q_2 = 2.65 \text{kN/m}$

故得　　　　　　　$q = q_1 + q_2 = 13.17 + 2.65 = 15.82 \text{kN/m}$

(2) 支承梁的内力按弹性方法的计算

1) 弯矩计算

支座负弯矩：查附表 13-1 得弯矩系数为 -0.125，则得

$$M_B = -0.125 q l_x^2 = -0.125 \times 15.82 \times 4.13^2 = -33.73 \text{kN} \cdot \text{m}$$

跨中最大弯矩：按实际荷载求出，如图 11-46，板的荷载为三角形荷载，梁的自重为均布荷载，则

$$R_A = \frac{q_2}{2} \times l_x + \frac{p l_x}{2} \times \frac{1}{2} - \frac{M_B}{l_x}$$

$$= \frac{2.65}{2} \times 4.13 + \frac{21.06 \times 4.13}{4} - \frac{33.73}{4.13} = 19.05 \text{kN}$$

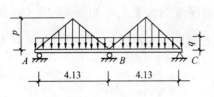
图 11-45 支承梁等效荷载

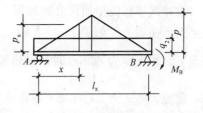
图 11-46 支承梁实际荷载隔离体图

在 x 截面处：
$$p_x = \frac{2x}{l_x} p = \frac{2x}{4.13} \times 21.06 = 10.2x$$

$$M_x = R_A x - 0.5 q_2 x^2 - \frac{p_x x}{2} \times \frac{x}{3}$$
$$= 19.05x - 1.33x^2 - 1.70x^3$$

取 $dM_x/dx = 0$，解得 $x = 1.69$m，将 x 值代入上式，并考虑活荷载最不利组合时乘以 1.15 组合系数，则得跨中最大弯矩为：
$$M_{max} = 1.15 \times 20.19 = 23.22 \text{kN} \cdot \text{m}$$

2) 剪力计算
$$V_A = R_A = 19.05 \text{kN}$$
$$V_B = R_A - q_2 l_x - \frac{p l_x}{2} = 19.05 - 2.65 \times 4.13 - \frac{21.06 \times 4.13}{2} = -35.38 \text{kN}$$

(3) 支承梁内力按考虑塑性内力重分布方法的计算

1) 弯矩计算

支座负弯矩：取用按弹性方法计算的负弯矩乘以调幅系数 0.8，则得：
$$M_B = -0.8 \times 33.73 = -26.98 \text{kN} \cdot \text{m}$$

跨中最大弯矩：根据调幅后的 M_B 值，按弹性的计算方法，可求出 $R_A = 20.68$kN，取 $dM_x/dx = 0$，解出 $x = 1.77$m，并考虑活荷载最不利组合时乘以 1.15 组合系数，则得：
$$M_{max} = 1.15 \times 23.01 = 26.46 \text{kN} \cdot \text{m}$$

2) 剪力计算
$$V_A = R_A = 20.68 \text{kN}$$
$$V_B = 20.68 - 2.65 \times 4.13 - \frac{21.06 \times 4.13}{2} = -33.75 \text{kN}$$

从以上计算结果可知，经调幅后支承梁的支座弯矩和跨中弯矩很接近，这样，便于配筋和施工，同时也节省了材料。

(4) 配筋计算

当求出梁控制截面的弯矩和剪力后，配筋计算与一般梁相同，此处从略。

11.3.7 双重井式楼盖设计

双重井式楼盖是由双向井字交叉梁与被支承的双向板所组成。这些梁不分主、次梁，共同承受作用其上由梁格形成四边支承的双向板所传来的荷载。

1. 构造特点

双重井式楼盖的平面尺寸宜做成正方形或矩形,其长短边之比不宜大于1.5。交叉梁可直接支承在墙上,如图11-47（a）,或具有足够刚度的大梁上,如图11-47（b）。在一般荷载下,当板厚为80mm时,梁格短边长度可控制在3.6m左右,一般可取梁高 $h=\frac{l}{16}$ ~ $\frac{l}{18}$,梁宽 $b=\frac{h}{3}$ ~ $\frac{h}{4}$,此处 l 为楼盖短边长度。

双重井式楼盖可以取用较大的跨度,两个方向交叉梁截面尺寸较小且相同,外形美观,满足建筑上对顶棚装饰的要求,但造价相对较高。

2. 交叉梁的计算

双重井式楼盖中的板,可按双向板计算。双重井式楼盖中的交叉梁,一般可查建筑结构静力计算手册,得出其内力系数来确定。但当缺乏资料以及交叉梁格不很复杂情况下,也可按下列方法计算。计算所得的内力系数与查表所得的系数相同。

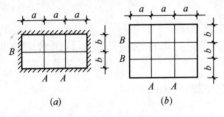

图 11-47 双重井式楼盖形式

(1) 如图 11-47（a）楼盖所示,先将楼面上的均布荷载简化为作用在交叉点上的集中荷载 P, $P=abp$,其中 p 为单位面积上的均布荷载, a、b 分别表示图中 B 梁及 A 梁的间距,则其内力为:

1) 弯矩计算

假定交叉梁的 B 梁铰支在 A 梁上,如图 11-48（a）,相互之间的支承反力为 x,则对 A 梁来说,见图 11-8（b）,在集中荷载 x 作用下,可利用力学的虚梁法求出 A 梁的交叉点处的挠度,即以 A 梁的弯矩图作为虚梁的荷载,虚梁在 A 点的反力为 $\overline{R}_A$,则在交叉点处的弯矩（称虚弯矩）除以梁的刚度 EI,即为 A 梁在该点处的挠度为:

$$v_A = \frac{1}{EI}\left(\overline{R}_A b - \overline{R}_A \cdot \frac{1}{3}b\right) = \frac{1}{EI} \times \frac{1}{4}b^2 x \times \frac{2}{3}b = \frac{1}{6EI}b^3 x \quad (A)$$

其次对 B 梁,见图 11-48（c）,在集中荷载（$P-x$）作用下,同样可求得 B 梁与 A 梁交叉点处的挠度为:

$$v_B = \frac{5}{6EI}a^3(P-x) \quad (B)$$

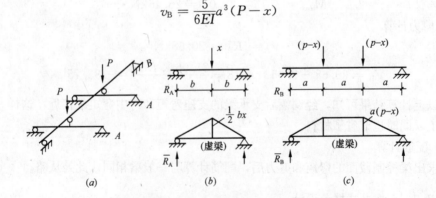

图 11-48 楼盖交叉梁受力简图
(a) 梁相互支承示意；(b) A 梁简图及 M 图；(c) B 梁简图及 M 图

利用（A）式与（B）式相等条件,可解得

$$x = \frac{5a^3}{5a^3 + b^3}P \tag{11-42}$$

则在交叉点处 A 梁及 B 梁的弯矩分别为：

$$\left.\begin{array}{l} M_A = \dfrac{1}{2}bx = k_A bP = k_A ab^2 p \\ M_B = a(P-x) = k_B a^2 bp \end{array}\right\} \tag{11-43}$$

上式中 $P=abp$，取弯矩系数为

$$\left.\begin{array}{l} k_A = \dfrac{1}{2\left[1 + 0.2\left(\dfrac{b}{a}\right)^3\right]} \\ k_B = \dfrac{1}{1 + 5\left(\dfrac{a}{b}\right)^3} \end{array}\right\} \tag{11-44}$$

如当 $b/a=1.2$ 时，则 $k_A=0.37$，$k_B=0.26$

2) 剪力计算

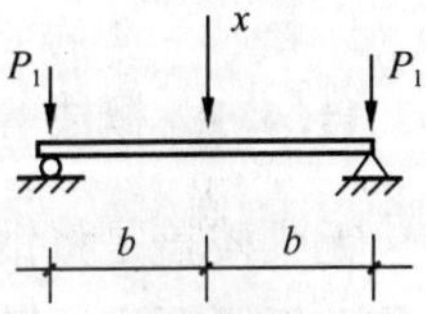

剪力计算时，图 11-48 (b) A 梁的计算简图应简化成图 11-49 的形式，其中 $P_1 = \dfrac{1}{4}P$，梁端两侧另有 $\dfrac{1}{4}P=0.25abp$ 荷载直接由墙体承受，不经过梁端，但 P_1 值实际上为均布荷载，则 A 梁及相应 B 梁的梁端剪力分别为

图 11-49 A 梁剪力的计算简图

$$\left.\begin{array}{l} V_A = P_1 + \dfrac{1}{2}x = k_{VA} abp \\ V_B = P_1 + (P-x) = k_{VB} abp \end{array}\right\} \tag{11-45}$$

剪力系数

$$\left.\begin{array}{l} k_{VA} = 0.25 + \dfrac{1}{2\left[1 + 0.2\left(\dfrac{b}{a}\right)^3\right]} \\ k_{VB} = 1.25 - \dfrac{1}{1 + 0.2\left(\dfrac{b}{a}\right)^3} \end{array}\right\} \tag{11-46}$$

如当 $b/a=1.2$ 时，$k_{VA}=0.62$，$k_{VB}=0.51$。

(2) 图 11-47 (b) 楼盖所示，按上述同样方法可求得 A 梁及 B 梁的弯矩分别为

$$x = \frac{a^3}{a^3 + b^3}P = \frac{1}{1 + \left(\dfrac{b}{a}\right)^3}P \tag{11-47}$$

$$\left.\begin{array}{l} M_A = bx = k_A ab^2 p \\ M_B = a(P-x) = k_B a^2 bp \end{array}\right\} \tag{11-48}$$

弯矩系数：

$$k_A = \frac{1}{1 + \left(\dfrac{b}{a}\right)^3}; \quad k_B = \frac{1}{1 + \left(\dfrac{a}{b}\right)^3} \tag{11-49}$$

如当 $b/a=1.2$ 时，$k_A=0.37$，$k_B=0.63$

相当梁端剪力为

$$\left.\begin{aligned}V_A &= P_1 + x = k_{VA}abp \\ V_B &= P_1 + (P-x) = k_{VB}abp\end{aligned}\right\} \quad (11\text{-}50)$$

剪力系数

$$\left.\begin{aligned}k_{VA} &= 0.25 + \frac{1}{1+\left(\frac{b}{a}\right)^3} \\ k_{VB} &= 1.25 - \frac{1}{1+\left(\frac{b}{a}\right)^3}\end{aligned}\right\} \quad (11\text{-}51)$$

如当 $b/a=0.2$ 时，$k_{VA}=0.62$，$k_{VB}=0.88$。

11.4 无梁楼盖（板柱结构）

11.4.1 概述

无梁楼盖是将钢筋混凝土板直接支承在柱上，完全取消了支承板的梁，故板厚比肋梁楼盖的板厚要大，其结构属板柱结构体系。有时在柱的上端与板连接处，设置柱帽，以减少板的跨度，改善受力条件（图 11-50）。

无梁楼盖的优点，由于板的厚度较肋梁高度小，因而可以减少每层房屋的层高，顶棚平整，简化施工。使用时板的跨度宜在 6m 以内较为经济合理。

对无梁楼盖的破坏情况：试验研究表明，在均布荷载作用下，沿柱帽顶面边缘在板顶出现第一批裂缝。随着荷载的增加，板顶沿柱列轴线也出现裂缝，同时在板底跨中出现互相垂直且平行于柱列轴线的裂缝并不断发展。最后，在裂缝截面处，板内的受拉钢筋屈服，受压混凝土被压碎而导致破坏。破坏时裂缝分布如图 11-51 所示。

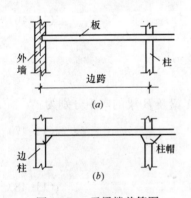

图 11-50 无梁楼盖简图
(a) 无柱帽；(b) 有柱帽

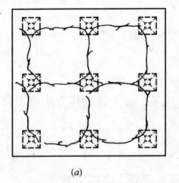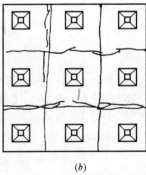

图 11-51 无梁楼盖在均布荷载作用下出现的裂缝
(a) 板顶；(b) 板底

11.4.2 无梁楼盖按等代框架法内力的计算

无梁楼盖内力计算的方法常用有经验系数法和等代框架法。本章仅介绍等代框架法。
1. 等代框架的确定

所谓等代框架,即将整个结构分别沿纵、横柱列两个方向,划分为纵向及横向的框架,每个框架由相应的"等代框架梁"及"等代框架柱"所组成。

对"等代框架梁"宽度一般取:当竖向荷载作用时,取等于板跨中心线间的距离;当水平荷载作用时,取等于板跨中心线距离的一半。等代框架梁的高度即板的厚度。

等代框架梁的计算跨度:当无柱帽时,即为柱网两个方向的轴线距离,分别为 l_x 或 l_y 长度。当有柱帽时(如图 11-52),两个方向分别取 $l_x-2C/3$ 和 $l_y-2C/3$,此处,l_x、l_y 为沿纵横两个方向的柱网轴线尺寸;C 为柱帽的计算宽度。

等代框架柱的计算高度:对底层,取基础顶面至该层楼板底面减去柱帽的高度;对其他各层,取层高减去柱帽高度。

2. 等代框架的内力计算

(1) 适用条件:当任一区格板的长边与短边之比即 $l_y/l_x \leq 2$ 时,则可按上述方法确定的等代框架,采用一般结构力学的方法,进行内力分析。

当框架区格板的 $l_y/l_x > 2$ 时,在实际工程中(图 11-53)是常见的,此时,对等代框架梁的有效宽度可取 $b_{y1}=l_{x2}+C$,同时 $b_{y2} \leq \frac{1}{2}(l_{x2}+C)$,此处 C 为柱帽宽度。

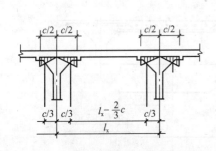

图 11-52 框架梁的计算跨度

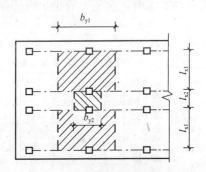

图 11-53 短跨板的有效宽度

(2) 内力计算

等代框架在竖向荷载作用下,可按分层法简化计算,即所计算上、下层的楼板均视作上层柱及下层柱的固定端,计算时上下柱的线刚度均应乘以 0.9,但底层柱刚度不折减。

在计算水平风荷载时,应取实际层高的全部风荷载,并作为节点荷载作用于各层楼板端部上,内力分析可按 D 值法进行计算。

在分析框架内力时,应考虑活荷载的最不利组合。

3. 无梁楼盖板的配筋

(1) 板带的划分

无梁楼盖的板被柱子所支承,相当于点支承的平板,其每个区格四侧板端,由于支承刚度的不同,因此,在板的各部弯曲变形和弯矩分布各不相同。计算时可将楼板在纵、横两个方向,假想划分为两种板带,以便进行板的简化配筋设计。如图 11-54(a)所示:自柱中心线两侧各 $l_x/4$(或 $l_y/4$)宽度的板称为柱上板带;两柱距中间为 $l_x/2$(或 $l_y/2$)宽度的板称为跨中板带。柱上板带的刚度较大,故板带内的分配弯矩亦较大,而在跨中板带内的弯矩要比柱上板带内的弯矩小得多。

(2) 板的弯矩分配及配筋

根据以上按等代框架算得的框架梁弯矩，考虑活荷载最不利组合后，可得出各控制截面（跨中及支座）在 l_x（或 l_y）范围内最不利的弯矩，然后按表 11-9 中所列的系数分配给柱上板带和跨中板带，以确定各控制截面所分配的弯矩值。

等代框架法计算的弯矩分配系数　　　　表 11-9

截面		柱上板带	跨中板带
内跨	支座截面负弯矩	0.75	0.25
	跨中截面正弯矩	0.55	0.45
边跨	边支座截面负弯矩	0.90	0.10
	跨中截面正弯矩	0.55	0.45
	第一内支座截面负弯矩	0.75	0.25

经过配筋计算，板的配筋构造当有柱帽时，如图 11-53（b）所示；当无柱帽时，受力钢筋弯起后，其上部尺寸的规定与图 11-54（b）所示的规定相同，但受力钢筋在下部应伸入板端支座内，长度不应小于板的厚度。

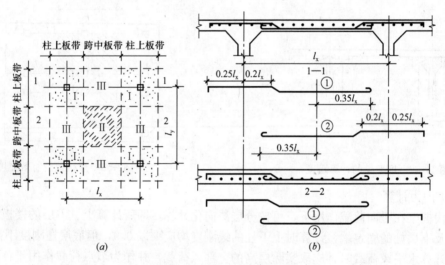

图 11-54　无梁楼盖板的配筋
(a) 板带划分；(b) 板的配筋

4. 板的构造要求

(1) 板的厚度

为了保证板有足够的刚度，对无梁楼盖板的最小厚度（h）的取值为：当有柱帽时 $h \geqslant \dfrac{l}{35}$；无柱帽时宜取 $h \geqslant \dfrac{l}{30}$；而且均应 $h \geqslant 150$mm，l 为长跨尺寸。

(2) 板的配筋特点

无梁楼盖中的配筋可划分为以下 3 个区域，见图 11-54（a）：

Ⅰ区：两个方向均为柱上板带，受荷载后均产生负弯矩，故其受力钢筋均应布置在板顶。

Ⅱ区：两个方向均为跨中板带，受荷载后均产生正弯矩，故其受力钢筋均应布置在板底。

Ⅲ区：一个方向为柱上板带的跨中，受荷载后产生正弯矩，其受力钢筋应布置在板底；另一个方向为跨中板带的端部，受荷载后产生负弯矩，其受力钢筋应布置在板顶。

无梁楼盖板的其他配筋构造要求，与一般双向板的构造要求相同。

(3) 边梁的设置

无梁楼盖的周边应设置边梁，其截面高度应不小于板厚的 2.5 倍。边梁除承受荷载产生的弯矩和剪力外，还承受由板对其产生的扭矩，属超静定结构的协调扭转，其配筋方法可参见第 5 章协调扭转的配筋方法。

(4) 柱帽

其设计方法可参见第 7 章板受冲切的计算原理，具体构造从略。

11.5 楼 梯[11-3]

楼梯是房屋楼层间的竖向通道，钢筋混凝土楼梯由于其耐久、耐火性好，因而被广泛采用。其结构形式主要有板式楼梯和梁式楼梯两种。

板式楼梯由梯段板，两端平台梁和平台板所组成（图 11-55），表面平整、外形轻巧，一般用于梯段板跨度不大于 3.0m 的情况，跨度较大时，斜板较厚不经济。

梁式楼梯由踏步板、梯段斜梁、平台梁和平台板所组成（图 11-58），当梯段跨度大于 3.0m 时，采用较为经济，但施工较复杂，外观显得笨重。

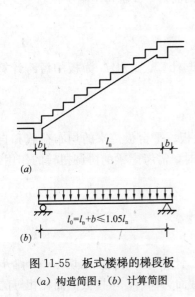

图 11-55 板式楼梯的梯段板
(a) 构造简图；(b) 计算简图

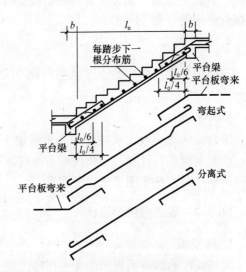

图 11-56 板式楼梯梯段板配筋示意图

11.5.1 板式楼梯的设计

1. 梯段板

梯段板两端支承在平台梁上（图 11-55），内力计算时可简化成水平的简支板，计算长度取斜板的水平投影长度，荷载亦同时化成沿斜板水平投影长度上的均布荷载。

简支斜板在竖向荷载（包括自重）作用下，当竖向荷载取与斜板垂直的均布分荷载，跨度取用斜板的斜向跨度时，其跨中最大弯矩，与相应的简支水平板，当荷载取与斜板水平投影长度上的均布荷载，跨度取斜板的水平投影长度的跨中最大弯矩时，二者的数值是相同的，即

$$M_{\max} = \frac{1}{8}(g+q)l_0^2 \tag{11-52}$$

考虑到梯段板两端与平台梁整体连接，平台梁对梯段斜板有一定的弹性约束作用这一有利因素，实际计算时可取梯段板的跨中最大弯矩为

$$M_{\max} = \frac{1}{10}(g+q)l_0^2 \tag{11-53}$$

简支斜板在竖向荷载作用下的最大剪力与相应的简支水平板的最大剪力是相同的，即

$$V_{\max} = \frac{1}{2}(g+q)l_n \cos\alpha \tag{11-54}$$

式中 g、q——作用于梯段板上，沿水平投影方向的恒载及活荷载设计值；

l_0、l_n——梯段板的计算跨度及净跨的水平投影长度；

α——梯段板的倾角。

梯段板的厚度可取不小于 $\left(\frac{1}{25} \sim \frac{1}{30}\right)l_0$。斜板的跨中受力钢筋按跨中弯矩由计算确定，斜板的两端支座应配置一定数量的构造钢筋，以承担实际存在的负弯矩和防止产生过宽的裂缝。斜板中在垂直受力钢筋方向仍需按构造配置分布钢筋，并要求每个踏步板内至少有一根分布钢筋（图 11-56）。

2. 平台板

一般均属单向板。其跨中弯矩可按 $M = \frac{1}{8}(g+q)l_0^2$ 计算，此处 l_0 为板的短跨计算跨度。

3. 平台梁

平台梁两端一般支承在楼梯间承重墙上，承受梯段板、平台板传来的均布荷载和自重，按简支梁进行计算。当梁两端若与框架梁整体连接时，需考虑梁的协调扭转的作用，抗扭钢筋一般可按零刚度法构造配置。

11.5.2 梁式楼梯的设计

1. 踏步板

梁式楼梯的踏步板为两端支承在梯段梁上的单向板，计算时，可在竖向切出一个踏步作为计算单元（图 11-57），其截面为梯形，可按截面面积相等的条件简化为同宽度的矩形截面简支梁来计算。

踏步板的斜板厚度一般取 $\delta = 30 \sim 40$ mm，每步踏步板的受力钢筋一般不少于 $2\Phi 6$。

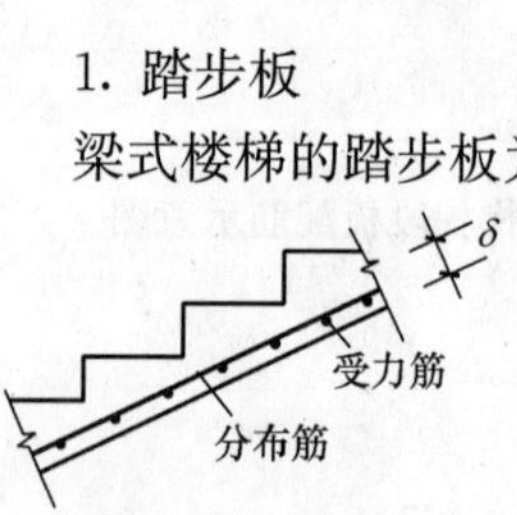

图 11-57 梁式楼梯踏步板横截面

2. 梯段梁

梯段梁两端支承在平台梁上，承受由踏步板传来的荷载和自

重,见图 11-58（a）,其内力计算与板式楼梯中梯段板的计算方法相同,梯段梁的配筋与一般梁相同,其配筋示意图见图 11-59。

3. 平台板与平台梁

梁式楼梯的平台板、平台梁的设计与板式楼梯相同,但由梯段梁传给平台梁的荷载为集中荷载。

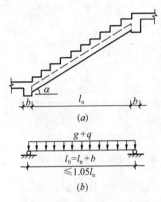
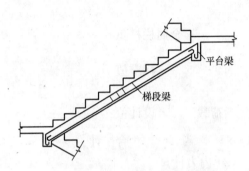

图 11-58 梁式楼梯的梯段梁
（a）构造简图；(b) 计算简图

图 11-59 梯段梁的配筋示意图

11.5.3 楼梯设计例题

1. 设计资料

某板式楼梯结构布置如图 11-60 所示,踏步面层为 20mm 厚水泥砂浆抹灰,底面为 20mm 厚混合砂浆抹灰。金属栏杆重 0.1kN/m,楼梯活荷载标准值 $q_k=2.5\text{kN/m}^2$,混凝土为 C20（$f_c=9.6\text{N/mm}^2$,$f_t=1.1\text{N/mm}^2$）,钢筋用 HRB235 级（$f_y=210\text{N/mm}^2$）。

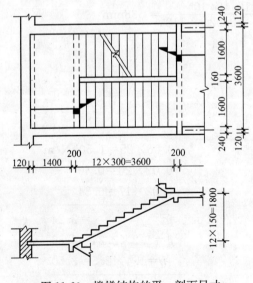
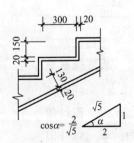

图 11-60 楼梯结构的平、剖面尺寸

图 11-61 梯段板构造

2. 梯段板设计

估算板厚：$h=\dfrac{l_0}{30}=\dfrac{3800}{30}=126$mm，取 $h=130$mm，并以 1m 板宽作为计算单元。

(1) 荷载计算

恒载　　梯段板自重　　　　　　　　$\left(\dfrac{1}{2}\times 0.15+\dfrac{0.13}{2/\sqrt{5}}\right)\times 25=5.51$kN/m

　　　　踏步抹灰重　　　　　　　$(0.3+0.15)\times 0.02\times \dfrac{1}{0.3}\times 20=0.60$

　　　　板底抹灰重　　　　　　　　　　　　$\dfrac{0.02}{2/\sqrt{5}}\times 17=0.38$

　　　　金属栏杆重　　　　　　　　　　　　$0.1\times \dfrac{1}{1.6}=0.06$

　　　　标准值　　　　　　　　　　　　　　$g_k\qquad =6.55$

　　　　设计值　　　　　　　　　　　　　$g=1.2\times 6.55=7.86$

活荷载　设计值　　　　　　　　　　　　　$q=1.4\times 2.50=3.50$

　　　　合　　计　　　　　　　　　　　　$g+q=11.36$kN/m

(2) 内力计算

水平投影计算跨度为：$l_0=l_n+b=3.6+0.2=3.8$m

跨中最大弯矩：$M=\dfrac{1}{10}(g+q)l_0^2=\dfrac{1}{10}\times 11.36\times 3.8^2=16.4$kN·m

(3) 截面计算

$$h_0=h-a_s=130-20=110\text{mm}$$

$$a_s=\dfrac{M}{\alpha_1 f_c b h_0^2}=\dfrac{16.4\times 10^6}{1.0\times 9.6\times 1000\times 110^2}=0.141$$

查附表 8 得 $\gamma_s=0.924$

$$A_s=\dfrac{M}{f_y\gamma_s h_0}=\dfrac{16.4\times 10^6}{300\times 0.924\times 110}=538\text{mm}^2$$

选用 Φ12@200（$A_s=565\text{mm}^2$）

3. 平台板计算

取 1m 宽作为计算单元。

(1) 荷载计算

恒载

　　平台板自重　　　　　　　　　　　$0.06\times 25=1.50$kN/m
　　板面抹灰重　　　　　　　　　　　$0.02\times 20=0.40$
　　板底抹灰重　　　　　　　　　　　$0.02\times 17=0.34$

　　　　标准值　　　　　　　　　　　$g_k\qquad =2.24$
　　　　设计值　　　　　　　　　　　$g=1.2\times 2.24=2.69$
活荷载　设计值　　　　　　　　　　　$q=1.4\times 2.5=3.50$

　　　　合　　计　　　　　　　　　　$g+q=6.19$kN/m

(2) 内力计算

计算跨度为：$l_0 = l_n + \dfrac{h}{2} + \dfrac{b}{2} = 1.4 + \dfrac{0.06}{2} + \dfrac{0.2}{2} = 1.53\text{m}$

跨中最大弯矩：$M = \dfrac{1}{8}(g+q)l_0^2 = \dfrac{1}{8} \times 6.19 \times 1.53^2 = 1.81\text{kN} \cdot \text{m}$

(3) 截面计算

$$h_0 = h - a_s = 60 - 20 = 40\text{mm}$$

$$\alpha_s = \dfrac{M}{\alpha_1 f_c b h_0^2} = \dfrac{1.81 \times 10^6}{1.0 \times 9.6 \times 1000 \times 40^2} = 0.118$$

查附表 8 得 $\gamma_s = 0.937$

$$A_s = \dfrac{M}{f_y \gamma_s h_0} = \dfrac{1.81 \times 10^6}{300 \times 0.937 \times 40} = 161\text{mm}^2$$

选用 $\Phi 8@200$（$A_s = 251\text{mm}^2$）

4. 平台梁计算

计算跨度：$l_0 = 1.05 l_n = 1.05 \times 3.36 = 3.53\text{m} < l_n + a = 3.36 + 0.24 = 3.6\text{m}$

估算截面尺寸：$h = \dfrac{l_0}{12} = \dfrac{3530}{12} = 294\text{mm}$，取 $b \times h = 200\text{mm} \times 400\text{mm}$

(1) 荷载计算

梯段板传来　　　　　　　　　　　　　　　　　　$11.36 \times \dfrac{3.6}{2} = 20.45\text{kN/m}$

平台板传来　　　　　　　　　　　　　　　　　　$6.19 \times \left(\dfrac{1.4}{2} + 0.2\right) = 5.57$

平台梁自重　　　　　　　　　　　　　　　　　　$1.2 \times 0.2 \times (0.4 - 0.06) \times 25 = 2.04$

平台梁抹灰　　　　　　　　　　　　　　　　　　$1.2 \times 2 \times (0.4 - 0.06) \times 0.02 \times 17 = 0.28$

合　　计　　　　　　　　　　　　　　　　　　　$g + q = 28.34\text{kN/m}$

(2) 内力计算

跨中最大弯矩　$M = \dfrac{1}{8}(g+q)l_0^2 = \dfrac{1}{8} \times 28.34 \times 3.53^2 = 44.14\text{kN} \cdot \text{m}$

支座最大剪力　$V = \dfrac{1}{2}(g+q)l_n = \dfrac{1}{2} \times 28.34 \times 3.36 = 47.61\text{kN}$

(3) 截面计算

1) 受弯承载力计算

按倒 L 形截面计算，受压翼缘计算宽度取下列中的较小值：

$$b'_f = \dfrac{1}{6}l_0 = \dfrac{1}{6} \times 3530 = 588\text{mm}$$

$$b'_f = b + \dfrac{s_0}{2} = 200 + \dfrac{1400}{2} = 900\text{mm}$$

故取　　　　$b'_f = 588\text{mm}，h_0 = h - a = 400 - 35 = 365\text{mm}$

因　　$\alpha_1 f_c b'_f h'_f \left(h_0 - \dfrac{h'_f}{2}\right) = 1.0 \times 9.6 \times 588 \times 60 \times \left(365 - \dfrac{60}{2}\right)$

$$= 113.46\text{kN} \cdot \text{m} > M = 44.14\text{kN} \cdot \text{m}$$

故属于第一类 T 形截面

$$\alpha_s = \frac{M}{\alpha_1 f_c b'_f h_0^2} = \frac{44.14 \times 10^6}{1.0 \times 9.6 \times 588 \times 365^2} = 0.059, 查表得 \gamma_s = 0.970$$

$$A_s = \frac{M}{f_y \gamma_s h_0} = \frac{44.14 \times 10^6}{210 \times 0.970 \times 365} = 594 \text{mm}$$

选用 3Φ16（$A_s = 603\text{mm}^2$）

2) 受剪承载力计算

$0.25\beta_c f_c b_f h_0 = 0.25 \times 1.0 \times 9.6 \times 200 \times 365 = 175.2\text{kN} > V$ 截面尺寸满足要求。

$0.7 f_t b h_0 = 0.7 \times 1.1 \times 200 \times 365 = 56.2\text{kN} > V$ 仅需按构造要求配置箍筋，选用双肢 Φ6@300。

配筋示意图见图 11-62。

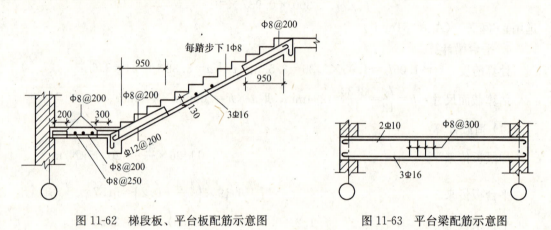

图 11-62 梯段板、平台板配筋示意图　　图 11-63 平台梁配筋示意图

参 考 文 献

[11-1]　《混凝土结构设计规范》（GB 50010—2002）．北京：中国建筑工业出版社，2002
[11-2]　《建筑结构荷载规范》（GB 50009—2001）．北京：中国建筑工业出版社，2001
[11-3]　哈尔滨工业大学、大连理工大学、北京建筑工程学院、华北水利水电学院合编（王根东主编）混凝土及砌体结构（上册）．北京：中国建筑工业出版社，2002
[11-4]　《建筑结构静力计算》编写组建筑结构静力计算手册．北京：中国建筑工业出版社，1985

第12章 混凝土结构构件抗震设计

本章主要任务是对混凝土框架结构构件截面抗震验算作出较具体的介绍,为结构抗震设计打下有利的基础。在设计时,对地震作用及效应的计算方法和构造措施,以及有关其他房屋结构构件的抗震设计,可参见《建筑抗震设计规范》(GB 50011—2001)[注]及《规范》中的有关规定。

12.1 结构抗震设计主要概念的回顾

12.1.1 地震的概念

1. 地震的成因:地震如同平常的刮风、下雨一样,是一种自然现象。地球发生地震有不同的成因,通常所说的地震指的是构造地震,由于地球内部是不停运动着的,在运动过程中,内部岩层相互推挤,始终存在着巨大的能量,地壳中的岩层在这些巨大能量作用下,当其中某一薄弱部位内部应力达到强度极限值时,岩层就要发生突然的断裂和猛烈的错动,从而引起振动,并以弹性波的形式传播到地面,形成了地震。

2. 震源与震中:图12-1所示为地质剖面示意图。

震源:在地层构造运动中,某一薄弱部位形成断层,释放出大量的能量,并产生剧烈振动的地方。

震中:与震源正对着的上方地面的位置,当发生地震时,在地面引起破坏性最为严重的地方。

3. 地震波:地震引起的震动,是以波的形式

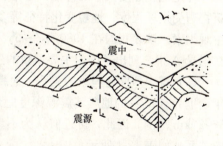

图12-1 地质剖面示意

从震源向各处传播的,其中纵波引起前后颠簸,传播速度快,但易衰减,传播不远;而横波引起上下摇晃,衰减速度慢,能够传播到很远的地方,当在地面波动时,震动最猛烈,对地面的破坏性最大。因此,在工程结构抗震设计中,亦以横波形成的水平地震为主。

12.1.2 震级与烈度

1. 震级

震级是表示某次地震本身大小的级别;它直接同震源释放出来的能量大小有关,释放出能量愈多,震级愈大。目前,国际上比较通用的是里氏震级,即在1935年美国加州理工学院的里克特(Richter)提出的。当时采用标准地震仪(指自振周期为0.8秒,阻尼

[注] 以后简称《抗震规范》。

系数0.8，放大倍数2800倍的地震仪），在距震中100km处记录的以微米μm（$1\mu m=10^{-3}mm$）为单位的最大水平地动位移（即振幅）的普通对数值，定为震级的大小。里氏震级以符号M表示，其表达式为

$$M=\log A \tag{12-1}$$

式中　A——为上述标准地震仪记录的地震振幅—时间曲线上的最大振幅。

如在距震中100km处，标准地震仪记录到的水平地动位移为10mm（相当于$10^4\mu m$），则$M=\log 10^4=4$，定为该地震震级为4级。

在实际工作中，当观测地点与震中的距离以及观测的仪器不符合上述条件时，一般可根据大量的发震数据，通过经验修正加以确定。

根据推算震级相差一级，其能量就要差32倍之多，一个6级地震的能量，相当于一个2万吨级的原子弹。

一般认为，当地震震级为2～4级时，人们能感觉到了称为有感地震；5级以上的地震，就要引起不同程度的破坏，称为破坏性地震；7级以上的地震称为强烈地震或大地震；8级以上的地震称特大地震。

2. 烈度

(1) 烈度的概念：地震烈度是指地震时对某一地区的地面及各类建筑物遭受影响的程度。对于一次地震表示震级的大小只有一个，但它对不同地点的影响是各不相同的。一般地说，震中区处烈度最大，距震中愈远地震影响愈小，烈度愈低。此外，地震烈度还与震源深度、震级大小、地质情况、建筑物动力特性等许多因素有关。

评定地震烈度大小的标准，通常利用烈度表来衡量，该表是根据人的感觉、房屋和构筑物遭受损坏程度、地貌变化特征等多方面的不同因素，进行宏观确定的，往往有一定的主观因素。该表我国在1980年公布，在相应的有关专著中都能查到。我国《抗震规范》在附录A中，列出了国内主要城镇的烈度，供设计者直接参考使用。

(2) 震中烈度与震级的关系：地震时震源深度愈深，对烈度的影响愈小。据统计，每年全世界有85%的地震其震源深度距地面在70km以内，一些破坏性较大地震一般都在5～20km范围。因此，可近似认为不考虑震源深度的影响，其震中烈度与震级的大致对应关系。如表12-1所示。

震中烈度与震级的对应关系　　　　　　　　　　　　　　表12-1

地震震级	2	3	4	5	6	7	8	8级以上
震中烈度I_0	1～2	3	4～5	6～7	7～8	9～10	11	12

(3) 基本烈度和设防烈度

基本烈度：是指该地区今后一定时期（如100年）内，在一般场地土条件下，可能遭受的最大地震烈度，即由国家地震局统一制定的全国地震烈度区划图规定（即烈度表）的烈度。

设防烈度：是指该地区抗震设防时实际所采用的烈度，应按国家规定的权限审批颁发的文件（或图件）确定。在一般情况下设防烈度可采用地震的基本烈度，但也可以不同，它是代表一个地区的设防依据，而不只是一个建筑物的设防依据。

12.1.3 工程结构的抗震设防

1. 抗震设防的目标[12-3]

当建筑物或构筑物经过抗震设计验算和采取构造措施，提高其抗震效果后，应尽量减少地震所引起的生命和财产的损失以及房屋的损坏。为此，《抗震规范》对结构的抗震设防，提出如下的要求：

当遭受低于本地区抗震设防烈度的多遇地震影响时，一般不受损坏或不需修理可以继续使用。当遭受相当于本地区抗震设防烈度的地震影响时，可能损坏，经一般修理或不修理仍可继续使用。当遭受高于本地区抗震设防烈度预估的罕遇地震影响时，不致倒塌或发生危及生命的严重后果。

2. 多遇地震与罕遇地震

对发生不同强度地震的烈度变化规律，根据大量数据分析研究表明，我国地震烈度的概率分布符合概率Ⅲ型（偏态分布），如图 12-2 所示，其特点为：

多遇地震烈度：就是发生机会较多烈度较小的地震（小震）烈度，也就是图 12-2 概率分布曲线上峰点所对应的烈度，又称众值烈度。计算表明，50 年期限内多遇地震烈度的超越概率，即在 50 年内发生超过多遇地震烈度的地震次数大约有 63.2%，又称第一水准烈度。

基本烈度：即在全国地震烈度区划图所规定的烈度，它在 50 年内的超越概率约为 10%，又称第二水准烈度。

罕遇地震烈度：就是发生的机会较小而烈度较大的地震（大震）烈度。它所产生的烈度在 50 年内的超越概率约为 2%～3%，又称第三水准烈度。

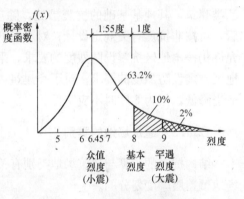

图 12-2 三种烈度关系示意图

由烈度概率分布曲线分析可知，基本烈度与多遇烈度相差约为 1.55 度，而基本烈度与罕遇烈度相差为 1 度。例如：当基本烈度为 8 度时，则多遇烈度为 6.45 度，罕遇烈度为 9 度（图 12-2）。

上述的三个烈度水准，是表示建筑物按抗震设防目标要求设计后的耐震能力，亦即：所谓第一水准，它在多遇地震烈度作用下，要做到"小震"结构不损坏，这在技术上、经济上也是可以做到的。对第二水准是在相应烈度作用下，建筑物不至发生严重破坏。对第三水准，是在罕遇地震烈度"大震"作用下，建筑物将产生严重损坏，但不至于"倒塌"。上述的要求亦可概括为"小震不坏，中震可修，大震不倒"这样一个设计思想，它和抗震设防的目标是相一致的。

12.1.4 抗震设防的分类和设防标准

1. 抗震设防的分类：建筑物应根据其使用功能的重要性分为以下四类：

甲类建筑　应属于重大建筑工程和地震时可能发生严重次生灾害的建筑，如油库等；
乙类建筑　应属于地震时使用功能不能中断或需尽快恢复的建筑，如医院、公安、消防等；

丙类建筑 应属于除甲、乙、丁三类以外的一般建筑，如一般公共建筑、民用住宅等；

丁类建筑 应属于抗震次要的建筑，如一般仓库、临时性建筑等。

甲类建筑应按国家规定的审批权限批准执行；乙类建筑应按城市抗灾救灾规定或有关部门批准执行。

2. 抗震设防标准：是指对建筑进行地震作用和抗震承载力计算、采取抗震措施的设计标准。在抗震设防时，应符合下列要求：

（1）地震作用计算：对甲类建筑应高于本地区抗震设防烈度的要求，其值应按批准的结果确定。其他各类建筑的地震作用，应符合本地区抗震设防的要求计算。但设防烈度为6度时，除《抗震规范》有规定外，对乙、丙、丁类建筑可不进行地震作用计算。

（2）抗震构造措施：对甲类建筑和乙类建筑当抗震设防烈度为6~8度时，应符合本地区抗震设防烈度提高一度的要求；当为9度时，应符合比9度抗震设防更高的要求。但乙类建筑，其地基基础的抗震措施，除应符合本地区设防烈度要求外，烈度经提高1度后，可按非抗震有关规定设计；对小型的乙类建筑当改用抗震性能较好的结构类型时，应允许仍按本地区抗震设防烈度的要求，采取抗震措施。对丙类建筑的抗震措施：应符合本地区抗震设防烈度的要求；对丁类建筑：其抗震措施应允许比本地区抗震设防烈度的要求适当降低，但为6度时不应降低。

12.1.5 建筑场地的类别

结构抗震的验算与建筑场地类别有关。建筑场地的类别，是根据土层等效剪切波速和场地覆盖层厚度划分的。

1. 等效剪切波速

土层的剪切波速就是地震的横波在土层中传播的速度。震害调查表明：软弱土的地面自振周期长，剪切波传播速度慢，容易产生不稳定状态和不均匀沉降，对结构有较大的影响。《抗震规范》规定，根据岩土的名称和性状，划分土的类别，再根据实测的剪切波速和利用当地经验，在表12-2规定的剪切波速范围内进行核对，最终确定各土层的类别。有关土的类别划分和剪切波速范围及其相互关系见表12-2。

有关土的类别划分和剪切波速范围 表12-2

土的类别	岩土名称和性状	土层剪切的波速范围（m/s）
坚硬土或岩石	稳定岩石、密实碎石土	$V_s > 500$
中硬土	中密、稍密的碎石，密实、中密的砾、粗、中砂，$f_{ak} > 200 kN/m^2$ 的黏性土和粉土，坚硬黄土	$500 \geqslant V_s > 250$
中软土	稍密的砾、粗、中砂，除松散外的细粉砂，$f_{ak} \leqslant 200 kN/m^2$ 的黏性土和粉土，$f_{ak} > 130 kN/m^2$ 的填土，可塑黄土	$250 \geqslant V_s > 140$
软弱土	淤泥和淤泥质土，松散的砂、新近沉积的黏性土和粉土，$f_{ak} \leqslant 130 kN/m^2$ 的填土，流塑黄土	$V_s \leqslant 140$

土层的等效剪切波速 V_{se}（m/s），应按下列公式计算：

$$t = \sum_{i=1}^{n}(d_i/V_{si}) \tag{12-2}$$

$$V_{se} = d_0/t \tag{12-3}$$

式中 t——剪切波自地面至计算深度之间的传播时间；

d_i、V_{si}——计算深度范围内第 i 土层的厚度（m）及剪切波速（m/s）；

n——计算深度范围内土层的分层数；

d_0——计算深度，取土的覆盖厚度和 20m 二者的较小值。

2. 场地覆盖层厚度

在一般情况下的建筑场地，其覆盖层厚度定义为：自地面至剪切波速大于 500m/s 的土层或至坚硬土层顶面的距离。

震害调查表明：通常震害随覆盖层厚度的增加而增加，如 1976 年唐山地震时，市区西南部基岩深度达 500～800m，房屋倒塌率 100%；而市区东北部大成山一带，则因覆盖层较浅，房屋的倒塌率约为 50%，可见二者的震害是不同的。

3. 建筑场地的类别

《抗震规范》规定：建筑场地，根据土层等效剪切波速和场地覆盖层厚度，按表 12-3 划分为四类：

各类建筑场地的覆盖厚度（m） 表 12-3

等效剪切波速 (m/s)	场地类别			
	Ⅰ	Ⅱ	Ⅲ	Ⅳ
$V_{se}>500$	0			
$500 \geqslant V_{se}>250$	<5	≥5		
$250 \geqslant V_{se}>140$	<3	3～50	>50	
$V_{se} \leqslant 140$	<3	3～15	>15～80	>80

12.2 结构抗震设计的一般规定

1. 结构抗震设计规定的范围

对有抗震设防要求的混凝土结构构件，有关对抗震体系的确定、地震作用的计算、变形验算等内容，应遵守《建筑抗震设计规范》（GB 50011—2001）的规定。而对抗震设防烈度为 6—9 度地区的混凝土结构构件，其截面抗震承载力计算，以及对抗震和非抗震设防构造措施的要求，应符合《规范》（GB 50010—2002）的规定。

2. 结构抗震的验算

《抗震规范》规定：

（1）6 度设防烈度时的建筑（建造于Ⅳ类场地上较高的高层建筑除外），应允许不进行截面抗震验算，但应符合有关的抗震构造措施要求；

（2）6 度设防烈度时建筑于Ⅳ类场地较高的高层建筑；7 度和 7 度以上的建筑结构，应进行多遇地震作用下的截面抗震验算。

同时《抗震规范》指出：对"较高的高层建筑"，如高于 40m 的钢筋混凝土框架，高于60m的其他类型的钢筋混凝土建筑，其基本周期可能大于Ⅳ类场的设计特征周期，则6度的地震作用值可能大于同一建筑在7度Ⅱ类场地土的取值，因此，仍需进行抗震验算。

此外，要注意到《高层建筑混凝土结构技术规程》（JG 3—2002）规定，对10层及以上或房屋高度超过28m的建筑结构，应从6度开始，除满足抗震措施要求外，必须进行结构抗震的验算。

3. 房屋适用的最大高度

对现浇钢筋混凝土房屋适用的最大高度应符合表12-4的要求。对平面和竖向均不规则的结构或Ⅳ类场地上的结构，房屋适用的最大高度应适当降低。

现浇钢筋混凝土房屋适用的最大高度（m） 表12-4

结构体系		设防烈度			
		6	7	8	9
框架结构		60	55	45	25
框架—剪力墙结构		130	120	100	50
剪力墙结构	全部落地剪力墙结构	140	120	100	50
	部分框支剪力墙结构	120	100	80	不应采用
筒体结构	框架—核心筒结构	150	130	100	70
	筒中筒结构	180	150	120	80

注：1. 房屋高度指室外地面到主要屋面板板顶的高度（不包括局部突出屋顶部分）
2. 甲类、乙类建筑应按本地区设防烈度提高1度确定房屋的最大高度。
3. 设防烈度为9度以及超过表内规定的房屋结构应专门研究确定。

4. 结构的抗震等级[12-4]

混凝土结构构件的抗震设计，应按设防烈度、结构类型、房屋高度，按表12-5采用不同的抗震等级，并应符合相应的计算要求和抗震构造措施。

现浇钢筋混凝土房屋的抗震等级 表12-5

结构类型		设防烈度						
		6		7		8		9
框架结构	高度（m）	>30	≤30	>30	≤30	>30	≤30	≤25
	框架	四	三	三	二	二	一	一
	剧场、体育馆等大跨度公共建筑	三		二		一		一
框架—剪力墙结构	高度（m）	≤60	>60	≤60	>60	≤60	>60	≤50
	框架	四	三	三	二	二	一	一
	剪力墙	三		二		一		一
剪力墙结构	高度（m）	≤80	>80	≤80	>80	≤80	>80	≤60
	剪力墙	四	三	三	二	二	一	一
部分框支剪力墙结构	框支层框架	二	二	二	一	一	不应采用	不应采用
	剪力墙	三	三	三	二	二	一	

续表 12-5

结构类型			设防烈度			
			6	7	8	9
筒体结构	框架—核心筒	框架	三	二	一	一
		核心筒	二	二	一	一
	筒中筒	内筒	三	二	一	一
		外筒	三	二	一	一
单层厂房结构	铰接排架		四	三	二	一

注：1. 丙类建筑应按本地区的设防烈度直接由上表确定抗震等级；其他设防类别的建筑，应按《抗震规范》(GB 50011—2001) 的规定调整设防烈度后，再按上表确定抗震等级。

2. 建筑场地为Ⅰ类时，除 6 度设防烈度外，应允许按本地区设防烈度降低 1 度所对应的抗震等级采取抗震构造措施，但相应的计算要求不应降低。

值得注意的是：在设计中，当房屋设计高度超过表 12-5 的情况时常会遇到。如北京某医院，结构为框架体系，房屋高度为 32m，此结构为 8 度乙类建筑，当 8 度调整到 9 度时，按上表规定按一级抗震等级设计，但房屋高度为 32m，已超过表中规定最高为 25m 的要求，此时《规范》要求应采取比一级更有效的措施。

12.3 材　料

1. 混凝土

有抗震设防要求的混凝土结构的混凝土强度等级应符合下列要求：

(1) 设防烈度为 9 度时，不宜超过 C60；设防烈度为 8 度时，不宜超过 C70；

(2) 对一级抗震等级的框架梁、柱、节点其强度等级不应低于 C30，其他各类结构构件，不应低于 C20。

2. 钢筋

宜选用《规范》规定的普通钢筋外，要求钢筋具有较好的延性，以保证结构在某个部位出现塑性铰以后，具有足够的转动能力和耗能能力。为此，具体规定为：

按一、二级抗震等级设计的各类框架中的纵向受力钢筋，当采用《规范》规定的普通钢筋时，其检验所得的强度实验值应符合下列要求：

(1) 钢筋的抗拉强度实测值与屈服强度实测值的比值不应小于 1.25；

(2) 钢筋的屈服强度实测值与强度标准值的比值不应大于 1.3。

12.4 框　架　梁

12.4.1 正截面受弯承载力计算

1. 框架梁正截面抗震受弯承载力应按下式进行验算：

$$M_{bE} < M_b / \gamma_{RE} \tag{12-4}$$

式中　M_{bE}——考虑地震作用组合的框架梁弯矩设计值；

M_b——框架梁正截面非抗震受弯承载力设计值；

γ_{RE}——混凝土梁受弯承载力抗震调整系数，取为 0.75。

在公式（12-4）中，γ_{RE} 可理解为结构构件的非抗震承载力设计值 R 与抗震承载力设计值 R_E 的比值（$\gamma_{RE}=R/R_E$），对受弯构件 R 值相当于 M_b 值，而 R_E 值则为受弯构件在众值烈度地震作用下，按可靠度基本相同的条件，将构件的抗震变形验算转换为抗震承载力计算，并考虑抗力分项系数后所得的抗震弯矩设计值，由试验研究确定。

从公式（12-4）对 γ_{RE} 的取值可知 $R_E \geqslant R$，其原因从概念上理解，由于发生地震的时间是短暂的，没有时间效应的影响。因此，其破坏性要比条件相同、构件在非地震时发生时间相对较长的一般性破坏来说要小，因而对 R_E 取值较大。

2. 梁端混凝土受压区高度的限制

计算时框架梁端混凝土受压区高度，应符合下列要求：

一级抗震等级 $\qquad x \leqslant 0.25h_0$ （12-5）

二、三级抗震等级 $\qquad x \leqslant 0.35h_0$ （12-6）

且梁端纵向受拉钢筋的配筋率不应大于 2.5%。

对矩形截面及翼缘位于受拉区的倒 T 形截面梁，其受压区高度 x 由下式确定：

$$x = \frac{f_y A_s - f'_y A'_s}{\alpha_1 f_c b} \tag{12-7}$$

对翼缘位于受压区的 T 形截面梁，其受压区高度由下列公式确定：

（1）当满足下列条件时，应取宽度 $b=b_f$ 的矩形截面，按公式（12-7）确定 x 值，并应符合：

$$\alpha_1 f_c b'_f h'_f \geqslant f_y A_s - f'_y A'_s \tag{12-8}$$

（2）当不满足公式（12-8）的条件时，混凝土受压区高度 x 值，由下式确定：

$$\alpha_1 f_c [bx + (b'_f - b)h'_f] = f_y A_s - f'_y A'_s \tag{12-9}$$

控制梁端混凝土受压区高度的目的，是使梁端塑性铰区有较大的转动能力，以保证框架梁有足够的曲率延性。由试验可知，当 $x/h_0 = 0.25 \sim 0.35$ 时，梁的位移延性系数可达 $3 \sim 4$。同样，限制纵向受拉钢筋配筋率，是为了保证梁的延性。

12.4.2 梁端斜截面受剪承载力计算

1. 梁端剪力设计值的确定：

《抗震规范》规定：9 度设防烈度的各类框架和一级抗震等级的框架结构：

$$V_b = 1.1 \frac{(M^l_{bua} + M^r_{bua})}{l_n} + V_{Gb} \tag{12-10}$$

公式（12-10）的 V_b 值，不得小于公式（12-11）按 $\eta_{vb}=1.3$ 时求得的 V_b 值。其他情况：

$$V_b = \eta_{vb} \frac{(M^l_b + M^r_b)}{l_n} + V_{Gb} \tag{12-11}$$

式中 V_b——考虑抗震作用组合时框架梁端截面剪力设计值；

$M^l_{bua}、M^r_{bua}$——框架梁左、右端按实配钢筋截面面积、材料强度标准值，且考虑承载力抗震调整系数的正截面抗震受弯承载力对应的弯矩值；

$M^l_b、M^r_b$——考虑地震作用组合的框架梁左、右端弯矩设计值；

V_{Gb}——考虑地震作用组合时的重力荷载代表值产生的剪力设计值，可按简支梁计算确定；

l_n——梁的净跨；

η_{vb}——梁端剪力增大系数，一级取 1.3，二级取 1.2，三级取 1.1，四级取 1.0。

以上条文规定的特点为：

(1) 突出提出对"9度设防烈度的各类框架，和一级抗震等级的框架结构"梁端剪力设计值的计算规定。

从设计概念上来分析，9度区是属于强震区，结构构件在强震作用下，虽然梁端和柱端的实际弯矩达到了其抗震受弯承载力，而在节点区具有较好的塑性转动能力和耗能能力，结构就会达到大震不倒的抗震性能。

公式（12-10）等号右面的 1.1 系数是考虑工程设计中纵向受拉钢筋有超配的可能（一般超配不会大于 10%）以及钢筋本身超强的可能，以此增大剪力设计值，是为了达到"强剪弱弯"的目的。

(2) 对其他情况：公式（12-11）中系数 η_{vb} 值，是考虑达到"强剪弱弯"的目的，他与 9 度区不同的是，绝大多数发生的不是强震的情况。因此，留有一定的安全储备尽可能地免遭地震的破坏。

2. 梁端斜截面受剪承载力计算

考虑地震作用组合矩形、T 形和 I 形截面框架梁，其斜截面受剪承载力应符合下列规定：

(1) 一般框架梁

$$V_b \leqslant \frac{1}{\gamma_{RE}}\left(0.42 f_t b h_0 + 1.25 f_{yv} \frac{A_{sv}}{s} \cdot h_0\right) \tag{12-12}$$

(2) 集中荷载作用下（包括有多种荷载，其中集中荷载对节点边缘产生的剪力值占总剪力的 75% 及以上的情况）的框架梁

$$V_b \leqslant \frac{1}{\gamma_{RE}}\left(\frac{1.05}{\lambda+1} f_t b h_0 + f_{yv} \frac{A_{sv}}{s} \cdot h_0\right) \tag{12-13}$$

式中 λ——计算截面的剪跨比，可取 $\lambda = a/h_0$，a 为集中荷载作用点至节点边缘的距离；当 $\lambda < 1.5$ 时，取 $\lambda = 1.5$；当 $\lambda > 3$ 时，取 $\lambda = 3$。

γ_{RE}——承载力抗震调整系数，其值取 $\gamma_{RE} = 0.85$。

试验研究表明：钢筋混凝土连续梁在反复荷载作用下，使混凝土的剪压区剪切强度降低，随着弯曲延性的增加，引起塑性铰区剪压面积的减小，斜裂缝间混凝土咬合和纵向钢筋的销栓作用随之而降低，至使混凝土的抗剪承载力降低。为便于设计，《规范》取梁端塑性铰区混凝土的受剪承载力为静力作用下混凝土受剪承载力的 60%，作为取值的标准，则可得公式（12-12）、公式（12-13）混凝土项的剪力系数值。

3. 受剪的截面限制条件

考虑地震作用组合框架梁，当跨高比 $l_0/h > 2.5$ 时，其受剪截面应符合下列条件：

$$V_b \leqslant \frac{1}{\gamma_{RE}}(0.20 \beta_c f_c b h_0) \tag{12-14}$$

式中 β_c——混凝土强度影响系数；当混凝土强度等级不超过C50时，取$\beta_c=1.0$；当混凝土强度等级为C80时，取$\beta_c=0.8$，其间按线性内插法确定。

在公式（12-14）中，等号后面的受剪截面限制条件取为非抗震情况下的80%，并除以相应的调整系数γ_{RE}。要注意到为了简化计算，在公式（12-12）、公式（12-13）、公式（12-14）应用时，不分抗震等级的差异。

12.5 框 架 柱

12.5.1 正截面抗震承载力计算[12-4]

1. 柱端截面内力设计值的确定

考虑地震作用组合的框架柱，其节点上、下端的截面内力设计值应按下列公式计算：

（1）柱端截面弯矩设计值

1）节点上、下柱端的弯矩设计值

①对9度设防烈度的各类框架和一级抗震等级的框架结构

$$\Sigma M_c = 1.2 \Sigma M_{bua} \tag{12-15}$$

且不应小于公式（12-16）按$\eta_c=1.4$时求得的ΣM_c值。

②对其他情况：包括一、二、三级框架的梁柱节点处（对框架顶层、柱轴压比小0.15者除外）。

$$\Sigma M_c = \eta_c \Sigma M_b \tag{12-16}$$

式中 η_c——柱端弯矩增大系数，一级取1.4，二级取1.2，三级取1.1，四级取1.0；

ΣM_c——考虑地震作用组合的节点上、下柱端的弯矩设计值之和；

ΣM_{bua}——同一节点左、右梁端按顺时针和逆时针方向采用实配钢筋截面面积和材料强度标准值，且考虑承载力抗震调整系数计算的正截面抗震受弯承载力所对应的弯矩值之和的较大值；

ΣM_b——同一节点左、右梁端按顺时针和逆时针方向计算的两端考虑地震作用组合的弯矩设计值之和较大值；一级抗震等级，当两端弯矩均为负弯矩时，绝对值较小的弯矩值应取零。

在公式（12-15）及公式（12-16）中，分别在等号后面乘以增大系数1.2及η_c，这是考虑到框架柱的延性通常比框架梁小，如果不采取措施，柱端不仅可能提前出现塑性铰，而且会伴随着产生较大的层间位移，致使框架结构引起不稳定的问题。因此，乘以增大系数是采取"强柱弱梁"的设计措施。

2）节点上、下柱端截面弯矩组合值

按公式（12-16）确定柱端弯矩设计值时，对一般框架结构可不考虑风荷载组合，而是经结构的弹性分析，求出重力代表值的效应（即由自重产生的弯矩和轴力标准值）及水平地震作用标准值的效应（弯矩和轴力），且考虑各自的分项系数后，再分别按顺时针和逆时针方向，利用《抗震规范》规定的荷载效应基本组合公式，则得节点上、下柱端截面及轴向力弯矩组合值的代表式s为：

$$s = \gamma_G S_{GE} + \gamma_{Eh} S_{Ehk} \tag{12-17}$$

节点上、下柱端截面弯矩及轴向力的组合值为

对节点上柱
$$\left.\begin{array}{l}\overline{M}_c^t = \gamma_G M_{CGE}^t + \gamma_{Eh} M_{CEk}^t \\ \overline{N}_c^t = \gamma_G N_{CGE}^t + \gamma_{Eh} N_{CEk}^t\end{array}\right\} \quad (12\text{-}18)$$

对节点下柱
$$\left.\begin{array}{l}\overline{M}_c^b = \gamma_G M_{CGE}^b + \gamma_{Eh} M_{CEk}^b \\ \overline{N}_c^b = \gamma_G N_{CGE}^b + \gamma_{Eh} N_{CEk}^b\end{array}\right\} \quad (12\text{-}19)$$

式中　S_{GE}——重力荷载代表值效应（即由自重产生的弯矩及轴向力标准值的代表式）；

　　　S_{Ehk}——水平荷载作用标准值效应（即由水平荷载作用产生的弯矩及轴向力标准值的代表式）；

　　　$\overline{M}_c^t$、$\overline{M}_c^b$——分别为考虑地震作用组合的节点上、下柱端截面弯矩设计值；

　　　$\overline{N}_c^t$、$\overline{N}_c^b$——分别为考虑地震作用组合的节点上、下柱端截面轴向力设计值；

　　　M_{CGE}^t、M_{CGE}^b——分别由重力荷载代表值在节点上、下柱端产生的弯矩；

　　　N_{CGE}^t、N_{CGE}^b——分别由重力荷载代表值在节点上、下柱端产生的轴向力；

　　　M_{CEk}^t、M_{CEk}^b——分别为水平地震作用标准值在节点上、下柱端产生的弯矩；

　　　N_{CEk}^t、N_{CEk}^b——分别为水平地震作用标准值在节点上、下柱端产生的轴向力；

　　　γ_G——重力荷载分项系数，一般情况应取 1.2，当重力荷载效应对构件承载力有利时，不应大于 1.0；

　　　γ_{Eh}——水平地震作用分项系数，应取 1.3。

在进行内力组合时，一般情况不考虑 $\gamma_G = 1.0$ 的情况，故在公式（12-18）及公式（12-19）中，均取 $\gamma_G = 1.2$。要注意到荷载分项系数与抗震调整系数的区别。

3）考虑地震作用组合的节点上、下各柱柱端经调整后的截面弯矩设计值

在计算时为了使公式（12-18）与公式（12-19）中的节点上、下各柱柱端截面弯矩设计值和公式（12-16）中柱端截面弯矩设计值之和相协调，因此，对各柱柱端经调整后的截面弯矩设计值，《规范》规定，可按下列公式计算：

对节点上柱
$$\left.\begin{array}{l}M_c^t = \eta_s \dfrac{\overline{M}_c^t}{\overline{M}_c^t + \overline{M}_c^b}\sum M_b \\ M_c^b = \eta_s \dfrac{\overline{M}_c^b}{\overline{M}_c^t + \overline{M}_c^b}\sum M_b\end{array}\right\} \quad (12\text{-}20)$$

对节点下柱

式中　M_c^t、M_c^b——分别为考虑地震作用组合的节点上、下各柱柱端经调整后的截面弯矩设计值。

　　　η_s——柱端弯矩增大系数，一级抗震等级取 1.4，二级抗震等级取 1.2，三级抗震等级取 1.1。

4）9 度设防烈度各柱柱端弯矩设计值的确定

9 度设防烈度的各类框架和一级抗震等级的框架结构，其节点上、下各柱柱端经调整后的截面弯矩设计值，可按下列公式计算：

对节点上柱
$$M_c^t = 1.2 \dfrac{\overline{M}_c^t}{\overline{M}_c^t + \overline{M}_c^b}\sum M_{bus} \quad (12\text{-}21)$$

对节点下柱
$$M_c^b = 1.2 \frac{\overline{M_c^b}}{\overline{M_c^t} + \overline{M_c^b}} \sum M_{bus} \tag{12-22}$$

式中 M_c^t、M_c^b ——分别为考虑地震作用组合的节点上、下各柱柱端经调整后的截面弯矩设计值；

M_{bus}^l、M_{bus}^r ——分别为节点左、右梁端正截面抗震受弯承载力所对应的弯矩组合值；可按公式（12-4）（即等于 M_b/γ_{RE}）确定，但 M_b 应取用钢筋的实配截面面积和材料强度标准值计算，其中 $\sum M_{bus} = M_{bus}^l + M_{bus}^r$。

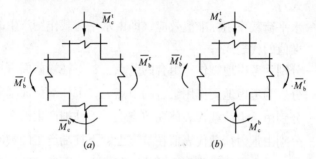

图 12-3 框构结构强柱弱梁设计规则
(a) 梁端逆时针方向；(b) 梁端顺时针方向

5) 其他各柱柱端弯矩设计值的确定

当反弯点不在柱的层高范围内时，说明框架梁过柔，为避免变形集中，因此《规范》规定，框架柱柱端弯矩设计值 M_c^t、M_c^b 应按考虑地震作用组合的弯矩设计值（即公式 12-18 及公式 12-19 中的 $\overline{M_c^t}$、$\overline{M_c^b}$) 分别直接乘以 η_c 值确定。

对框架顶层柱，顶层柱端中的轴向压力较小，延性性能好，而且顶层框架梁的实际受弯承载力，一般是超过了其正截面的抗震受弯承载力，这样允许顶层柱端形成铰机构是可以接受的，因此《规范》规定：框架顶层柱，轴压比小于 0.15 时，柱端弯矩设计值可取地震作用组合下的弯矩设计值，不需要与梁端弯矩设计值相协调。

对底层框架柱下端弯矩设计值，由于底层柱下端一般假定为嵌固端，为了使底层下端塑性铰推迟出现，因此《规范》规定底层柱下端弯矩设计值应按地震作用组合下的弯矩设计值对一、二、三级抗震等级，分别乘以弯矩增大系数 1.5、1.25、1.15 确定。

(2) 节点上、下柱端的轴向力设计值：应取地震作用组合下各自轴向力设计值（即 $\overline{N_c^t}$ 或 $\overline{N_c^b}$ 值）。

2. 柱正截面抗震承载力计算

考虑地震作用组合的框架柱，其抗震正截面承载力可按非抗震的偏心受压、偏心受拉正截面承载力公式计算，但在计算公式右边均应除以相应的承载力抗震调整系数 γ_{RE}（对偏压取 0.8；受拉取 0.85）。

12.5.2 框架柱斜截面受剪承载力计算

1. 考虑地震作用组合框架柱的斜截面受剪截面限制条件应符合下列规定：

剪跨比 $\lambda > 2.0$ 的框架柱

$$V_c \leqslant \frac{1}{\gamma_{RE}}(0.2\beta_c f_c b h_0) \tag{12-23}$$

剪跨比 $\lambda \leqslant 2.0$ 的框架柱

$$V_c \leqslant \frac{1}{\gamma_{RE}}(0.15\beta_c f_c b h_0) \tag{12-24}$$

式中 λ——框架柱的计算剪跨比,取 $\lambda=M/Vh_0$;此处,M 宜取柱上、下端考虑地震作用组合的弯矩设计值的较大值。V 取与 M 对应的剪力设计值;当框架柱的反弯点在柱层高范围内时,可取 $\lambda=H_n/2h_0$,此处,H_n 为柱净高,h_0 为柱截面有效高度;当 $\lambda<1.0$ 时,取 $\lambda=1.0$;当 $\lambda>3.0$ 时,取 $\lambda=3.0$。

在公式(12-23)中,对柱的腹板截面宽度较薄时(即 b 较小),其承载力系数 0.2 值取值偏大;因此,增加公式(12-24)是考虑薄腹截面的情况。

2. 考虑地震作用组合框架柱的斜截面抗震受剪承载力应符合下列条件:

$$V_c \leqslant \frac{1}{\gamma_{RE}}\left[\frac{1.05}{\lambda+1}f_t b h_0 + f_{yv}\frac{A_{sv}}{s}h_0 + 0.56/N\right] \tag{12-25}$$

式中 N——考虑地震作用组合框架柱的轴向压力设计值,当 $N>0.3f_cA$ 时,取 $N=0.3f_cA$;

γ_{RE}——混凝土梁受剪承载力抗震调整系数,取 0.85。

3. 当考虑地震作用组合框架柱出现拉力时,其斜截面抗震受剪承载力应符合下列规定:

$$V_c \leqslant \frac{1}{\gamma_{RE}}\left[\frac{1.05}{\lambda+1}f_t b h_0 + f_{yv}\frac{A_{sv}}{s}h_0 - 0.2/N\right] \tag{12-26}$$

当上式右边括号内的计算值小于 $f_{yv}\frac{A_{sv}}{s}h_0$ 时,取等于 $f_{yv}\frac{A_{sv}}{s}h_0$,且 $f_{yv}\frac{A_{sv}}{s}h_0$ 值不应小于 $0.36f_t b h_0$。

在公式(12-25)、公式(12-26)中,与相应的非抗震受剪承载力相比,考虑抗震时混凝土项的承载力取值有所减小。这是因为:通过国内的有关低周反复加载的试验可知:构件反复加载的受剪承载力要比一次加载的受剪力承载降低(10%~30%)。为此,《规范》取用混凝土项的抗震受剪承载力为非抗震受剪承载力的 60%,作为框架柱抗震受剪承载力计算公式。

12.6 框架梁柱节点

12.6.1 梁柱节点核心区剪力设计值

1. 核心区剪力设计值,理论公式

图 12-4(a)为中柱节点受力简图,由平衡条件取

$$\sum x = 0 \quad V_j = \frac{(M_b^l + M_b^r)}{h_{b0} - a_s'} - V_c \tag{A}$$

式中 V_j——考虑地震作用节点核心区组合的剪力设计值;

V_c——考虑地震作用节点上柱截面组合的剪力设计值;

M_b^l、M_b^r——考虑地震作用组合的框架梁左、右端弯矩设计值。

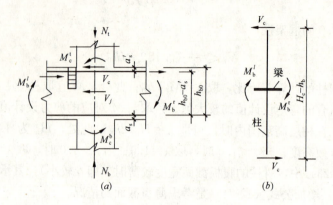

图 12-4 框架梁柱节点
(a) 节点内力图；(b) 梁柱内力图

对 V_c 值可按下式确定

$$V_c = \frac{M_c^t + M_c^b}{H_c - h_b} = \frac{M_b^l + M_b^r}{H_c - h_b} \quad (B)$$

式中　　H_c——柱的计算高度，可采用节点上柱和下柱反弯点之间的距离；

h_b、h_{b0}——梁截面高度、截面有效高度，当节点两侧梁高不相同时，取其平均值。

将公式（B）代入公式（A），经整理后得

$$V_j = \frac{(M_b^l + M_b^r)}{h_{b0} - a_s'}\left(1 - \frac{h_{b0} - a_s'}{H_c - h_b}\right) \quad (12\text{-}27)$$

2. 核心区剪力设计值计算公式

框架节点是框架结构重要的组成部分。框架节点核心区的抗震设计目标为：在设计中贯彻"强柱弱梁、强剪弱弯"的措施前提下，对节点核心区还应具有足够的延性，使其塑性铰区有良好的转动能力和耗能能力，并在较强的地震作用下，形成梁端塑性铰出现较早、较多；柱端塑性铰出现较迟、较少，且不至于形成因柱端塑性铰使楼层结构成为可变体系的局面。

基于以上的设计目标，在设计中，只要求节点在屈服后结构达到预计足够大的塑性变形之前，不发生剪切失效，而并不要求与它相连的任何一个梁端和柱端都有更强的抗弯和抗剪能力，因为在框架的中间层中间节点，有时亦会出现难以避免的梁、柱纵筋贯穿段的粘结滑移以及节点核心区两个对角线方向的交叉裂缝，否则，要想避免上述情况的发生，则对设计要求过严。

《规范》规定：框架梁柱节点核心区考虑抗震等级的剪力设计值，应按下列公式计算：
（1）9 度设防烈度的各类框架和一级抗震等级的框架结构：
顶层中间节点和端节点

$$V_j = 1.15\frac{(M_{bua}^l + M_{bua}^r)}{h_{b0} - a_s'} \quad (12\text{-}28)$$

且不应小于按公式（12-30）求得的 V_j 值；上式中的 M_{bua}^l、M_{bua}^r 见公式（12-11）。

其他层中间节点和端节点

$$V_j = 1.15 \frac{(M_{\text{bua}}^l + M_{\text{bua}}^r)}{h_{b0} - a_s'} \left(1 - \frac{h_{b0} - a_s'}{H_c - h_b}\right) \tag{12-29}$$

且不应小于按公式（12-31）求得的 V_j 值。

震害分析表明，在9度以上地震作用下，多数框架节点震害严重。因此，系数1.15是对节点提出稍高的抗震受剪设计值要求，以使其与相连接的梁端和柱端塑性铰区的塑性转动相适应，是完全必要的。

（2）其他情况

顶层中间节点和端节点

$$V_j = \eta_v \frac{(M_b^l + M_b^r)}{h_{b0} - a_s'} \tag{12-30}$$

其他中间节点和端节点

$$V_j = \eta_v \frac{(M_b^l + M_b^r)}{h_{b0} - a_s'} \left(1 - \frac{h_{b0} - a_s'}{H_c - h_b}\right) \tag{12-31}$$

上式中　η_v——剪力增大系数。一级抗震等级取 $\eta_v=1.35$；二级抗震等级取 $\eta_v=1.2$。

在公式（12-30）、（12-31）中，增加了剪力增大系数 η_v 值，其目的是适当增加了结构的安全度，减小地震对结构的破损程度。

12.6.2　梁柱节点核心区受剪承载力计算

对梁柱节点核心区受剪承载力设计要求，《规范》规定：对一、二级抗震等级的框架应进行节点核心区抗震受剪承载力计算；三、四级抗震等级的框架节点核心区可不进行计算，但应符合抗震构造措施的要求。

1. 梁柱节点核心区受剪的水平截面，应符合下列截面限制条件

$$V_j \leqslant \frac{1}{\gamma_{\text{RE}}}(0.3\eta_j\beta_c f_c b_j h_j) \tag{12-32}$$

式中　h_j——框架节点核心区的截面高度，可取验算方向柱截面高度，即取 $h_j=h_c$；

　　　b_j——框架节点核心区的截面有效验算宽度，当 $b_b \geqslant b_c/2$ 时，可取 $b_j=b_c$；当 $b_b < b_c/2$ 时，可取 b_j 为 $(b_b+0.5h_c)$ 和 b_c 中的较小值。当梁与柱的中线不重合，且偏心距 $e_0 \leqslant b_c/4$ 时，可取 $(0.5b_b+0.5b_c+0.25h_c)$、$(b_b+0.5b_c)$ 和 b_c 三者中的最小值；此处，b_b 为验算方向梁截面宽度，b_c 为该侧柱截面宽度；

　　　η_j——正交梁对节点的约束影响系数；当楼板为现浇、梁柱中线重合，四侧各梁截面宽度不小于该侧柱截面宽度的 1/2，且正交方向梁高度不小于较高框架梁高度的 3/4 时，可取 $\eta_j=1.5$，对 9 度设防烈度，宜取 $\eta_j=1.25$；当不满足上述约束条件时，应取 $\eta_j=1.0$。

2. 梁柱节点核心区的抗震受剪承载力，应符合下列条件：

（1）9度设防烈度

$$V_j \leqslant \frac{1}{\gamma_{\text{RE}}}\left[0.9\eta_j f_t b_j h_j + f_{yv}A_{svj}\frac{h_{b0}-a_s'}{s}\right] \tag{12-33}$$

（2）其他情况

$$V_j \leqslant \frac{1}{\gamma_{\text{RE}}}\left[1.1\eta_j f_t b_j h_j + 0.05\eta_j N\frac{b_j}{b_c} + f_{yv}A_{svj}\frac{h_{b0}-a_s'}{s}\right] \tag{12-34}$$

式中 N——对应于考虑地震作用组合剪力设计值的节点上柱底部轴向力设计值；当 N 为压力时，取轴向压力设计值较小值，且当 $N > 0.5f_c b_c h_c$ 时，取 $N = 0.5f_c b_c h_c$；当 N 为拉力时，取 $N=0$；

A_{svj}——核心区有效验算宽度范围内同一截面验算方向箍筋各肢的全部截面面积。

参 考 文 献

[12-1] 《建筑抗震设计规范》(GB 50011—2001). 北京：中国建筑工业出版社，2001
[12-2] 《混凝土结构设计规范》(GB 50010—2002). 北京：中国建筑工业出版社，2002
[12-3] 丰定国、王清敏、钱国芳编. 抗震结构设计. 北京：地震出版社，1991
[12-4] 中国建筑科学研究院主编. 混凝土结构设计. 北京：中国建筑工业出版社，2003

附录一 各种计算附表

混凝土强度设计值、标准值、弹性模量和疲劳变形模量（N/mm²）　　附表 1

强度与模量种类		混凝土强度等级												
		C15	C20	C25	C30	C35	C40	C45	C50	C55	C60	C65	C70	C75	C80
强度设计值	轴心抗压	7.2	9.6	11.9	14.3	16.7	19.1	21.1	23.1	25.3	27.5	29.7	31.8	33.8	35.9
	轴心抗拉	0.91	1.10	1.27	1.43	1.57	1.71	1.80	1.89	1.96	2.04	2.09	2.14	2.18	2.22
强度标准值	轴心抗压	10.0	13.4	16.7	20.1	23.4	26.8	29.6	32.4	35.5	38.5	41.5	44.5	47.4	50.2
	轴心抗拉	1.27	1.54	1.78	2.01	2.20	2.39	2.51	2.64	2.74	2.85	2.93	2.99	3.05	3.11
弹性模量（×10⁴）		2.20	2.55	2.80	3.00	3.15	3.25	3.35	3.45	3.55	3.60	3.65	3.70	3.75	3.80
疲劳变形模量（×10⁴）		—	1.1	1.2	1.3	1.4	1.5	1.55	1.6	1.65	1.7	1.75	1.8	1.85	1.9

注：1. 计算现浇钢筋混凝土轴心受压及偏心受压构件时，如截面的长边或直径小于300mm，则表中混凝土的强度设计值应乘系数 0.8；当构件质量（如混凝土成型、截面和轴线尺寸等）确有保证时，可不受此限制。
2. 离心混凝土的强度设计值应按专门标准取用。

不同 ρ^f 值时混凝土疲劳强度修正系数 γ_p　　附表 2

ρ^f	$\rho^f<0.2$	$0.2\leqslant\rho^f<0.3$	$0.3\leqslant\rho^f<0.4$	$0.4\leqslant\rho^f<0.5$	$\rho^f\geqslant 0.5$
γ_p	0.74	0.80	0.86	0.93	1.0

注：附表 2 中 ρ^f 为混凝土疲劳应力的比值，即 $\rho^f=\sigma_{cmin}^f/\sigma_{cmax}^f$，式中 σ_{cmin}^f、σ_{cmax}^f 为构件验算时，截面同一纤维上的混凝土最小应力和最大应力。

钢筋强度设计值、强度标准值及弹性模量（N/mm²）　　附表 3

	种类	符号	d (mm)	抗拉强度设计值 f_y	抗压强度设计值 f'_y	强度标准值 f_{yk}	弹性模量 E_s
热轧钢筋	HPB235（Q235）	Φ	8～20	210	210	235	2.1×10⁵
	HRB335（20MnSi）	Φ	6～50	300	300	335	2.0×10⁵
	HRB400（20MnSiV,20MnSiNb,20MnTi）	Φ	6～50	360	360	400	2.0×10⁵
	RRB400（K20MnSi）	ΦR	8～40	360	360	400	2.0×10⁵

注：1. 在钢筋混凝土结构中，轴心受拉和小偏心受拉的钢筋抗拉强度设计值大于 300N/mm² 时，仍应按 300N/mm² 取用。
2. 构件中配有不同种类的钢筋时，每种钢筋根据其受力情况应采用各自的强度设计值。
3. 当采用直径 d 大于 40mm 的钢筋时，应有可靠的工作经验。

预应力钢筋强度标准值（N/mm²） 附表 4-1

种类		符号	d （mm）	f_{ptk}
钢绞线	1×3	ϕ^s	8.6、10.8	1860、1720、1570
			12.9	1720、1570
	1×7		9.5、11.1、12.7	1860
			15.2	1860、1720
消除应力钢丝	光面	ϕ^P	4、5	1770、1670、1570
			6	1670、1570
	螺旋肋	ϕ^H	7、8、9	1570
	刻痕	ϕ^I	5、7	1570
热处理钢筋	40Si₂Mn	ϕ^{HT}	6	1470
	48Si₂Mn		8.2	
	45Si₂Cr		10	

注：1. 钢绞线直径 d 系指钢绞线外接圆直径，即钢绞线标准 GB/T 5224 中的公称直径 Dg；
2. 各种直径钢绞线、钢丝、钢筋的公称截面面积如附表 10-1 所示；
3. 消除应力光面钢丝直径 d 为 4～9mm，消除应力螺旋肋钢丝直径 d 为 4～8mm。

预应力钢筋强度设计值、弹性模量（N/mm²） 附表 4-2

种类		符号	d （mm）	f_{ptk}	f_{py}	f'_{py}	弹性模量
钢绞线	1×3	ϕ^s	8.6～12.9	1860	1320	390	1.95×10⁵
				1720	1220		
				1570	1110		
	1×7		9.5～15.2	1860	1320	390	
				1720	1220		
消除应力钢丝	光面	ϕ^P	4～9	1770	1250	410	2.05×10⁵
				1670	1180		
	螺旋肋	ϕ^H		1570	1110		
	刻痕	ϕ^I	5、7	1570	1110		
热处理钢筋	40Si₂Mn	ϕ^{HT}	6～10	1470	1040	400	2.0×10⁵
	48Si₂Mn						
	45Si₂Cr						

注：当预应力钢绞线、钢丝的强度标准值不符合附表 4-1 的规定时，其强度设计值应进行换算。

普通钢筋疲劳应力幅限值（N/mm²） 附表 5

疲劳应力比值	Δf^f_y		
	HPB235 级钢筋	HRB335 级钢筋	HRB400 级钢筋
$-1.0 \leq \rho^f < -0.6$	160	—	—
$-0.6 \leq \rho^f < -0.4$	155	—	—
$-0.4 \leq \rho^f < 0$	150	—	—
$0 \leq \rho^f < 0.1$	145	165	165

续附表 5

疲劳应力比值	$\Delta f'_y$		
	HPB235 级钢筋	HRB335 级钢筋	HRB400 级钢筋
$0.1 \leqslant \rho_s^f < 0.2$	140	155	155
$0.2 \leqslant \rho_s^f < 0.3$	130	150	150
$0.3 \leqslant \rho_s^f < 0.4$	120	135	145
$0.4 \leqslant \rho_s^f < 0.5$	105	125	130
$0.5 \leqslant \rho_s^f < 0.6$	—	105	115
$0.6 \leqslant \rho_s^f < 0.7$	—	85	95
$0.7 \leqslant \rho_s^f < 0.8$	—	65	70
$0.8 \leqslant \rho_s^f < 0.9$	—	40	45

注：1. 当纵向受拉钢筋采用闪光接触对焊接头时，其接头处钢筋疲劳应力幅限值应按表中数值乘以系数 0.8；
2. RRB400 级钢筋须经试验验证后，方可用于需做疲劳应力验算的构件；
3. 表中 ρ_s^f 为普通钢筋疲劳应力比值，$\rho_s^f = \sigma_{smin}^f / \sigma_{smax}^f$；$\sigma_{smin}^f$、$\sigma_{smax}^f$ 为构件疲劳验算时，同一层钢筋的最小应力及最大应力。

预应力钢筋疲劳应力幅限值（N/mm²） 附表 6

种 类			Δf^f_{py}	
			$0.7 \leqslant \rho_p^f < 0.8$	$0.8 \leqslant \rho_p^f < 0.9$
消除应力钢丝	光面	$f_{ptk}=1670$、1770	210	140
		$f_{ptk}=1570$	200	130
	刻痕	$f_{ptk}=1570$	180	120
	钢绞线		120	105

注：1. 当 ρ_p^f 不小于 0.9 时，可不作钢筋的疲劳验算；
2. 当有充分依据时，可对表中规定的疲劳应力幅限值作适当调整；
3. 表中 ρ_p^f 为预应力钢筋疲劳应力比值，$\rho_p^f = \sigma_{pmin}^f / \sigma_{pmax}^f$；$\sigma_{pmin}^f$、$\sigma_{pmax}^f$ 为构件疲劳验算时，同一层预应力钢筋的最小应力及最大应力。

钢筋混凝土结构构件中纵向受力钢筋的最小配筋百分率 ρ_{min}（％） 附表 7

受 力 类 型		最小配筋百分率 ρ_{min}
受压构件	全部纵向钢筋	0.6
	一侧纵向钢筋	0.2
受弯构件、偏心受拉、轴心受拉构件一侧的受拉钢筋		0.2 和 $45f_t/f_y$ 中较大者

注：1. 受压构件全部纵向钢筋最小配筋百分率，当采用 HRB400 级、RRB400 级钢筋时，应按表中规定减小 0.1；当混凝土强度等级为 C60 及以上时，应按表中规定增大 0.1；
2. 轴心受拉构件中的受压钢筋，应按受压构件一侧纵向钢筋考虑；
3. 受压构件的全部纵向钢筋和一侧纵向钢筋的配筋率以及轴心受拉构件和小偏心受拉构件一侧受拉钢筋的配筋率应按构件的全截面面积计算；受弯构件、大偏心受拉构件一侧受拉钢筋的配筋率应按全截面面积和扣除受压翼缘面积 $(b'_f-b)h'_f$ 后的截面面积计算；
4. 当钢筋沿构件截面周边布置时，"一侧纵向钢筋"系指沿受力方向两个对边中的一边布置的纵向钢筋。

钢筋混凝土受弯构件正截面抗弯能力计算系数表
（单筋矩形及T形截面，任意强度等级） 附表8

ξ	γ_s	α_s	ξ	γ_s	α_s	ξ	γ_s	α_s
0.01	0.995	0.010	0.22	0.890	0.196	0.43	0.785	0.337
0.02	0.990	0.020	0.23	0.885	0.203	0.44	0.780	0.343
0.03	0.985	0.030	0.24	0.880	0.211	0.45	0.775	0.349
0.04	0.980	0.039	0.25	0.875	0.219	0.46	0.770	0.354
0.05	0.975	0.048	0.26	0.870	0.226	0.47	0.765	0.359
0.06	0.970	0.058	0.27	0.865	0.234	0.48	0.760	0.365
0.07	0.965	0.067	0.28	0.860	0.241	0.49	0.755	0.370
0.08	0.960	0.077	0.29	0.855	0.248	0.50	0.750	0.375
0.09	0.955	0.085	0.30	0.850	0.255	0.51	0.745	0.380
0.10	0.950	0.095	0.31	0.845	0.262	0.52	0.740	0.385
0.11	0.945	0.104	0.32	0.840	0.269	0.53	0.735	0.390
0.12	0.940	0.113	0.33	0.835	0.275	0.54	0.730	0.394
0.13	0.935	0.121	0.34	0.830	0.282	0.55	0.725	0.400
0.14	0.930	0.130	0.35	0.825	0.289	0.56	0.720	0.403
0.15	0.925	0.139	0.36	0.820	0.295	0.57	0.715	0.408
0.16	0.920	0.147	0.37	0.815	0.301	0.58	0.710	0.412
0.17	0.915	0.155	0.38	0.810	0.309	0.59	0.705	0.416
0.18	0.910	0.164	0.39	0.805	0.314	0.60	0.700	0.420
0.19	0.905	0.172	0.40	0.800	0.320	0.61	0.695	0.424
0.20	0.900	0.180	0.41	0.795	0.326	0.614	0.693	0.426
0.21	0.895	0.188	0.42	0.790	0.332			

注：1. 当混凝土强度等级为C50及以下时，表中系数 $\xi=\xi_b=0.614$（HPB235级钢筋）、0.550（HRB335级钢筋）、0.520（HRB400级和RRB400级钢筋）分别为其截面的界限相对受压区高度；

当混凝土强度等级为C80时，表中系数 $\xi=\xi_b=0.500$（HRB335级钢筋）、0.46（HRB400级和RRB400级钢筋）分别为其截面界限相对受压区高度。

2. 当混凝土强度等级大于C50又小于C80时，对HRB335、HRB400和RRB400钢筋的界限相对受压区高度取值，应按表3-6及3.4.3节介绍的线性插入法确定。

3. 无屈服点普通钢筋（指细直径带肋钢筋，有时会出现）的 ξ_b 值，按《规范》规定确定。

钢筋混凝土板每米宽的钢筋面积表（mm²） 附表9

钢筋间距 (mm)	钢筋直径 (mm)											
	3	4	5	6	6/8	8	8/10	10	10/12	12	12/14	14
70	101	179	281	404	561	719	920	1121	1369	1616	1907	2199
75	94.3	167	262	377	524	671	859	1047	1277	1508	1780	2052

续附表 9

钢筋间距 (mm)	钢筋直径 (mm)											
	3	4	5	6	6/8	8	8/10	10	10/12	12	12/14	14
80	88.4	157	245	354	491	629	805	981	1198	1414	1669	1924
85	83.2	148	231	333	462	592	758	924	1127	1331	1571	1811
90	78.5	140	218	314	437	559	716	872	1064	1257	1483	1710
95	74.5	132	207	298	414	529	678	826	1008	1190	1405	1620
100	70.6	126	196	283	393	503	644	785	958	1131	1335	1539
110	64.2	114	178	257	357	457	585	714	871	1028	1214	1399
120	58.9	105	163	236	327	419	537	654	798	942	1113	1283
125	56.5	100	157	226	314	402	515	628	766	905	1068	1231
130	54.4	96.6	151	218	302	387	495	604	737	870	1027	1184
140	50.5	89.7	140	202	281	359	460	561	684	808	954	1099
150	47.1	83.8	131	189	262	335	429	523	639	754	890	1026
160	44.1	78.5	123	177	246	314	403	491	599	707	834	962
170	41.5	73.9	115	166	231	296	379	462	564	665	785	905
180	39.2	69.8	109	157	218	279	358	436	532	628	742	855
190	37.2	66.1	103	149	207	265	339	413	504	595	703	810
200	35.3	62.8	98.2	141	196	251	322	393	479	565	668	770
220	32.1	57.1	89.3	129	179	229	293	357	435	514	607	700
240	29.4	52.4	81.9	118	164	210	268	327	399	471	556	641
250	28.3	50.2	78.5	113	157	201	258	314	383	451	534	616
260	27.2	48.3	75.5	109	151	193	248	302	369	435	513	592
280	25.2	44.9	70.1	101	140	180	230	280	342	404	477	555
300	23.6	41.9	65.5	94	131	168	215	262	319	377	445	513
320	22.1	39.2	61.4	88	123	157	201	245	299	353	417	481

钢筋截面面积表（mm²）　　　　　附表 10-1

公称直径 (mm)	钢筋截面面积 A_s（mm²）及钢筋排列成一行时梁的最小宽度 b（mm）											单根钢筋理论重量 (kg/m)
	1根	2根	3根	4根		5根		6根	7根	8根	9根	
	A_s	A_s	A_s	A_s	b	A_s	b	A_s	A_s	A_s	A_s	
6	28.3	57	85	113		142		170	198	226	255	0.222
6.5	33.2	66	100	133		166		199	232	265	299	0.260
8	50.3	101	151	201		252		302	352	402	453	0.395
8.2	52.8	106	158	211		264		317	370	423	475	0.432
10	78.5	157	236	314		393		471	550	628	707	0.617
12	113.1	226	339	150	452	$\frac{200}{180}$	565	$\frac{250}{220}$	678	791	904	1017	0.888
14	153.9	308	461	150	615	$\frac{200}{180}$	769	$\frac{250}{220}$	923	1077	1231	1385	1.21

续附表 10-1

公称直径 (mm)	钢筋截面面积 A_s (mm²) 及钢筋排列成一行时梁的最小宽度 b (mm)												单根钢筋理论重量 (kg/m)
	1根	2根	3根		4根		5根		6根	7根	8根	9根	
	A_s	A_s	A_s	b	A_s	b	A_s	b	A_s	A_s	A_s	A_s	
16	201.1	402	603	$\frac{180}{150}$	804	200	1005	250	1206	1407	1608	1809	1.58
18	254.5	509	763	$\frac{180}{150}$	1017	$\frac{220}{200}$	1272	$\frac{300}{250}$	1527	1781	2036	2290	2.00
20	314.2	628	942	180	1256	220	1570	$\frac{300}{250}$	1884	2199	2513	2827	2.47
22	380.1	760	1140	180	1520	$\frac{250}{220}$	1900	300	2281	2661	3041	3421	2.98
25	490.9	982	1473	$\frac{200}{180}$	1964	250	2454	300	2945	3436	3927	4418	3.85
28	615.8	1232	1847	200	2463	250	3079	$\frac{350}{300}$	3695	4310	4926	5542	4.83
32	804.2	1609	2413	220	3217	300	4021	350	4826	5630	6434	7238	6.31
36	1017.9	2036	3054		4072		5089		6107	7125	8143	9161	7.99
40	1256.6	2513	3770		5027		6283		7540	8796	10053	11310	9.87
50	1964	3928	5892		7856		9820		11784	13748	15712	17676	15.42

注：1. 表中梁最小宽度 b 为分数时，横线以上数字表示钢筋在梁顶部时所需的宽度，横线以下数字表示钢筋在梁底部时所需宽度；
2. 表中直径 8.2mm 计算截面面积及理论重量仅适用于有纵肋的热处理钢筋。

钢绞线、钢丝公称直径、公称截面积及理论重量　　附表 10-2

种类		公称直径 (mm)	公称截面积 (mm²)	理论重量 (kg/m)	种类	公称直径 (mm)	公称截面积 (mm²)	理论重量 (kg/m)
钢绞线	1×3	8.6	37.4	0.298	钢丝	4.0	12.57	0.099
		10.8	59.3	0.465		5.0	19.63	0.154
		12.9	85.4	0.671		6.0	28.27	0.222
	1×7 标准型	9.5	54.8	0.432		7.0	38.48	0.302
		11.1	74.2	0.580		8.0	50.26	0.394
		12.7	98.7	0.774		9.0	63.62	0.499
		15.2	139	1.101		—	—	—

受弯构件的挠度限值　　附表 11

构件类型	挠度限值（以计算跨度 l_0 计算）
吊车梁：手动吊车	$l_0/500$
电动吊车	$l_0/600$

续附表 11

构件类型	挠度限值（以计算跨度 l_0 计算）
屋盖，楼盖及楼梯构件：	
当 $l_0<7m$ 时	$l_0/200$（$l_0/250$）
当 $7≤l_0≤9m$ 时	$l_0/250$（$l_0/300$）
当 $l_0>9m$ 时	$l_0/300$（$l_0/400$）

注：1. 如果构件制作时预先起拱，而且使用上允许，则在验算挠度时，可将计算所得的挠度值减去起拱值；预应力混凝土构件尚可减去预加应力所产生的反拱值；
2. 表中括号内的数值适用于使用上对挠度有较高要求的构件；
3. 计算悬臂构件的挠度限值时，其计算长度 l_0 按实际悬臂长度的 2 倍取用。

结构构件的裂缝控制等级和最大裂缝宽度限值 ω_{lim}（mm）　　　　　　附表 12

环境类别	钢筋混凝土结构		预应力混凝土结构	
	裂缝控制等级	最大裂缝宽度限值	裂缝控制等级	最大裂缝宽度限值
一	三	0.3（0.4）	三	0.2
二	三	0.2	二	—
三	三	0.2	一	—

注：1. 表中的规定适用于采用热轧钢筋的钢筋混凝土构件和采用预应力钢丝、钢绞线及热处理钢筋的预应力混凝土构件。当采用其他类别的钢丝或钢筋时，其裂缝控制要求可按专门标准确定；
2. 对处于年平均相对湿度小于 60% 地区一类环境下的受弯构件，其最大裂缝宽度限值可采用括号内的数值；
3. 在一类环境下，对钢筋混凝土屋架、托架及需作疲劳验算的吊车梁，其最大裂缝宽度限值应取为 0.2mm；对钢筋混凝土屋面梁和托梁，其最大裂缝宽度限值应取为 0.3mm；
4. 在一类环境条件下，对预应力混凝土屋面梁、托梁、屋架、托架、屋面板和楼板，应按二级裂缝控制等级进行验算；在一类和二类环境下，对需作疲劳验算的预应力混凝土吊车梁，应按一级裂缝控制等级进行验算；
5. 表中规定的预应力混凝土构件的裂缝控制等级和最大裂缝宽度限值仅适用于正截面的验算；预应力混凝土构件的斜截面裂缝控制验算应符合《规范》(GB50010) 第 8 章的要求；
6. 对于烟囱、筒仓和处于液体压力下的结构构件，其裂缝控制要求应符合专门标准的有关规定；
7. 表中的最大裂缝宽度限值用于验算荷载作用引起的最大裂缝宽度。此表注见《规范》13 页。

附表 13　等截面等跨连续梁在常用荷载作用下的内力系数表

1. 在均布及三角形荷载作用下：

$$M=表中系数 \times ql^2；$$
$$V=表中系数 \times ql；$$

2. 在集中荷载作用下：

$$M=表中系数 \times Ql；$$
$$V=表中系数 \times Q；$$

注：上式中 l 为梁的计算跨度。

3. 内力正负号规定：

M——使截面上部受压，下部受拉为正；
V——对邻近截面所产生的力矩沿顺时针方向者为正。

两 跨 梁　　　　附表 13-1

荷 载 图	跨内最大弯矩		支座弯矩	剪 力		
	M_1	M_2	M_B	V_A	V_{Bl} / V_{Br}	V_C
均布荷载 A B C，l,l	0.070	0.0703	−0.125	0.375	−0.625 / 0.625	−0.375
左跨均布 q，M_1 M_2	0.096	—	−0.063	0.437	−0.563 / 0.063	0.063
两跨三角形 q	0.048	0.048	−0.078	0.172	−0.328 / 0.328	−0.172
左跨三角形 q	0.064	—	−0.039	0.211	−0.289 / 0.039	0.039
两跨中点集中 Q	0.156	0.156	−0.188	0.312	−0.688 / 0.688	−0.312
左跨中点集中 Q	0.203	—	−0.094	0.406	−0.594 / 0.094	0.094
两跨三分点集中 Q	0.222	0.222	−0.333	0.667	−1.333 / 1.333	−0.667
左跨三分点集中 Q	0.278	—	−0.167	0.833	−1.167 / 0.167	0.167

注：V_{Bl}、V_{Br}分别表示支座 B 左边及右边剪力，以下各表中各个支座剪力记号均与此相同。

三 跨 梁　　　　附表 13-2

荷 载 图	跨内最大弯矩		支座弯矩		剪 力			
	M_1	M_2	M_B	M_C	V_A	V_{Bl} / V_{Br}	V_{Cl} / V_{Cr}	V_D
A 1 B 2 C 3 D，l,l,l,l	0.080	0.025	−0.100	−0.100	0.400	−0.600 / 0.500	−0.500 / 0.600	−0.400
M_1 M_2 M_3 q (1,3跨)	0.101	—	−0.050	−0.050	0.450	−0.550 / 0	0 / 0.550	−0.450
中跨 q	—	0.075	−0.050	−0.050	−0.050	−0.050 / 0.500	−0.500 / 0.050	0.050
左两跨 q	0.073	0.054	−0.117	−0.033	0.383	−0.617 / 0.583	−0.417 / 0.033	0.033
左跨 q	0.094	—	−0.067	0.017	0.433	−0.567 / 0.083	0.083 / −0.017	−0.017

续附表 13-2

荷 载 图	跨内最大弯矩		支座弯矩		剪 力			
	M_1	M_2	M_B	M_C	V_A	V_{Bl} / V_{Br}	V_{Cl} / V_{Cr}	V_D
	0.054	0.021	−0.063	−0.063	0.188	−0.313 / 0.250	−0.250 / 0.313	−0.188
	0.068	—	−0.031	−0.031	0.219	−0.281 / 0	0 / 0.281	−0.219
	—	0.052	−0.031	−0.031	−0.031	−0.031 / 0.250	−0.250 / 0.031	0.031
	0.050	0.038	−0.073	−0.021	0.177	−0.323 / 0.302	−0.198 / 0.021	0.021
	0.063	—	−0.042	0.010	0.208	−0.292 / 0.052	0.052 / −0.010	−0.010
	0.175	0.100	−0.150	−0.150	0.350	−0.650 / 0.500	−0.500 / 0.650	−0.350
	0.213	—	−0.075	−0.075	0.425	−0.575 / 0	0 / 0.575	−0.425
	—	0.175	−0.075	−0.075	−0.075	−0.075 / 0.500	−0.500 / 0.075	0.075
	0.162	0.137	−0.175	−0.050	0.325	−0.675 / 0.625	−0.375 / 0.050	0.050
	0.200	—	−0.100	0.025	0.400	−0.600 / 0.125	0.125 / −0.025	−0.025
	0.244	0.067	−0.267	0.267	0.733	−1.267 / 1.000	−1.000 / 1.267	−0.733
	0.289	—	0.133	−0.133	0.866	−1.134 / 0	0 / 1.134	−0.866
	—	0.200	−0.133	0.133	−0.133	−0.133 / 1.000	−1.000 / 0.133	0.133
	0.229	0.170	−0.311	−0.089	0.689	−1.311 / 1.222	−0.778 / 0.089	0.089
	0.274	—	−0.178	0.044	0.822	−1.178 / 0.222	0.222 / −0.044	−0.044

附表 13-3

四 跨 梁

荷 载 图	跨内最大弯矩				支座弯矩			剪 力			
	M_1	M_2	M_3	M_4	M_B	M_C	M_D	V_A	V_{Bl} / V_{Br}	V_{Cl} / V_{Cr}	V_{Dl} / V_{Dr}	V_E

荷载图	M_1	M_2	M_3	M_4	M_B	M_C	M_D	V_A	V_{Bl}/V_{Br}	V_{Cl}/V_{Cr}	V_{Dl}/V_{Dr}	V_E
(A B C D E, full load)	0.077	0.036	0.036	0.077	−0.107	−0.071	−0.107	0.393	−0.607 / 0.536	−0.464 / 0.464	−0.536 / 0.607	−0.393
	0.100	—	0.081	—	−0.054	−0.036	−0.054	0.446	−0.554 / 0.018	0.018 / 0.482	−0.518 / 0.054	0.054
	0.072	0.061	—	0.098	−0.121	−0.018	−0.058	0.380	−0.620 / 0.603	−0.397 / −0.040	−0.040 / 0.558	−0.442
	—	0.056	0.056	—	−0.036	−0.107	−0.036	−0.036	−0.036 / 0.429	−0.571 / 0.571	−0.429 / 0.036	0.036
	0.094	—	—	—	−0.067	0.018	−0.004	0.433	−0.567 / 0.085	0.085 / −0.022	−0.022 / 0.004	0.004
	—	0.074	—	—	−0.049	−0.054	0.013	−0.049	−0.049 / 0.496	−0.504 / 0.067	0.067 / −0.013	−0.013
	0.052	0.028	0.028	0.052	−0.067	−0.045	−0.067	0.183	−0.317 / 0.272	−0.228 / 0.228	−0.272 / 0.317	−0.183

续附表 13-3

荷载图	跨内最大弯矩				支座弯矩			剪力				
	M_1	M_2	M_3	M_4	M_B	M_C	M_D	V_A	$V_{B左}$ $V_{B右}$	$V_{C左}$ $V_{C右}$	$V_{D左}$ $V_{D右}$	V_E
	0.067	—	0.055	—	−0.034	−0.022	−0.034	0.217	−0.284 0.011	0.011 0.239	−0.261 0.034	0.034
	0.049	0.042	—	0.066	−0.075	−0.011	−0.036	0.175	−0.325 0.314	−0.186 −0.025	−0.025 0.286	−0.214
	—	0.040	0.040	—	−0.022	−0.067	−0.022	−0.022	−0.022 0.205	−0.295 0.295	−0.205 0.022	0.022
	0.063	—	—	—	−0.042	0.011	−0.003	0.208	−0.292 0.053	0.053 −0.014	−0.014 0.003	0.003
	—	0.051	—	—	−0.031	−0.034	0.008	−0.031	−0.031 0.247	−0.253 0.042	0.042 −0.008	−0.008
	0.169	0.116	0.116	0.169	−0.161	−0.107	−0.161	0.339	−0.661 0.554	−0.446 0.446	−0.554 0.661	−0.339
	0.210	—	0.183	—	−0.080	−0.054	−0.080	0.420	−0.580 0.027	0.027 0.473	−0.527 0.080	0.080
	0.159	0.146	—	0.206	−0.181	−0.027	−0.087	0.319	−0.681 0.654	−0.346 −0.060	−0.060 0.587	−0.413

续附表 13-3

荷 载 图	跨内最大弯矩				支座弯矩				剪 力			
	M_1	M_2	M_3	M_4	M_B	M_C	M_D	V_A	V_{Bl} / V_{Br}	V_{Cl} / V_{Cr}	V_{Dl} / V_{Dr}	V_E
	—	0.142	0.142	—	−0.054	−0.161	−0.054	−0.054	−0.054 / 0.393	−0.607 / 0.607	−0.393 / 0.054	0.054
	0.200	—	—	—	−0.100	0.027	−0.007	0.400	−0.600 / 0.127	0.127 / −0.033	−0.033 / 0.007	0.007
	—	0.173	—	—	−0.074	−0.080	0.020	−0.074	−0.074 / 0.493	−0.507 / 0.100	0.100 / −0.020	−0.020
	0.238	0.111	0.111	0.238	−0.286	−0.191	−0.286	0.714	−1.286 / 1.095	−0.905 / 0.905	−1.095 / 1.286	−0.714
	0.286	—	0.222	—	−0.143	−0.095	−0.143	0.857	−1.143 / 0.048	0.048 / 0.952	−1.048 / 0.143	0.143
	0.226	0.194	0.175	0.282	−0.321	−0.048	−0.155	0.679	−1.321 / 1.274	−0.726 / −0.107	−0.107 / 1.155	−0.845
	—	0.175	—	—	−0.095	−0.286	−0.095	−0.095	−0.095 / 0.810	−1.190 / 1.190	−0.810 / 0.095	0.095
	0.274	—	—	—	−0.178	0.048	−0.012	0.822	−1.178 / 0.226	0.226 / −0.060	−0.060 / 0.012	0.012
	—	0.198	—	—	−0.131	−0.143	0.036	−0.131	−0.131 / 0.988	−1.012 / 0.178	0.178 / −0.036	−0.036

附表 13-4

五 跨 梁

荷 载 图	跨内最大弯矩			支座弯矩					剪 力				
	M_1	M_2	M_3	M_B	M_C	M_D	M_E	V_A	V_{Bl} V_{Br}	V_{Cl} V_{Cr}	V_{Dl} V_{Dr}	V_{El} V_{Er}	V_F
(图)	0.078	0.033	0.046	−0.105	−0.079	−0.079	−0.105	0.394	−0.606 / 0.526	−0.474 / 0.500	−0.500 / 0.474	−0.526 / 0.606	−0.394
(图)	0.100	—	0.085	−0.053	−0.040	−0.040	−0.053	0.447	−0.553 / 0.013	0.013 / 0.500	−0.500 / −0.013	−0.013 / 0.553	−0.447
(图)	—	0.079	—	−0.053	−0.040	−0.040	−0.053	−0.053	−0.053 / −0.513	−0.487 / 0	0 / 0.487	−0.513 / 0.053	0.053
(图)	0.073	②0.059 / 0.078	—	−0.119	−0.022	−0.044	−0.051	0.380	−0.620 / 0.598	−0.402 / −0.023	−0.023 / 0.493	−0.507 / 0.052	0.052
(图)	① / 0.098	0.055	0.064	−0.035	−0.111	−0.020	−0.057	−0.035	−0.035 / 0.424	−0.576 / 0.591	−0.409 / −0.037	−0.037 / 0.557	−0.443
(图)	0.094	—	—	−0.067	0.018	−0.005	0.001	0.433	−0.567 / 0.085	0.085 / −0.023	−0.023 / 0.006	0.006 / −0.001	0.001
(图)	—	0.074	—	−0.049	−0.054	0.014	−0.004	−0.049	−0.049 / 0.495	−0.505 / 0.068	0.068 / −0.018	−0.018 / 0.004	0.004
(图)	—	—	0.072	0.013	−0.053	−0.053	0.013	0.013	0.013 / −0.066	−0.066 / 0.500	−0.500 / 0.066	0.066 / −0.013	−0.013

注：表中：① 分子及分母分别为 M_1 及 M_5 的弯矩系数；② 分子及分母分别为 M_2 及 M_4 的弯矩系数。

续附表 13-4

荷载图	跨内最大弯矩			支座弯矩				剪力					
	M_1	M_2	M_3	M_B	M_C	M_D	M_E	V_A	V_{Bl} V_{Br}	V_{Cl} V_{Cr}	V_{Dl} V_{Dr}	V_{El} V_{Er}	V_F
	0.053	0.026	0.034	−0.066	−0.049	−0.049	−0.066	0.184	−0.316 0.266	−0.234 0.250	−0.250 0.234	−0.266 0.316	0.184
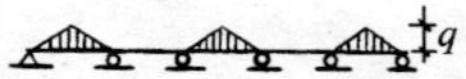	0.067	—	0.059	−0.033	−0.025	−0.025	−0.033	0.217	−0.283 0.008	0.008 0.250	−0.250 −0.008	−0.008 0.283	0.217
	—	0.055	—	−0.033	−0.025	−0.025	−0.033	−0.033	−0.033 0.258	−0.242 0	0 0.242	−0.258 0.033	0.033
	0.049	②0.041 0.053	—	−0.075	−0.014	−0.028	−0.032	0.175	0.325 0.311	−0.189 −0.014	−0.014 0.246	−0.255 0.032	0.032
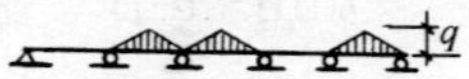	①— 0.066	0.039	0.044	−0.022	−0.070	−0.013	−0.036	−0.022	−0.022 0.202	−0.298 0.307	−0.193 −0.023	−0.023 0.286	−0.214
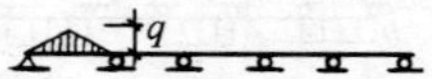	0.063	—	—	−0.042	0.011	−0.013 0.003	0.001	0.208	−0.292 0.053	0.053 −0.014	−0.014 0.004	0.004 −0.001	−0.001
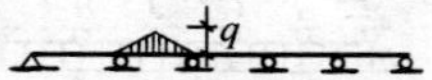	—	0.051	—	−0.031	−0.034	0.009	−0.002	−0.031	−0.031 0.247	−0.253 0.043	0.043 −0.011	−0.011 0.002	0.002
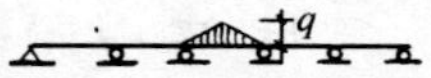	—	—	0.050	0.008	−0.033	−0.033	0.008	0.008	0.008 −0.041	−0.041 0.250	−0.250 0.041	0.041 −0.008	−0.008

注　表中：① 分子及分母分别为 M_1 及 M_5 的弯矩系数；② 分子及分母分别为 M_2 及 M_4 的弯矩系数。

续附表 13-4

荷载图	跨内最大弯矩			支座弯矩				剪力				
	M_1	M_2	M_3	M_B	M_C	M_D	M_E	V_A	V_{Bl} / V_{Br}	V_{Cl} / V_{Cr}	V_{Dl} / V_{Dr}	V_{El} / V_{Er}	V_F
	0.171	0.112	0.132	−0.158	−0.118	−0.118	−0.158	0.342	−0.658 / 0.540	−0.460 / 0.500	−0.500 / 0.460	−0.540 / 0.658	−0.342
	0.211	—	0.191	−0.079	−0.059	−0.059	−0.079	0.421	−0.579 / 0.020	0.020 / 0.500	−0.500 / −0.020	−0.020 / 0.579	−0.421
	—	0.181	—	−0.079	−0.059	−0.059	−0.079	−0.079	−0.079 / 0.520	−0.480 / 0	0 / 0.480	−0.520 / 0.079	0.079
	0.160	②0.144 / 0.178	0.151	−0.179	−0.032	−0.066	−0.077	0.321	−0.679 / 0.647	−0.353 / −0.034	−0.034 / 0.489	−0.511 / 0.077	0.077
	① — / 0.207	0.140	—	−0.052	−0.167	−0.031	−0.086	−0.052	−0.052 / 0.385	−0.615 / 0.637	−0.363 / −0.056	−0.056 / 0.586	−0.414
	0.200	0.173	—	−0.100	0.027	−0.007	0.002	0.400	−0.600 / 0.127	0.127 / −0.034	−0.034 / 0.009	0.009 / −0.002	−0.002
	—	—	—	−0.073	−0.081	0.022	−0.005	−0.073	−0.073 / 0.493	−0.507 / 0.102	0.102 / −0.027	−0.027 / 0.005	0.005
	—	—	0.171	0.020	−0.079	−0.079	0.020	0.020	0.020 / −0.099	−0.099 / 0.500	−0.500 / 0.099	0.099 / −0.020	−0.020

注：表中：① 分子及分母分别为 M_1 及 M_5 的弯矩系数；② 分子及分母分别为 M_2 及 M_4 的弯矩系数。

续附表 13-4

荷载图	跨内最大弯矩			支座弯矩				剪力				
	M_1	M_2	M_3	M_B	M_C	M_D	M_E	V_A	V_{Bl} / V_{Br}	V_{Cl} / V_{Cr}	V_{Dl} / V_{Dr}	V_{El} / V_{Er}	V_F
	0.240	0.100	0.122	−0.281	−0.211	0.211	−0.281	0.719	−1.281 / 1.070	−0.930 / 1.000	−1.000 / 0.930	−1.070 / 1.281	−0.719
	0.287	—	0.228	−0.140	−0.105	−0.105	−0.140	0.860	−1.140 / 0.035	0.035 / 1.000	−1.000 / −0.035	−0.035 / 1.140	−0.860
	—	0.216	—	−0.140	−0.105	−0.105	−0.140	−0.140	−0.140 / 1.035	−0.965 / 0	0 / 0.965	−1.035 / 0.140	0.140
	0.227	②0.189 / 0.209	—	−0.319	−0.057	−0.118	−0.137	0.681	−1.319 / 1.262	−0.738 / −0.061	−0.061 / 0.981	−1.019 / 0.137	0.137
	① / 0.282	0.172	0.198	−0.093	−0.297	−0.054	−0.153	−0.093	−0.093 / 0.796	−1.204 / 1.243	−0.757 / −0.099	−0.099 / 1.153	−0.847
	0.274	—	—	−0.179	0.048	−0.013	0.003	0.821	−1.179 / 0.227	0.227 / −0.061	−0.061 / 0.016	0.016 / −0.003	−0.003
	—	0.198	—	−0.131	−0.144	0.038	−0.010	−0.131	−0.131 / 0.987	−1.013 / 0.182	0.182 / −0.048	−0.048 / 0.010	0.010
	—	—	0.193	0.035	−0.140	−0.140	0.035	0.035	0.035 / −0.175	−0.175 / 1.000	−1.000 / 0.175	0.175 / −0.035	−0.035

注：表中：① 分子及分母分别为 M_1 及 M_3 的弯矩系数；② 分子及分母分别为 M_2 及 M_4 的弯矩系数。

附表 14 双向板在均布荷载作用下的计算系数表

符号说明

刚度 $$B_C = \frac{Eh^3}{12(1-\nu^2)}$$

式中　E——弹性模量；

　　　h——板厚；

　　　ν——泊松比。

v、v_{max}——分别为板中心点的挠度和最大挠度；

m_x、m_{xmax}——分别为平行于 l_x 方向板中心点单位板宽内的弯矩和板跨内最大弯矩；

m_y、m_{ymax}——分别为平行于 l_y 方向板中心点单位板宽内的弯矩和板跨内最大弯矩；

m'_x——固定边中点沿 l_x 方向单位板宽内的弯矩；

m'_y——固定边中点沿 l_y 方向单位板宽内的弯矩；

-------------- 代表简支边；

⊢⊢⊢⊢⊢ 代表固定边；

正负号的规定：

弯矩——使板的受荷面受压者为正；

①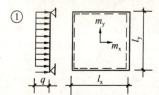

挠度——变位方向与荷载方向相同者为正。

挠度 = 表中系数 × $\dfrac{(g+q)l^4}{B_C}$

$\nu=0$，弯矩 = 表中系数 × $(g+q)l^2$

式中 l 取用 l_x 和 l_y 中的较小者。

附表 14-1

l_x/l_y	v	m_x	m_y	l_x/l_y	v	m_x	m_y
0.50	0.01013	0.0965	0.0174	0.80	0.00603	0.0561	0.0334
0.55	0.00940	0.0892	0.0210	0.85	0.00547	0.0506	0.0348
0.60	0.00867	0.0820	0.0242	0.90	0.00496	0.0456	0.0358
0.65	0.00796	0.0750	0.0271	0.95	0.00449	0.0410	0.0364
0.70	0.00727	0.0683	0.0296	1.00	0.00406	0.0368	0.0368
0.75	0.00663	0.0620	0.0317				

②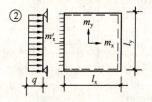

挠度 = 表中系数 × $\dfrac{(g+q)l^4}{B_C}$

$\nu=0$，弯矩 = 表中系数 × $(g+q)l^2$

式中 l 取用 l_x 和 l_y 中的较小者。

附表 14-2

l_x/l_y	l_y/l_x	v	v_{max}	m_x	m_{xmax}	m_y	m_{ymax}	m'_x
0.50		0.00488	0.00504	0.0583	0.0646	0.0060	0.0063	−0.1212
0.55		0.00471	0.00492	0.0563	0.0618	0.0081	0.0087	−0.1187
0.60		0.00453	0.00472	0.0539	0.0589	0.0104	0.0111	−0.1158
0.65		0.00432	0.00448	0.0513	0.0559	0.0126	0.0133	−0.1124
0.70		0.00410	0.00422	0.0485	0.0529	0.0148	0.0154	−0.1087

续附表 14-2

l_x/l_y	l_y/l_x	v	v_{max}	m_x	m_{xmax}	m_y	m_{ymax}	m'_x
0.75		0.00388	0.00399	0.0457	0.0496	0.0168	0.0174	−0.1048
0.80		0.00365	0.00376	0.0428	0.0463	0.0187	0.0193	−0.1007
0.85		0.00343	0.00352	0.0400	0.0431	0.0204	0.0211	−0.0965
0.90		0.00321	0.00329	0.0372	0.0400	0.0219	0.0226	−0.0922
0.95		0.00299	0.00306	0.0345	0.0369	0.0232	0.0239	−0.0880
1.00	1.00	0.00279	0.00285	0.0319	0.0340	0.0243	0.0249	−0.0839
	0.95	0.00316	0.00324	0.0324	0.0345	0.0280	0.0287	−0.0882
	0.90	0.00360	0.00368	0.0328	0.0347	0.0322	0.0330	−0.0926
	0.85	0.00409	0.00417	0.0329	0.0347	0.0370	0.0378	−0.0970
	0.80	0.00464	0.00473	0.0326	0.0343	0.0424	0.0433	−0.1014
	0.75	0.00526	0.00536	0.0319	0.0335	0.0485	0.0494	−0.1056
	0.70	0.00595	0.00605	0.0308	0.0323	0.0553	0.0562	−0.1096
	0.65	0.00670	0.00680	0.0291	0.0306	0.0627	0.0637	−0.1133
	0.60	0.00752	0.00762	0.0268	0.0289	0.0707	0.0717	−0.1166
	0.55	0.00838	0.00848	0.0239	0.0271	0.0792	0.0801	−0.1193
	0.50	0.00927	0.00935	0.0205	0.0249	0.0880	0.0888	−0.1215

③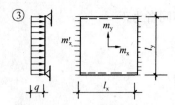

挠度 = 表中系数 × $\dfrac{(g+q) l^4}{B_C}$

$\nu = 0$,弯矩 = 表中系数 × $(g+q) l^2$

式中 l 取用 l_x 和 l_y 中的较小者。

附表 14-3

l_x/l_y	l_y/l_x	v	m_x	m_y	m'_x
0.50		0.00261	0.0416	0.0017	−0.0843
0.55		0.00259	0.0410	0.0028	−0.0840
0.60		0.00255	0.0402	0.0042	−0.0834
0.65		0.00250	0.0392	0.0057	−0.0826
0.70		0.00243	0.0379	0.0072	−0.0814
0.75		0.00236	0.0366	0.0088	−0.0799
0.80		0.00228	0.0351	0.0103	−0.0782
0.85		0.00220	0.0335	0.0118	−0.0763
0.90		0.00211	0.0319	0.0133	−0.0743
0.95		0.00201	0.0302	0.0146	−0.0721
1.00	1.00	0.00192	0.0285	0.0158	−0.0698
	0.95	0.00223	0.0296	0.0189	−0.0746
	0.90	0.00260	0.0306	0.0224	−0.0797
	0.85	0.00303	0.0314	0.0266	−0.0850
	0.80	0.00354	0.0319	0.0316	−0.0904
	0.75	0.00413	0.0321	0.0374	−0.0959
	0.70	0.00482	0.0318	0.0441	−0.1013
	0.65	0.00560	0.0308	0.0518	−0.1066
	0.60	0.00647	0.0292	0.0604	−0.1114
	0.55	0.00743	0.0267	0.0698	−0.1156
	0.50	0.00844	0.0234	0.0798	−0.1191

④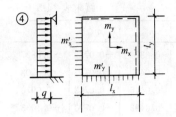

挠度＝表中系数×$\dfrac{(g+q)l^4}{B_C}$

$\nu=0$，弯矩＝表中系数×$(g+q)l^2$

式中 l 取用 l_x 和 l_y 中的较小者。

附表 14-4

l_x/l_y	v	v_{max}	m_x	m_{xmax}	m_y	m_{ymax}	m'_x	m'_y
0.50	0.00468	0.00471	0.0559	0.0562	0.0079	0.0135	−0.1179	−0.0786
0.55	0.00445	0.00454	0.0529	0.0530	0.0104	0.0153	−0.1140	−0.0785
0.60	0.00419	0.00429	0.0496	0.0498	0.0129	0.0169	−0.1095	−0.0782
0.65	0.00391	0.00399	0.0461	0.0465	0.0151	0.0183	−0.1045	−0.0777
0.70	0.00363	0.00368	0.0426	0.0432	0.0172	0.0195	−0.0992	−0.0770
0.75	0.00335	0.00340	0.0390	0.0396	0.0189	0.0206	−0.0938	−0.0760
0.80	0.00308	0.00313	0.0356	0.0361	0.0204	0.0218	−0.0883	−0.0748
0.85	0.00281	0.00286	0.0322	0.0328	0.0215	0.0229	−0.0829	−0.0733
0.90	0.00256	0.00261	0.0291	0.0297	0.0224	0.0238	−0.0776	−0.0716
0.95	0.00232	0.00237	0.0261	0.0267	0.0230	0.0244	−0.0726	−0.0698
1.00	0.00210	0.00215	0.0234	0.0240	0.0234	0.0249	−0.0677	−0.0677

⑤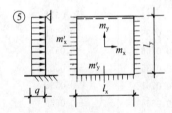

挠度＝表中系数×$\dfrac{(g+q)l^4}{B_C}$

$\nu=0$，弯矩＝表中系数×$(g+q)l^2$

式中 l 取用 l_x 和 l_y 中的较小者。

附表 14-5

l_x/l_y	l_y/l_x	v	v_{max}	m_x	m_{xmax}	m_y	m_{ymax}	m'_x	m'_y
0.50			0.00257	0.00258	0.0408	0.0409	0.0028	0.0089	−0.0836	−0.0569
0.55			0.00252	0.00255	0.0398	0.0399	0.0042	0.0093	−0.0827	−0.0570
0.60			0.00245	0.00249	0.0384	0.0386	0.0059	0.0105	−0.0814	−0.0571
0.65			0.00237	0.00240	0.0368	0.0371	0.0076	0.0116	−0.0796	−0.0572
0.70			0.00227	0.00229	0.0350	0.0354	0.0093	0.0127	−0.0774	−0.0572
0.75			0.00216	0.00219	0.0331	0.0335	0.0109	0.0137	−0.0750	−0.0572
0.80			0.00205	0.00208	0.0310	0.0314	0.0124	0.0147	−0.0722	−0.0570
0.85			0.00193	0.00196	0.0289	0.0293	0.0138	0.0155	−0.0693	−0.0567
0.90			0.00181	0.00184	0.0268	0.0273	0.0159	0.0163	−0.0663	−0.0563
0.95			0.00169	0.00172	0.0247	0.0252	0.0160	0.0172	−0.0631	−0.0558
1.00	1.00	0.00157	0.00160	0.0227	0.0231	0.0168	0.0180	−0.0600	−0.0550
	0.95	0.00178	0.00182	0.0229	0.0234	0.0194	0.0207	−0.0629	−0.0599
	0.90	0.00201	0.00206	0.0228	0.0234	0.0223	0.0238	−0.0656	−0.0653
	0.85	0.00227	0.00233	0.0225	0.0231	0.0255	0.0273	−0.0683	−0.0711
	0.80	0.00256	0.00262	0.0219	0.0224	0.0290	0.0311	−0.0707	−0.0772

续附表 14-5

l_x/l_y	l_y/l_x	v	v_{max}	m_x	m_{xmax}	m_y	m_{ymax}	m'_x	m'_y
	0.75	0.00286	0.00294	0.0208	0.0214	0.0329	0.0354	−0.0729	−0.0837
	0.70	0.00319	0.00327	0.0194	0.0200	0.0370	0.0400	−0.0748	−0.0903
	0.65	0.00352	0.00365	0.0175	0.0182	0.0412	0.0446	−0.0762	−0.0970
	0.60	0.00386	0.00403	0.0153	0.0160	0.0454	0.0493	−0.0773	−0.1033
	0.55	0.00419	0.00437	0.0127	0.0133	0.0496	0.0541	−0.0780	−0.1093
	0.50	0.00449	0.00463	0.0099	0.0103	0.0534	0.0588	−0.0784	−0.1146

⑥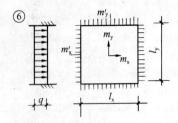

挠度 = 表中系数 $\times \dfrac{(g+q)l^4}{B_C}$

$\nu = 0$，弯矩 = 表中系数 $\times (g+q)l^2$

式中 l 取用 l_x 和 l_y 中的较小者。

附表 14-6

l_x/l_y	v	m_x	m_y	m'_x	m'_y
0.50	0.00253	0.0400	0.0038	−0.0829	−0.0570
0.55	0.00246	0.0385	0.0056	−0.0814	−0.0571
0.60	0.00236	0.0367	0.0076	−0.0793	−0.0571
0.65	0.00224	0.0345	0.0095	−0.0766	−0.0571
0.70	0.00211	0.0321	0.0113	−0.0735	−0.0569
0.75	0.00197	0.0296	0.0130	−0.0701	−0.0565
0.80	0.00182	0.0271	0.0144	−0.0664	−0.0559
0.85	0.00168	0.0246	0.0156	−0.0626	−0.0551
0.90	0.00153	0.0221	0.0165	−0.0588	−0.0541
0.95	0.00140	0.0198	0.0172	−0.0550	−0.0528
1.00	0.00127	0.0176	0.0176	−0.0513	−0.0513

附录二 后张预应力钢筋的预应力损失（补充规定）

端部为直线（直线长度为 l_0），而后由两条圆弧形曲线（圆弧对应的圆心角 $\theta \leqslant 30°$）组成的预应力钢筋（附录图），由于锚具变形和钢筋内缩，在反向摩擦影响长度 l_f 范围内的预应力损失值 σ_{l1} 可按下列公式计算：

当 $x \leqslant l_0$ 时
$$\sigma_{l1} = 2i_1(l_1 - l_0) + 2i_2(l_f - l_1) \quad \text{(附录-1)}$$

当 $l_0 < x \leqslant l_1$ 时
$$\sigma_{l1} = 2i_1(l_1 - x) + 2i_2(l_f - l_1) \quad \text{(附录-2)}$$

当 $l_1 < x \leqslant l_f$ 时
$$\sigma_{l1} = 2i_2(l_f - x) \quad \text{(附录-3)}$$

反向摩擦影响长度 l_f（m）可按下列公式计算：

$$l_f = \sqrt{\frac{aE_s}{1000 i_2} - \frac{i_1(l_1^2 - l_0^2)}{i_2} + l_1^2} \quad \text{(附录-4)}$$

$$i_1 = \sigma_a(\kappa + \mu/r_{c1}) \quad \text{(附录-5)}$$

$$i_2 = \sigma_b(\kappa + \mu/r_{c2}) \quad \text{(附录-6)}$$

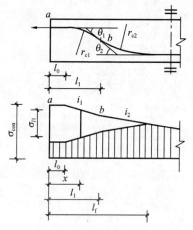

附录图 两条圆弧形曲线组成的预应力钢筋的预应力损失 σ_{l1}

式中 l_1——预应力钢筋张拉端起点至反弯点的水平投影长度；

i_1、i_2——第一、二段圆弧形曲线预应力钢筋中应力近似直线变化的斜率；

r_{c1}、r_{c2}——第一、二段圆弧形曲线预应力钢筋的曲率半径；

σ_a、σ_b——预应力钢筋在 a、b 点的应力；

a——张拉端锚具变形和钢筋内缩值（mm），按表 9-2 取用；

E_s——预应力钢筋弹性模量。